国家自然科学基金应急项目系列丛书

控制 $PM_{2.5}$ 污染：
中国路线图与政策机制

王金南 / 主　编

科学出版社

北京

内 容 简 介

细颗粒物（$PM_{2.5}$）已经成为影响我国空气质量的最主要的污染物指标。本书梳理国内外 $PM_{2.5}$ 污染控制的主要措施，分析社会经济驱动因素以及污染物跨界传输对 $PM_{2.5}$ 污染的影响，探讨我国以控制 $PM_{2.5}$ 污染为目标，需要着力建设的政策机制，以及控制 $PM_{2.5}$ 污染的中长期路线图。本书以自然科学分析入手，落脚于政策机制设计，综合大气科学、流行病学、管理学、经济学等多学科的研究手段和研究成果，涉及面较广。

本书适合于希望全面了解我国 $PM_{2.5}$ 污染控制政策的科研人员与管理人员阅读及参考。

图书在版编目（CIP）数据

控制 $PM_{2.5}$ 污染：中国路线图与政策机制/王金南主编. —北京：科学出版社，2016.12

（国家自然科学基金应急项目系列丛书）

ISBN 978-7-03-050107-3

Ⅰ.①控… Ⅱ.①王… Ⅲ.①可吸入颗粒物—污染防治—研究—中国 Ⅳ.①X513

中国版本图书馆 CIP 数据核字（2016）第 235549 号

责任编辑：魏如萍 / 责任校对：徐榕榕
责任印制：徐晓晨 / 封面设计：蓝正设计

科学出版社 出版
北京东黄城根北街 16 号
邮政编码：100717
http://www.sciencep.com

北京厚诚则铭印刷科技有限公司 印刷
科学出版社发行　各地新华书店经销

*

2016 年 12 月第 一 版　开本：720×1000 1/16
2020 年 11 月第三次印刷　印张：22
字数：444 000

定价：132.00 元
（如有印装质量问题，我社负责调换）

国家自然科学基金应急项目系列丛书编委会

主　编
　　吴启迪　教　授　国家自然科学基金委员会管理科学部

副主编
　　李一军　教　授　国家自然科学基金委员会管理科学部
　　高自友　教　授　国家自然科学基金委员会管理科学部

编　委（按拼音排序）
　　程国强　研究员　国务院发展研究中心
　　方　新　研究员　中国科学院
　　辜胜阻　教　授　中国民主建国会
　　黄季焜　研究员　中国科学院地理科学与资源研究所
　　李善同　研究员　国务院发展研究中心
　　李晓西　教　授　北京师范大学
　　汪寿阳　研究员　中国科学院数学与系统科学研究院
　　汪同三　研究员　中国社会科学院数量经济与技术经济研究所
　　魏一鸣　教　授　北京理工大学
　　薛　澜　教　授　清华大学
　　杨列勋　研究员　国家自然科学基金委员会管理科学部

本书课题组名单

总课题：我国 $PM_{2.5}$ 控制路线图及其政策机制研究
承担单位：环境保护部环境规划院
课题主持人：王金南
课题组成员：雷宇、杨金田、陈潇君、宁淼、董战峰、燕丽

分课题一：我国典型区域 $PM_{2.5}$ 理化分布特征及其对灰霾的影响研究
承担单位：中国科学院大气物理研究所
课题主持人：王跃思
课题组成员：唐贵谦、温天雪、吉东生、潘月鹏、刘子锐、王永宏

分课题二：中国人为源 $PM_{2.5}$ 及其前体物排放的社会经济驱动力研究
承担单位：清华大学
课题主持人：霍红
课题组成员：赵红艳

分课题三：针对 $PM_{2.5}$ 跨界输送的重点区域协同控制机制研究
承担单位：环境保护部环境规划院
课题主持人：雷宇
课题组成员：薛文博、唐贵谦、蒋春来、付飞、武卫玲

分课题四：控制 $PM_{2.5}$ 的排污收费与环保综合电价政策研究
承担单位：环境保护部环境规划院
课题主持人：董战峰
课题组成员：郝春旭、李红祥、秦颖、李晓琼

分课题五：我国 $PM_{2.5}$ 控制的社会成本与效益评估方法研究
承担单位：北京大学
课题主持人：王奇
课题组成员：刘巧玲、蔡昕妤、冯琳

分课题六：机动车柔性限行政策及其对 $PM_{2.5}$ 的改善作用研究
承担单位：南京信息工程大学
课题主持人：樊曙先
课题组成员：张凯

总　　序

为了对当前人们所关注的经济、科技和社会发展中出现的一些重大管理问题快速做出反应，为党和政府高层科学决策及时提供政策建议，国家自然科学基金委员会于1997年特别设立了管理科学部主任基金应急研究专款，主要资助开展关于国家宏观管理及发展战略中急需解决的重要的综合性问题的研究，以及与之相关的经济、科技和社会发展中的"热点"与"难点"问题的研究。

应急研究项目设立的目的是为党和政府高层科学决策及时提供政策建议，但并不是代替政府进行决策。根据学部对于应急项目的一贯指导思想，应急研究应该从"探讨理论基础、评介国外经验、完善总体框架、分析实施难点"四个主要方面为政府决策提供支持。每项研究的成果都要有针对性，且满足及时性和可行性要求，所提出的政策建议应当技术上可能、经济上合理、法律上允许、操作上可执行、进度上可实现和政治上能为有关各方所接受，以尽量减少实施过程中的阻力。在研究方法上要求尽量采用定性与定量相结合、案例研究与理论探讨相结合、系统科学与行为科学相结合的综合集成研究方法。应急项目的承担者应当是在相应领域中已经具有深厚的学术成果积累，能够在短时间内（通常是9~12个月）取得具有实际应用价值成果的专家。

作为国家自然科学基金的一个特殊专项，管理科学部的"应急项目"已经逐步成为一个为党和政府宏观决策提供科学、及时的政策建议的项目类型。与国家自然科学基金资助的绝大部分（占预算经费的97%以上）专注于对管理活动中的基础科学问题进行自由探索式研究的项目不同，应急项目有些像"命题作文"，题目直接来源于实际需求并具有限定性，要求成果尽可能贴近实践应用。

应急研究项目要求承担课题的专家尽量采用定性与定量相结合的综合集成方法，为达到上述基本要求，保证能够在短时间内获得高水平的研究成果，项目的承担者在立项的研究领域应当具有较长期的学术积累。

自1997年以来，管理科学部对经济、科技和社会发展中出现的一些重大管理问题做出了快速反应，至今已启动45个项目，共323个课题，出版相关专著16部。其他2005年前立项、全部完成研究的课题，其相关专著亦已于近期出版发行。

从2005年起，国家自然科学基金委员会管理科学部采取了新的选题模式和管理方式。应急项目的选题由管理科学部根据国家社会经济发展的战略指导思想和方针，在广泛征询国家宏观管理部门实际需求和专家学者建议及讨论结果的基础上，形成课题指南，公开发布，面向全国管理科学家受理申请；通过评审会议的形式对项目申请进行遴选；组织中标研究者举行开题研讨会议，进一步明确项目的研究目的、内容、成果形式、进程、时间结点控制和管理要求，协调项目内各课题的研究内容；对每一个应急项目建立基于定期沟通、学术网站、中期检查、结题报告会等措施的协调机制以及总体学术协调人制度，强化对于各部分研究成果的整合凝练；逐步完善和建立多元的成果信息报送常规渠道，进一步提高决策支持的时效性；继续加强应急研究成果的管理工作，扩大公众对管理科学研究及其成果的社会认知，提高公众的管理科学素养。这种立项和研究的程序是与应急项目针对性和时效性强、理论积累要求高、立足发展改革应用的特点相称的。

为保证项目研究目标的实现，应急项目申报指南具有明显的针对性，从研究内容到研究方法，再到研究的成果形式，都具有明确的规定。管理科学部将应急研究项目的成果分为四种形式，即一本专著、一份政策建议、一部研究报告和一篇科普文章，本丛书即应急研究项目的成果之一。

为了及时宣传和交流应急研究项目的研究成果，管理科学部决定将 2005 年以来资助的应急项目研究成果结集出版，由每一项目的协调人担任书稿的主编，负责项目的统筹和书稿的编撰工作。

希望此套丛书的出版能够对我国管理科学政策研究起到促进作用，对政府有关决策部门发挥借鉴咨询作用，同时也能对广大民众有所启迪。

国家自然科学基金委员会管理科学部

前　言

　　中国正面临着十分严峻的大气污染形势，大范围、高浓度的大气细颗粒物（$PM_{2.5}$）是其最突出的特点之一。近年来的空气质量监测数据表明，中国超过70%城市的$PM_{2.5}$年均浓度不能达到国家环境空气质量标准，全国$PM_{2.5}$浓度水平是美国的6倍左右。高浓度的$PM_{2.5}$是造成中国区域灰霾重污染和大气能见度下降的最主要因素。特别是近年来，中国华北、东北、华东等地的秋冬季区域性灰霾事件呈现出发生频率高、覆盖范围广、污染程度高、危害人群多的特征，在全球均属罕见。长期暴露在高浓度的$PM_{2.5}$环境中会对人体造成非常严重的健康损害。据估计，中国约85%的人口生活在$PM_{2.5}$浓度不达标的环境中。美国健康影响研究所（Health Effects Institute, HEI）的《全球疾病负担报告2010》指出，2010年中国环境大气$PM_{2.5}$的暴露所导致的过早死亡高达120多万例，是中国第四大致死风险因素。由于$PM_{2.5}$在中国区域大气污染中扮演的重要角色，无论是短期的灰霾重污染预防，还是长期的空气质量改善，都必须把控制$PM_{2.5}$作为首要目标。

　　为了应对$PM_{2.5}$污染，我国政府已经开始采取了一系列措施。2012年2月29日，环境保护部发布了新的《环境空气质量标准》（GB3095—2012），首次把环境空气中的$PM_{2.5}$浓度限值纳入标准，并已分三批逐步建立了覆盖全国338个地级及以上城市的监测网络；2012年10月，国务院批准实施了《重点区域大气污染防治"十二五"规划》，提出了京津冀、长三角地区和珠三角地区等重点区域的$PM_{2.5}$浓度控制目标；2013年9月，国务院发布了《大气污染防治行动计划》，强化了重点区域的$PM_{2.5}$控制目标，并在污染防治、产业转型、能源结构、保障支撑等方面提出了一系列措施，全国大气污染防治全面展开。《大气污染防治行动计划》要求，到2017年，全国地级及以上城市$PM_{2.5}$浓度比2012年下降10%以上，优良天数逐年提高；京津冀、长三角地区、珠三角地区等区域2017年$PM_{2.5}$浓度分别比2012年下降25%、20%、15%以上，其中北京$PM_{2.5}$年均浓度控制在60微克/米^{3}左右。《大气污染防治行动计划》提出了全社会以"同呼吸、共奋斗"的准则，体现了我国大气污染的控制思路正在由传统的以总量减排为主的模式向改善空气质量和总量减排相结合的模式转变，并且把提高环境的公共服务功能和公众健康水平作为环境保护工作的核心目的。

　　然而，鉴于$PM_{2.5}$的化学组成复杂，既有直接来自各种排放源的一次颗粒物，又有由二氧化硫（SO_2）、氮氧化物（NO_x）、氨（NH_3）、挥发性有机物（volatile organic compounds，VOCs）等气态污染物在大气中发生化学反应转化形成的二次颗粒物；其在大气中存在的时间也比传统的气态污染物更长，更容易传输数百甚至上千千米，因此 $PM_{2.5}$ 污染具有复合性和区域性两大特征。这两大特征决定了，与传统的气态污染物控制相比，$PM_{2.5}$ 的控制策略必须更加注重系统化。为了有效对我国严重的 $PM_{2.5}$ 污染加以控制，保持空气质量长期持续明显改善，需要研究制定一个中长期控制路线图，协调《大气污染防治行动计划》、五年规划、政府五年目标以及中长期的关系；同时充分体现区域化、差异化和精细化的特点。

面向空气质量和公众健康的 $PM_{2.5}$ 污染系统治理需要全面的管理技术支持。在现阶段，我国亟须的 $PM_{2.5}$ 防治管理技术支持主要体现在以下八个方面：一是总结发达国家在控制大气污染，特别是针对 $PM_{2.5}$ 污染控制的经历以及可供我国借鉴的经验和教训，同时通过对国内大气污染防治政策的评估分析，识别出这些政策对 $PM_{2.5}$ 控制的有效性。二是对我国 $PM_{2.5}$ 污染特征、产生机理、来源解析等方面的研究成果进行总结。通过对这些自然科学研究的大量成果进行总结，可以提炼 $PM_{2.5}$ 污染的自然特征，为制定区域化和差异化的控制目标提供直接依据。三是研究社会经济活动和主要大气污染物排放量间的定量关系。通过建立影响一次 $PM_{2.5}$ 直接排放量和二次 $PM_{2.5}$ 前体污染物排放量的驱动力模型，模拟并预测不同社会经济情景驱动下一次 $PM_{2.5}$ 和二次 $PM_{2.5}$ 前体污染物的排放量，为提出 $PM_{2.5}$ 中长期控制目标提供基础。四是研究 $PM_{2.5}$ 污染的区域传输规律。通过建立区域大气污染物传输模型，模拟分析全国各省区市之间以及典型区域（如京津冀区域）城市之间的 $PM_{2.5}$ 一次和前体污染物的传输和贡献矩阵，为提出区域大气污染协同控制政策提供依据。五是研究经济手段对于控制 $PM_{2.5}$ 的作用。大气污染防治的手段是多元化的，既包括行政命令和法律措施，也包括经济激励。需要研究针对灰霾污染问题，如何运用经济手段控制 $PM_{2.5}$ 污染，特别是如何利用排污收费制度、电力环保综合电价、排污交易等制度促进大气污染防治，降低污染控制的社会成本。六是研究 $PM_{2.5}$ 控制的成本和效益。通过建立 $PM_{2.5}$ 污染控制的成本和效益评估方法学，针对具体控制方案进行效益评估，包括控制措施的健康效益评估、$PM_{2.5}$ 污染的健康损失评估等。七是对我国 $PM_{2.5}$ 控制的中长期技术路线提出建议。在产业、能源等相关方面提出支撑政策，建立与末端控制系统耦合的 $PM_{2.5}$ 污染综合防治体系，为我国实现 $PM_{2.5}$ 污染长期持续大幅度减轻提出预期和方向。八是针对《大气污染防治行动计划》提出具体的支撑政策。《大气污染防治行动计划》的落实需要强有力的政策措施支撑和政策措施矩阵，如区域煤炭消费总量控制、区域污染产能控制、信息公开和公众参与等政策措施使其能够落地实施。

为此，2013 年 8 月，国家自然科学基金委员会管理科学部设立了 "$PM_{2.5}$ 的影响因素分析与控制对策研究"应急研究项目。经过科学论证和严格筛选，最终确定由环境保护部环境规划院、中国科学院大气物理研究所、清华大学、北京大学、南京信息工程大学五家单位组成的课题组联合进行研究。其中各课题名称、承担单位、负责人的信息见本书课题组名单。

在各课题组成员的共同努力下，历经 2013 年 10 月召开的项目开题论证会、2014 年 3 月召开的项目中期汇报会、2014 年 9 月召开的项目结题验收会，项目最终圆满结题，顺利通过评审。本书针对我国亟须的 $PM_{2.5}$ 污染防治管理技术支持的八方面内容开展了深入研究，并在此基础上提出相应的对策建议。尽管此次应急项目的研究成果大多数已通过不同渠道报送给了有关政府部门，产生了良好的环境管理效果，但是为了更全面地反映研究的成果，现特将各分课题组的研究成果汇总整理、出版。当然，考虑到结构的合理性，我们对部分课题研究成果进行了整合，最终形成了本书的总体框架。

本书各部分分工如下：第 1 章由王金南、雷宇撰写；第 2 章由雷宇、武卫玲、唐贵谦、王跃思、孙亚梅撰写；第 3 章由燕丽、贺晋瑜、宁淼、刘伟、汪旭颖、王金南撰写；第 4 章由赵红艳、霍红撰写；第 5 章由董战峰、郝春旭、李红祥、秦颖、璩爱玉撰写；第 6 章由薛文博、雷宇、许艳玲、武卫玲、蒋春来、王金南撰写；第 7 章由董战峰、陈潇君、郝春旭、李红祥、秦颖撰写；第 8 章由张凯、樊曙先撰写；第 9 章由王奇、刘巧玲、蔡昕妤、冯琳撰写；第 10 章由董战峰、李红祥、郝春旭、周全、李娜撰写；第 11 章由王金南、雷宇、宁淼、燕丽、蒋春来撰写。全书的统稿由王金南和雷宇负责，由王金南担任主编；具体王金南负责第 1 章和第 11 章，雷宇负责第 2 章，燕丽负责第 3 章，霍红负责第 4 章，董战峰负责第 5 章、第 7 章和第 10 章，薛文博负责第 6 章，张凯负责第 8 章，王奇负责第 9 章。

在此，要特别感谢国家自然科学基金委员会管理科学部对此次课题研究给予的高度重视和大力支持；感谢国家自然科学基金委员会管理科学部高自友副主任、杨列勋处长、方德斌处长等对课题研究定位和总体思路提出的重要指导意见和全程支持；感谢他们和各位评委专家在百忙之中抽出时间参加课题研究的开题、中期和结题验收会，为课题研究提出了许多真知灼见。

另外，还需要特别感谢的是武卫玲和丁哲，他们不仅进行了专业的研究助理工作，而且为本书的整理编纂做出了很多贡献；感谢科学出版社魏如萍编辑等为本书出版提供的帮助和支持。在此衷心地向他们一并表示诚挚的谢意！

尽管我们在课题研究的过程中秉承扎实、可靠、科学和高度负责的态度，力求从长远性和总体性两方面把握观点，在整理编纂书稿的过程中也力求认真仔细，在编辑的帮助下也反复修改多次，但是书中仍不可避免地存在不足之处，恳请读者批评指正！

王金南

2016 年 9 月 24 日

目 录

第1章 概述 ·· 1
  1.1 本书的写作背景 ·· 1
  1.2 $PM_{2.5}$ 污染的国内外现状 ··· 3
  1.3 本书的内容 ·· 4
  1.4 本书的技术路线 ·· 7

第2章 中国 $PM_{2.5}$ 污染现状与影响评估 ······································ 9
  2.1 近 10 年空气质量变化趋势 ·· 9
  2.2 中国 $PM_{2.5}$ 污染特征分析 ··· 13
  2.3 $PM_{2.5}$ 及其前体物主要污染来源 ··· 15
  2.4 典型区域 $PM_{2.5}$ 理化特征分析 ·· 22

第3章 发达国家 $PM_{2.5}$ 污染控制经验分析 ································· 35
  3.1 欧盟 $PM_{2.5}$ 污染防治经验 ··· 35
  3.2 美国 $PM_{2.5}$ 污染控制经验 ··· 41
  3.3 发达国家经验及对中国的启示 ··· 50

第4章 $PM_{2.5}$ 及其前体物排放的驱动力分析 ······························· 56
  4.1 $PM_{2.5}$ 及其前体物排放的驱动力模型建立 ······························ 56
  4.2 影响 $PM_{2.5}$ 及其前体物排放的关键驱动因素 ··························· 67
  4.3 贸易隐含排放影响：京津冀案例 ······································· 85

第5章 $PM_{2.5}$ 控制政策的有效性评估 ·· 91
  5.1 大气污染防控政策进展 ·· 91
  5.2 政策有效性评估方法框架 ·· 105
  5.3 治理 $PM_{2.5}$ 政策有效性评估 ·· 108
  5.4 综合评估结论与建议 ·· 129

第6章 基于跨界输送的 $PM_{2.5}$ 区域协同控制机制 ························ 133
  6.1 $PM_{2.5}$ 区域协同控制的实践和经验 ······································· 133
  6.2 $PM_{2.5}$ 跨界输送模型与参数设置 ··· 135
  6.3 $PM_{2.5}$ 及其前体物省际输送关系 ··· 139

  6.4 京津冀区域 $PM_{2.5}$ 输送关系与减排重点 ·················· 143
  6.5 建立基于跨界输送的 $PM_{2.5}$ 协同控制机制 ·················· 154
第 7 章 降低 $PM_{2.5}$ 的 VOCs 收费和环保电价政策 ···················· 157
  7.1 现行排污收费与环保电价政策分析 ························· 157
  7.2 基于 $PM_{2.5}$ 控制的 VOCs 排放收费政策设计 ················ 162
  7.3 基于 $PM_{2.5}$ 控制的环保电价政策设计 ······················ 178
  7.4 VOCs 收费和环保电价政策费用效益分析 ····················· 203
第 8 章 降低拥堵和 $PM_{2.5}$ 污染的机动车柔性限行政策 ··············· 210
  8.1 中国主要城市交通环境需求管理政策分析 ·················· 210
  8.2 发达国家城市交通环境管理经验借鉴 ······················ 217
  8.3 机动车对 $PM_{2.5}$ 污染的影响：南京案例 ··················· 221
  8.4 基于降低 $PM_{2.5}$ 的机动车柔性限行政策 ·················· 231
第 9 章 $PM_{2.5}$ 污染控制的成本和效益评估方法 ······················ 234
  9.1 $PM_{2.5}$ 污染控制的成本分析方法 ·························· 234
  9.2 $PM_{2.5}$ 污染控制的健康效益分析方法 ······················ 243
  9.3 $PM_{2.5}$ 污染控制的能见度效益分析方法 ···················· 251
  9.4 北京控制 $PM_{2.5}$ 污染的健康效益估算 ······················ 257
第 10 章 实施《大气污染防治行动计划》的政策体系 ················· 263
  10.1 政策矩阵与路线图构建 ·································· 263
  10.2 "两阶段"实施方案与政策清单 ···························· 267
  10.3 推进《大气污染防治行动计划》实施政策路线图 ············ 287
  10.4 若干重要政策方案建议 ·································· 294
第 11 章 中国 $PM_{2.5}$ 控制中长期目标与技术路线图 ·················· 301
  11.1 中国城市空气质量达标面临的挑战 ························ 301
  11.2 大气污染物排放控制的中长期战略 ························ 310
  11.3 $PM_{2.5}$ 浓度达标的目标路线图 ···························· 315
  11.4 $PM_{2.5}$ 达标的技术政策路线图 ···························· 318
参考文献 ·· 323

第 1 章 概　　述

1.1 背景

2013 年的监测数据表明，在我国已经开始进行 $PM_{2.5}$ 环境质量浓度监测的 74 个城市中，仅有 3 个能够达到《环境空气质量标准》（GB3095—2012）对 $PM_{2.5}$ 年均浓度的要求；74 个城市的平均 $PM_{2.5}$ 浓度为 72 微克/米^3，超过年均浓度标准的 2.1 倍，高于世界卫生组织（World Health Organization，WHO）的指导值 7 倍以上；其中京津冀地区城市的平均 $PM_{2.5}$ 浓度为 106 微克/米^3，超过年均浓度标准的 3 倍。

$PM_{2.5}$ 除了对城市空气质量造成影响外，还是造成我国区域灰霾重污染和大气能见度下降的最主要因素。特别是 2013 年 1 月发生的灰霾事件覆盖了我国整个华北地区及华东大部分地区，涉及的区域超过 130 万平方千米，影响人口约 8.5 亿人，其中 2.5 亿人暴露在严重污染的区域内。这次灰霾事件的持续时间之长、覆盖范围之广、污染程度之高、危害人群之多在全球均属罕见。

长期暴露在高浓度的 $PM_{2.5}$ 环境中会对人体造成非常严重的健康损害。美国健康效应研究所发布的《全球疾病负担报告 2010》的结果指出，2010 年在中国，环境大气 $PM_{2.5}$ 的暴露所导致的过早死亡高达 120 多万例，是中国第 4 大致死风险因素；造成的健康生命年损失超过 2 500 万人（Lim et al., 2013; Murray et al., 2012）。此外，高浓度 $PM_{2.5}$ 造成的严重灰霾污染还大幅降低了能见度，影响了航空、公路、水运等交通系统的正常运行，给社会生活的正常进行造成了极大的负面影响。由于 $PM_{2.5}$ 在我国区域大气污染中扮演着重要角色，因此无论是短期的灰霾重污染预防，还是长期的空气质量改善，都应必须把控制 $PM_{2.5}$ 作为首要目标。

为了应对 $PM_{2.5}$ 污染，我国政府已经开始采取一系列措施。2012 年 2 月 29 日，国家环境保护部发布了新的《环境空气质量标准》（GB3095—2012），首次把环境空气中 $PM_{2.5}$ 的浓度限值纳入标准，并已建立了覆盖 74 个城市的监测网络；2012 年 10 月，国务院批准实施了《重点区域大气污染防治"十二五"规划》，提出了京津冀、长三角地区和珠三角地区等重点区域的 $PM_{2.5}$ 浓度控制目标；2013 年 9 月，国务院发布了《大气污染防治行动计划》，强化了重点区域的 $PM_{2.5}$ 控制目标，并在污染防治、产业转型、能源结构、保障支撑等方面提出了一系列措施，全国大气污染防治全面展开。《大气污染防治行动计划》要求，到 2017 年全国地级及以上城市 PM_{10} 浓度比 2012 年下降 10%以上，优良天数逐年提高；2017 年京津冀、长三角地区、珠三角地区等区域 $PM_{2.5}$ 浓度分别比 2012 年下降 25%、20%、15%以上，其中要求北京 $PM_{2.5}$ 年均浓度控制在 60 微克/米 ^{3}。《大气污染防治行动计划》提出了全社会以"同呼吸、共奋斗"的准则，在未来 5 年投入 1.75 万亿元治理空气污染。总体上看，无论是《重点区域大气污染防治"十二五"规划》还是《大气污染防治行动计划》，都体现了我国大气污染控制思路正在由传统的以总量减排为主的模式向改善空气质量和总量减排相结合的模式转变，而且这种转变以提高公众环境健康水平为目标。有别于传统的大气污染减排，$PM_{2.5}$ 构成的多元性和来源的广泛性决定了其控制策略必须系统化，需要研究制定一个中长期控制路线图，协调五年规划、政府五年目标以及中长期的关系，控制方案也需要充分体现区域化、差异化和精细化的特点。

面向空气质量和公众健康的 $PM_{2.5}$ 污染治理急需全面的管理技术支持，主要表现如下：①发达国家已经基本解决了 $PM_{2.5}$ 污染，目前，迫切需要总结发达国家在控制大气污染，特别是针对 $PM_{2.5}$ 污染控制的经历以及可供我国借鉴的经验和教训，同时通过对国内大气污染防治政策的评估分析，识别出这些政策针对 $PM_{2.5}$ 控制的有效性。②总结我国 $PM_{2.5}$ 污染特征、产生机理、来源解析等方面的研究成果，为制定区域化和差异化的控制目标提供依据。③通过建立影响一次 $PM_{2.5}$ 直接排放量和二次 $PM_{2.5}$ 前体污染物排放量的驱动力模型模拟，预测不同驱动力情景下的一次 $PM_{2.5}$ 和前体污染物排放量，提出 $PM_{2.5}$ 中长期控制目标。④建立区域大气污染物传输模型，模拟分析重点区域以及典型区域（如京津冀区域）城市之间的 $PM_{2.5}$ 一次和前体污染物的传输和贡献矩阵，为建立区域大气污染协同控制提供依据。⑤控制 $PM_{2.5}$ 的手段是多元化的，经济手段得到了高度的关注。需要研究针对灰霾污染问题，如何运用经济手段控制 $PM_{2.5}$ 污染，特别是如何利用排污收费制度、电力环保综合电价、排污交易等制度促进大气污染防治，降低污染控制的社会成本；⑥研究控制 $PM_{2.5}$ 污染的成本和效益评估方法学，特别是针对具体控制方案进行效益评估，如控制措施的健康效益评估、$PM_{2.5}$ 污染的健康损失评估等；⑦研究提出我国控制 $PM_{2.5}$ 的中长期路线图，在产业、能源等相关方面提出支撑政策，建立 $PM_{2.5}$ 污染综合防治体系，为我国实现 $PM_{2.5}$ 污染长期持续大幅度减轻提供政策保障。⑧《大气污染防治行动计划》的落实需要强有力的政策措施进行支撑，需要通过研究提出关键性的政策措施矩阵，如区域煤炭消费总量控制、区域污染产能控制、信息公开和公众参与等政策措施。

1.2 PM$_{2.5}$污染的国内外现状

从 20 世纪 90 年代开始，我国开始开展一系列针对 PM$_{2.5}$ 污染特征的科学研究；进入 21 世纪以后，先后有一批学者研究探讨我国空气污染防治，论述了针对 PM$_{2.5}$ 污染的防治措施。特别是对 PM$_{2.5}$ 前体污染物的控制技术路线做了大量的研究，包括大气污染物的总量控制与环境质量之间关系研究，如"基于环境影响的中国 NO$_x$ 排放总量控制研究"和"国家大气污染物总量减排管理技术体系研究"等项目。这些研究的成果对我国《重点区域大气污染防治"十二五"规划》和《大气污染防治行动计划》等现有国家政策的制定提供了支撑。目前，国家启动了"大气污染成因与控制技术研究"重点研发计划，计划通过 6 项重点任务科研攻关，为大气污染防治和节能环保产业发展提供科技支撑。

关于 PM$_{2.5}$ 污染特征和态势方面，国内外研究者通过长期连续观测、加密观测等手段，分析了我国不同地区 PM$_{2.5}$ 化学组分的差异（Chan and Yao, 2008; He et al., 2001; Yang et al., 2011）；通过研究城市 PM$_{2.5}$ 浓度变化的同步性特征，描述了我国 PM$_{2.5}$ 的区域污染本质（Cao et al., 2012）。通过对 PM$_{2.5}$ 浓度和大气能见度进行关联研究，分析了 PM$_{2.5}$ 浓度和灰霾污染的关系（陈训来等，2007；吴兑，2012）。通过卫星反演等手段，分析了我国 PM$_{2.5}$ 的空间分布态势和时间变化趋势（van Donkelaar et al., 2010）。这些观测信息从时间和空间等纬度描述了我国 PM$_{2.5}$ 的污染特征，并指出了硫酸盐、硝酸盐等二次气溶胶在我国东部 PM$_{2.5}$ 污染防治中的重要性，以及区域性控制措施在我国的 PM$_{2.5}$ 污染控制中必不可少，为我国目前 PM$_{2.5}$ 污染控制措施的制定提供了重要的科学依据。

关于我国污染物排放对 PM$_{2.5}$ 污染的影响方面，国内研究者通过建立基于全行业或单个污染源关键技术信息的排放清单，从技术方面定量分析了生产工艺和污染物控制技术的发展对一次 PM$_{2.5}$ 和二次 PM$_{2.5}$ 前体污染物排放量的影响（Lei et al., 2011; Lu et al., 2011; Zhang et al., 2009; Zhao et al., 2013）；通过综合使用空气质量模型、地面监测和卫星遥感等手段，分析和验证了能源、经济、技术方面的政策对 PM$_{2.5}$ 污染造成的短期或长期影响（Lin et al., 2010; Wang et al., 2010）。

上述研究的结论在一定程度上推动了我国已有的 PM$_{2.5}$ 防治政策的制定和实施。针对我国控制措施的研究表明，通过"十一五"和"十二五"期间针对以电力、钢铁、水泥等行业为代表的固定源推进治污工程，以及实施移动源污染控制，有效缓解了 PM$_{2.5}$ 污染快速恶化（Lei et al., 2011; Wang et al., 2012;

Xue et al., 2013）；而且由于我国拥有极大体量的工业生产部门和煤炭消费量，要进一步长期持续大幅度地改善空气质量，减少 $PM_{2.5}$ 污染，必须在深化污染防治的同时，大幅调整工业结构和能源使用的结构和方式（Wang et al., 2012; Zhang et al., 2012）。

与中国的 $PM_{2.5}$ 控制策略研究相比，欧美等发达国家和地区的研究更加深入，更加强调定量化和精细化，并且已经转化为控制对策，构建了一套 $PM_{2.5}$ 污染控制的政策体系。欧洲于 2008 年开始把 $PM_{2.5}$ 纳入环境空气质量标准，并在《远距离越境空气污染公约》（Convention on Long-Range Transboundary Air Pollution, CLRTAP）和《哥德堡协议》的框架下，通过设定不同国家 2020 年 SO_2、NO_x、NH_3、非甲烷挥发性有机物（non-methane volatile organics, NMVOCs）和一次 $PM_{2.5}$ 的排放控制目标（United Nations Economic Commission for Europe, 2012）；与此同时，通过在能源供应、交通运输、工业过程、畜牧业、种植业和废物处置等领域实施综合措施，加强排放控制，以帮助欧洲各国达到空气质量改善的目标。美国于 1997 开始把 $PM_{2.5}$ 纳入《环境空气质量标准》，并充分应用州实施计划（state implementation plan, SIP）的机制，要求各个不能达标的地区根据自身情况，采取措施降低 $PM_{2.5}$ 浓度（United States Environmental Protection Agency, 2012）；与此同时，在联邦层面，通过强化跨州污染物，主要是硫酸盐和硝酸盐的防治及针对机动车污染的防治，帮助州和地方降低 $PM_{2.5}$ 浓度。

1.3 研究内容

本书的研究立足于我国现有的大气污染控制框架和政策基础，从我国 $PM_{2.5}$ 污染的主要影响因素入手，结合关于我国 $PM_{2.5}$ 污染的主要特征、构成和影响机制等方面的研究成果，提出控制 $PM_{2.5}$ 污染的策略、政策机制和中长期路线图，并就目前颁布的《大气污染防治行动计划》保障政策和措施提出建议。具体目标如下：①通过总结发达国家 $PM_{2.5}$ 污染控制经验，为制定我国控制路线图和政策提供借鉴；②评估分析现行大气污染控制政策，提高控制政策针对的有效性；③根据国家社会经济发展情景预测和环境保护中长期目标，提出控制的路线图及其政策建议；④针对目前正在实施的《大气污染防治行动计划》，提出煤炭消费总量控制、区域联防联控、经济鼓励手段等政策方案建议。

研究包括总课题和分课题两部分。其中总课题的研究内容如下。

1. 欧美国家和地区大气污染防治与 $PM_{2.5}$ 控制经验分析

以美国和欧洲为主要对象,研究其 $PM_{2.5}$ 控制对策的制定和实施经验,总结其对中国 $PM_{2.5}$ 控制策略制定的启示。着重从以下几方面进行经验总结和梳理:①总结欧美 $PM_{2.5}$ 污染治理的历程,并通过梳理欧盟及其成员、美国联邦政府和地方政府的职责和任务分工,明确其 $PM_{2.5}$ 防治目标的制定方法和任务分解方法;②通过梳理其污染防治法规体系,以及各类标准的演变过程,明确欧美 $PM_{2.5}$ 污染防治、主要污染物排放控制和污染治理技术要求这三类主要控制政策之间的关系和协调模式;③通过梳理欧美相关控制决策的制定过程和主要科学依据,明确环境监测、排放评估和模拟分析等科学技术手段在其 $PM_{2.5}$ 控制政策制定过程中提供定量化技术支撑的机制和模式,总结其 $PM_{2.5}$ 控制成本和效益的评估方法;④通过梳理其环境信息的沟通模式,明确环境信息公开、公众参与、企业责任等因素在 $PM_{2.5}$ 控制政策制定、实施和修改中发挥作用的途径和机制;⑤在上述总结的基础上,从环境标准、公众健康、能源结构、产业准入、联防联控、经济手段等角度提出可以借鉴的经验。

2. 中国大气污染控制政策对 $PM_{2.5}$ 治理的有效性评估研究

针对中国现有的大气污染防治体系进行梳理,从应对 $PM_{2.5}$ 污染和灰霾污染控制的角度,评价已有的大气污染防治政策,具体如下:①评估中国大气污染防治相关的法规和规章管理体系,着重在环境标准和排放标准体系、规划和计划制定和实施的管理体系等方面,提出与 $PM_{2.5}$ 防治实际需求的差距;②评估中国产业政策、能源政策的制定和实施对大气污染防治政策的影响,特别是对一次性颗粒物和前体污染物控制的影响;③评估中国大气污染防治相关政策的实施现状,以及影响其实施效果的主要因素,如技术、标准、管理等;④评估已有政策对一次 $PM_{2.5}$ 和二次 $PM_{2.5}$ 前体物排放控制政策的有效性,以及这些政策对降低大气 $PM_{2.5}$ 浓度的贡献程度。

3. $PM_{2.5}$ 污染防治的中长期目标和路线图研究

随着中国新的《环境空气质量标准》(GB3095—2012)的发布和实施,特别是 2013 年 1 月超大范围、超长时间、超高浓度、超多暴露人口的灰霾污染事件爆发后,制定全国 $PM_{2.5}$ 控制技术路线图的需求更加紧迫。针对此需求,在以下四个方面开展研究:①根据中国社会经济发展的总体要求,研究中国 $PM_{2.5}$ 防治的 2020 年和 2030 年中长期目标,并使用空气质量预报和评估系统(community multiscale air quality, CMAQ)模型分析不同时期 $PM_{2.5}$ 控制目标下,一次 $PM_{2.5}$ 以及二次 $PM_{2.5}$ 主要前体污染物的排放控制要求;②提出不同经济发展和能源使用情景下的颗粒物排放趋势,从控制 $PM_{2.5}$ 污染的角度出发,对中国的社会经济发展模式、产业结构调整需求、能源供应和使用结构等方面提出建议;③结合对中国未来发展形势的判断,提出中国 $PM_{2.5}$ 防治的中长期目标和政策路线图,提出为实现不同阶段的目标,所需要在科学技术、制度建设、信息共享等方面提供的支撑;④结合国家重点区域空气质量改善行动计划,提出典型区域的 $PM_{2.5}$ 污染防治的中长期(2020/2030 年)目标和路线图。

4.《大气污染防治行动计划》的支撑政策研究

国务院已经制订了《大气污染防治行动计划》,并提出了 2017 年中国 $PM_{2.5}$ 污染防治的目标。但是,《大气污染防治行动计划》只是对一些政策给出了原则性的要求。本章研究旨在针对《大气污染防治行动计划》,研究促进和保障其实施效果的主要支撑政策。主要研究内容如下:①在《大气污染防治行动计划》既定总体目标的基础上,分析中国不同区域 $PM_{2.5}$ 污染的主要来源,有针对性地提出不同区域的《大气污染防治行动计划》实施目标,包括 $PM_{2.5}$ 浓度降低目标和主要污染物减排目标,以及实现此目标的区域污染联防联控协调机制;②通过分析不同区域经济发展水平、产业结构、能源消费总量、结构和使用水平等因素,提出与《大气污染防治行动计划》配套的行业和能源政策,包括中国煤炭消费总量控制的制度,以及其与大气污染物排放总量的联动控制方法;③借鉴欧美国家和地区成功运用市场机制激励污染减排的经验,研究中国区域 $PM_{2.5}$ 污染防治的经济激励机制;④结合中国环境监测能力建设的增强、新媒体和公众参与的快速发展以及环境空气质量新标准实施等,从提高企业责任和公众参与等方面提出相关政策和机制经验;⑤针对京津冀区域 $PM_{2.5}$ 污染控制,研究提出一个实施政策清单或矩阵。

分课题共有 6 个,研究内容主要包括如下:

(1)典型区域 $PM_{2.5}$ 分布特征及其对灰霾的影响研究:针对京津冀等典型地区,研究 PM_{10}、$PM_{2.5}$ 和 PM_1 的关系,以及 $PM_{2.5}$ 化学成分与霾的关系,在此基础上提出 SO_2、NO_x、VOCs、NH_3 等 $PM_{2.5}$ 重要前体物的调控机理。通过描述 $PM_{2.5}$ 化学组成的区域和季节差异,区分不同地区多种污染物排放对区域霾污染形成的贡献,为总课题研究内容 4 提供支撑。

(2)人为源 $PM_{2.5}$ 及其前体物排放的社会经济驱动力研究:研究大气污染物排放源排放控制的重点行业和关键源,提出包含经济、产业、技术、人口、城市化等维度的大气污染物排放社会经济影响因素分析体系,并研究最终需求对中国人为源 $PM_{2.5}$ 及其前体物排放的驱动力。通过锁定在 $PM_{2.5}$ 控制进程中需重点调控的产业部门和关键产业链,为国家从经济结构调整入手开展 $PM_{2.5}$ 综合治理提供具有针对性的政策建议,为总课题研究内容 3 提供支撑。

（3）针对 $PM_{2.5}$ 跨界输送的重点区域协同控制机制研究：研究重点区域 $PM_{2.5}$ 及其前体物的跨界输送规律，提出京津冀主要大气污染物减排目标的优化方法，以及基于跨界传输的京津冀大气污染控制协作机制。通过针对京津冀及辖区内各行政单元主要大气污染物减排提出目标，提出主要大气污染物减排所需要区域协作机制，并提出配套政策建议，为总课题研究内容 4 提供支撑。

（4）$PM_{2.5}$ 排污收费与环保综合电价政策研究：研究控制 $PM_{2.5}$ 政策实施范围及标准的设计，提出针对 $PM_{2.5}$ 的排污收费政策，通过建立模型方法定量分析实施效果及影响，在此基础上提出 SO_2、NO_x、烟尘、$PM_{2.5}$ 一体化的综合电价政策。通过仿真模拟定量评估政策实施的效果及影响水平，从而提出具有针对性的中国 $PM_{2.5}$ 控制的排污收费与环保综合电价政策实施建议，为总课题研究内容 4 提供支撑。

（5）$PM_{2.5}$ 控制的社会成本与效益评估方法研究：研究提出 $PM_{2.5}$ 控制成本和效益的识别与评估方法以及参数建议，提出 $PM_{2.5}$ 成本-效益分析框架构建及京津冀地区 $PM_{2.5}$ 控制的成本效益估算，在此基础上提出 $PM_{2.5}$ 控制的健康效益评估方法与参数建议。通过建立针对 $PM_{2.5}$ 污染控制的效益评价方法体系，定量核算不同 $PM_{2.5}$ 污染控制情景下的成本和效益，提出京津冀地区成本优化的控制措施和减排路径选择，为总课题研究内容 3 提供支撑。

（6）机动车柔性限行政策研究及其对 $PM_{2.5}$ 的改善作用：通过评估南京市机动车尾气排放对 $PM_{2.5}$ 来源的占比，研究限行比例对机动车平均行驶速度、机动车尾气排放总量、$PM_{2.5}$ 值等因素的影响，以及对人们出行方式的影响，探索不同限行比例下道路拥堵费的收取原则；构建随机双目标机动车柔性限行政策模型，研究在缓解交通污染的同时降低限行对市民出行影响的方案，在此基础上探讨我国交通运输业依靠限行政策、信息通信技术，提升空气环境质量及交通资源利用率的未来发展模式。通过研究限行比例对人们出行方式的影响，探索不同限行比例下道路拥堵费的弹性收取原则。在此基础上提出合理的机动车柔性限行政策，并评估其对 $PM_{2.5}$ 的改善作用，为总课题研究内容 3 提供支撑。

1.4 技术路线

本书的研究技术路线如图 1-1 所示。

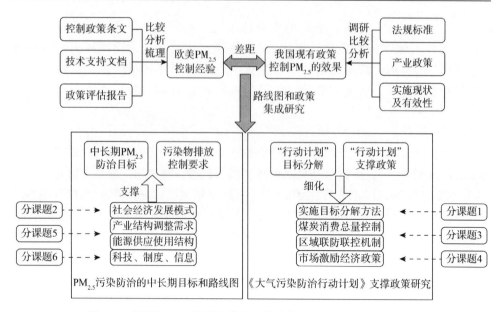

图 1-1 "我国 PM$_{2.5}$ 控制路线图及其政策机制研究"技术路线图

第 2 章　中国 $PM_{2.5}$ 污染现状与影响评估

2.1　近 10 年空气质量变化趋势

2.1.1　SO_2 浓度变化

根据 2005~2012 年全国地级及以上城市空气质量监测数据（图 2-1），2005 年全国 319 个监测城市 SO_2 年均浓度介于 0.001~0.281 毫克/米³，全国平均浓度为 0.047 毫克/米³；2012 年 325 个地级城市 SO_2 年均浓度范围为 0.004~0.087 毫克/米³，全国平均浓度为 0.032 毫克/米³。可以看出，2005~2012 年全国 SO_2 污染得到大幅度改善，城市 SO_2 浓度显著下降。全国平均浓度下降 31.7%；城市 SO_2 年均浓度最高值下降 69.0%；SO_2 污染程度较高城市，浓度下降显著，其中 SO_2 污染最重的山西忻州，在 2005~2012 年这 8 年间降幅达 90.4%。

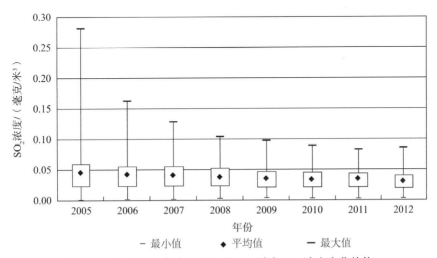

图 2-1　2005~2012 年全国地级及以上城市 SO_2 浓度变化趋势

2.1.2 PM_{10} 浓度变化

2005~2012 年，全国 PM_{10} 得到一定程度改善（图 2-2），然而较之 SO_2，其改善程度有限。全国 PM_{10} 污染总体呈现均质化特征，表现出以下三个特征：①全国 PM_{10} 浓度平均值明显下降，2012 年地级及以上城市 PM_{10} 年均浓度平均浓度为 0.076 毫克/米^3，较 2005 年下降约 20%；②高污染地区未明显改善，2005 年和 2012 年全国地级及以上城市中 PM_{10} 年均浓度最高值分别为 0.254 毫克/米^3 和 0.262 毫克/米^3；③低浓度地区浓度显著上升，2005 年全国 PM_{10} 年均浓度最低的城市仅为 0.007 毫克/米^3，2012 年最低城市为 0.021 毫克/米^3，上升约 2 倍，与城市化进程有直接关系。

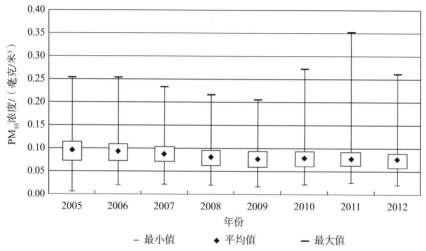

图 2-2 2005~2012 年全国地级及以上城市 PM_{10} 浓度变化趋势

2.1.3 NO_2 浓度变化

由于我国对 NO_2 控制起步较晚，因此与 SO_2 和 PM_{10} 相比，NO_2 污染未显著改善（图 2-3）。2005~2012 年全国地级及以上城市 NO_2 年均浓度平均值基本维持稳定。与 PM_{10} 污染变化类似，低浓度区域年均浓度显著上升，2012 年全国浓度最低的城市为 0.019 毫克/米^3，较 2005 年增长超过 2.3 倍。

2.1.4 $PM_{2.5}$ 浓度和 AOD 变化

近年来我国大气污染以 $PM_{2.5}$ 为主的区域性、复合型特征显著。然而我国 $PM_{2.5}$ 监测起步较晚，2013 年才开始在 74 个城市开展 $PM_{2.5}$ 的监测与数据实时发布工作，因此根据现有监测数据，尚难以反映全国 $PM_{2.5}$ 污染的变化趋势。

第 2 章 中国 PM$_{2.5}$ 污染现状与影响评估

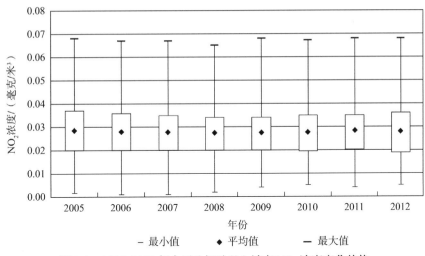

图 2-3 2005~2012 年全国地级及以上城市 NO$_2$ 浓度变化趋势

所以，本书的研究利用 MODIS 气溶胶产品分析中国区域气溶胶光学厚度（aerosol optical depth，AOD），进而分析我国 PM$_{2.5}$ 污染的变化趋势。2005~2012 年我国 AOD 总体呈现"先降低，后升高"的趋势，2005~2007 年是我国气溶胶污染最严重的时期（表 2-1）。全国气溶胶污染严重地区主要集中在京津冀、长三角地区、华中、成渝等经济发达、人口密集和工业发达地区。2008~2010 年、2011 年和 2012 年，在全国大部分省区市 AOD 下降的趋势下，北京、天津地区的 AOD 保持增长或不变的趋势，稳定在 0.8 左右的高值区，气溶胶污染持续严重。

表 2-1 我国 31 个省（自治区、直辖市，不包括港澳台地区）AOD 年均值变化情况

省区市	2005~2007 年	2008~2010 年		2011 年和 2012 年	
	AOD	AOD	增幅/%	AOD	增幅/%
北京	0.77	0.81	5.19	0.78	1.30
天津	0.77	0.85	10.39	0.82	6.49
河北	0.68	0.61	−10.29	0.64	−5.88
山西	0.44	0.42	−4.55	0.46	4.55
内蒙古	0.25	0.24	−4.00	0.25	0.00
辽宁	0.41	0.39	−4.88	0.41	0.00
吉林	0.23	0.23	0.00	0.27	17.39
黑龙江	0.19	0.20	5.26	0.21	10.53

续表

省区市	2005~2007年	2008~2010年		2011年和2012年	
	AOD	AOD	增幅/%	AOD	增幅/%
上海	0.96	0.92	-4.17	0.95	-1.04
江苏	0.83	0.79	-4.82	0.84	1.20
浙江	0.68	0.61	-10.29	0.64	-5.88
安徽	0.7	0.66	-5.71	0.68	-2.86
福建	0.47	0.37	-21.28	0.43	-8.51
江西	0.62	0.53	-14.52	0.57	-8.06
山东	0.74	0.68	-8.11	0.77	4.05
河南	0.75	0.69	-8.00	0.79	5.33
湖北	0.74	0.67	-9.46	0.70	-5.41
湖南	0.69	0.63	-8.70	0.62	-10.14
广东	0.6	0.52	-13.33	0.57	-5.00
广西	0.56	0.51	-8.93	0.55	-1.79
海南	0.44	0.43	-2.27	0.46	4.55
重庆	0.84	0.79	-5.95	0.84	0.00
四川	0.73	0.61	-16.44	0.65	-10.96
贵州	0.38	0.36	-5.26	0.40	5.26
云南	0.13	0.12	-7.69	0.14	7.69
西藏	0.1	0.08	-20.00	0.07	-30.00
陕西	0.51	0.43	-15.69	0.49	-3.92
甘肃	0.33	0.31	-6.06	0.31	-6.06
青海	0.3	0.30	0.00	0.29	-3.33
宁夏	0.46	0.40	-13.04	0.43	-6.52
新疆	0.37	0.33	-10.81	0.33	-10.81
均值	0.54	0.49	-9.26	0.52	-3.70

注：增幅以2005~2007年为基准；最后一行"均值"为31个省（自治区、直辖市、不包括港澳台地区）的均值。

2.2 中国 PM$_{2.5}$ 污染特征分析

2.2.1 中国 PM$_{2.5}$ 污染总体状况

2013 年全国进行 PM$_{2.5}$ 监测并实时上报的城市共 74 个。从监测的质量浓度看，我国城市 PM$_{2.5}$ 浓度总体处于高位，74 个城市的 PM$_{2.5}$ 年均浓度为 26~160 微克/米^3，平均浓度为 72 微克/米^3。74 个城市中，仅 3 个城市 PM$_{2.5}$ 年均浓度达标。2013 年 74 个城市 PM$_{2.5}$ 年均浓度频数分布如图 2-4 所示。

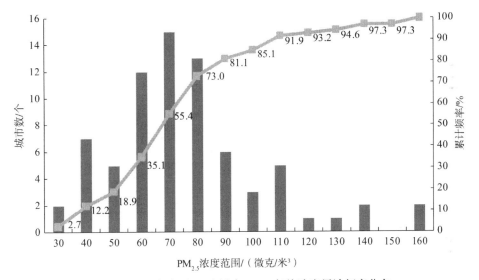

图 2-4 2013 年全国 74 个城市 PM$_{2.5}$ 年均浓度累计频率分布

由于 PM$_{2.5}$ 监测的城市较少，尚难以反映全国 PM$_{2.5}$ 污染的总体状况，因此本书的研究利用光学厚度产品分析当前我国 PM$_{2.5}$ 污染总体状况。根据卫星遥感数据，当前我国 PM$_{2.5}$ 高浓度区主要集中在京津冀、长三角地区、山东半岛、成渝地区、武汉及周边城市群、长株潭城市群以及河南和安徽等地区，并呈现向周边区域辐射态势，而低值区主要为西北部经济活动水平相对较低的青海、西藏、新疆、四川西部、内蒙古北部区域。虽然新疆整体 PM$_{2.5}$ 浓度处于较低水平，但乌鲁木齐及周边城市 PM$_{2.5}$ 浓度呈现显著相对较高的态势。结合全国地形特征分析，PM$_{2.5}$ 污染高值区主要分布在三个地理区块：第一个是由北起燕山山脉，横跨太行山山脉、大别山余脉，南至秦岭山脉东段伏牛山脉所包围的北京、河北、山东、河南、安徽、江苏、浙江北部等区域，呈现出以"北京—西安—宁波"为顶点的污染三角区；第二个是位于四川盆地的成渝污染区；第三个是位于长江中下游两湖平原的武汉城市群和长株潭城市群，因此可以看出，地形对 PM$_{2.5}$ 的空间分布具有重要影响。

2.2.2 重点区域 PM$_{2.5}$ 污染状况

《重点区域大气污染防治"十二五"规划》将京津冀、长三角地区、珠三角地区等 13 个区域纳入重点区域，上述区域经济活动水平和污染排放高度集中，大气环境问题更加突出。14%的国土面积集中了全国近 48%的人口，产生了 71%的经济总量，消费了 52%的煤炭，排放了 48%的 SO$_2$、51%的 NO$_x$、42%的烟粉尘和约 50%的 VOCs，单位面积污染物排放强度是全国平均水平的 2.9~3.6 倍。重点区域严重的大气污染，威胁人民群众身体健康，增加呼吸系统、心脑血管疾病的死亡率及患病风险，腐蚀建筑材料，破坏生态环境，导致粮食减产、森林衰亡，造成巨大的经济损失。因此，有必要对重点区域 PM$_{2.5}$ 污染状况进行更为深入的分析。

重点区域中，京津冀、长三角地区、珠三角地区 PM$_{2.5}$ 监测城市覆盖面相对较广，共有 47 个城市进行 PM$_{2.5}$ 监测，累计占全国监测城市的 63.5%，因此本书的研究仅对上述 3 个重点区域的 PM$_{2.5}$ 污染状况进行分析。

在上述 3 个重点区域中，京津冀 PM$_{2.5}$ 污染最严重（表 2-2），城市年均浓度介于 40~160 微克/米^3，平均值高达 106 微克/米^3，远高于全国平均水平。其次为长三角地区，城市 PM$_{2.5}$ 年均浓度介于 33~79 微克/米^3，平均浓度为 67 微克/米^3，与全国平均水平相当；珠三角地区 PM$_{2.5}$ 污染程度相对较低，平均浓度为 47 微克/米^3，区域内 PM$_{2.5}$ 污染空间差异性较小，城市年均浓度在 38~54 微克/米^3。

表 2-2　2013 年全国及重点区域 PM$_{2.5}$ 年均浓度统计

区域	城市数/个	最大值/（微克/米^3）	最小值/（微克/米^3）	平均值/（微克/米^3）
京津冀	13	160	40	106
长三角地区	25	79	33	67
珠三角地区	9	54	38	47
其他地区	27	110	26	69
全国	74	160	26	72

2.2.3 城市 PM$_{2.5}$ 达标状况分析

当前我国 PM$_{2.5}$ 污染较重，城市大气中 PM$_{2.5}$ 浓度处于较高的水平。2013 年全国共 74 个城市进行 PM$_{2.5}$ 浓度监测，各城市年均值为 26~160 微克/米^3，平均浓度为 72 微克/米^3，超过《环境空气质量标准》（GB3095—2012）限值要求的 1.1 倍。除拉萨、海口、舟山 3 个城市外，其余 71 个城市 PM$_{2.5}$ 年均浓度均超标，其中石家庄、邢台超标 3 倍以上，邯郸、保定、衡水、唐山、济南、廊坊、郑州、西安等城市超标 2 倍以上。74 个城市及 3 个重点区域内城市 PM$_{2.5}$ 年均浓度超标情况如图 2-5 所示。

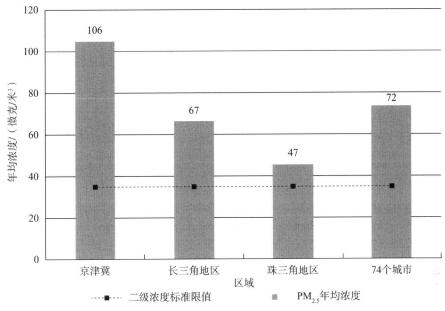

图 2-5　2013 年全国及重点区域城市 $PM_{2.5}$ 年均浓度超标情况

2.3　$PM_{2.5}$ 及其前体物主要污染来源

2.3.1　排放数据来源

我国环境统计工作始于 20 世纪 70 年代末，经过三十余年的发展，形成了以环境统计、污染源普查、总量核查和在线监测为主的环境统计体系。由于我国初期大气环境问题主要表现为 SO_2 污染和颗粒物污染，因此"十一五"之前长达二十余年的时间，我国环境统计的重点主要围绕 SO_2 和烟尘粉尘开展，并形成了电力等重点行业 SO_2 全口径全排放清单。近年来 NO_x 排放引起的环境问题逐渐突出，NO_x 排放控制被逐渐重视，我国于 2007 年首次开展 NO_x 试统计，并在 2007 年开展的全国污染源普查范围中，第一次全面综合地统计了全国 NO_x 排放量。《中华人民共和国国民经济和社会发展第十二个五年规划纲要》中，NO_x 排放首次被纳入污染物总量减排限制指标，为了在"十二五"期间开展 NO_x 总量控制，夯实减排基数，我国在 2009 年和 2010 年分别对污染源普查数据进行了更新，NO_x 排放被纳入半年一次的总量核查，电力、水泥等重点行业安装在线监测设备，经过五年时间的发展，我国 NO_x 排放清单初步形成。《中国环境统计年鉴》内的数据和污染源普查数据是目前最为全面和权威的环境统计数据，二者都包括 SO_2、NO_x、烟粉尘三种污染物，但在统计主要对象、统计周期等方面各有特点。环境统计数据覆盖面广、具有法律权威性，但也存在审核环节薄弱、数据准确性易受主观因素影响等不足；污染源普查的主要对象包括工业污染源（重点工业源、非重点工业源）、生活污染源、集中式污染治理设施、机动车污染源四大类。污染源普查信息数据库是环保系统内覆盖面最大，信息量最全的污染源信息系统，同时也是最具权威的数据之一，但是也存在与环境统计数据相似的不足之处。

除了政府部分主导的环境统计及污染源普查工作外，相关研究机构和学者在大气污染源排放清单方面也做了大量深入的工作，其中空间尺度最大、涵盖物种最多、应用最广的为清华大学参与编制的 TRACE-P（The NASA Transport and Chemical Evolution over the Pacific，即太平洋上空传输与化学变化）、INTEX-B（Intercontinental Chemical Transport Experiment-Phase B，即 B 阶段大陆间化学传输实验）及日本国立环境研究院编制的 REAS（1980~2020 年）排放清单、全球排放清单（Global Emissions InitiAtive，GEIA）。在 INTEX-B 排放清单的基础上，清华大学结合 863 课题"区域大气污染源识别与动态源清单技术及应用"将 2006 年排放清单更新至 2010 年，形成中国多尺度多污染物排放清单（Multi-resolution Emission Inventory for China，MEIC）。相比环境统计数据排放清单，科研领域使用排放清单具有以下特点：①污染源活动水平多采用宏观数据，计算方法多采用排放因子法，在线监测等实测资料应用较少；②采用"自上而下"的方法将排放量分解到网格，具有较高的空间分辨率；③涵盖的污染物除 SO_2、NO_x、烟粉尘等常规污染物外，还包括 VOCs、黑炭（black carbon，BC）、有机碳（organic carbon，OC）、PM_{10}、$PM_{2.5}$、NH_3 等与复合型大气污染直接相关的污染物。

2.3.2 行业来源分析

从行业贡献来看，MEIC 将所有排放源分为工业、电力、生活、交通、农业五大类，其中农业为 NH_3 的主要排放源，而对 SO_2、NO_x、$PM_{2.5}$、VOCs 排放量为零。固定点源电力和工业排放之和对 SO_2、NO_x、$PM_{2.5}$、VOCs 四项污染物的贡献最大，其对 SO_2、NO_x、$PM_{2.5}$、VOCs 排放的贡献分别为 87%、72%、57%、63%。SO_2 绝大部分来自于电力和工业排放，NO_x 除来自电力和工业排放以外，交通排放也占了一定比例，相比于 SO_2 和 NO_x，生活源排放对 $PM_{2.5}$ 和 VOCs 贡献加大，生活源排放总量对 $PM_{2.5}$ 和 VOCs 的贡献分别为 39%和 27%，NH_3 排放绝大部分来自农业源，农业源排放占 NH_3 排放的 92%，五种污染物行业贡献如图 2-6 所示。

第 2 章 中国 PM$_{2.5}$ 污染现状与影响评估

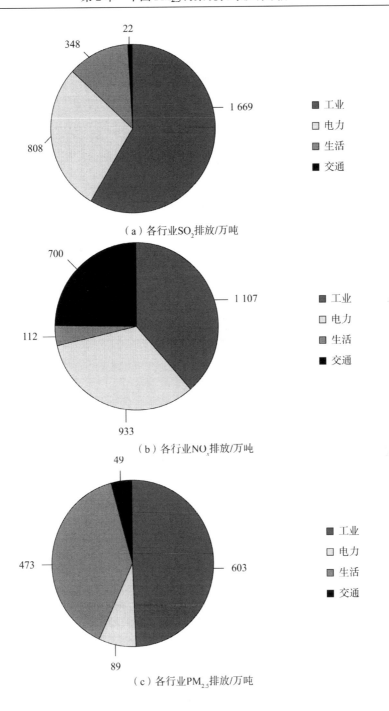

(a) 各行业 SO$_2$ 排放/万吨

(b) 各行业 NO$_x$ 排放/万吨

(c) 各行业 PM$_{2.5}$ 排放/万吨

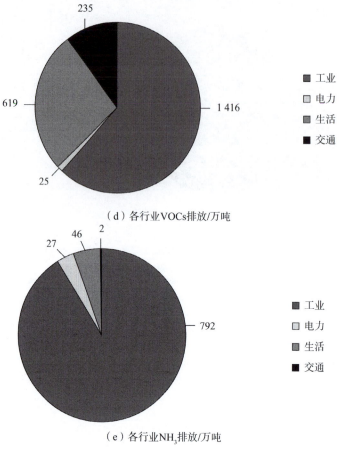

(d) 各行业VOCs排放/万吨

(e) 各行业NH$_3$排放/万吨

图 2-6　五项污染物行业贡献

2.3.3　空间来源分析

从空间分布上来看，SO_2、NO_x、$PM_{2.5}$、VOCs 排放主要集中在经济发达地区，如京津冀城市圈、长三角地区城市群、珠三角地区城市群、成渝城市群、武汉城市群、长株潭城市群，另外，乌鲁木齐、西安、太原、贵阳、南宁等省会城市及鄂尔多斯、包头等区域中心城市也呈现出零星高污染排放；而 NH_3 排放则集中在河南、四川、山东等中部农业发达省份。从地形特征上来看，污染排放主要集中在三个地理区块：第一个是由北起燕山山脉，横跨太行山山脉、大别山余脉，南至秦岭山脉东段伏牛山脉所包围的北京、河北、山东、河南、安徽、江苏、浙江北部等区域，呈现出以"北京—西安—宁波"为顶点的污染三角区；第二个是位于四川盆地的成渝污染区；第三个是位于长江中下游两湖平原的武汉城市群和长株潭城市群。不同污染物排放特征差异明显，SO_2、NO_x 排放高值的分布呈点状，

而 $PM_{2.5}$、VOCs、NH_3 排放高值的分布则呈面状，这主要是因为 SO_2、NO_x 大部分来自电厂、工业等固定排放源，$PM_{2.5}$、VOCs 除了来自电厂、工业排放以外，还有部分排放来自相对分散的无组织生活面源，NH_3 则基本来自农业源排放。

从各省区市排放来看，山东的 SO_2、NO_x、$PM_{2.5}$、VOCs 四项污染物排放总量均居全国之首，SO_2、NO_x、$PM_{2.5}$、VOCs 排放总量分别为 307 万吨、295 万吨、112 万吨、222 万吨，占全国排放总量比例分别高达 11%、10%、9%、10%，其他 SO_2、NO_x、$PM_{2.5}$、VOCs 四项污染排放量均较大的省份包括河北、河南、山西、湖北、四川、江苏、浙江等中东部省份，主要是与这些省份经济总量较大、且大多以工业为支柱产业、能源消耗量巨大有关。而 NH_3 排放量最大的是河南，其 NH_3 排放总量为 87 万吨，占全国排放总量的比例为 10%，主要是河南地处中部平原地区，农业发达所致，其他 NH_3 排放量较大的省份包括位于成都平原的四川、华北平原的山东、位于长江中下游平原的湖北及湖南。除此之外，污染物排放总量也呈现出与各省产业结构相一致的特征，如内蒙古 SO_2 及 NO_x 排放总量在全国的排名分别为第六位和第五位，而 $PM_{2.5}$ 和 VOCs 排放却相对较小，这是内蒙古火电产业发达，煤炭大量燃烧导致；广东 VOCs 排放总量居全国第三位，而 SO_2、NO_x、$PM_{2.5}$ 排放总量却相对较小，这主要是由广东珠三角地区建筑涂料使用、制鞋业、家具制造业等工业发达，企业众多所致。各省区市五项污染物排放总量如图 2-7 所示。

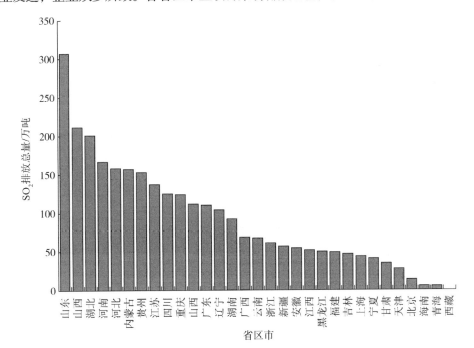

(a) SO_2

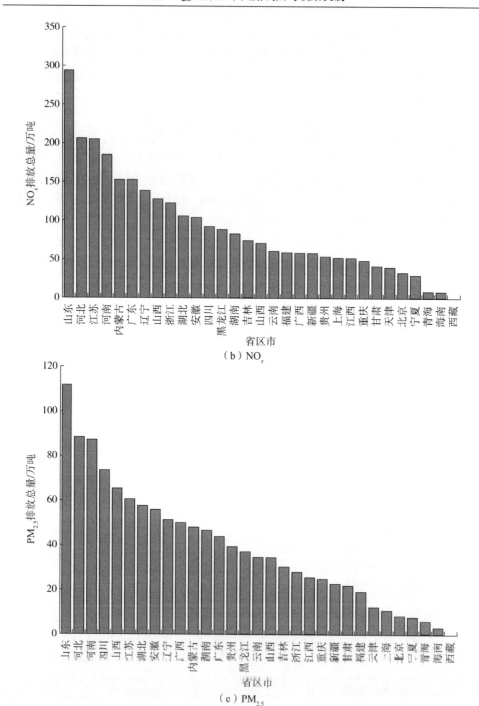

(b) NO_x

(c) $PM_{2.5}$

第 2 章 中国 PM$_{2.5}$ 污染现状与影响评估

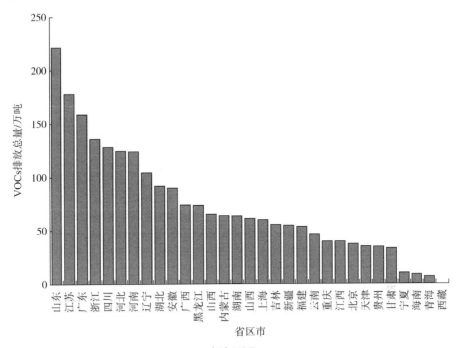

(d) VOCs

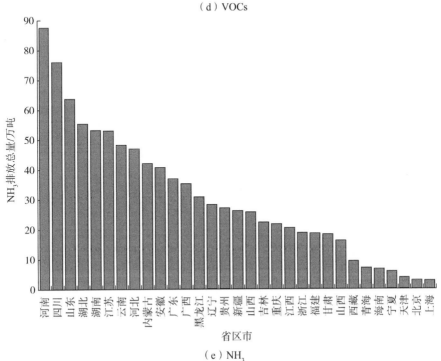

(e) NH$_3$

图 2-7 各省区市五项污染物排放总量

2.4 典型区域PM$_{2.5}$理化特征分析

2.4.1 化学成分分布特征

PM$_{2.5}$有两个来源，分别称为直接来源和间接来源，或者称为直接排放和二次生成。直接排放的PM$_{2.5}$被称为PM$_{2.5}$的直接来源，由气态污染物转化生成的PM$_{2.5}$被称为PM$_{2.5}$的间接来源或者二次源，科学界也将这些气态污染物称为PM$_{2.5}$的前体物。

大多数人都会把PM$_{2.5}$和霾污染视为同样一件事情，实际上PM$_{2.5}$累积到一定程度才能形成霾，而且"霾污染"也不是PM$_{2.5}$的简单堆积，其中两个过程非常关键：一是吸湿增长，二是化学增长。通俗来讲，"吸湿增长"就是燃烧排放的不可见的超细粒子吸水后变"胖"到可见的PM$_{2.5}$，"化学增长"是燃烧排放的污染气体（NO$_x$和VOCs）转化成了可见的PM$_{2.5}$。

我国西部区域的PM$_{2.5}$来自于沙尘，属于颗粒物的直接排放的，而东部沿海区域的PM$_{2.5}$多来自于颗粒物的间接排放，或者说是二次生成的。我国东部区域硝酸盐和硫酸盐浓度很高，而西部区域这两种二次离子浓度则很低，这也验证了前面的观点。因此可以看出，要控制东部地区的PM$_{2.5}$，必须控制东部区域颗粒物的二次来源。

我国东部沿海地区的二次来源主要为SO$_2$、NO$_x$和VOCs的氧化，这些气态污染物在空气中反应形成PM$_{2.5}$中重要的硝酸盐、硫酸盐和二次有机颗粒物。如果要控制东部沿海区域的PM$_{2.5}$，必须先控制住这一区域的SO$_2$、NO$_x$和VOCs排放。其中，SO$_2$主要来自于电厂和工业活动；NO$_x$主要来自于电厂、工业和机动车；VOCs来源比较广泛，但燃煤、石化行业和机动车也是主要排放源。

2.4.2 前体物分布特征

从各指标来看，SO$_2$年均浓度范围为7~114微克/米^3，平均浓度为40微克/米^3，达标城市比例为86.5%；CO日均值第95百分位数浓度范围为1.0~5.9毫克/米^3，平均浓度为2.5毫克/米^3，达标城市比例为85.1%；NO$_2$年均浓度范围为17~69微克/米^3，平均浓度为44微克/米^3，达标城市比例为39.2%；O$_3$日最大8小时平均值第90百分位数浓度范围为72~190微克/米^3，平均浓度为139微克/米^{3}达标城市比例为77.0%；2013年，京津冀、珠三角地区和长三角地区三大重点区域所有城市均未达标。2013年，京津冀区域13个地级及以上城市达标天数比例范围为10.4%~79.2%，平均为37.5%；超标天数中，重度及以上污染天数比例为20.7%。

有 10 个城市达标天数比例低于 50%。京津冀地区超标天数中 O_3 占 7.6%。京津冀区域 SO_2 平均浓度为 69 微克/米^3，6 个城市超标；NO_2 平均浓度为 51 微克/米^3，10 个城市超标；CO 按日均标准值评价有 7 个城市超标；O_3 按日最大 8 小时标准评价有 5 个城市超标。2013 年，长三角地区 25 个地级及以上城市达标天数比例范围为 52.7%~89.6%，平均为 64.2%。超标天数中，重度及以上污染天数比例为 5.9%。长三角地区超标天数中 O_3 污染天数占 5.8%。长三角地区 NO_2 平均浓度为 42 微克/米^3，15 个城市超标；SO_2 平均浓度为 30 微克/米^3，所有城市均达标；O_3 按日最大 8 小时标准评价有 4 个城市超标；CO 按日均标准值评价，所有城市均达标。2013 年，珠三角地区 9 个地级及以上城市空气质量达标天数比例范围为 67.7%~94.0%，平均为 76.3%。超标天数中，重度污染天数比例为 0.3%。珠三角地区超标天数中 O_3 占 4.8%。珠三角地区 NO_2 平均浓度为 41 微克/米^3，4 个城市超标；SO_2 平均浓度为 21 微克/米^3，所有城市均达标；O_3 按日最大 8 小时标准评价 5 个城市超标；CO 按日均标准值评价，所有城市均达标。

2.4.3 化学成分与灰霾关系

大气成分对可见光的作用主要包括四部分，即颗粒物的散射、颗粒物的吸收、气体的散射和气体的吸收，如式（2-1）所示。

$$b_{消光} = b_{颗粒物散射} + b_{颗粒物吸收} + b_{气体散射} + b_{气体吸收} \tag{2-1}$$

研究显示，大气的消光主要由化学成分质量浓度相关。其中，无机气溶胶成分受湿度影响而吸湿变大，而湿度对有机成分和黑炭的作用可以忽略。求得吸湿增长因子 $f(RH)$ 后，利用多元线性回归方法可求得式（2-2）中的 a、b、c 和 d 值，实现化学成分对消光的定量解析。

$$b_{消光} = af(RH)\left[(NH_4)_2SO_4\right] + bf(RH)[NH_4NO_3] + cf(RH)[NH_4Cl] \\ + d[organic] + 10[EC] + 0.33 \times [NO_2] + 10 + others \tag{2-2}$$

散射吸湿增长因子的 $f(RH)$ 随相对湿度的变化如图 2-8 所示，可以看出，在静稳天气污染发生时，当相对湿度从小于 40% 增长到 80% 以上时，颗粒物的吸湿长大可以使得散射增长 2 倍以上。

2013 年 1 月一次重污染过程中气溶胶成分对散射贡献的变化如图 2-9 所示，图中实线为实测值。可以看出，随着污染程度的加剧，无机成分的比重稍有增大。

2013 年 1 月 25 日至 1 月 31 日之间重污染过程解析的 PM_1 各成分质量浓度比例及其对消光贡献的比例如图 2-10 所示。可以看出，有机物对消光仍有较大比重，硫酸盐和硝酸盐次之。

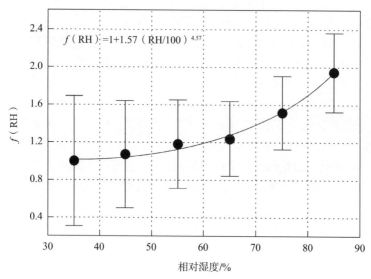

图 2-8 散射吸湿增长因子随相对湿度的变化

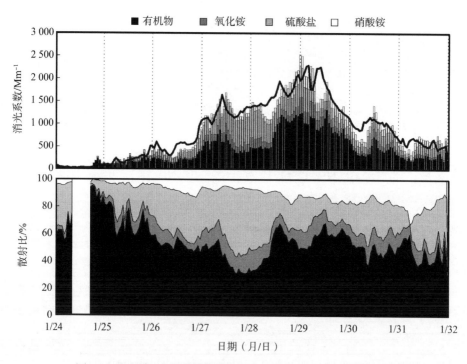

图 2-9 2013 年 1 月重污染过程中气溶胶成分对散射贡献的变化

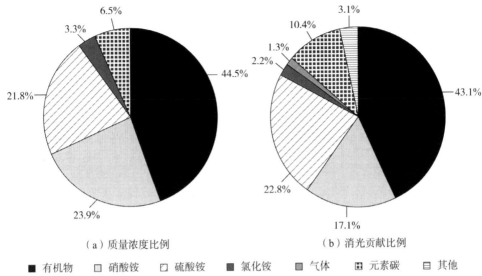

图 2-10　2013 年 1 月 25 日至 1 月 31 日颗粒物化学成分比例及对消光的贡献

2.4.4　$PM_{2.5}$ 与 PM_{10} 和 PM_1 之间的关系

我国气溶胶浓度的时空变异较大。其中，PM_9 浓度较高的区域是西北地区，与区域内地表覆被较少导致的沙尘频发有一定关系。相比之下，我国 $PM_{2.1}$ 浓度较高的区域是华北、西南和东南沿海的城市站点，体现了区域经济发展对大气 $PM_{2.5}$ 污染的影响。

统计专项 A 观测网络数据，发现全国 $PM_{2.1}$ 在 PM_9 的比例变化范围介于 0.29~0.57，平均为 0.5。$PM_{2.1}/PM_9$ 的高值主要出现在华北、西南和东南沿海的城市站点；而 $PM_{2.1}/PM_9$ 的低值主要出现在西北地区及区域背景站点。$PM_{2.1}/PM_9$ 的最低值 0.29 出现在策勒，该站点作为沙漠站点，主要以粗粒子为主。

针对北京地区的分析表明，2013 年北京地区 PM_1、$PM_{2.5}$ 和 PM_{10} 的年均浓度分别为 47.5±39.2 微克/米^3、73.4±62.3 微克/米^3 和 130.6±92.7 微克/米^3，总体来看，PM_1 的质量浓度占 $PM_{2.5}$ 的 65% 以及 PM_{10} 的 36%，$PM_{2.5}$ 的质量浓度占 PM_{10} 的 56%。北京地区粗粒子对 PM_{10} 的贡献仍不可忽视。三种粒径段颗粒物质量浓度的季节变化如图 2-11 所示，季节最高值均出现在冬季，其中 1 月的浓度最高，PM_1、$PM_{2.5}$ 和 PM_{10} 的月均浓度分别达到 79.2±51.5 微克/米^3、143.2±111.9 微克/米^3 和 209.4±153.5 微克/米^3。除此之外，$PM_{2.5}$ 的质量浓度在 6 月达到第二个峰值；相比较而言，除了受夏季降雨的影响浓度降低外，PM_1 和 PM_{10} 的月均浓度季节间变化较小。从三种粒径段颗粒物的比值来看，PM_1 对 PM_{10} 的贡献比较稳定，而 $PM_{2.5}$ 对 PM_{10} 的贡献波动较大，最低贡献值出现在 4 月（38%），而最高贡献值出现在 7 月（73%）。上述现象说明 1~2.5 微米粒径段的颗粒物质量浓度的变化是 $PM_{2.5}$ 夏季质量浓度变化的主要原因（图 2-11）。

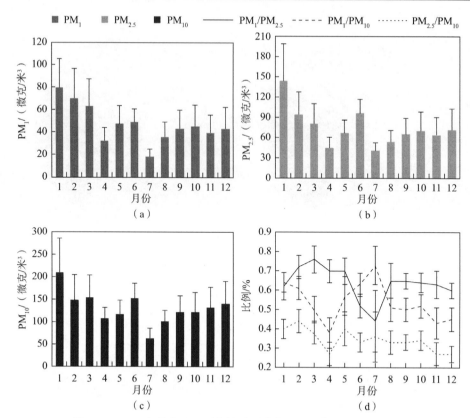

图 2-11 2013 年北京地区颗粒物质量浓度的月均值及其比例变化

不同粒径段颗粒物日均质量浓度之间的相关系数如表 2-3 所示。PM_1 与 $PM_{2.5}$ 以及与 PM_{10} 之间均存在极显著的相关关系，相关系数均达到 0.90 以上；而 $PM_{2.5}$ 与 PM_{10} 的相关关系也达到极显著（$r=0.95$）。值得注意的是，尽管 PM_1 与 $PM_{1\sim2.5}$ 以及与 $PM_{2.5\sim10}$ 之间的相关关系也达到极显著，但是两者之间的相关系数却相对较低，这说明 PM_1 与这两种粒径段颗粒物的来源存在差异，同时 $PM_{1\sim2.5}$ 与 $PM_{2.5\sim10}$ 的相关系数也较低（$r=0.50$），说明二者之间的来源同样存在差异。

表 2-3 不同粒径段颗粒物日均质量浓度相关系数统计

粒径	PM_1	$PM_{2.5}$	PM_{10}	$PM_{1\sim2.5}$	$PM_{2.5\sim10}$
PM_1	1				
$PM_{2.5}$	0.93*	1			
PM_{10}	0.91*	0.95*	1		
$PM_{1\sim2.5}$	0.65*	0.88*	0.80*	1	
$PM_{2.5\sim10}$	0.66*	0.65*	0.86*	0.50*	1

*$p<0.01$

四个季节 PM_1 与 $PM_{1\sim2.5}$ 以及与 $PM_{2.5\sim10}$ 之间的相互关系如表 2-4 所示。PM_1 与 $PM_{1\sim2.5}$ 仅在春节和秋季表现出显著的线性关系，而其他两个季节的关系不显著。尽管 PM_1 与 $PM_{1\sim2.5}$ 的主要来源中均包含二次颗粒物，但是二者的其他来源存在差异。PM_1 还包含一次排放的粒子，其在北京地区的主要来源包括机动车尾气和燃烧过程（燃煤和生物质燃烧、垃圾焚烧等）。而 $PM_{1\sim2.5}$ 中的粒子是比 PM_1 中粒径更大的那部分 $PM_{2.5}$，其传输距离更远，因而区域输送对其的贡献相对更大。因此，夏季和冬季 PM_1 与 $PM_{1\sim2.5}$ 相关关系的不显著可能与两个季节一次排放和区域输送的贡献不一致有关。值得注意的是，PM_1 与 $PM_{2.5\sim10}$ 在四个季节均存在显著的线性相关关系。北京地区粗粒子的主要来源包括道路扬尘、建筑扬尘以及沙尘气溶胶等。PM_1 与 $PM_{2.5\sim10}$ 之间的这种显著地相关关系说明二者的来源存在同源性。而这种同源性均指向机动车，机动车在行驶过程中不仅直接排放超 $PM_{2.5}$，同时也夹带道路尘再次悬浮于大气中。上述现象说明，机动车导致的道路扬尘可能已经成为北京地区粗粒子的主要来源。

表 2-4　PM_1 日均质量浓度与 $PM_{1\sim2.5}$ 和 $PM_{2.5\sim10}$ 的相关关系

季节	春季	夏季	秋季	冬季
PM_1 与 $PM_{1\sim2.5}$	0.62	不显著	0.87	不显著
PM_1 与 $PM_{2.5\sim10}$	0.50	0.62	0.71	0.73

2.4.5　$PM_{2.5}$ 与排放源的关系

京津冀鲁地区不同排放源污染物排放分担情况如图 2-12 所示。由图 2-12 可知，电厂对 SO_2 和 NO_x 排放贡献较大，工业对 VOCs、$PM_{2.5}$、PM_{10}、BC 和 OC 排放贡献较大，居民燃煤对 OC 排放贡献最大，机动车对 CO、NO_x、VOCs 和 BC 排放贡献较大。具体而言，CO 的主要排放源是机动车，其排放量占总量的 60.8%，其次是工业，占 25.7%；NO_x 的主要排放源是电厂，其次是机动车 34.6%，工业为 23.7%；VOCs 主要排放源是工业和机动车，且二者比例相当，都在 45% 左右；$PM_{2.5}$ 和 PM_{10} 的主要排放源是工业，贡献率分别为 73.3% 和 68.1%，电厂次之；BC 的主要排放源是工业为 49.1%，机动车和居民燃煤共占 44.1%；居民燃煤对 OC 排放贡献最大，分担率为 53.0%，工业次之，为 34.4%；对于 SO_2 排放，本书的研究未考虑机动车的贡献，其他三种排放源贡献最大的是电厂 61.1%，其次是工业 32.9%。

北京污染物主要源自机动车和居民燃煤，天津和河北主要源自工业，电厂对山东各种污染物排放的贡献与其他省市相比较为显著，工业和机动车贡献也较大，如图 2-13 所示。具体而言，北京各种污染物的主要排放源是机动车和居民燃煤，工业次之，其中，机动车对 CO、NO_x 和 VOCs 贡献最大，贡献率分别为 83.7%、

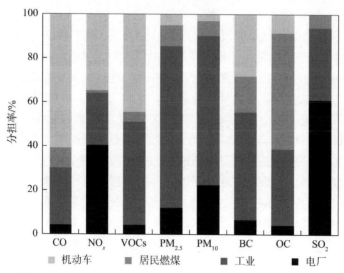

图 2-12　2010 年京津冀鲁地区不同排放源污染物排放分担率

56.5%和 66.4%，居民燃煤对 OC 贡献最为显著，高达 84.1%，对 $PM_{2.5}$ 和 PM_{10} 的贡献在 40%左右，两种源对 BC 的贡献相当，约为 41%；天津 BC 排放主要源自机动车，占该市排放总量的 45.6%，OC 排放主要源自居民燃烧，占排放总量的 58.2%，其余污染物主要源自工业，且贡献率主要分布在 48%~67%；河北 CO 排放主要源自机动车，约占排放总量的 57.7%，对 OC 贡献最大的仍是居民燃煤，约为 66.9%，电厂、工业和机动车对 NO_x 贡献相当，分别占排放总量的 32%左右，其余污染物的主要排放源均为工业；机动车为山东 CO 和 VOCs 的主要排放源，分别占排放总量的 61.3%和 54.7%，工业对颗粒物 $PM_{2.5}$、PM_{10}、BC 和 OC 的贡献较大，贡献率分布在 50%~75%，电厂对 PM_{10}、NO_x 和 SO_2 的贡献较为显著，分别为 31.0%、52.4%和 81.6%。

　　在上述中，工业对各个省市污染物排放贡献都较为显著，但是每个省市不同工业类别对各种污染物排放的贡献又有所差异。对北京而言，SO_2 主要源自化学工业和冶金行业，二者分担了工业 90.0%的排放量，且分担率相当，建材行业对 NO_x 的贡献较大，占工业总量的 66.3%，对于其他污染物，冶金和建材行业的贡献较大，二者贡献之和高达 97.0%以上，其中冶金行业贡献约为 53.0%；天津除 CO 主要源自冶金行业，其他污染物都主要源自化学工业，且贡献率分布介于 52.85%~66.4%，冶金行业次之；河北工业中冶金行业对各种污染物的贡献最大，贡献率都在 70.0%以上，其他行业贡献都较小；相对其他三个省市，山东的建材行业对污染物排放贡献要高于其行业，分担率主要分布介于 50.69%~85.3%，冶金行业次之，分担率在 30.0%左右。

第 2 章 中国 PM$_{2.5}$ 污染现状与影响评估

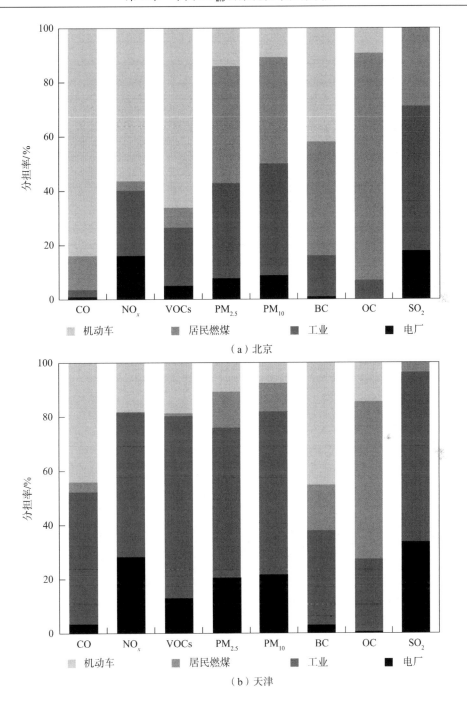

(a) 北京

(b) 天津

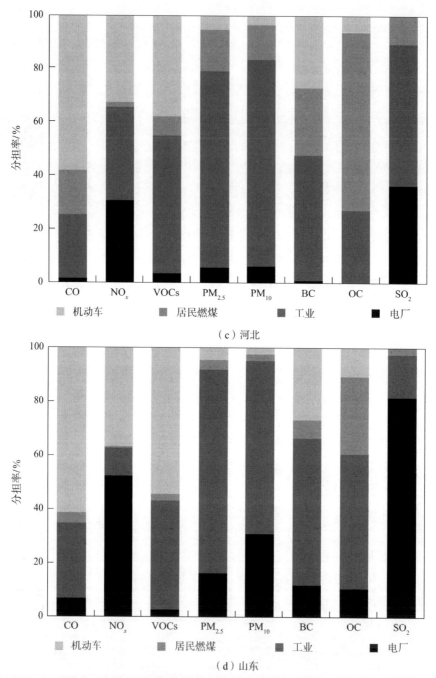

图 2-13 2010年京津冀鲁各省市不同污染源污染物排放分担率

2010 年，京津冀鲁地区除北京实施机动车国Ⅳ排放标准，其他省市为国Ⅲ排放标准。因此，由于政策和技术的改变，不同排放标准机动车的贡献有所不同。总体来看，黄标车和国Ⅰ排放标准的机动车对四个省市污染物的贡献较大，北京为45.6%~62.1%，天津为54.6%~71.4%，河北为58.6%~82.6%，山东为51.9%~74.8%，其中对颗粒物$PM_{2.5}$、PM_{10}、BC和OC的贡献要高于气体污染物CO、NO_x和VOCs。北京黄标车和国Ⅰ标准的机动车对污染物贡献要略小其他省市，这是因为北京排放标准要严于其他省市，且积极鼓励报废注册年份较早的车。此外，车型对机动车污染物排放也有影响。北京和天津的微/小型汽油客车对CO、VOCs和OC的贡献较大，大/中型柴油客车对NO_x、$PM_{2.5}$、PM_{10}和BC的贡献较大；河北和山东的CO排放主要源自微/小型客车和农用车，VOCs和OC主要源自摩托车，微/小型客车次之，NO_x主要源自农用车，$PM_{2.5}$、PM_{10}和BC主要源自大/中型柴油货车和农用车。因此，鉴于各省市不同车型、不同排放标准机动车的排放特征有所差异，在采取减排措施时要因省市而异。

对大气污染物排放量进行空间分配是将排放清单用于空气质量模式中的关键步骤之一，这将直接影响空气质量模型模拟的准确性。本书的研究根据各种污染源特征，利用地理信息系统（geographic information system，GIS）工具将排放量分配到9千米×9千米的网格中，结果如图2-14所示。

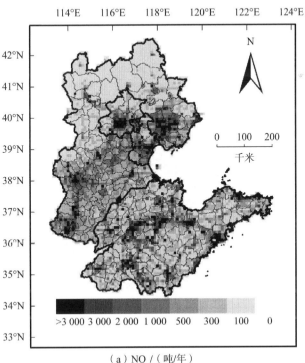

(a) NO_x/（吨/年）

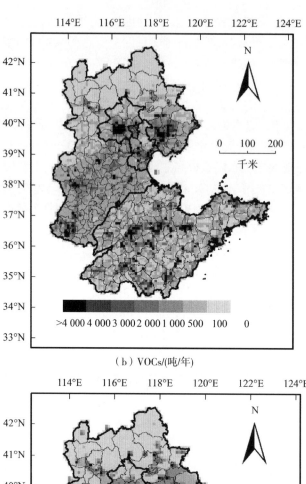

(b) VOCs/(吨/年)

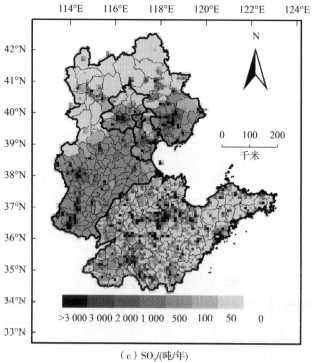

(c) SO$_2$/(吨/年)

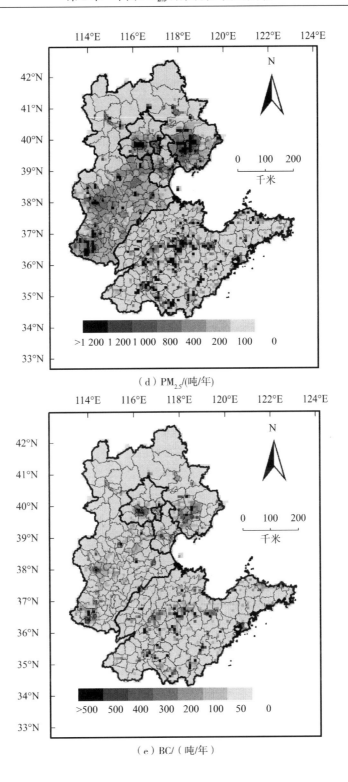

(d) PM$_{2.5}$/(吨/年)

(e) BC/(吨/年)

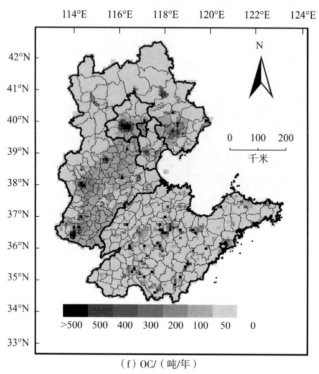

(f) OC/(吨/年)

图 2-14　2010 年京津冀鲁地区各种污染物排放空间分布示意图

京津冀鲁地区各种污染排放呈明显的区域分布特征，排放强度较高的地区主要集中在北京市区；天津市区、塘沽区和汉沽区；河北石家庄、邯郸和唐山；山东济南、淄博、济宁、枣庄、潍坊和青岛。CO、NO_x、VOCs 和 BC 呈现一致的空间分布趋势，形成以城市为中心的城市污染带，这主要是因为城市人口密度大、机动车保有量大、城郊区工业分布密集造成的。以北京为例，虽然北京各种污染物排放总量最低，但是由于其面积小，仅是山东面积的十分之一，加之城市人口密度和机动车保有量大，在城区呈现明显的高值区。此外在河北石家庄以南、唐山市以及天津塘沽和汉沽区工业分布密集，故这些地区污染物排放强度都较高，而在河北北部的张家口、承德以及天津北部的蓟县、宝坻区和南部的静海县几乎没有工厂分布，人口密度相对较小，故污染物排放量很低。由于电厂分布较为零散，且排放强度相对来说比较大，故 $PM_{2.5}$、PM_{10}、和 SO_2 空间分布略有差异，呈现很多分散的高值点。OC 主要源自居民燃煤，所以其空间分布总体上呈片状，最高值出现在市区人口密度大的地方。

第 3 章 发达国家 $PM_{2.5}$ 污染控制经验分析

自 20 世纪 30 年代以来,很多发达国家都经历过严重的大气污染。特别是欧美等发达国家和地区,也都发生了长时期的环境污染,治理空气污染也经历了 30~50 年的时间,积累了许多教训和经验。本章主要分析评估欧盟、美国等治理 $PM_{2.5}$ 的经历和经验,为中国制定 $PM_{2.5}$ 中长期治理和城市达标路线图以及 $PM_{2.5}$ 治理政策体系提供借鉴。

3.1 欧盟 $PM_{2.5}$ 污染控制经验

20 世纪 50 年代初到 70 年代末,燃煤引起的煤烟型污染是欧洲各国大气污染治理的重点。1952 年英国发生了震惊世界的伦敦烟雾事件,造成 12 000 多人的死亡。以英国为首的欧洲国家普遍采取了提高烟囱高度,消除低矮源,实施燃料替代和大规模使用除尘、脱硫技术的控制策略,有效控制了煤炭燃烧带来的烟尘排放。20 世纪末,随着对颗粒物污染尤其是 $PM_{2.5}$ 污染危害的认识,欧盟加强颗粒物污染控制工作。通过制定空气质量标准,设定二次污染物前体物排放上限,采用最佳可行技术实现对大型工业设施的综合预防与控制等措施,不断降低颗粒物、SO_2、NO_x 等排放量,促进环境空气中 $PM_{2.5}$ 浓度达标。

3.1.1 多数成员国 $PM_{2.5}$ 年均浓度实现达标

欧盟在 1999 年首次颁布的环境空气质量指令(99/30/EC)中,提出 PM_{10} 的环境质量标准值,其中 PM_{10} 年均浓度限值为 40 微克/米^3,日均浓度限值为 50 微克/米^3。现行的环境空气质量指令(2008/50/EC)于 2008 年 5 月 21 日获得通过,并于 2010 年开始实施。除沿用 99/30/EC 中 PM_{10} 浓度限值,2008 /50/EC 中还增加了 $PM_{2.5}$ 年均浓度标准(表 3-1),并且规定了成员国达到相关大气颗粒物浓度标准的时限。

表 3-1　欧盟空气质量标准中颗粒物浓度限值

因子	平均时间	标准值/（微克/米^3）	备注
PM_{10}，限制值	24 小时平均	50	一年中超过标准的天数必须小于 35 天；实施时间为 2005 年 1 月 1 日
PM_{10}，限制值	年平均	40	实施时间为 2005 年 1 月 1 日
$PM_{2.5}$，目标值	年平均	25	实施时间为 2010 年 1 月 1 日
$PM_{2.5}$，限制值	年平均	25	实施时间为 2015 年 1 月 1 日
$PM_{2.5}$，限制值*	年平均	20	实施时间为 2020 年 1 月 1 日

*表示 2013 年，欧盟委员会将依据最新的关于健康、环境影响和技术可行性的信息及各成员国的减排经验，对其进行重新评估

2010 年 $PM_{2.5}$ 监测数据显示，保加利亚、捷克、意大利和斯洛伐克等国家普遍存在 $PM_{2.5}$ 年均浓度超标的城市，欧洲大陆的大多数城市 $PM_{2.5}$ 年均浓度都达标，但高于更严格的 WHO 准则值（10 微克/米^3），北欧国家的城市 $PM_{2.5}$ 年均浓度普遍低于 WHO 准则值。

3.1.2　各种污染物排放均呈现不同程度下降

近二十年，欧洲二次颗粒物前体物的排放量大幅下降。其中，SO_2 的排放量下降幅度最大，下降了 82%；其次是 NMVOCs，下降 56%；NO_x 和 NH_3 分别下降了 47% 和 28%。2000 年之后《远距离越境空气污染公约》的缔约国被正式要求报告 PM 的排放数据，据统计，2000 年以来，欧洲 $PM_{2.5}$ 的排放量削减了 15%（图 3-1）。

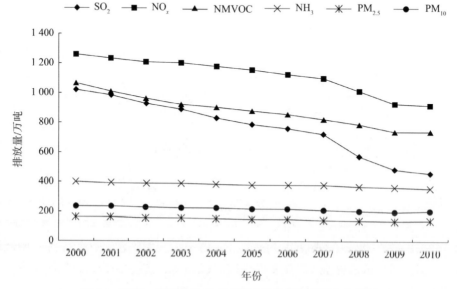

图 3-1　欧洲一次颗粒物及二次颗粒物前体物排放变化情况

3.1.3 欧盟控制空气污染的主要策略

1. 实施空气质量改善计划

在 1999 年颁布的空气质量标准中首次设置了 PM_{10} 的浓度限值,并在此后颁布的空气质量标准(2008/50/EC)中增加了 $PM_{2.5}$ 年均浓度标准,严格要求成员国按期达标,2001~2010 年欧洲 90%以上的监测点位 PM_{10} 年均浓度年均减少 1%。伴随环境空气质量标准的实施,欧盟理事会要求欧盟成员国广泛开展 PM_{10} 和 $PM_{2.5}$ 的监测,特别是对 $PM_{2.5}$ 监测点位的选取和数量提出严格要求,目前欧洲共有 3 000 多个 PM_{10} 监测点位,较 2001 年增加了 1 倍。

根据空气质量指令的要求,成员国应将其领土划分为若干区域和城市群,并应使用监测和模拟等技术对这些区域和城市群的空气污染水平进行评估。如果区域和城市群污染物浓度超过空气质量指令规定的浓度限值,成员国要为该区域或城市群制订空气质量改善计划和方案,以确保按期达标。为了确保不同的政策之间的连贯性,在可行的情况下,空气质量计划应与污染物排放量控制计划保持一致和协调。此外,空气质量计划可能包括旨在保护敏感人群,包括儿童的具体措施。

2. 建立完善的标准体系

作为区域性组织,欧盟的环境行动计划属于政策性文件,需要条例、指令等立法予以实施。欧盟颁布了大量有关大气环境的指令,这些指令的实施对保护和改善成员国空气环境质量、预防和控制颗粒物污染、实现共同的环境目标起到了至关重要的作用。与颗粒物污染防治相关的法令主要包括如下。

(1)环境空气质量标准指令。现行的环境质量标准法令是 2008/50/EC,规定了 PM_{10}、$PM_{2.5}$ 的空气质量标准,及实现标准的时限。

(2)国家污染物排放上限指令(National Emission Ceilings Directive,NEC directive)。2001 年颁布 NEC 指令规定了 2010 年各成员国 SO_2、NO_x、VOCs 和 NH_3 的排放上限。欧盟还将出台新的 NEC 指令,继续对上述二次颗粒物前体物及一次 $PM_{2.5}$ 实施总量控制。

(3)固定源污染排放控制指令。欧盟实施过的重要的固定源排放指令包括:限制大型燃烧设备空气污染物排放限值的 2001/80/EC 指令,关于废物焚烧污染控制的 75/439/EEC,设定 VOCs 排放限值的 1994/63/EC 指令和 1999/13/EC 指令以及综合污染预防与控制指令(Integrated Pollution Prevention and Control,IPPC,96/61/EC),而 2010 年欧盟通过的《工业污染物排放指令》(2010/75/EU),统一了上述指令。

（4）移动源大气污染物排放控制指令。道路车辆排放标准包括轿车和轻型车排放指令（欧1~欧6）及重型商用车排放指令，主要规定了各种道路车辆PM和NO_x等污染物的排放限值。此外，欧盟还实施了2002/88/EC，控制非道路移动机械大气污染物排放。

（5）燃料质量管理指令。燃料质量管理指令（2003/17/EC），限定了发动机燃料中硫、VOCs等的含量。

3. 规定污染物排放上限

为有效控制$PM_{2.5}$污染，欧盟一直致力于通过协同减少一次颗粒物及二次颗粒物前体物（SO_2、NO_x、NH_3）的排放，降低环境空气中$PM_{2.5}$浓度。为控制前体物的排放，欧盟实施了国家污染物排放总量政策。欧洲总量控制的政策有两个，分别是国家排放上限指令和在《远距离越境空气污染公约》框架下签署的《哥德堡协议》。

1）国家排放上限指令

欧盟国家排放总量控制的实施具有完善的配套保障措施，如国家规划、成员国报告制度、委员会报告制度和与第三国合作制度等。若成员国违反区域控制措施的规定，则应当承担法律责任。欧盟NEC指令为其各成员国设定了2010年各项大气污染物排放上限（图3-2），以控制各成员国污染物排放总量。

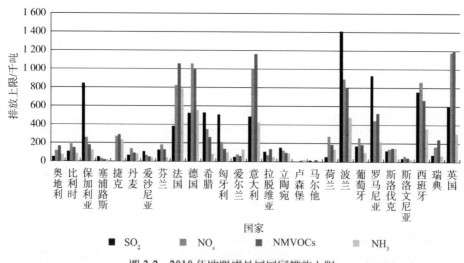

图3-2 2010年欧盟成员国国家排放上限

随着NEC指令的实施，欧盟二次颗粒物前体物排放量的减排效果显著。2010年欧盟实现了SO_2、NMVOCs和NH_3的总量控制目标，但是在欧盟27国中有15

个国家 2010 年 NO_x 排放量超过了国家排放上限,导致欧盟没有实现 NO_x 总量控制目标(超过排放控制上限 8%)。全部成员国均实施了 SO_2 总量控制目标,仅西班牙和德国超过了 NMVOCs 的排放上限,而西班牙和芬兰在 NH_3 排放方面超过了 2010 年排放控制上限。

2)《哥德堡协议》

针对大气污染物的跨界输送问题,1979 年在联合国欧洲经济委员会支持下,欧洲各国签署了《远距离越境空气污染公约》。在公约框架下,欧洲各国签署了一系列跨国协议,规定了 SO_x、NO_x 等跨界传输污染物的排放上限(表 3-2)。1999 年签署的《哥德堡协议》针对 SO_2、NO_x、NH_3 和 NMVOCs 制定了 2010 年的排放上限。

表 3-2 《远距离越境空气污染公约》框架下签署的协议及污染物控制目标(单位:%)

污染物/协议	基准年	目标年	减排率
SO_2(1994 年《奥斯陆协议》)	1980	2000	62
SO_2(1999 年《哥德堡协议》)	1990	2010	75
NO_x(1988 年《索菲亚协议》)	1987	1994	保持稳定
NO_x(1999 年《哥德堡协议》)	1990	2010	50
NMVOCs(1991 年《日内瓦协议》)	1987	1999	30
NMVOCs(1999 年《哥德堡协议》)	1990	2010	58
NH_3(1999 年《哥德堡协议》)	1990	2010	12

欧盟成员国联合中欧和东欧国家在《远距离越境空气污染公约》框架下,签署了哥德堡协议,旨在实施多污染物协同控制。对于欧盟成员国来说,国家排放上限指令中设定的排放控制目标等于或小于《哥德堡协议》中的目标。《哥德堡协议》实施后,欧洲污染物控制策略打破了以往仅针对单一污染物进行限制的格局,开始更加注重多种污染物之间的相互影响和协同控制。《哥德堡协议》于 2012 年 5 月修订,设定了 2020 年 SO_2、NO_x、NH_3、NMVOCs 和 $PM_{2.5}$ 的排放控制的目标。

4. 加强重点领域污染控制

为满足颗粒物浓度标准,实现总量控制目标,欧盟成员国根据本国情况采取了相应的控制手段(表 3-3)。总体而言,采取的政策及措施主要涉及以下几个方面,即能源供应、交通运输、工业过程、畜牧业、种植业和废物处置。

表 3-3 欧盟成员国颗粒物污染防治措施汇总

控制领域	控制措施	减排污染物	实施国家（部分）
工业领域	控制装机容量 50 兆瓦以上大型电站燃烧排放	SO_2、NO_x	英国、比利时、德国、丹麦、荷兰、斯洛文尼亚
	控制非许可的小型燃烧设备排放	SO_2	德国
	IPPC、推行最佳可行技术（best available technology，BAT）	SO_2、NO_x、VOCs	英国、比利时、德国、丹麦、荷兰、斯洛文尼亚
	降低燃料中的硫含量	SO_2	比利时、捷克、德国、丹麦、法国、荷兰、斯洛文尼亚、英国
	设置锅炉排放标准	SO_2、NO_x	奥地利、比利时、英国
	征收排污税	SO_2、NO_x	丹麦、瑞典
	开展 NO_x 排污交易	NO_x	荷兰
	强化溶剂使用的管理	VOCs	奥地利、比利时、荷兰、斯洛文尼亚、英国
	装潢油漆、汽车喷涂材料等产品的标准化管理	VOCs	比利时、英国
	采取措施控制工业及燃烧过程	VOCs	比利时、斯洛文尼亚
	减少炼油厂储存和处理过程排放	VOCs	比利时
	控制废物燃烧设施及废物处置过程排放	VOCs	德国、丹麦
能源供应部门	制定节能政策	SO_2、NO_x、	比利时、捷克、瑞典、斯洛文尼亚、英国
	为每个电厂设定 SO_2 排放的年度配额	SO_2	丹麦
	加强煤炭清洁化利用、使用生物质等可再生资源	SO_2、NO_x	比利时、捷克、丹麦、荷兰、瑞典、斯洛文尼亚、英国
	燃料替代	SO_2、NO_x	捷克
交通运输	发展可持续交通	NO_x、VOCs、NH_3	奥地利、捷克、瑞典、斯洛文尼亚、英国
	减少船舶排放	SO_2	丹麦、法国、荷兰、英国
	实施路机动车排放标准	NO_x、VOCs	奥地利、荷兰、瑞典、英国
	限制非道路移动源排放	SO_2、NO_x	丹麦、法国、荷兰、瑞典、斯洛文尼亚、英国
	实施油气回收指令	VOCs	比利时、德国、斯洛文尼亚、英国
	对小排量汽车实施消费税优惠	NO_x、VOCs	德国、丹麦、英国
农业领域	促进环境友好型农业的发展	NH_3	奥地利、比利时、捷克、英国
	减少家庭养殖数量	NH_3	比利时
	减少肥料堆存、施用过程排放	NH_3	比利时、法国、瑞典
	鼓励减少氮肥的使用	NH_3	法国、瑞典
	加强农业源排放管理	NO_x、NH_3	比利时、瑞典、荷兰、英国
其他	加强集中供热锅炉 NO_x 排放监管	NO_x	荷兰
	提供技术指导	SO_2、NO_x、VOCs、NH_3	德国、丹麦、法国

5. 加强环境信息公开

按照欧盟理事会决议（2001/752/EC）的规定，欧盟成员国各地区需按照人口数量、颗粒物浓度情况及其他污染物浓度情况等多种因素确定本地区最少空气质量监测站的数量。目前，大部分欧盟成员国都是同时监测 PM_{10} 和 $PM_{2.5}$。按照欧盟指令的规定，空气质量信息应该向公众及时发布，同时需要制订应急预案和行动计划，即在一定情况下，如果污染物浓度即将到达或超过了临界水平，政府将会采取怎样的措施在短期内做出响应。此外，成员国要保证相互之间数据、技术和信息的共享，并接受来自欧盟委员会的监督和检查。

3.2 美国 $PM_{2.5}$ 污染控制经验

自 20 世纪 70 年代，美国环境保护局（Environmental Protection Agency, EPA）开始关注颗粒物污染，尤其在 1997 年国家空气质量标准颁布后，美国开始全面加强颗粒物污染防治，基于《清洁空气法》，EPA 先后出台了《清洁空气州际条例》（Clean Air Interstate Rule, CAIR）、《清洁空气能见度条例》（Clean Air Visibility Rule, CAVR）等条例，并综合采取 SIP、国家酸雨计划、NO_x 核算等手段，实施严格的污染控制措施，从而取得显著成效。

3.2.1 $PM_{2.5}$ 年均浓度显著下降

根据 EPA 发布的相关数据，1990~2000 年美国 PM_{10} 年均浓度下降了 24%；2000~2012 年美国 PM_{10} 和 $PM_{2.5}$ 的年均浓度分别下降了 27%和 33%（图 3-3）。以加利福尼亚州的洛杉矶为例，1955 年 9 月发生严重光化学烟雾事件，造成 400 多名老人死亡。根据洛杉矶环境保护部门统计，洛杉矶一级污染警报（非常不健康）的天数从 1977 年的 121 天下降到 1989 年的 54 天，而到了 1999 年就消除了一级污染警报天，颗粒物治理前后经历了约 50 年的时间。

3.2.2 污染物排放量呈明显下降趋势

根据美国 EPA 的排放清单模型计算结果显示：1990~2011 年，美国 PM_{10} 一次排放量下降了近 25%，$PM_{2.5}$ 一次排放量下降了近 17%；1990~2006 年，美国的 $PM_{2.5}$ 前体物 SO_2、NO_x 和 VOCs 的排放量分别下降了 11%、16%、20%和 8%（图 3-4）。

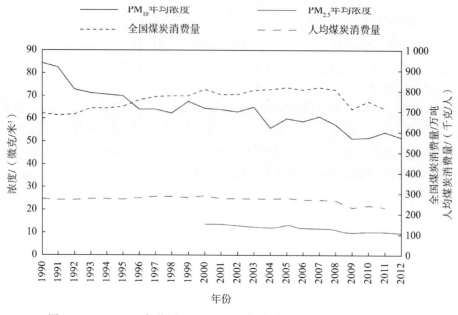

图 3-3　1990~2012 年美国 PM$_{10}$、PM$_{2.5}$ 年均浓度及煤炭消费量变化趋势

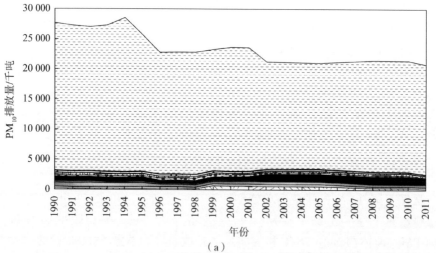

(a)

第 3 章 发达国家 PM$_{2.5}$ 污染控制经验分析

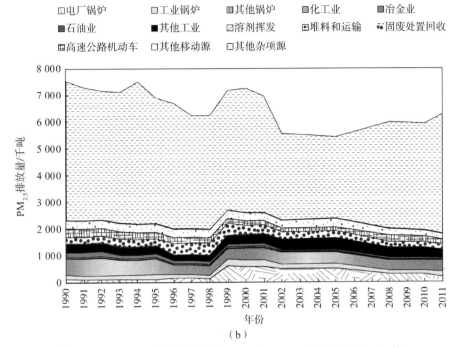

图 3-4 1990~2011 年美国颗粒物 PM$_{10}$ 和 PM$_{2.5}$ 一次排放量变化趋势

EPA 分别于 1996 年、2002 年、2005 年、2008 年、2011 年对 NEI 计算方法进行了调整；图中显示 2005 年至今的 PM$_{2.5}$ 排放量增长主要是由计算方法变更所导致的

PM$_{2.5}$ 以及 PM$_{2.5}$ 主要前体物的工业工艺排放量基本保持零增长；燃料燃烧和交通运输的减排成效更为显著，其排放的 PM$_{10}$、PM$_{2.5}$ 以及 PM$_{2.5}$ 主要前体物均有明显降低（图 3-5 和图 3-6）。

3.2.3 美国控制空气污染的主要策略

1. 基于空气质量达标的州实施计划

为使空气质量达到《国家空气质量标准》的要求，《清洁空气法》规定，各州需定期向美国 EPA 提交包括颗粒物治理在内的治理大气污染的 SIP。每当新的空气质量标准出台，美国 EPA 要求各州根据自身情况，必须提出各自的 SIP 并制定出实施新标准的具体时间表。以 PM$_{2.5}$ 为例，当 2006 年新标准颁布后，要求各州要在 2008 年前主动申报实施新版标准的时间，各州开始执行新标准的时间可以不一致，全国开始执行新标准的最后期限是 2010 年 4 月。

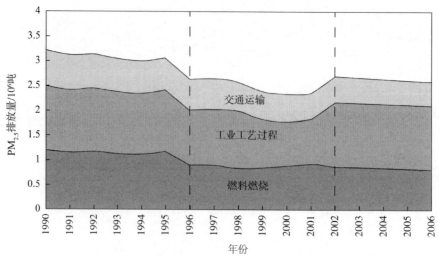

图 3-5　1990~2006 年美国重点人为源 PM_{10} 排放量的变化

1990~2006 年，排放量降低 20%

一般情况下，SIP 的提交时限为《国家空气质量标准》颁布日期开始的 3 年内。SIP 一般包括以下内容，即大气污染物的监测情况、空气质量的核算与模拟、污染物排放清单、污染物排放控制措施的研究成果、正在开展的减排措施以及大气治理效果的定期审核报告。

此外，当 EPA 颁布新的国家空气质量标准或修订原有标准时，根据《清洁空气法》规定，EPA 需依照此标准对全国范围包含颗粒物在内的 6 种污染物进行评估，划定"达标区"与"未达标区"。针对颗粒物的达标计划，EPA 规定管辖范围包含 $PM_{2.5}$ "未达标区"的各州，需在评估生效期开始 3 年内，提交治理 $PM_{2.5}$ 污染的 SIP，使当地空气质量在规定期限内达到 EPA 指定的标准；管辖范围包含 PM_{10} "未达标区"的各州，需在评估生效期开始 18 个月内，提交治理 PM_{10} 污染的 SIP，使当地空气质量在规定期限内达到 EPA 指定的标准。达标时间是各州确定的执行新标准时间之后 5 年之内。达标有困难的州可以申请延期 5 年达标，也就是说法律上给出了最长 10 年的达标宽限期。

2. 开展重点区域大气污染治理

美国治理大气污染的经验值得我们借鉴，其中重要经验之一就是大气污染治理的区域机制。区域环境管理机制就是区域范围内建立起统一的管理机构，对区域的环境问题进行全盘整合式管理，从操作方式，这一机制主要通过区域环境自主管理和区域合作两种方式。而大气污染治理区域机制及区域环境管理机制的一种。

第 3 章 发达国家 PM$_{2.5}$ 污染控制经验分析

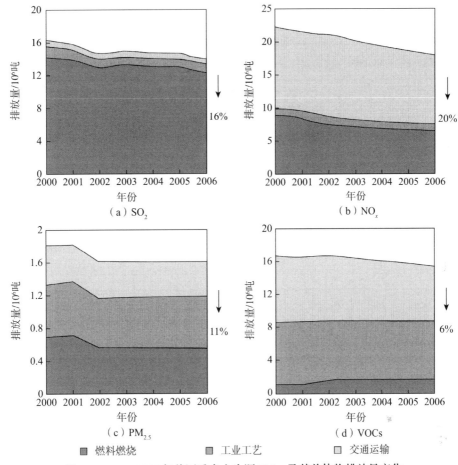

图 3-6 2000~2006 年美国重点人为源 PM$_{2.5}$ 及其前体物排放量变化

美国 EPA 将美国划分成 10 个大的地理区域，并根据该划分建立了 10 个区域办公室来进行管理。各区域办公室又有针对性地且充分灵活地对污染问题与各州合作。在阴霾问题的治理上，针对 O$_3$ 和 PM$_{2.5}$ 不达标问题，美国采取了重点保护区治理和区域治理综合进行的方法。根据空气质量状况，美国 EPA 在全国范围内指定了 156 个一级地区（国家公园和野生动植物保护区）作为阴霾问题的重点治理对象（图 3-7）。同时根据地域和空气质量，全国范围内成立了五个民间区域治理联盟[（Western Regional Air Partnership，WRAP）、（Central Regional Air Planning Association，CENRAP）、（Midwest Regional Planning Organization，Midwest RPO）、（Mid-Atlantic/North. East. Visibility Union，MANE-VU）、（the Visibility Improvement state and Fribal Association of the Southeast，VISTAS））]，该五大联盟接受 EPA 的资金支持对各自区域内的颗粒物污染进行整治。考虑到颗粒物长距离传输的特性，这种区域治理联盟的做法冲破了州界范围的束缚，有利于开展颗粒物的多地区联合治理工作，推动区域环境空气质量的改善。图 3-7 所示为美国五大区域治理联盟的空间分布。

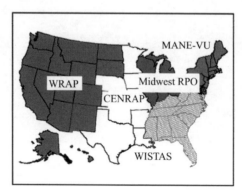

图 3-7　美国 156 个一级地区及五个区域治理联盟的空间分布

美国实施区域治理机制方面已经有了将近 40 年的经验，这套机制产生了一些可量化的成绩。如图 3-8 所示，1980~2010 年美国的国内生产总值增加了 127%，机动车行驶里程数增加了 25%，能源消费量增加了 25%，美国人口增加了 36%，但同其主要大气污染物排放量却降低了 67%。

3. 重点控制电力和工业污染排放

目前，EPA 开展的颗粒物减排工作主要集中在电力、工业及移动源三个方面，为各州分别制定了排放削减量的预期目标。EPA 采取的颗粒物减排方式可分为控制一次颗粒排放以及控制颗粒物前体物排放两种方式，其中，颗粒物前提体的控制工作主要集中在对 SO_2 和 NO_x 排放量的控制。

电力和工业是美国颗粒物污染的重要来源，美国 EPA 通过实施《清洁空气州际条例》、《清洁空气能见度条例》、《国家酸雨计划》以及《NO_x "州实施计划" 召集令》等法规或计划，对颗粒物及其前体物 SO_2 和 NO_x 在电力和工业生产中的排放量进行了严格控制。

电厂减排尤其是美国大气污染物控制的工作重点。2002 年，美国 SO_2 排放量中的 67% 来自于电力生产，NO_x 排放量中的 22% 来自于电力生产。目前，美国的电厂已基本全部实现了污染控制设施的技术改造。因此，除了最佳可用改造技术（best available retrofit technology，BART）的推进使用，针对电力行业 SO_2 和 NO_x 的排放削减目标，EPA 鼓励进行排放交易，鼓励减排成本较低的电厂大力减排，将额外的减排额度出售给减排成本较高的电厂，从而有效地实现

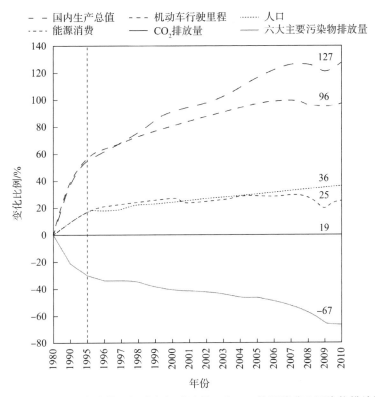

图 3-8　美国国内生产总值、机动车行驶里程、人口、能源消费和污染物排放情况

区域减排目标。预计到 2020 年美国电厂 SO_2 和 NO_x 的排放量均会下降到 1 000 万吨以下，如图 3-9 所示。

4. 调整能源结构，降低煤炭使用比重

美国城市和大部分地区都供应清洁的能源。2011 年一次能源消费为 32.41 亿吨标煤，其中石油占 36.7%、天然气占 27.6%、煤占 22.1%、核电占 8.3%、水电占 3.3%、可再生能源占 2%。与 20 世纪 50~60 年代的能源消费结构相比，煤炭利用的比重大幅下降。城市的能源消费中，除了交通部门的燃油消耗外，大部分由天然气和电力供应，城市中燃煤量很少，城市煤烟型的空气污染能够得到彻底解决。2011 年美国消费 10 亿多吨煤炭中，90%以上用于发电。由于美国公众对健康和环境保护的关心，美国近年来没有再新建大型的煤电厂。页岩气近十年井喷式的发展，占总天然气产量的 30%，使天然气价格大幅下降，页岩气和天然气发电成本比煤发电更有竞争力。煤发电在电力部门的比例从 1985 年的 57%下降到 2012 年年底的 34%以下。美国煤炭利用在今后几年仍会逐步下降，美国空气质量将会进一步改善。清洁天然气的供应，也为城市的公交汽车和私用车提供了另一条低污染、低碳的燃料选择。

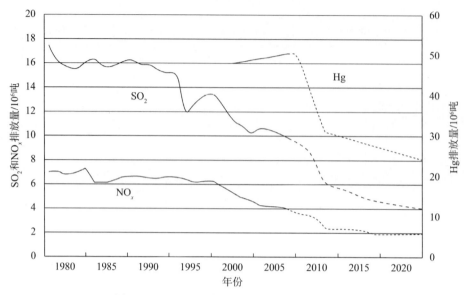

图 3-9　1980~2020 年美国电厂污染物排放变化

图中虚线为预测值

此外，美国的风能、太阳能、地热能和生物质能等可再生能源发展迅速，分布式可再生能源尤其受到联邦和各州政府的鼓励。可再生能源发电装机容量占世界第二位，发电量世界第一（欧盟除外），2011 年发电量折算约为 4 530 万吨标油（约 6 470 万吨标煤）。生物质燃料产量 2 825 万吨标油（约 4 035 万吨标煤），居世界第一。

1990~2011 年这二十余年，美国的能源结构得到了显著优化，煤炭和石油的使用占比均有所下降，煤炭在美国能源消费结构中的比重由 26.1%降低到 23.6%，石油的比重由 41.7%下降到 39.3%；天然气的使用比重则有所升高，由 27.3%增长至 30.3%（图 3-10）。2000~2011 年，美国人均年煤炭消费量从 277 每千克标准煤降低到 230 每千克标准煤；结合《清洁空气州际条例》和《国际酸雨计划》的环境管制，美国电厂燃料中煤炭的使用比例也呈现显著降低，从 20.7% 减少到 18.2%。煤炭消耗强度的降低，有效减少了燃煤引起的颗粒物排放。

5. 采用经济手段促进交通部门污染治理

目前，影响美国城市空气质量的主要污染源是机动车尾气排放。在美国许多城市，交通规划是为驾车出行设计的，一旦交通模式锁定，美国人驾车出行的方式就很难得到根本解决。在交通部门减少 $PM_{2.5}$ 和其他污染物的排放是复杂的系统工程，不仅要考虑减少汽车的使用和提高油品质量，增加燃油效率，减少汽车尾气排放，更要考虑到公共交通的发展、社区的小型化、信号系统有效控制，以及设置自行车

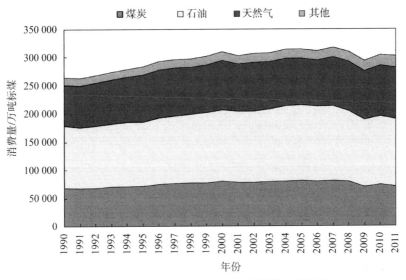

图 3-10　1990~2011 年美国能源消费结构变化情况

专用道和人行道等措施。发展公交系统的主要目的之一，是让更多人采用公交出行。以国际大都会城市纽约为例，地铁和公交系统发达，城区的停车费用奇高且不易找到车位。纽约市民大都采取公交系统出行，交通拥堵状况比美国其他大城市好很多。

与中国的减排多靠行政手段不同，美国城市管理部门很少采取行政干预，而是采取经济手段来调节开车出行。在城市交通中贯彻"谁污染谁付费"的原则，如提高油品质量和燃油效率的成本由开车人承担、在城市主要地段提高停车费等。此外，与欧洲和日本相比，美国的汽油价低、燃油税低，提高燃油税以限制驾车在美国遇到重重阻力。美国加利福尼亚州政府对购买耗油量低、节能环保的汽车给予补贴，鼓励发展电动汽车以及混合动力汽车等。美国通过综合运用价格、财税等经济杠杆，增加了驾车出行的经济成本，减少拥堵所造成的经济、社会和环境上的损失。

此外，美国的车辆实施方案是目前世界上最全面且影响最深远的车辆达标管理和实施方案。经过多年的不断完善，车辆实施方案从最初侧重于确保样车和新车达标发展到现在重点强调在用车的测试方案，以确保车辆在整个使用周期内满足排放标准的要求。

6. 严格处罚措施，确保治理顺利进行

为了保障颗粒物治理工作的贯彻执行，防止违规乱纪行为的出现，美国 EPA 针对政府机构和企业单位均规定了多项严厉的处罚措施。例如，在前文中提到的，对政府机构不按时提交 SIP 的，处以排放补偿制裁或公路基金制裁；对违规排放的企业处以超标罚款、特殊情况罚款不设上限等。部分《清洁空气法》对企业的处罚规定如表 3-4 所示。

表 3-4　部分《清洁空气法》规定的企业处罚措施

违规内容	处罚措施
污染物排放不达标	电厂 SO_2、NO_x 或烟粉尘排放量每超标 1 吨，将被罚款 2 000 美元
污染物排放不规范	对于违反《清洁空气法》污染排放规定的企业，EPA 可处以每天高达 2.75 万美元的罚款，通常情况上限不超过 20 万美元，特殊情况不设上限
数据造假	如果企业向美国 EPA 报告的数据不准确、不全面，一经查实，企业授权代表将被追究刑事责任

3.3　发达国家经验及对中国的启示

3.3.1　空气质量改善是漫长而艰巨的任务

纵观欧、美、日等发达国家和地区大气污染防治历程，实现空气质量达标是一项漫长而艰巨的任务。欧洲大气污染高峰始于 1952 年发生在英国的震惊世界的伦敦烟雾事件，此后欧洲多个城市遭受了严重的烟雾事件的侵袭，随着煤烟型污染愈演愈烈，欧洲国家通过采取燃料替代、消灭低矮点源和大规模开发消烟除尘等措施，才得以解决困扰多年的煤烟型污染。此后，酸雨与污染物跨接传输问题的凸现，促使欧洲开始采取积极地总量削减控制策略。直到 20 世纪 80 年代，传统的大气污染基本得到治理。随着颗粒物污染尤其是 $PM_{2.5}$ 污染对人体健康的危害，欧盟逐步加强对颗粒物污染的控制，2010 年欧盟委员会首次制定了 $PM_{2.5}$ 空气质量标准，但是多数成员国存在超标现象。颗粒物尤其是 $PM_{2.5}$ 污染防治是当前和未来欧洲环境污染治理防治的重点之一。美国大气污染高峰源于 20 世纪 50 年代发生的洛杉矶光化学烟雾事件，该事件直接催生了历史上第一部《空气污染控制法》。后经多次调整和修订，到 1970 年美国出台了《清洁空气法》，构建了美国大气环境质量标准与排放总量相结合的大气污染防治策略体系。随着近地面 O_3 和 $PM_{2.5}$ 污染成为突出问题，2005 年美国 EPA 进一步发布了《清洁空气州际法规》，旨在通过同时削减 SO_2 和 NO_x 的方法帮助各州的近地面 O_3 和 $PM_{2.5}$ 达到环境空气质量标准。虽然经过 40 多年的综合治理，美国 $PM_{2.5}$ 污染虽然已经大幅降低，但是根据美国 EPA 关于 2011 年的监测分析，仍有 18 个州的 121 个县不能达到国家空气质量标准。日本也是世界上开展大气污染防治工作较早的国家。1960 年左右，日本国内石化工厂附近患哮喘类疾病的病人数量激增，大气污染问题开始得到日本政府的关注。1968 年，日本政府颁布了《大气污染控制法》，规定通过控制工厂及机动车排放的尾气中颗粒物的含量来保护大气环境。从 20 世纪 80 年代开始关注 $PM_{2.5}$ 的人体健康影响，认为大城市中的 $PM_{2.5}$ 的主要来源是汽车尾气。2009年制定的PM$_{2.5}$标准为年平均值不得超过15.0微克/米^3，这相当于WHO《空气质量准则》第三阶段的水平。经过30多年的努力，日本空气质量得到明显改善，PM$_{2.5}$年均浓度呈现逐年下降趋势，但在大城市的中心城区，PM$_{2.5}$浓度达标存在较大困难。从发达国家大气污染的历史来看，严重的污染事件直接催生了大气污染治理，从空气污染高峰到治理实现较好的空气质量，一般需要大约40年的时间。

3.3.2 空气质量标准是大气治理的核心

国际上普遍重视对颗粒物的研究与防治，并基于对人体健康的影响逐步调整和加严颗粒物浓度限值。1987年，为防治环境中PM10对人体健康的影响，美国率先制定了PM$_{10}$的国家空气质量标准，并在公众和民间组织的推动下，于1997年增加了PM$_{2.5}$的国家空气质量标准。考虑到PM$_{2.5}$浓度与潜在的致病性的关系，PM$_{2.5}$的浓度限值为15微克/米^3（年均值）和65微克/米^3（日均值）；2006年，美国继续修订空气质量标准，对PM$_{2.5}$浓度提出了更为严格的限定标准，将PM$_{2.5}$的日均浓度限值降低为35微克/米^3；2012年美国新的空气质量标准规定，在2020年前所有城市空气中PM$_{2.5}$年均浓度达到12微克/米^{3}以下。从1980年起，欧盟逐步颁布了一些污染物的浓度限制和建议值标准。目前，欧盟PM$_{10}$日均浓度限值（50微克/米^3）已达到WHO所设定的准则值标准，是世界上对PM$_{10}$监控标准最严格的地区之一。基于对人体健康的考虑，欧盟于2010年制定了中长期PM$_{2.5}$达标的目标值，即2015年目标标准为20微克/米^3，2020年目标标准为18微克/米^3。同时，欧美等发达国家和地区针对各行业或各类污染源的具体特点制定了相应的排放标准和最佳可行技术，推动各行业、各种污染物排放量下降，从而实现空气质量达标。

中国于1982年颁布并实施了首个环境空气质量标准——《大气环境质量标准》（GB3095—82），历经三次修订，于1996年出台的《环境空气质量标准》（GB3095—1996）沿用至今。基于对公众健康的保护和对保护生态环境和社会物质财富的重视，2012年中国颁布新的环境空气质量标准，增设了PM$_{2.5}$浓度限值和O$_3$的八小时平均浓度限值，同时收紧了PM$_{10}$、NO$_2$浓度限值。但是与发达国家相比，中国的颗粒物浓度标准仍然相对较宽松。为实现空气质量达标，需要进一步严格行业污染物排放标准，鼓励地方结合实际管理需求，出台严于国家的污染物排放标准，并加强污染排放监督管理，促进空气质量达标。

3.3.3 实施多污染物和多污染源协同控制

大气中PM$_{2.5}$的来源既包括燃料燃烧、工业过程等一次直接排放的烟粉尘、扬尘和土壤尘，又包括由 SO_2、NO_x、VOCs、NH_3 等经过二次转化后生成的二次颗粒物。欧美等发达国家和地区经验表明，单纯控制一次颗粒物排放不能有效降低环境空气中 $PM_{2.5}$ 浓度，需要同时控制 SO_2、NO_x、VOCs、NH_3 等前体物的排放。

要满足我国城市空气质量达标要求，我国二次颗粒物气态前提物和一次颗粒物排放量至少要削减 40%~50%，而空气质量超标严重的地区，则需要实现更大力度的减排。"十一五"以来，我国重点开展了 SO_2 和 NO_x 总量控制，控制重点行业为电力、钢铁和水泥等高架点源，通过采取工程措施、结构调整和强化管理等综合措施，实现 SO_2 排放量大幅度下降，NO_x 排放量增长趋势得到一定遏制的目标，但是这两种污染物排放总量的下降对空气质量改善的效应不够显著。必须尽快制定综合战略，对 SO_2、NO_x、VOCs 和一次颗粒物都提出排放量大幅度削减的控制目标，并开始谋划对 NH_3 的排放控制。除了电力、钢铁、水泥等行业外，控制领域需要涵盖燃煤锅炉、工业窑炉等低矮污染源和移动源等领域，从而建立多污染源、多污染物综合控制体系。

3.3.4 建立区域空气质量联合保护机制

欧、美、日等国家和地区的颗粒物控制历程表明，空气污染控制基本上经历了"企业污染—局域污染—城市污染—区域污染"这样一个同样的治理历程。欧盟一体化的污染控制框架以及《美国清洁空气洲际条例》、《清洁空气能见度条例》、《国家酸雨计划》以及《NO_x "州实施计划"召集令》等法规或计划，都是区域空气质量管理的成功模式。欧美的空气质量管理经验表明，区域空气质量的改善，必须依赖于强大的区域大气污染协调控制能力。随着城市化和工业化进程的快速发展，中国空气污染区域复合型特征日益突出，以属地管理为主的环境管理体制，不利于解决区域空气污染问题。北京奥运空气质量保障措施、广州亚运空气质量保障措施和上海世博会空气质量保障措施的成功实践为中国建立区域联防联控机制奠定了良好的基础。中国已经建立了六个区域环境保护督查中心，但是这些中心的主要职能在于环保督查工作，在区域大气污染防治方面既缺乏相关的职能定位，也缺乏统筹区域进行大气污染控制的技术力量和科技支撑，远不能起到承接中央和地方管理职能的作用。需要通过强化区域督察中心职能，设立区域大气质量管理办公室，负责组织实施大气污染防治相关政策；建立区域大气环境联合执法监管机制、重大项目环境影响评价会商机制，协调处理跨界重大污染纠纷，强化区域内工业项目环境监管；建立区域环境信息共享机制，促进区域内环境信息交流；同时建立区域大气污染预警应急机制，加强极端不利气象条件下大气污染预警体系建设，从而逐步完善区域联防空管理体制，促进区域空气质量有效改善。

3.3.5 煤炭减量化是清洁空气的必要条件

纵观发达国家污染控制措施，其 SO_2、NO_x 和 $PM_{2.5}$ 等污染物排放量的下降与能源结构的转变和煤炭消费量的减少密不可分。早在 20 世纪 70 年代，以英国为首的一些欧洲国家已经通过采取燃料替代的方式，减少燃煤引起的煤烟型污染，1960~1980 年英国 PM_{10} 年均浓度由 200 微克/米^{3}下降至 30 微克/米^{3}左右，煤炭消费量的削减发挥了重要作用。20 世纪 90 年代《哥德堡协议》签订之后，为实现大气污染物排放上限目标，欧洲各国纷纷将减少煤炭消费，增加天然气等清洁能源的使用作为重要措施，如在能源生产部门使用天然气发电替代燃煤发电，减少工业生产中煤炭的使用等。1990~2010 年，欧盟燃烧源排放的一次颗粒物减排最为显著，能源生产、工业能源使用部门分别贡献了一次 PM_{10} 总减排量的 39% 和 25%、一次 $PM_{2.5}$ 总减排量的 32% 和 19%。1990~2011 年，美国通过调整能源结构，提高天然气等清洁能源利用比重，减少煤炭在能源消费结构中的比重，有效地减少了颗粒物等污染物的排放。根据美国 EPA 的排放清单模型计算结果显示，1990~2011 年，美国煤炭在能源消费结构中的比重由 26.1% 降低到了 23.6%，天然气的使用比重由 27.3% 增长至 30.3%，PM_{10} 一次排放量下降了近 25%，$PM_{2.5}$ 一次排放量下降了近 17%；1990~2006 年，美国的 $PM_{2.5}$ 前体物 SO_2、NO_x 和 VOCs 的排放量分别下降了 11%、16%、20% 和 8%。

我国是世界上能源生产和消费大国，燃煤排放是造成大气污染的根本原因。据估算，我国 SO_2 排放量的 90%、NO_x 排放量的 67%、烟尘排放量的 70% 和人为源大气汞排放量的 40% 均来自于燃煤。此外，我国煤炭消费还存在着空间分布不平衡、消费结构不合理和清洁高效利用水平较低等突出问题，在一定程度上加剧了区域与城市的大气污染。因此，从根本上解决我国空气污染，改变能源消费结构是关键，全国严格实施煤炭消费总量控制，按照空气污染严重程度分别执行煤炭消费负增长、零增长和天花板的总量控制方案；大力发展新能源和可再生能源，提高化石能源的加工转化效率和清洁化利用水平，理顺天然气价格，积极推动煤层气、页岩气等非常规天然气的勘探开发和利用。此外，我国量多面广的燃煤锅炉，广泛分布在城市周边，是影响城市空气质量的主要原因之一。亟须全面整治燃煤小锅炉，综合采取能源替代、结构调整和工程治理的手段。通过大力发展集中供热逐步淘汰分散燃煤小锅炉，有条件的地方积极采用天然气、电等清洁能源替代燃煤小锅炉，全面淘汰 10 蒸吨/时以下的燃煤锅炉。

3.3.6 日益关注交通运输部门的污染控制

机动车排放是目前增长最快的空气污染源。在发达国家大多数城市区域，汽油车是 CO、NO_x、HC 等空气污染物的主要来源。欧盟通过制定机动车排放标准、燃料质量指令，发展可持续交通体系，利用经济手段等减少颗粒物排放量。美国拥有世界上最强大最全面的机动车污染控制计划，包括定期更新以健康为基础的空气质量标准，严格的技术强制要求，要求将汽油和柴油的硫含量降至最低，并要求燃料管理标准先于车辆管理标准实施，从而实现减排幅度的最大化。日本环境省积极开展针对机动车尾气造成的颗粒物污染控制，于 2002 年将颗粒物浓度限值加入机动车与其他类型发动机（如建筑用机械）的尾气排放标准中，并联合其他相关省厅来保障这些标准得以顺利执行。自 2001 年起，加拿大政府制定了一系列法律法规来治理由运输业造成的污染，其中包括汽油含硫量控制、定期检测机动车排放、提供奖励机制来加速老旧机动车的报废等。

近几年我国机动车保有量每 7~8 年便会翻一番，而且随着经济的持续快速发展，未来一段时间机动车保有量快速增长的趋势不会改变。机动车排放污染物已经成为导致环境空气质量问题的一个突出因素，特别是城市群地区。相关研究表明，北京和上海等大城市以及东部人口密集区域，移动源对 $PM_{2.5}$ 污染的贡献可高达 20%~25%。为有效控制移动源污染，需要从移动源管理、车用能源和城市规划等角度，对"油-车-路"系统制定综合政策。加速实现车用燃料的低硫化和无硫化，推进非道路移动源油品的低硫化；建立全新的城市可持续交通体系，发展城市公共交通系统，优化交通管理，减少污染物排放量；针对非道路移动源污染加速排放标准、油品标准、管理制度的制定和实施。

3.3.7 建立城市区域空气质量管理体系

城市是公众关注的重点，城市空气质量是否得到改善关系到公众身体健康保障和生活质量的提高。2012 年中国新修订的环境空气质量标准，首次规定了 $PM_{2.5}$ 浓度限值，并收紧了 PM_{10} 浓度限值。根据 2013 年首批开展 $PM_{2.5}$ 监测的 74 个城市前三季度数据可知，中国 $PM_{2.5}$ 污染形势十分严峻，空气质量达标任务十分艰巨。参考欧美等国家和地区的大气管理经验，应将空气质量达标作为管理工作的核心和目标，将重污染天气应急管理转变为常态化管理把 $PM_{2.5}$ 及其相关前体物的总量减排作为质量改善的重要手段，建立面向空气质量的管理模式。鉴于中国各地的经济化水平、产业结构、自然地理等因素存在较大差异，$PM_{2.5}$ 污染特征和污染水平存在显著的区域差异，不同地区实现 $PM_{2.5}$ 年均浓度达标需要付出的社会经济代价和达标时限不同。应根据不同区域经济发展水平、$PM_{2.5}$ 污染特征、污染程度，制定分区分阶段 $PM_{2.5}$ 浓度限期达标管理机制，加强人口密集地区和重点大城市 $PM_{2.5}$ 治理，构建大气环境整治目标责任考核体系，将空气质量达标纳入领导干部政绩考核体系，建立相应的奖惩机制，实行党政领导行政问责。

3.3.8 运用信息公开推动空气质量改善

环境信息公开对于提高环境决策质量、改善空气质量、较少污染的健康损害等具有非常重要的作用。目前世界发达国家均将信息公开作为空气质量管理中的一项重要监督机制。例如，欧盟委员会规定，应向公众及时发布空气质量信息，并制订应急预案和行动计划，确保污染物浓度即将到达或超过了临界水平时，政府能够在短期内做出响应。日本未来几年将发展并完善全国范围内的 $PM_{2.5}$ 自动监测网络体系，加强对企业及普通民众的教育宣传工作。加拿大通过多种方式加强普通民众环保意识，如设立清洁空气日，向公众提供加拿大全境 48 小时的空气质量预报，提高公民对空气污染的认识。

目前，我国已经将城市各点位 SO_2、NO_2、PM_{10}、$PM_{2.5}$、O_3、CO 这 6 项监测指标的实时小时浓度值、连续 24 小时滚动浓度值、日均浓度值、空气质量指数（air quality index，AQI）、健康提示以及监测点位的代表区域等信息分别在环境保护主管部门政府、环境监测机构等网站进行发布，便于公众及时了解空气质量状况，强调对公众健康的指引，为公众合理安排生活与出行提供参考。下一步应不断完善空气质量监测网络和空气质量信息发布系统，充分利用电视、报纸、互联网、手机等媒介及时向公众发布按照新标准监测的数据，使公众能够从多种渠道方便快捷地获取环境空气质量信息，满足公众的环境知情权。

第 4 章 $PM_{2.5}$ 及其前体物排放的驱动力分析

目前,中国已成为全球细颗粒和气溶胶污染最为严重的地区,其中以京津冀、长三角地区、成渝、中原地区等为全球污染之最。尽管中国在空气污染控制方面已经做出了巨大的努力,但中国的空气污染控制一直处于和经济发展竞赛的局面(Zhang et al., 2012)。为了有效实现大气污染的控制目标,本书的研究采用环境投入产出分析方法,研究中国大气污染物一次 $PM_{2.5}$ 及其主要前体物排放增长的社会经济驱动力,从消费视角解读中国 $PM_{2.5}$ 污染控制行动和机制。

4.1 $PM_{2.5}$ 及其前体物排放的驱动力模型建立

4.1.1 环境投入产出分析方法

1. 投入产出模型

投入产出法最早由 Leontief 提出(Leontief, 1941),由该方法制作产生的投入产出表能够清楚地反映经济体中各个生产部门之间的投入与产出关系。表 4-1 为《2007 年中国投入产出表》的基本结构。表 4-1 的主栏(即纵栏)为各个部门的中间投入(第Ⅰ象限)、产品增加值(第Ⅲ象限)和总投入,该表的宾栏(即横栏)为各个部门的中间产出(第Ⅰ象限)、最终使用、进口、其他以及总产出(第Ⅱ象限)。纵向来看,以农林牧渔业为例,该列的数据分别表示所有部门对于农林牧渔业的中间投入以及相应的增加值项,即反映国民经济各产品部门在生产经营过程中的各种投入来源及产品价值构成。横向来看,仍以农林牧渔业为例,该行的数据分别表示为此部门产品对所有部门的中间使用以及最终使用,即反映国民经济各产品部门生产的货物或者服务的使用去向。

第4章 PM$_{2.5}$及其前体物排放的驱动力分析

表4-1 2007年的中国投入产出表框架

投入\产出		中间使用			最终使用							进口（流入）	其他	总产出
		农林牧渔业	…	公共管理和社会组织	中间使用合计	最终消费			资本形成总额			出口（流出）	最终使用合计			
						居民消费		政府消费	合计	固定资本形成总额	存货增加	合计				
						农村居民消费	城镇居民消费	小计									
中间投入	农林牧渔业	第Ⅰ象限				第Ⅱ象限										
	…															
	公共管理和社会组织															
	中间投入合计															
增加值	劳动者报酬	第Ⅲ象限														
	生产税净额															
	固定资产折旧															
	营业盈余															
	增加值合计															
总投入																

投入产出模型的平衡关系如式（4-1）所示：

$$X = Zt + Y = A\hat{X}t + Y \tag{4-1}$$

式中，X（$n \times 1$ 矩阵）为 n 个生产部门的分行业总产出向量；$Z = A\hat{X}$（$n \times n$ 矩阵）表示中间需求量矩阵；$\hat{X}$ 为 X 的对角化矩阵；t 为 $n \times 1$ 的求和向量且各数全为 1；A 表示中间需求系数矩阵，元素 a_{ij} 表示生产部门 j 为生产单位产出从生产部门 i 调入产品的直接消耗量；Y（$n \times 1$ 矩阵）表示为 n 个生产部门的最终消费矩阵[可细分为城镇居民消费、乡村居民消费、政府消费、资本形成（包括存货增加与固定资本形成）和出口贸易]。转化成消费主导的形式如式（4-2）所示。

$$X = (I - A)^{-1} Y \tag{4-2}$$

式中，$L = (I - A)^{-1}$（$n \times n$ 矩阵）为 Leontief 逆矩阵；其中元素 l_{ij} 为生产部门 j 的单位最终产出对于生产部门 i 的总消耗量（包括直接消耗量和间接消耗量）。

以上分析中的最终消费 Y 和中间投入 Z 并没有考虑到进口贸易的影响，其既包括本国生产提供的消费，又包括国外进口提供的消费，因此表征生产结构关系的 A 中也包含了外国进口的信息，为了表征本国的生产结构关系，一般假设每个部门的中间产出与最终产出所使用的进口品的比例一样，对中间过程和最终消费（不包含出口）按等比例进行去除或者直接采用非竞争型投入产出表（Peters and Hertwich, 2004; Weber et al., 2008）。本书的研究主要过程如式（4-3）所示。

$$s_i = \frac{im_i}{x_i + im_i - ex_i} \tag{4-3}$$

式中，S（$n \times 1$ 矩阵）为进口系数矩阵；其元素 s_i 为第 i 个部门总投入中进口品投入所占的比例；im_i 为第 i 个部门的进口量；ex_i 为第 i 个部门的出口量；x_i 为第 i 个部门的总产出量。则表征仅含国内经济系统的 A 和 Y 可计算为

$$A_d = (I - \hat{S}) \times A \tag{4-4}$$

$$Y_d = (I - \hat{S}) \times Y \tag{4-5}$$

式中，$\hat{S}$（$n \times n$ 矩阵）为 S 的对角化矩阵；A_d（$n \times n$ 矩阵）为本国直接消耗系数矩阵；Y_d（$n \times 1$ 矩阵）为本国最终产出，主要包括城镇居民消费、乡村居民消费、政府消费、资本形成（包括存货增加与固定资本形成）和出口，其中出口部分不参与式（4-5）的计算，直接放入 Y_d 中。

投入产出表采用的是制作当年的价格，为了在不同年份间进行比较，需要去除价格因素的影响，本书的研究采用双缩法制作了可比价投入产出表，具体过程如式（4-6）~式（4-10）所示。

$$Z_d^P = \hat{P} \times Z_d \tag{4-6}$$

$$Y_d^P = \hat{P} \times Y_d \tag{4-7}$$

第 4 章　PM$_{2.5}$ 及其前体物排放的驱动力分析

$$X^P = Z_d^P + Y_d^P + Y_{exp}^P \tag{4-8}$$

$$A_d^P = Z_d^P \times (\hat{X}^P)^{-1} \tag{4-9}$$

$$X^P = (I - A_d^P)^{-1} \times Y_d^P \tag{4-10}$$

式中，P（$n \times 1$ 矩阵）为价格指数；X^P（$n \times 1$ 矩阵）为去除价格变动的总投入（产出）；Z_d^P（$n \times n$ 矩阵）和 Y_d^P（$n \times 1$ 矩阵）为去除价格变动与进口竞争影响的中间投入（产出）和最终消费；A_d^P（$n \times n$ 矩阵）为去除价格变动与进口竞争影响的直接消耗系数。有关该部分更详细的讨论可参考联合国的研究（United Nations，1993）。

2. 环境投入产出模型

环境投入产出分析法将价值量的投入产出关系和单位产出的环境影响强度相关联，以定量分析产品生产过程的污染物排放随产品在经济部门间的流动而转移。采用式（4-10）可计算任意终端消费类型所需要的总投入量，结合直接污染物排放强度即可计算任意终端消费类型所产生的污染物排放量，如式（4-11）和式（4-12）所示。

$$F = E \times (\hat{X}^P)^{-1} \tag{4-11}$$

$$E_{(c)} = F^T \times (I - A_d^P)^{-1} \times Y_{d(c)}^P \tag{4-12}$$

式中，E（$n \times 1$ 矩阵）为各部门的污染物直接排放量（本章研究主要指一次 PM$_{2.5}$ 及其主要前体物 SO$_2$、NO$_x$ 和 NMVOCs），表征各部门在生产过程中直接产生的污染物排放量；F（$n \times 1$ 矩阵）为污染物的直接排放强度，表征单位生产投入量所产生的直接污染物排放量；T 表示转置矩阵标记；$F^T \times (I - A_d^P)^{-1}$ 表示各部门的污染物完全排放强度，表征各部门单位最终消费所导致的污染物排放总量；$E_{(c)}$（1×1 矩阵）为第 c 类终端消费 [城镇居民消费、乡村居民消费、政府消费、资本形成（包括存货增加与固定资本形成）和出口] 所导致的生产系统污染物排放量。

隐含在最终消费品中的污染物排放只是污染物转移的最终状态，其前提是污染物在行业间的转移分布，并进一步隐含到最终消费类型中去。若要表征任意终端消费类型中污染物在各部门之间的流转情况，可采用式（4-13）进行计算。

$$E_{(c)}^S = \hat{F} \times (I - A_d^P)^{-1} \times \hat{Y}_{d(c)}^P \tag{4-13}$$

式中，$E_{(c)}^S$（$n \times n$ 矩阵）为分部门的任意终端消费所产生的污染物排放量，其中元素 $e_{(c)i,j}^S$ 为 j 部门 c 类终端消费导致 i 部门的污染物排放量。有关该部分更为详细的论述可参考（Miller and Blair，2009）。

4.1.2 投入产出结构分解模型

结构分解分析法（structural decomposition analysis，SDA）用于分析各自变量的变化对因变量变化的贡献程度。投入产出结构分解分析方法主要是基于环境投入产出模型的均衡公式，对各项成分进行拆分，以获得各成分对环境变化增量的贡献程度。根据式（4-12）以及传统的关于结构分解分析的处理方法，污染物排放的变化量可以表示为

$$\Delta E = \Delta(F) + \Delta(L) + \Delta(Y) \tag{4-14}$$

式中，$\Delta(F)$为环境影响强度变化对排放增量的贡献；$\Delta(L)$为生产结构对排放增量的贡献量；$\Delta(Y)$为最终消费变化对排放增量的贡献。然而，在实际的计算过程中，污染物排放可分为能源消费过程排放和非能源过程排放，因此污染物排放强度又可分为能源消费过程排放强度和非能源过程排放强度。对于最终消费，其可以进一步拆分成消费总量和消费结构，消费结构可进一步分解为污染物在最终消费类型间的分布结构和最终消费类型的行业分布结构。则 F 和 Y 可继续分解为

$$F = \mathbf{EF} \times \mathbf{EnI} + \mathbf{Fne} \tag{4-15}$$

$$Y = Y_{\text{structure}} \times Y_{\text{allocation}} + Y_{\text{scale}} \tag{4-16}$$

式中，$\mathbf{EF}$（$n \times 1$ 矩阵）为能源消费的污染物排放因子；$\mathbf{EnI}$（$n \times 1$ 矩阵）为能源消耗强度；$\mathbf{Fne}$（$n \times 1$ 矩阵）为非能源过程（non-energy）产生的污染物排放强度；$Y_{\text{structure}}$（$n \times c$ 矩阵）为商品的消费结构，即在各种最终消费类型中，每个部门所占有的比例；$Y_{\text{allocation}}$（$c \times 1$ 矩阵）为商品的类型结构，即在总消费规模中各种消费类型所占的比例；Y_{scale}（1×1 矩阵）为商品的消费规模。因此，式（4-14）可分解为

$$\Delta E = \Delta(\mathbf{EF}) + \Delta(\mathbf{EnI}) + \Delta(\mathbf{Fne}) + \Delta(L) + \Delta(Y_{\text{structure}}) + \Delta(Y_{\text{allocation}}) + \Delta(Y_{\text{scale}}) \tag{4-17}$$

式中，$\mathbf{EF}$ 为排放因子对于区域总排放的贡献；$\mathbf{EnI}$ 为能耗强度对于区域总排放的贡献；$\mathbf{Fne}$ 为非能源使用的污染物排放强度；L 为生产结构对于区域总排放的贡献；$Y_{\text{structure}}$ 为消费的商品结构对于区域总排放的贡献；$Y_{\text{allocation}}$ 为消费的类型结构对于区域总排放的贡献；Y_{scale} 为消费规模对于区域总排放的贡献。

4.1.3 多区域环境投入产出模型

环境投入产出模型是通过将价值量的投入产出表和分行业的污染物排放强度相结合，追踪污染物在行业间的流向及流量，找出影响行业污染物排放的关键行业和消费活动。多区域投入产出（multi-regional input-output analysis，MRIO）模

型结合了多区域多部门间的经济投入产出关系，对区域间和部门间的供应链的投入产出关系进行定量化，更能直观的反映现实社会的复杂经济系统。

中国多区域产出模型主要包含了区域间的投入产出关系以及各区域与国外区域的进出口总量关系。本章的研究主要采用由中国科学院地理科学与资源研究所和国家统计局核算司共同编制的 2007 年我国 30 个省（自治区、直辖市，不包括港澳台和西藏地区）30 部门区域间投入产出模型（刘卫东等，2012）。模型中，中国多区域投入产出（China multi-regional input-output analysis，CMRIO）的平衡关系如式（4-18）和式（4-19）所示。

$$x_i^r = \sum_{s=1}^{m}\sum_{j=1}^{n} x_{ij}^{rs} + \sum_{s=1}^{m} y_i^{rs} + y_i^{re} \tag{4-18}$$

$$x_i^r = \sum_{s=1}^{m}\sum_{j=1}^{n} a_{ij}^{rs} x_j^s + \sum_{s=1}^{m} y_i^{rs} + y_i^{re}, \quad a_{ij}^{rs} = x_{ij}^{rs}/x_j^s \tag{4-19}$$

式中，m 为区域数（本书的研究中主要包含中国大陆除西藏、香港、澳门和台湾以外的 30 个省区市）；n 为部门数（本章的研究为 27 个部门）；x_i^r 为 r 区域 i 部门的总产出；x_j^s 为 s 区域 j 部门的总产出；x_{ij}^{rs} 为 s 区域 j 部门消耗的由 s 区域 i 部门提供的中间消费；y_i^{rs} 为 s 区域消耗的由 r 区域 i 部门提供的最消费；y_i^{re} 为 r 区域 i 部门的国际出口量；a_{ij}^{rs} 为 s 区域 j 部门的单位产出所需要 r 区域 i 部门提供的产品投入。

考虑到所有的区域，则式（4-19）可以表示为

$$\begin{pmatrix} x^1 \\ x^2 \\ \vdots \\ x^m \end{pmatrix} = \begin{pmatrix} A^{11} & A^{12} & \cdots & A^{1m} \\ A^{21} & A^{22} & \cdots & A^{2m} \\ \vdots & \vdots & & \vdots \\ A^{m1} & A^{m2} & \cdots & A^{mm} \end{pmatrix} \begin{pmatrix} x^1 \\ x^2 \\ \vdots \\ x^m \end{pmatrix} + \begin{pmatrix} \sum_s y^{1s} + y^{1e} \\ \sum_s y^{2s} + y^{2e} \\ \vdots \\ \sum_s y^{ms} + y^{me} \end{pmatrix} \tag{4-20}$$

令

$$\boldsymbol{X} = \begin{pmatrix} x^1 \\ x^2 \\ \vdots \\ x^m \end{pmatrix},\ \boldsymbol{A} = \begin{pmatrix} A^{11} & A^{12} & \cdots & A^{1m} \\ A^{21} & A^{22} & \cdots & A^{2m} \\ \vdots & \vdots & & \vdots \\ A^{m1} & A^{m2} & \cdots & A^{mm} \end{pmatrix},\ \boldsymbol{Y} = \begin{pmatrix} \sum_s y^{1s} + y^{1e} \\ \sum_s y^{2s} + y^{2e} \\ \vdots \\ \sum_s y^{ms} + y^{me} \end{pmatrix} \tag{4-21}$$

则式（4-19）可以进一步写成：

$$\boldsymbol{X} = \boldsymbol{AX} + \boldsymbol{Y} \tag{4-22}$$

同式（4-2）中的处理方式一致，式（4-22）转化为需求主导形式为

$$X = (I - A)^{-1} Y, \quad L = (I - A)^{-1} \quad (4\text{-}23)$$

引入分区域的分行业污染物直接排放系数矩阵 F，则

$$E = F \times (I - A)^{-1} \times Y \quad (4\text{-}24)$$

式中，F 为 $1 \times mn$ 的分区域分行业污染物排放矩阵，其元素 f_i^r（$f_i^r = e_i^r / x_i^r$，e_i^r 为 r 区域 i 部门的污染物排放总量）为 r 地区 i 部门的直接排放强度；E 为满足最终消费需求 Y 的中国及区域生产系统会产生的污染物排放量。同式（4-12）处理方法一致，调节 F 或者 Y 的结构，即可获得任意区域的最终消费类型对于中国及区域生产系统污染物排放的影响如下：

$$E^{rs} = F^r \times (I - A)^{-1} \times y^s \quad (4\text{-}25)$$

式中，F^r 为 $1 \times mn$ 的矩阵，其中 r 区域部分的行业排放强度保留，其他区域的数值为 0；y^s 为 s 区域消费的最终产品，包含本区域生产本区域消费产品（y^{ss}），也包含其他区域生产本区域消费的产品（$\sum_{r \neq s} y^{rs}$）；E^{rs} 为满足区域 s 的最终需求，r 区域所产生的污染物排放，即为 r 区域转移到 s 区域的污染物排放。

在计算国际贸易对区域的污染物排放影响时，可以通过调整式（4-25）中的 F 和 Y 计算获得。例如，计算国际贸易对于区域 r 中的污染物排放量可表示为

$$E^{re} = F^r \times (I - A)^{-1} \times Y^e \quad (4\text{-}26)$$

式中，Y^e 为出口向量。对式（4-26）中的 F^r 和 Y^e 对角化，可获得国贸易对于 r 区域的直接（区域内的直接国际出口隐含的本区域排放）和间接影响（其他区域的国际出口对区域 r 生产排放的影响）。

4.1.4 数据来源和处理

1. 投入产出数据

中国在尾数为 2 和 7 的年份会通过调查的方式编制一份当年的投入产出表，而在尾数为 0 和 5 的年份会通过调查和数据处理相结合的方式编制一份当年的投入产出延长表。投入产出表中的生产部门数量会有一定变化。一般延长表的生产部门数量会较少，而投入产出表的生产部门数量会较为多。

本书的研究选取了 1997 年（124 部门）、2002 年（122 部门）、2007 年（135 部门）的投入产出表和 2000 年（40 部门）、2005 年（42 部门）和 2010 年（42 部门）的投入产出表。通过行业合并，本书的研究最终形成 1997~2010 年的 36 部门的时间序列投入产出表，行业分类如表 4-2 所示。

表 4-2 中国投入产出表 36 部门行业名称

15 部门行业代码	部门行业名称	36 部门行业代码	部门行业名称
1	农业	1	农业
2	采矿业	2	煤炭开采和洗选业
		3	石油和天然气开采业
		4	金属矿采选业
		5	非金属矿采选业
3	食品加工业	6	食品制造及烟草加工业
4	纺织服装业	7	纺织业
		8	服装皮革羽绒及其制品业
5	木材家具和造纸业	9	木材加工及家具制造业
		10	造纸印刷及文教用品制造业
6	化学工业	11	石油加工及炼焦业
		12	化学工业
7	非金属矿物制品业	13	非金属矿物制品业
8	金属加工业	14	金属冶炼及压延加工业
9	金属制品和机械制造业	15	金属制品业
		16	通用、专用设备制造业
		17	交通运输设备制造业
10	电气和电子设备制造业	18	电气、机械及器材制造业
		19	通信设备、计算机及其他电子设备制造业
		20	仪器仪表及文化办公用机械制造业
11	其他制造业	21	其他制造业
		22	废品废料
12	电力、热力和燃气	23	电力、热力的生产和供应业
		24	燃气生产和供应业
		25	水的生产和供应业
13	建筑业	26	建筑业
14	交通运输及仓储业	27	交通运输及仓储业
15	服务业	28	邮政业
		29	批发和零售贸易业
		30	住宿和餐饮业
		31	金融保险业
		32	房地产
		33	科学研究事业
		34	公共管理和社会组织
		35	教育、医疗、科研
		36	其他部门

中国投入产出数据中包含其他项，该项主要是统计数据口径不同而造成的统计误差，且对投入产出表自身的数据封闭性影响较大，参考已有研究的处理方式（Minx et al., 2011; Peters et al., 2007），本书的研究在实际计算中，去除了其他项的数据，即在计算终端消费时没有考虑其他项。

在处理投入产出表的数据时，统一部门分类与去除价格影响两个步骤的先后顺序对于最终计算结果有一定影响，本书的研究采取先进行部门分类统一再去除价格影响的方法（Minx et al., 2011; Peters et al., 2007）。

本章研究采用的 CMRIO 模型是由中国科学院地理科学与资源研究所和国家统计局核算司共同编制的中国 2007 年 30 个省（自治区、直辖市，不包括港澳台和西藏地区）30 部门区域间投入产出表（刘卫东等，2012）。投入产出表中部门分类与污染物排放数据的行业分类不尽相同，为使投入产出表和能源统计年鉴的部门分类相对应，本章将批发零售业和住宿餐饮业合并为批发零售和住宿餐饮业，将租赁和商业服务业和研究与试验发展业并入到其他服务业中，最后调整为 27 个部门，部门分类如表 4-3 所示。由于该多区域投入产出表对于分区域的进口数据缺乏细致分类，因此本书的研究通过分省区市分行业的投入产出表对于 CMRIO 中的进口数据进行了处理，即按照分省区市分行业进口量对 CMRIO 模型中的进口数据进行了比例分配。

表 4-3 中国多区域投入产出表 27 部门行业名称

14 部门行业代码	部门行业名称	27 部门行业代码	部门行业名称
1	农业	1	农林牧渔业
2	采矿业	2	煤炭开采和洗选业
		3	石油和天然气开采业
		4	金属矿采选业
		5	非金属矿及其他矿采选业
3	食品制造业	6	食品制造及烟草加工业
4	纺织服装业	7	纺织业
		8	纺织服装鞋帽皮革羽绒及其制品业
5	木材家具和造纸业	9	木材加工及家具制造业
		10	造纸印刷及文教体育用品制造业
6	化学工业	11	石油加工、炼焦及核燃料加工业
		12	化学工业
7	非金属矿物制品业	13	非金属矿物制品业
8	金属制造业	14	金属冶炼及压延加工业
		15	金属制品业

续表

14部门行业代码	部门行业名称	27部门行业代码	部门行业名称
9	设备制造业	16	通用、专用设备制造业
		17	交通运输设备制造业
		18	电气机械及器材制造业
		19	通信设备、计算机及其他电子设备制造业
		20	仪器仪表及文化办公用机械制造业
10	其他制造业	21	其他制造业
11	电力、热力和燃气	22	电力、热力的生产和供应业
		23	燃气及水的生产与供应业
12	建筑业	24	建筑业
13	交通运输及仓储业	25	交通运输及仓储业
14	服务业	26	批发零售和住宿餐饮业
		27	其他行业

由于很难获得各个国家对中国进口品以及相应污染物排放的影响，本书的研究在处理国际贸易的过程中，将中国出口产品隐含排放按照出口目的地国家行业价值量分配到具体的国家。研究中使用的国际贸易数据取自《中国对外经济统计年鉴》和《中国贸易外经统计年鉴》，以及取自联合国的 UN_Comtrade 数据库中中国申报的数据。其他国家的国内生产总值数据主要来自世界银行数据库，而该数据库中不包括中国台湾地区的地区生产总值数据，中国台湾地区的地区生产总值数据取自百度百科。

2. 污染物排放数据

本章研究中所使用的中国各类污染物人为源排放数据主要来自于由清华大学编制的中国多尺度污染物排放清单（Multi-Resolution Emission Inventory for China, MEIC）模型。该数据库采用了基于技术的、自下向上的污染物编制方法，能够反映各个部门污染物排放因子的逐年变化情况（Lei et al., 2011；Zhang et al., 2009）。目前该数据库包括了 1990~2010 年 SO_2、NO_x、CO、NMVOCs、NH_3、CO_2、$PM_{2.5}$、PMcoarse、BC 和 OC 这 10 种污染物，745 个源在内的人为源排放数据。本章研究重点关注一次 $PM_{2.5}$ 及其主要前体物（SO_2、NO_x 和 NMVOCs）的排放。

在对比国内外排放强度差异时，本书的研究使用的其他国家的污染物排放数据取自 EDGAR v4.2（Emission Database for Global Atmospheric Research）数据库中的污染物排放数据，既包括人为源排放的数据，同时也包括自然源排放的数据，而后者与经济发展的关联程度较弱，在实际使用中，本书的研究去除了后者。

由于清单数据库的行业分类与投入产出表的部门分类存在一定的差异，本书的研究采用一系列的代理参数对两种排放进行了映射变化。在建立 MEIC 清单和传统经济部门的全国行业映射时，根据清单编制的过程，采用 1997 年、2000 年、2002 年、2005 年、2007 年以及 2010 年的中国能源平衡表（中华人民共和国国家统计局，1998a、2001a、2003a、2006a、2008a、2011a）以及分行业终端能源消费量统计数据（中华人民共和国国家统计局，1998b、2001b、2003b、2006b、2008b、2011b）作为分配依据，按照相应的能源消费量将 MEIC 中的大部门排放向传统经济行业进行细化匹配。在分析省区市间污染物转移影响时，主要采用了 2007 年分省区市能源平衡表（中华人民共和国国家统计局，2008a）。对于分省区市分行业的终端能源消费量，由于缺乏统一的区域数据，本章的研究采用 2008 年的经济普查年鉴中的分行业能源消费量进行近似处理（中华人民共和国国家统计局，2010）。MEIC 同传统经济行业匹配行业对应表如图 4-1 所示。

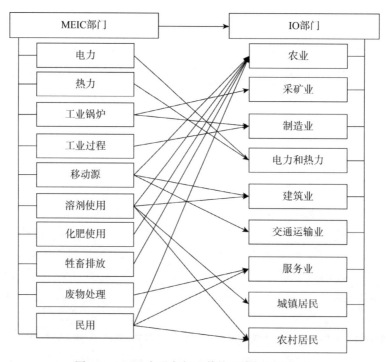

图 4-1　MEIC 行业部门和传统经济部门映射表

4.2 影响PM$_{2.5}$及其前体物排放的关键驱动因素

4.2.1 基于消费视角的污染物排放贡献

1. 基于消费视角的分行业排放贡献

在消费视角中,一个部门为满足社会终端消费需求所引起的经济生产系统排放也称为该部门的消费视角排放,既包括该部门所提供的终端消费品在生产过程的直接排放,也包含这些产品在生产过程中所消耗的原材料或能源的生产过程排放。基于环境投入产出模型量化的2010年中国各类污染物排放从生产部门向消费部门的转移路线图如图4-2所示。

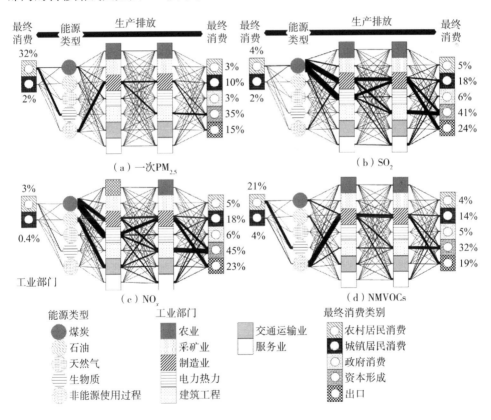

图4-2 2010年中国各类污染物随产品在部门间的流动过程图

从排放的来源看,2010年工业生产过程的排放占中国各类污染物排放总量的主体。然而,对于一次PM$_{2.5}$和NMVOCs来说,中国农村居民在烹饪和取暖过程中消耗了大量的生物质（如稻草、玉米秸秆等），而这一活动在全国范围均缺乏相应的污染物控制，从而导致农村居民的直接能源活动所产生的一次 $PM_{2.5}$ 和 NMVOCs 分别占到了全国相应污染物总排放总量的32%和21%。

2010年中国工业生产排放的一次 $PM_{2.5}$ 的总量为802万吨，主要来自于工业过程排放以及煤炭燃烧排放。基于消费视角来看，一次 $PM_{2.5}$ 排放总量中分别有54%和23%的排放归结为资本形成和出口需求引起。对于 SO_2 排放，2010年中国工业生产过程的 SO_2 排放总量为2 667万吨，其中90%来自于煤的燃烧过程排放；排放总量的70%来自于制造业以及电厂，而这些部门的绝大多数产品和电力最终又被制造业部门以及建筑业部门所消耗。基于终端消费的研究发现，对中国生产过程 SO_2 排放总量贡献最大的最终需求类型是资本形成和出口，分别占中国工业生产总排放的44%和25%。2010年中国工业生产过程 NO_x 排放总量为2 761万吨，主要来自于煤的燃烧和石油的消耗过程。其中，电厂和制造业的煤炭燃烧以及交通运输业的石油消耗是 NO_x 排放主要行业来源。基于消费视角的 NO_x 排放中，分别有47%和24%受资本形成和出口拉动。生产过程的NMVOCs排放（1 719万吨）同样来自于工业过程排放以及煤炭燃烧排放，资本形成和出口分别贡献了43%和26%。

1997~2010年，基于消费视角的各行业污染物排放贡献趋势如图4-3所示（为体现行业特征，研究中将行业进行合并，最终形成了15个主要行业）。由于城镇和农村居民直接的终端能源使用或活动不进入生产系统，因此此处的分析不包含居民直接能源消费活动排放，仅讨论产业活动的污染物排放。基于历史趋势的研究可见，1997~2010年各个部门对 SO_2、NO_x、$PM_{2.5}$ 和NMVOCs排放量的贡献率基本接近。其中，建筑业一直是各类污染物排放的最主要贡献行业。建筑业消耗了大量的高能耗产品（如钢铁和水泥），是资本形成的主要形式。

在消费视角中，一些通常被认为是高能耗和高排放的行业具有比生产视角下更低的排放贡献量。例如，电力行业通常被认为是 SO_2 和 NO_x 排放的主要来源，在生产视角下，2010年电力行业贡献了近30%全国 SO_2 和 NO_x 总排放（Lu et al., 2010; Zhang et al., 2009; Zhang et al., 2012; Zhao et al., 2013）。然而，在消费视角中，电力、热力和燃气消费视角排放对总排放的贡献仅为5%；绝大部分电力和热力被投入其他行业的生产活动中，在消费视角中这部分电力生产过程排放被归到了其他部门。生产视角中，中国的交通运输所使用的柴油机（如卡车和火车）具有很高的排放因子，导致交通运输部门具有较高运行排放，其对全国 NO_x 排放总量贡献为20%。在消费视角中，2010年交通运输部门对全国生产总 NO_x 排放的贡献率仅为5%，这部分主要包括搭运乘客以及将最终消费品运输到国内消费者或者运输到港口用于出口过程的排放，而部门之间中间产品运输

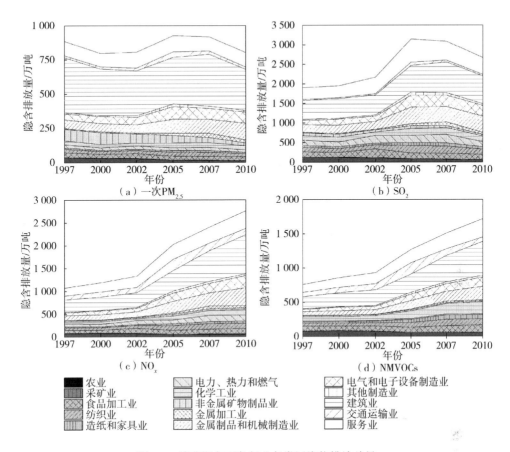

图 4-3　消费视角下各行业各类污染物排放总量

过程的排放被计算到其他部门中去。

为体现出行业隐含排放和经济贡献的关系，以 2010 年为例展示在消费视角下各个行业的隐含排放强度及其产出贡献（图 4-4）。图 4-4 中横轴表示行业的产值占全国国内生产总值的比重（注意：行业国内生产总值贡献主要采用生产法计算，即表示常住单位在 2010 年新创造的价值），纵轴表示各个行业的排放强度；所有图块面积之和表示全行业平均排放强度（同图 4-4 中黑线相等）；各个小图块反映了各个行业对于全行业排放强度的贡献。2010 年，中国的工业总产值的行业贡献主要来自于制造业（44%）、建筑业（20%）及服务业（30%）。2010 年中国制造业以及建筑业各类污染物的消费视角排放强度非常接近，但是均高于全国平均值（特别是一次 $PM_{2.5}$），是服务业排放强度的 2~3 倍。

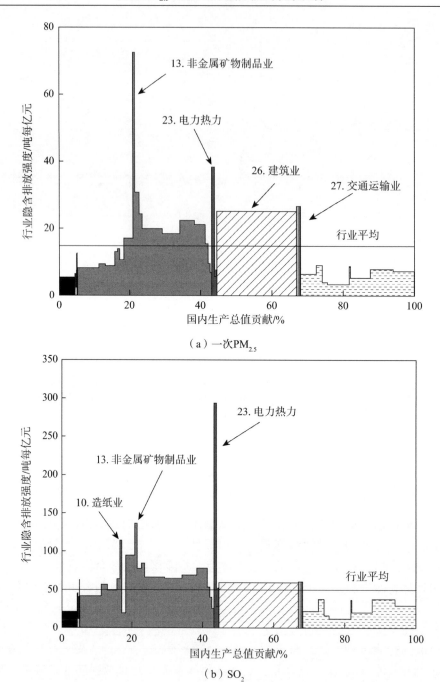

第4章 PM$_{2.5}$及其前体物排放的驱动力分析

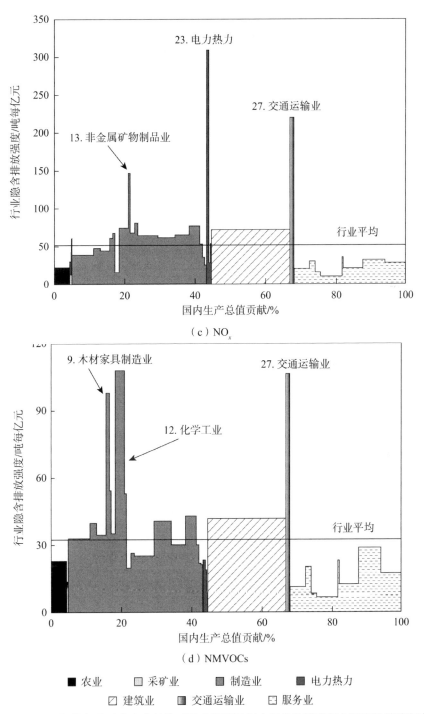

图 4-4 2010 年分行业国内生产总值贡献比例以及相应行业的消费视角污染物排放强度

在工业行业中,部分行业的消费视角污染物排放强度超过全工业行业平均值的50%以上,如造纸业、非金属矿物制品业以及电力和热力行业SO_2、NO_x和$PM_{2.5}$排放强度,交通运输业的NO_x、$PM_{2.5}$和NMVOCs排放强度,建筑业的$PM_{2.5}$排放强度,以及木材家具和化学品行业的NMVOCs排放强度。

在造纸业、非金属矿物制品业、木材家具和化学品行业中,其60%以上的消费端排放来自于出口驱动。因此,降低这类产品的出口,鼓励具有较低排放强度的部门(电器设备制造业)产品的出口,将会在一定程度上保持国内生产总值不变的同时降低全国的污染物排放总量。由于这些行业均为制造业行业,因此在保持经济增长的同时,协调行业部门间的投入产出关系以获得更低的排放强度,是当前中国政府需要迫切需要解决的关键问题。

建筑业是资本形成的主要形式。近年来,建筑业在促进中国国内生产总值以7%~8%速率快速增长的同时,带来了大量的空气污染物。建筑业已经成为高物质消耗,高能耗以及高排放的关键部门。因此,从长远来看,依靠发展建筑业拉动国内生产总值增长与可持续发展相背离。未来决策者必须要面对和解决如何降低建筑行业的增长,使得经济发展更多依赖于服务业的关键问题。随着中国近年来城市化进程的加快,对建筑业及其他各类基础设施的需求不断提高,同时生活水平的提高也使得中国人均居住面积不断增长,完善房地产建设规范,控制建筑业对上游产业的排放拉动效应是中国控制污染物排放的重要着力点。

与制造业、建筑业不同的是,电力供应部门和交通运输部门主要服务于各类工业生产及城镇和农村消费。因此,对于这些部门而言,同时保持经济增长和降低污染物排放最直接的方法是降低这些部门的排放因子。作为最大的SO_2和NO_x排放国,近年来,中国政府采取了一系列减排行动,关闭、关停小电厂和老电厂,并强制要求大型电厂安装脱硫和脱硝装置,使得电厂的污染物排放因子显著降低。然而,由于中国电厂的能源供应以煤为主,相较于国外,其排放因子水平仍然较高。因此,降低燃煤电厂的排放水平,提高低碳和可再生能源发电的供应比例,将会在一定程度上降低电力行业的污染物排放因子,同时降低下游行业的消费端排放水平。柴油机运行过程会产生大量的NO_x和一次$PM_{2.5}$,而对于汽油车而言,其消费端的NMVOCs排放主要产生于石油的精炼和运输、车辆的加油过程以及运行过程。在汽车污染物排放标准方面,中国落后于发达国家6~10年。由于中国的石油公司不能提供合格的低硫汽油,中国的欧Ⅲ和欧Ⅳ标准执行年份晚于欧洲至少4年。就目前中国运输行业较高的排放水平来看,加速各类车辆排放标准的执行是降低运输业排放水平的首要任务,进而降低其他行业(如建筑业)生产过的交通需求排放。

2. 基于消费视角的终端消费排放贡献

社会需求是推动经济系统生产规模增加的最根本动力,也是一个国家的经济增长的主要来源。国内生产总值按照支出法则等具体可分为最终消费支出（城镇居民、农村居民和政府消费），资本形成和出口。在中国，2010年这三类最终需求类型对国内生产总值的贡献量分别为41%、38%和20%。

2010年中国不同终端消费类型对国内生产总值贡献以及单位国内生产总值贡献的隐含排放强度如图4-5所示。具有较低消费视角排放强度的服务业在最终消费支出中的占比高达43%，使得最终消费支出排放强度在所有消费类型中排最低。各类最终消费支出中，政府消费中的服务业消费份额最大，分别占政府消费引起的各类隐含排放总量的93%、96%、87%和91%。农村和城市居民产品消费隐含的排放主要来自于对服务业、煤气水电业以及制造业产品的消费。而对于资本形成和出口而言，其隐含排放强度接近最终消费支出的2倍；建筑业和制造业是固定资本形成隐含污染物排放的主要来源行业，分别占固定资本形成引起上游一次$PM_{2.5}$、SO_2、NO_x和NMVOCs排放总量的68%、60%、65%、66%和29%、36%、31%、29%。制造业为出口产品隐含排放的主要来源，其占出口隐含各类污染物排放份额分别为87%、89%、82%、86%；其中，电器机械以及金属制品业的出口是引起中国出口隐含排放的主要行业来源。

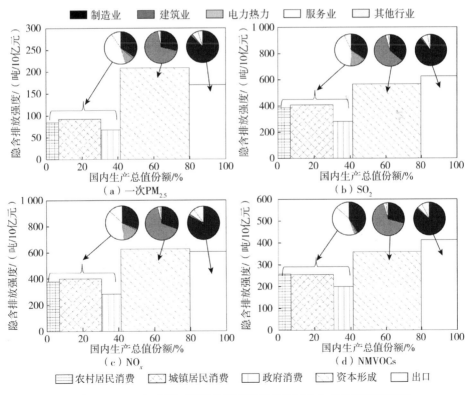

图4-5　2010年中国不同最终消费类型单位国内生产总值排放强度

与其他国家相比，中国的最终消费支出仅为41%，远远低于2006~2011年美国的67%~69%、欧洲的56%~57%，以及日本的57%~60%。因此，为降低中国的大气污染的同时保持经济增长，中国应当刺激居民消费支出，同时适当的缩紧资本投资，降低高排放产品的出口。

1997~2010年，各种不同终端需求类型对于全国污染物排放的拉动贡献作用的变化趋势如图4-6所示。由于城镇和农村居民的直接能源消费等活动产生的排放与经济生产系统无关，因此本书的研究将其分别作为单独的最终消费类型进行对比。

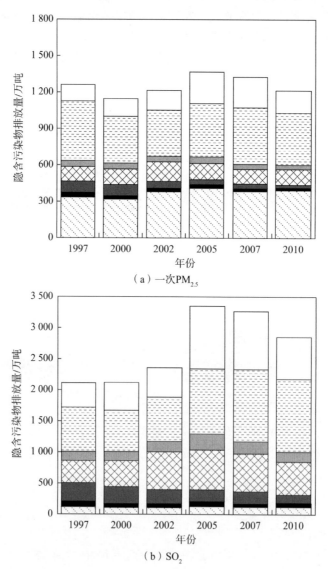

（a）一次$PM_{2.5}$

（b）SO_2

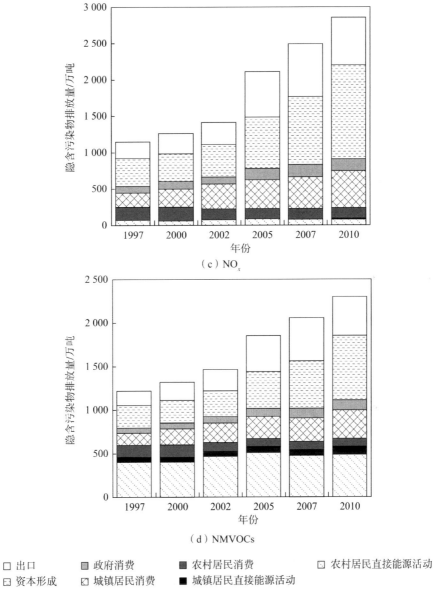

图 4-6　1997~2010 年终端消费类型对各类污染物排放的贡献

基于终端消费引起的生产排放的历史趋势可见，资本形成始终是各类产业生产排放的主要驱动因素，且对 SO_2、NO_x、NMVOCs 排放的贡献有增加的趋势。其中：

（1）$PM_{2.5}$ 和 NMVOCs 的排放主要来自于资本形成、农村居民消费（直接排放）和出口贸易。其中，资本形成导致的 $PM_{2.5}$ 和 NMVOCs 的排放分别占相应污染物排放总量的 31%~38% 和 19%~32%；农村消费直接排放（主要为秸秆和薪柴的燃烧)的 PM$_{2.5}$ 和 NMVOCs 分别占总排放的 26%~32%和 23%~33%,该部分排放的生产者和消费者均为农村居民;出口贸易导致的 PM$_{2.5}$ 的排放从 1997 年的 11%上升到 2010 年的 15%,NMVOCs 的排放从 1997 年的 14%上升到 2010 年的 19%。出口贸易和资本形成导致的污染物排放在 2002~2005 年均有较大幅度的增长,主要原因可能为在此期间中国加入了世界贸易组织,对外贸易空前活跃;同时,我国内部也面临着经济的爆炸式发展,人们生活水平不断提高,以及城市化进程的加快对基础设施需求不点增加。

(2)SO$_2$ 和 NO$_x$ 的排放主要来自于资本形成、城镇消费和出口贸易。其中,资本形成导致的 SO$_2$ 和 NO$_x$ 排放分别占其总排放量的 30%~40%和 30%~45%,城镇消费导致的 SO$_2$ 和 NO$_x$ 排放分别占其总排放量的 17%~26%和 17%~25%,而出口贸易导致的 SO$_2$ 排放从 1997 年的 18%上升到 2010 年的 24%,引起的 NO$_x$ 排放从 1997 年的 19%上升到 2010 年的 23%。

4.2.2 国际和区际贸易污染物排放影响

贸易作为中国社会的一项重要经济活动,对中国的经济发展和社会生产都起到了一定的作用,中国在世界经济链条中扮演着加工厂的角色。然而,产品贸易背后伴随着大量的碳排放和污染物转移。贸易引起的"碳泄漏"问题已经成为全球气候变化领域研究的热点,是发展中国家争取碳排放权的一个重要依据。然而,由于大气污染物排放具有较强的区域性,因此探讨国际及区域贸易间隐藏的污染物转移对区域实现污染物减排具有更重要的决策意义。

1. 国际贸易的污染物排放转移影响

1997~2010 年中国出口贸易隐含各类污染物排放量以及对中国生产系统排放的贡献份额如表 4-4 所示。从表 4-4 中可以看出,1997~2007 年中国各类污染物持续增加,2007 年以后受经济危机的影响,各类污染物出口有不同程度的下降,但降幅不明显。

表 4-4　1997~2010 年中国出口贸易隐含污染物排放及占总排放比重

年份	PM$_{2.5}$		SO$_2$		NO$_x$		NMVOCs	
	排放量/万吨	比重/%	排放量/万吨	比重/%	排放量/万吨	比重/%	排放量/万吨	比重/%
1997	136	11	386	18	223	19	166	14
2000	147	13	450	21	273	22	199	15
2002	164	14	456	20	299	21	237	16
2005	260	19	1 002	30	632	30	421	23
2007	247	19	934	29	718	29	493	24
2010	184	15	678	24	657	23	446	19

由于世界各国在发展程度和资源禀赋上存在一定差异，中国在其他国家的生产及贸易活动中扮演着不同的角色。因此，各区域对中国出口贸易排放影响的关键行业来源存在较大差异。以一次 $PM_{2.5}$ 为例，从出口行业的贡献份额来看，在 2010 年的中国对外贸易出口中，隐含排放的出口量最大的产品主要为电器和光学设备、金属、机械产品、非金属矿物以及化学品。从影响中国出口排放的关键区域来看，2010 年对中国出口排放影响最大的区域为北美、欧洲等经济合作与发展组织（Organization for Economic Co-operation and Development，OECD）国家和地区。中国向北美和欧盟出口产品的隐含一次 $PM_{2.5}$ 排放分别占中国总出口排放的 22%（38.2 万吨）和 21%（35.8 万吨），其次是东亚以及南亚区域，占比 17%（28.3 万吨）。

2. 国际贸易的区域污染物排放影响

目前中国各地区之间的经济发展水平及所处的发展阶段存在较大差异，并且各地区在资源禀赋与生产结构方面均存在一定的差异。因而，国际贸易对区域的排放影响存在显著差异。为探讨各个区域在中国出口以及出口引起的污染物排放的贡献大小，本章研究采用 CMRIO 模型分析了国际贸易对于中国各个区域的污染物出口影响。

国际出口引起的中国 30 个省（自治区、直辖市，不包括港澳台和西藏地区）污染物排放的区域分布如图 4-7 所示。从图 4-7 中可知，污染物出口排放最高的区域主要出现在经济较为发达的东部沿海省份以及重工业、能源供应省份，如山东、河北、山西、陕西等。中国主要的东部沿海省市——广东、福建、上海、浙江、江苏、天津和山东的各类污染物出口之和占全国各类污染物出口总量的 43%、41%、52% 和 60%。其中污染物出口最高的广东、山东、江苏、浙江和上海 5 个省市的出口总量占全国各类污染物出口总量 37%、35%、45% 和 53%；然而，从出口产品的价值量份额来看，这些省份的出口总和占全国总出口的 75%，充分体现了这些区域较高的技术发展水平。

为了体现出区域在中国经济系统中的作用，本章研究又将国际贸易引起的区域的污染物出口分为两种类型：一种为区域生产的产品直接出口到其他国家，进而引起的本研究区的污染物排放；另一种是国内其他区域的出口产品的生产过程对研究区的中间产品的消耗，进而引起的研究区的污染物间接出口。图 4-7 同时展示了这两种类型出口在各个省区市污染物排放总出口中的比例。由于中国东部沿海区域经济比较发达，也是中国关键出口港口所在地，因此其产品的直接出口比例较大，直接产品出口引起的排放量也比较多。广东、福建、上海、浙江、江苏、天津和山东 7 省市的各类隐含污染物直接出口占区域污染物总出口的 83%、80%、82% 和 83%。然而，中部、西部欠发达区域以及河北、山西、陕西、贵州、

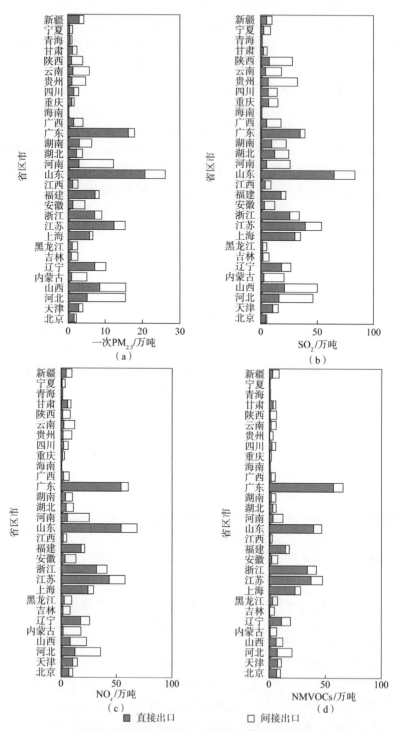

图 4-7 国际出口贸易对于区域污染物排放影响

云南等工业省份\能源出口省份的间接出口比例较大，超过 50%国际贸易隐含排放出口是隐含在其他区域的出口产品中，其主要是为东部沿海区域的产品出口服务。

由于西藏、香港、澳门和台湾投入产出数据缺乏，本书的研究主要讨论中国内地的 30 个省（自治区、直辖市，不包括港澳台和西藏地区），区域合并如表 4-5 所示。中国国际出口对中国内地的主要 8 个区域的污染物排放影响量，以及关键区域出口贸易对其他区域污染物的间接出口影响流量是上一段提出的区域出口产品的生产过程对其他区域中间品的消耗，从而导致的其他区域的产品间接出口量。研究结果证实，东部沿海区域的国际出口对中西部区域的巨大影响。

表 4-5 中国投入产出表区域合并（一）

区域名称	覆盖省区市
京津	北京和天津
东北	辽宁、吉林和黑龙江
北部沿海	河北和山东
中部	山西、河南、安徽、湖北、湖南和江西
东部沿海	江苏、上海和浙江
南部沿海	福建、广东和海南
西南	广西、重庆、四川、贵州和云南
西北	陕西、甘肃、青海、宁夏、新疆和内蒙古

中国污染物出口主要集中在华中、北部沿海区域以及东部和南部沿海。然而，从历史数据来看，中国污染物最严重的区域是京津冀、长三角地区、珠三角地区以及成渝地区，与国际出口污染物影响区域基本重叠，因此国际出口贸易不利于这些区域的大气污染物控制。然而，虽然这些区域的产品出口引起的本区域的大量污染物排放，如果将这些产品出口导致的其他区域污染物排放包含进来，其污染物影响将更大，覆盖范围也将更广。因此，为降低中国区域的国际出口产品的隐含排放，不仅要提高发达区域的技术水平，而且应当对落后区域的能源、材料供应地进行技术革新，降低整个经济系统的排放强度。

3. 国内贸易的区域污染物排放影响

在国内贸易中，关税、贸易门槛等限制较小，交通运输的可达性更好，省区市间的贸易也更加活跃，区域间的贸易隐含污染物排放转移作用也更为明显。

8 个区域的生产总排放及区域间贸易引起的污染物调入、调出量如图 4-8 所示。在国内贸易中，分别有 258.55 万吨一次 $PM_{2.5}$、897.86 万吨 SO_2、648.21 万吨 NO_x 和 399.50 万吨 NMVOCs 的生产排放是由其他区域消费引起，分别占中国相应污染物生产总排放的 29%、30%、28%和 27%。从图 4-8 中可以看出，中部、北部沿海、西南和西北是主要的污染物排放区域也是主要的污染物净调出区域，京津、东部沿海以及南部沿海是主要污染物净调入区域。中部区域产品调出隐含的一次 $PM_{2.5}$、SO_2、NO_x、NMVOCs 排放分别为 74.5 万吨、219.3 万吨、155.3 万吨和 74.1 万吨,分别占中部区域生产过程(除居民直接能源消费排放)总排放的 29.4%、28.5%、28.8%和 26.0%;北部沿海区域(包括山东和河北)产品调出隐含一次 $PM_{2.5}$、SO_2、NO_x、NMVOCs 排放分别为 62.87 万吨、162.53 万吨、124.9 万吨和 65.9 万吨分别占区域生产过程总排放的 36.7%、31.7%、29.9 %和 28.1%。西北区域产品调出隐含的一次 $PM_{2.5}$、SO_2、NO_x、NMVOCs 排放分别为 37.0 万吨、179.2 万吨、111.9 万吨和 57.8 万吨,分别占区域生产过程总排放的 40.9%、43.1.0%、41.1%和 40.8%。

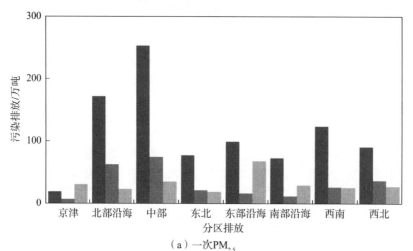

(a)一次$PM_{2.5}$

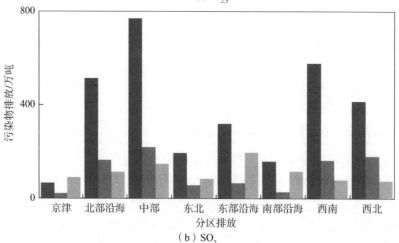

(b)SO_2

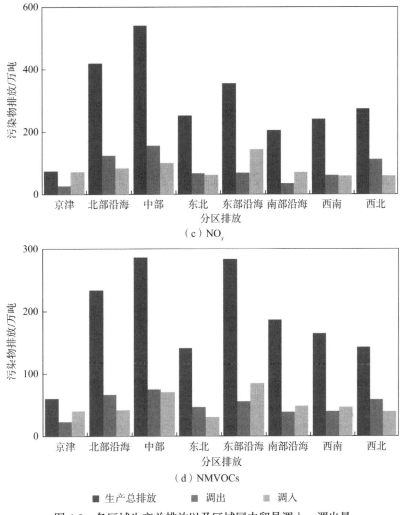

图 4-8 各区域生产总排放以及区域国内贸易调入、调出量

从各区域污染物排放强度来看，中国各区域的污染物排放强度呈现出从东南沿海向西北区域递增的态势。一次 $PM_{2.5}$ 排放强度最大的区域出现在中国中部区域，SO_2、NO_x 和 NMVOCs 主要出现在相对落后的西北区域；SO_2 和 NO_x 排放强度最小的区域主要出现在南部沿海，一次 $PM_{2.5}$ 和 NMVOCs 排放强度最小的区域主要出现在京津区域。其中，南部沿海的一次 $PM_{2.5}$、SO_2、NO_x 和 NMVOCs 强度分别为 17.40 吨/亿元、38.83 吨/亿元、49.52 吨/亿元和 43.66 吨/亿元；西北区域各类污染物排放强度分别为 47.29 吨/亿元、223.48 吨/亿元、144.96 吨/亿元和 73.89 吨/亿元，分别为南部沿海区域各类污染物强度的 2.7 倍、5.8 倍、2.9 倍和 1.7 倍。

从隐含污染物转移的方向上来看，隐含污染物净转移也主要出现在污染物排放强度较高的西北、北部区域向排放强度较低的京津、东部沿海和南部沿海。一次 $PM_{2.5}$ 贸易净调出量最大的主要出现在中部到东部沿海（22.0 万吨），北部沿海向京津（13.1 万吨）以及东部沿海（14.6 万吨）；SO_2 净调出量最大的主要出现在西北向东部沿海（29.3）、京津（17.9 万吨）和东北区域（22.7 万吨），中部到东部沿海（45.8 万吨），北部沿海向京-津以（21.4 万吨）、东部沿海（32.2 万吨），以及西南向南部沿海（39.1 万吨）；NO_x 净调出量最大的主要出现在西北向东部沿海（13.4 万吨）、京津（11.5 万吨）和东北区域（14.7 万吨），中部向京津以（16.4 万吨）、东部沿海（22.8 万吨）；NMVOCs 净调出量最大的主要出现在西北向东部沿海（6.8 万吨），北部沿海向京津（6.6 万吨）和东北区域（9.5 万吨），东北向东部沿海（5.4 万吨）。

已有政策和当前的研究结果表明，中国东部发达区域在一定程度上将排放强度较高的工业企业转移到了经济发展水平更为落后的中西部区域，同时从这些区域调出一定量的产品，进而形成了跨区域的污染物转移现象。从现有国家制定的重工业转移的项目来看，当前北京的重工业主要转移到了河北、山东等境内的周边城市，珠三角地区、长三角地区的重工业主要转移到了安徽、湖南、湖北等区域。已有研究表明，河北、山东是北京区域大气污染物传输的主要来源，安徽、江苏等是上海区域的主要污染物排放来源。然而，从隐含污染物的转移来看，中国中部以及北部沿海（河北和山东）是京津区域以及中国东部的主要转移区域，而这些区域又将京津区域和长三角地区包围。因此，中国产业转移的减排效果和大气传输的影响效果，需要进一步论证。

考虑到更为广泛的大气环境影响，中国政府对京津冀、珠三角地区及长三角地区的污染物控制，不应只局限在重工业企业的转移，通过高污染行业的转移实现局部区域的污染物减排，而应建立更为全面的华中和华东区域的联防联控，关注能源、初级原料及产品的供应地的减排方案，制定公平合理的减排目标及可行的排放转移路线，避免污染物在区域间的"泄漏"。

4.2.3 基于结构分解模型的社会经济驱动因素分析

以上分析部分从贡献量的角度剖析了中国污染物排放的行业以及消费类型的影响，但是并没有给出消费增长和技术水平提高等方面对于总量增加的绝对贡献。能源消费排放因子、能耗强度、非能源使用的污染物排放强度、生产结构、消费的商品结构、消费的类型结构以及消费规模变化对于中国各类污染物排放总量增量的影响如图 4-9 所示。根据各个影响因素的类型具体可归为以下三个方面。

第 4 章 PM$_{2.5}$ 及其前体物排放的驱动力分析

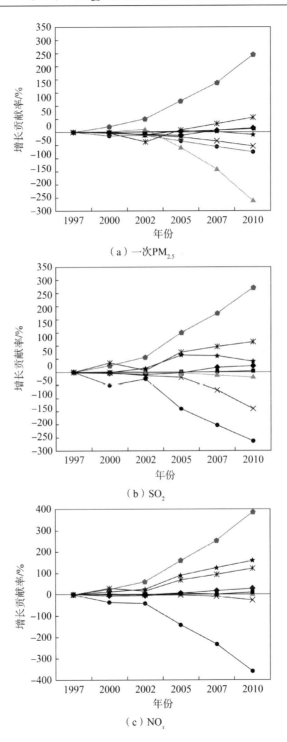

(a) 一次PM$_{2.5}$

(b) SO$_2$

(c) NO$_x$

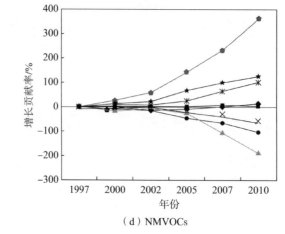

(d) NMVOCs

✳ 排放因子（能源使用）　＊ 生产结构　● 消费规模　▲ 排放强度（非能源使用）
● 能耗强度（能源使用）　◆ 消费商品结构　★ 总变化　■ 消费类型结构

图 4-9　1997~2010 年中国大气污染物排放量变化驱动力贡献率

1）经济体的规模方面

经济体的规模主要体现为最终消费量的增加，主要体现量是消费规模（Y_{scale}）。保持其他因素不变，1997~2010 年经济总量的上升将使 $PM_{2.5}$、SO_2、NO_x、NMVOCs 的排放量分别增加 295%、320%、387%和 360%。

2）经济体的技术水平方面

经济体的技术水平主要体现在以下几个方面，即能源消费强度（**EnI**）、单位能源的排放因子（**EF**）和非能源使用的污染物排放强度（**Fne**）。保持其他因素不变，1997~2010 年，燃料燃烧的污染物控制技术的改善可使 $PM_{2.5}$、SO_2、NO_x、NMVOCs 的排放量分别减少 53%、140%、27%和 58%；能源效率技术的改善可使 $PM_{2.5}$、SO_2、NO_x、NMVOCs 的排放量分别减少 75%、262%、360%和 105%；工艺工程的污染物控制技术的改善可使 $PM_{2.5}$、SO_2、NMVOCs 的排放量分别减少 262%、20%和 190%。

3）经济体的结构方面

经济体的结构主要体现在生产结构（**L**）、商品的消费结构（$Y_{structure}$）、消费的类型结构（$Y_{allocation}$）。保持其他因素不变，1997~2010 年，生产结构的变化将使 $PM_{2.5}$、SO_2、NO_x、NMVOCs 的排放量分别增加 57%、114%、123%和 101%；商品的消费结构的变化将使 $PM_{2.5}$、SO_2、NO_x、NMVOCs 的排放量分别增加 27%、23%、27%和 23%；消费类型的变化将使 $PM_{2.5}$、SO_2、NO_x、NMVOCs 的排放量分别增加 13%、5%、7%和 5%。生产结构的变化主要表现在各行业在经济体中所占份额的变化。2005~2010 年，经济体结构的变化导致的污染物排放量逐渐增加，这说明在这一期间，中国经济中污染强度较高的生产链所占的比重较大。中国经济学家吴敬琏也指出，虽然在"十五"期间（2001~2005 年），中国提出经济结构调整与升级的战略，但是，由于地方政府追求短期利益，因此"走新型工业化道路"被诠释成了"走重化工业道路"、"重型化道路"或"以制造业为核心的重化工业道路"（吴敬琏，2006）。以电解铝的生产为例，由于电价优惠，各地政府纷纷上马电解铝厂，在 21 世纪初，中国电解铝工业迅猛发展，但是电解铝产业是高资源消耗、高污染排放的产业，由于电价的扭曲，其净利润并不高，这种"扬短避长"的发展方式是不可持续的。

综上所述，1997~2010 年经济体规模的扩大是导致中国大气污染物排放增加的主要因素，而经济体技术水平的改善部分程度缓解了其增长，但是后者的抑制作用难以抵消前者的驱动作用，因而排放总量仍然呈现出持续快速增长的态势。

4.3 贸易隐含排放影响：京津冀案例

北京作为中国重要的政治区域和人口最多的城市，其大气污染一直是世界关注的焦点。为应对高浓度的大气颗粒物污染，当前政府出台了一系列北京高能耗、高排放企业外迁行动。然而，本书中第 6 章研究结果显示，河北境内城市，如廊坊、邯郸、保定等城市的高污染排放可通过大气传输至北京，是造成北京区域大气污染的重要来源。厘清京津冀污染物排放的主要贡献因素，制定合理的京津冀联防联控的污染物减排策略，是保障我国政府提出的"京津冀一体化"经济可持续发展的基础。

本节的研究以中国多区域投入产出表为基础，采用双边贸易模型对 2007 年京津冀区域的国际、国内贸易的隐含排放进行分析，以为京津冀通过对对外贸易政策进行调整以降低污染物排放提供决策支持。基于双边贸易投入产出分析法等同于传统的投入产出模型分析，具体的分析方法可见 Glen Peters 的工作（Peters, 2008）。

4.3.1 京津冀国际和国内贸易隐含排放总量

京津冀区域污染物总排放以及其在国际和国内贸易中隐含的污染物排放如表 4-6 所示。从贸易平衡来看，京津冀国际和国内贸易引起的各类污染物流入、流出量基本持平。在国际贸易中，除 NMVOCs 之外，京津冀的其他三种污染物均为净出口，且隐含出口量高达进口量的 2 倍左右。在国内贸易中，除一次 $PM_{2.5}$ 为净调出，京津冀的其他污染物均为净调入。从对外贸易对区域的污染物排放总量影响来看，国内调出部分的隐含排放占区域各类污染物总排放量的 42%~48%，占区域生产过程排放的 49%~56%；国际出口部分的隐含排放占区域总排放的 9%~14%，占区域生产过程排放的 12%~18%。

表 4-6　京津冀国际、国内贸易隐含污染物排放（单位：万吨）

污染物	国际贸易		国内贸易	
	出口	进口	调出	调入
$PM_{2.5}$	11.2	6.8	51.5	49.8
SO_2	35.5	16.1	145.0	198.8
NO_x	35.9	12.7	120.6	157.7
NMVOCs	26.4	26.1	78.0	86.5

4.3.2　京津冀国际出口隐含排放

在京津冀区域中，河北主要承担着京津冀区域乃至全国的重工业生产任务，国际出口排放也主要发生在河北，其次为天津和北京。2007 年河北的各类污染物出口排放分别为 6.65 万吨、19.83 万吨、16.12 万吨和 9.85 万吨，分别占区域总出口排放的 59%、56%、45%和 37%。对于国际进口部分，京津冀进口隐含排放主要受北京进口主导，其次是天津和河北。北京的各类污染物进口排放分别为 4.73 万吨、9.74 万吨、7.36 万吨和 15.85 万吨，分别占京津冀区域总进口排放总量的 69%、61%、58%和 61%。

表 4-7 以京津冀整体为研究对象列出了 2007 年京津冀国际、国内出口产品的行业份额以及各行业单位出口所带来的区域增加值以及排放贡献。在国际出口方面，服务业、电器和通信设备制造业、交通运输业以及金属冶炼和压延加工业以及化学品行业主导了京津冀的国际出口。然而，由于行业生产过程、能源使用、原材料投入差异较大，各行业单位产品出口对区域的经济及污染排放影响差异也比较明显。从经济贡献来看，属于第一产业的农业、采矿业以及属于第三产业的各类服务业的单位出口增加值贡献较大。其中，前者单位贡献较高的原因主要是农业和采矿业属于劳动密集型产业，对未计入投入成本的自然资源的依赖程度较高，而对其他行业产品投入依赖相对较少；而相对来说，服务行业对技术、服务创新的依赖较高。然而，值得注意的是过去几十年中国积极发展的制造业部门的单位产品出口的增加值贡献相对较低，如通信设备、计算机及其他电子设备制造业和仪器仪表及文化办公用机械制造业，其主要原因是这些行业高度依赖金属制造业部门以及电力部门的初始产品投入。此外，属于河北优势发展行业的金属冶炼和压延加工业的单位出口产品增加值贡献也相对较低。从各行业的排放影响来看，各行业各类污染物隐含排放强度差异较大，但总体来说单位出口经济贡献较大的服务业行业排放贡献最低，其次是制造业部门，尤其是精加工制造业部门，如通信设备、计算机及其他电子设备制造业和仪器仪表及文化办公用机械制造业。

单位产出污染排放较高行业主要是金属冶炼和压延加工业以及化学工业等初等加工行业。从京津冀的国际出口来看，其精加工行业以及服务业出口份额较高，因此，较国内出口来看，京津冀的国际出口相对有利于区域的可持续发展。

表 4-7 2007 年京津冀国际、国内出口的行业贡献份额及单位出口的增加值和隐含排放强度贡献

部门	出口及调出份额组成/%		单位出口增加值贡献/(元/元)和隐含排放量/(千克/万元)				
	国际贸易	国内贸易	增加值	PM$_{2.5}$	SO$_2$	NO$_x$	NMVOCs
1 农林牧渔业	0.7	5.5	0.77	0.79	3.89	3.59	3.02
2 煤炭开采和洗选业	1.3	1.9	0.67	1.23	9.65	5.52	2.00
3 石油和天然气开采业	0.5	2.6	0.79	0.97	4.07	3.08	3.70
4 金属矿采选业	0.0	0.1	0.65	1.53	9.33	6.11	2.52
5 非金属矿及其他矿采选业	0.2	0.3	0.72	2.32	7.03	4.81	2.63
6 食品制造及烟草加工业	1.7	4.7	0.54	1.01	6.27	4.04	2.66
7 纺织业	2.0	3.2	0.55	0.89	5.96	3.88	3.02
8 纺织服装鞋帽皮革羽绒及其制品业	1.6	2.1	0.56	0.58	3.94	2.53	1.57
9 木材加工及家具制造业	0.8	2.2	0.59	0.92	5.66	3.79	7.87
10 造纸印刷及文教体育用品制造业	0.7	1.1	0.54	1.29	14.08	6.42	4.16
11 石油加工、炼焦及核燃料加工业	1.5	3.0	0.41	4.84	8.58	6.25	12.44
12 化学工业	6.2	5.9	0.53	1.56	11.00	6.49	15.32
13 非金属矿物制品业	0.9	4.0	0.55	16.09	15.18	12.66	5.37
14 金属冶炼及压延加工业	7.5	16.8	0.53	5.57	15.28	11.12	3.10
15 金属制品业	4.2	2.1	0.52	2.33	9.31	6.70	1.95
16 通用、专用设备制造业	3.7	5.4	0.54	1.35	4.99	3.92	1.42
17 交通运输设备制造业	2.0	6.3	0.42	0.91	3.56	3.22	3.25
18 电气机械及器材制造业	5.5	1.9	0.47	1.36	4.56	3.65	1.58
19 通信设备、计算机及其他电子设备制造业	19.2	5.4	0.34	0.40	1.29	1.30	0.76
20 仪器仪表及文化办公用机械制造业	2.2	0.4	0.40	0.48	1.59	1.50	0.65
21 其他制造业	1.2	0.6	0.66	0.85	4.10	2.81	1.09
22 电力、热力的生产和供应业	0.0	0.0	0.58	8.17	82.15	49.95	2.48
23 燃气及水的生产与供应业	0.0	0.0	0.70	0.94	6.63	4.88	1.23
24 建筑业	0.8	0.5	0.55	3.05	6.06	5.67	2.83
25 交通运输及仓储业	9.2	5.8	0.62	1.88	3.57	15.45	7.92
26 批发零售和住宿餐饮业	8.8	3.4	0.75	0.53	1.73	1.70	0.99
27 其他行业	17.4	14.7	0.72	0.64	2.26	1.76	1.14

4.3.3 京津冀国内出口隐含排放

同国际出口对分区域排放结果影响一致，2007 年京津冀对外出口贸易隐含排放出口主要来源于河北，且河北区域的调出排放远远高于调入排放，而北京和天津为净调入区域。为区分出影响京津冀国内贸易的关键区域和关键行业，本章的研究根据区域的发展水平和区域特色将除中国大陆除西藏之外的区域进行了重新划分为 7 个区域，划分结果如表 4-8 所示。

表 4-8　中国投入产出表区域合并（二）

区域名称	覆盖省区市
京津冀	北京、天津和河北
东北	辽宁、吉林和黑龙江
山西-内蒙古	山西和内蒙古
中南	河南、湖北、湖南、广东、广西和海南
华东	山东、江苏、安徽、江西、上海、浙江和福建
西南	重庆、四川、贵州和云南
西北	陕西、甘肃、青海、宁夏和新疆

2007 年京津冀向其他 6 个区域的调出产品价值份额如图 4-10 所示，从图 4-10 中可以看出，对京津冀国内贸易价值贡献大小的区域依次为：华东>中南>东北>西北>西南>山西-内蒙古。从行业上来看，设备制造业、金属制造业、服务业以及化学工业是京津冀国内国内调出收入的主要行业来源；京津冀对西北地区和山西-内蒙古区域的非金属矿物制品业调出，以及西北地区和西南地区的木材家具和造纸业的调出也占有相当大的比重。

京津冀向其他 6 个区域出口产品隐含污染物排放量及行业贡献组成如图 4-11 所示。从影响京津冀各类污染物排放的关键区域来看，对京津冀影响最大的是东南地区，其次是华中地区、东北地区和西北地区。从隐含污染出口的行业贡献来看，由于向山西-内蒙古和西北区域输入较多的非金属矿物制品、金属制品以及化学产品，因此全行业调出到这两个区域的隐含排放也较高，尤其是对一次 $PM_{2.5}$ 的影响较大。目前我们国家正推行西部大开发战略，西部目前正面临着快速发展阶段，因而对非金属矿物制品以及钢铁等产品的需求量也相应较高。对于东北地区、华中地区、东南地区和西南地区，京津冀的金属制造业向这些区域的调出隐含排放均是最主要的行业。

第4章 PM$_{2.5}$及其前体物排放的驱动力分析

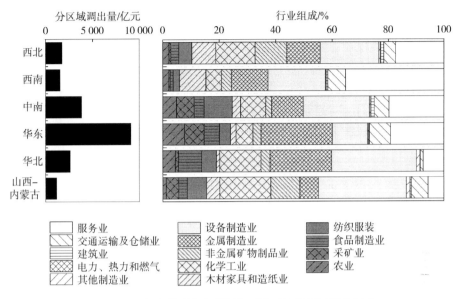

图 4-10　京津冀国内产品调出区域贡献份额以行业组成

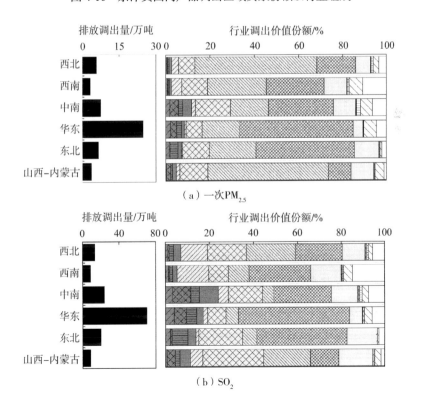

（a）一次PM$_{2.5}$

（b）SO$_2$

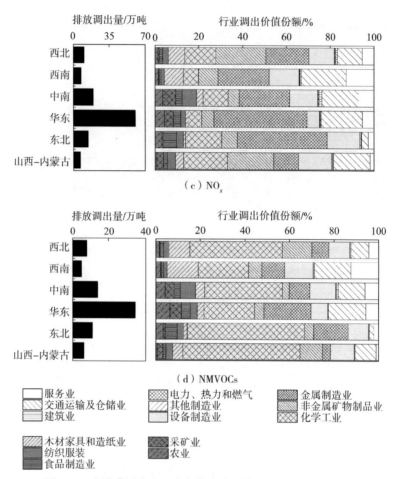

图 4-11 京津冀国内出口隐含排放分区域贡献及行业贡献组成

从图 4-11 可以看出，金属制造业行业已经成为影响京津冀出口隐含排放的主要行业。河北作为中国重要的金属制造省份，其钢铁的年产量达全国钢铁总产量近 25%，提高钢铁行业生产技术水平，降低其生产排放是降低出口隐含排放的基础。从贸易调整的角度来看，京津冀应当适当降低金属、非金属等产品的直接出口，升级产业结构，促进钢铁等行业下游产业的发展，逐步转化成以高科技产品为主导的出口结构。此外，从图 4-11 也可以看出化学工业产品出口对京津冀隐含污染出口也较为显著，尤其是对 NMVOCs 排放的影响，因此京津冀在加强钢铁产业污染整治的同时，应当适当加强对化学工业生产过程的管理以及出口调整。总体而言，为降低京津冀区域的国内调出排放，应当重点降低京津冀金属制造业、非金属矿物制品业以及化学品的国内调出。

第 5 章　$PM_{2.5}$ 控制政策的有效性评估

我国把 $PM_{2.5}$ 作为空气质量目标控制，始于 2012 年发布的新国家环境空气质量标准。由于 $PM_{2.5}$ 排放来源包括一次性颗粒物和前体污染物两种类型，而现行的大气污染控制政策与这些污染物的控制都密切相关。因此，本章主要评估我国现行的大气污染控制政策，特别是评估标准规划、产业政策、能源政策、大气污染防治政策等对控制 $PM_{2.5}$ 的有效性。

5.1　大气污染防控政策进展

5.1.1　大气污染防治法规框架

1. 相关法律

我国现行大气污染防治的相关法律主要包括环境保护法、能源和清洁生产等单行法、环境与资源保护单行法规、行政法规和部门行政规章等，具体如表 5-1 所示。

表 5-1　我国大气污染防治有关法律法规

类别	序号	文件名称	实施时间
法律	1	中华人民共和国环境保护法	2015-01-01
	2	中华人民共和国大气污染防治法	2016-01-01
	3	中华人民共和国环境影响评价法	2003-09-01
	4	中华人民共和国节约能源法	2008-04-01
	5	中华人民共和国循环经济促进法	2009-01-01
	6	中华人民共和国可再生能源法	2010-04-01
	7	中华人民共和国石油天然气管道保护法	2010-10-01
	8	中华人民共和国清洁生产促进法	2012-07-01

续表

类别	序号	文件名称	实施时间
行政法规	1	排污费征收使用管理条例	2003-07-01
部门规章	1	汽车排气污染监督管理办法	2012-12-22
	2	秸秆禁烧和综合利用管理办法	1999-04-12
	3	排污费征收标准管理办法	2003-07-01
	4	环境行政处罚办法	2010-03-01
其他规范性法律文件	1	关于柠檬酸生产企业环境保护管理有关问题的通知	2002-12-27
	2	关于印发《二氧化硫总量分配指导意见》的通知	2006-11-09
	3	关于加强燃煤脱硫设施二氧化硫减排核查核算工作的通知	2009-01-19
	4	关于热电企业执行国家排放标准问题的复函	2010-10-12
	5	关于火电企业脱硫设施旁路烟道挡板设施铅封的通知	2010-06-17
	6	关于露天煤矿产生粉尘征收排污费有关问题的复函	2004-12-24
	7	关于北京市施工工地扬尘排放量计算方法的复函	2005-08-03
	8	关于钢铁及焦炭生产企业污染物排放量核定问题的复函	2007-11-27

（1）环境保护法。我国的《中华人民共和国环境保护法》是对保护大气环境和防治大气污染具有核心指导作用的一部综合性的法律规范，对我国的大气污染防治法律制度的完善提供了直接法律依据。特别是2014年4月全国人民代表大会常务委员会通过的《中华人民共和国环境保护法》，提出了新时期下环境污染治理的新法律框架。

（2）有关单行法律。虽然我国的能源单行法律的直接目的并不是保护大气环境、防治大气污染，但是能源单行法律却一直在起着提高能源利用效率、防控大气污染的作用。加强能源法制建设，近年来新修订出台实施了《中华人民共和国节约能源法》、《中华人民共和国可再生能源法》及《中华人民共和国石油天然气管道保护法》等有关单行法。《中华人民共和国清洁生产促进法》是为了促进清洁生产，提高能源利用效率，减少和避免污染物的产生，保护和改善环境而制定的；出台实施《中华人民共和国循环经济促进法》，是为了促进循环经济发展、提高资源利用效率、保护和改善环境；出台实施《中华人民共和国环境影响评价法》，是为了从根本上、全局上和发展的源头上控制污染、保护生态环境。

（3）环境与资源保护单行法规。2000年颁布的《中华人民共和国大气污染防治法》是我国现行专门针对大气污染防治的法律，共七章六十六条，对大气污染防治的监督管理体制和主要的法律制度、防治燃烧产生的大气污染、防治机动车船排放污染，以及防治废气、粉尘和恶臭污染的主要措施和法律责任等都做了较为明确且具体的规定，是一部直接规定保护大气环境、防治大气污染的法律规范。

（4）行政法规与部门规章。有关大气污染控制的行政法规《排污费征收使用管理条例》，规定了征收大气排放污染物的种类、数量以及污染当量等具体细则。部门规章包括《汽车排气污染监督管理办法》《秸秆禁烧和综合利用管理办法》《排污费征收标准管理办法》及《环境行政处罚办法》等，其中，《汽车排气污染监督管理办法》及《秸秆禁烧和综合利用管理办法》从大气污染物的产生源予以控制和规定，《排污费征收标准管理办法》和《环境行政处罚办法》使环境保护部门在征收大气污染物排污费和对污染源进行行政处罚时能够有据可依。

（5）其他规范性文件。其他规范性法律文件主要为国家环境保护部门发布的与大气污染防控有关的复函及通知，从行业企业大气污染防治监督管理、污染减排，以及核定、核查、核算、扬尘征收排污费等诸多方面对大气污染防控进行规定。

2. 大气污染排放标准实践进展

（1）环境空气质量标准。早在 1982 年，我国就制定并发布了首个国家环境空气质量标准——《大气环境质量标准》（GB3095—82）。1996 年进行了第一次修订，并更名为《环境空气质量标准》（GB3095—1996）。2000 年又发布了《〈环境空气质量标准〉（GB3095—1996）修改单》。随着 $PM_{2.5}$ 问题的严重，且大气环境质量与公众感知存在较大差距，难以全面反映真实的空气质量，环境保护部对执行了 11 年的《环境空气质量标准》进行了新一轮修订，并于 2012 年 2 月 29 日发布了《环境空气质量标准》（GB3095—2012）的强制性国家标准，该标准代替了 1996 年的《环境空气质量标准》，将 $PM_{2.5}$ 纳入强制性监测指标中。根据这一新的国家标准，空气质量评价从空气污染指数（air pollution index，API）过渡为空气质量指数（air quality index，AQI），AQI 空气质量日报指标包括 SO_2、NO_2、CO、PM_{10}、$PM_{2.5}$ 的 24 小时平均，以及 O_3 的日最大 1 小时平均、日最大 8 小时平均，共计 7 项指标；实时报（时间周期 1 小时）指标包括 SO_2、NO_2、PM_{10}、$PM_{2.5}$、CO、O_3 的 1 小时平均，以及 O_3 的 8 小时滑动平均和 PM_{10} 与 $PM_{2.5}$ 的 24 小时滑动平均，共计 9 项指标。新标准增设了 $PM_{2.5}$ 平均浓度限值和 O_3 的 8h 平均浓度限值，污染物控制项目实现与国际标准"低轨"相接。由于我国不同地区的空气污染特征、经济发展水平和环境管理要求差异较大，该强制性标准分期实施，2016 年 1 月 1 日，全国范围实施新标准。

（2）火电厂大气污染排放标准。《工业"三废"排放试行标准》（GBJ4—73）中，早就提出了火电厂大气污染排放标准。在不同时期，我国针对火电行业大气污染物排放制定了不同的标准，主要有《燃煤电厂大气污染物排放标准》（GB13223—91）、《火电厂大气污染物排放标准》（GB13223—1996）以及《火电厂大气污染物排放标准》（GB13223—2003）。为更好地适应新时期我国对火电行业大气环境保护工作的新要求，环境保护部于 2011 年 7 月发布了《火电厂大气污染物排放标准》(GB13223—2011),并且于 2012 年 1 月 1 日开始执行。新标准大幅收紧了大气污染物浓度排放限值,所有新建火电机组烟尘排放量限值为 30 毫克/米^3;SO_2 排放量限值为 100 毫克/米^3。与 2003 版的标准相比,该标准中对污染物排放标准的要求大幅提高,排放限值已经接近或达到发达国家和地区的要求。

(3)机动车大气污染排放标准。经过多年的发展,我国已经基本建立起新生产机动车排放标准体系、在用机动排放标准体系和燃油标准体系。2000 年我国实施了针对新机动车的国Ⅰ阶段排放标准,2004 年实施了国Ⅱ阶段排放标准,2007 年实施了国Ⅲ阶段排放标准。目前,我国北京、上海等大型城市已经提前实施了国Ⅳ阶段排放标准。排放标准的更新速度虽然很快,但在实施时间上仍然比欧洲发达国家较为滞后。另外,由于雾霾持续严重,北京、上海等很多地方政府,都已经依据《中华人民共和国大气污染防治法》出台了地方机动车尾气污染防治标准及条例。

3. 大气污染防治规划进展

(1)《国家环境保护"十二五"规划》。2009 年 12 月国务院批复《国家环境保护"十二五"规划》,其要求,到 2015 年,SO_2 排放总量控制在 2 268 万吨,比 2010 年削减 8%;NO_x 排放总量控制在 2 046 万吨,比 2010 年削减 10%。空气环境质量评价范围由 113 个重点城市增加到 333 个全国地级以上城市,按照 PM_{10}、SO_2、NO_2 的年均值测算,2010 年地级以上城市空气质量达到二级标准以上的比例为 72%;在京津冀、长三角地区和珠三角地区等区域开展 O_3、$PM_{2.5}$ 等污染物监测,开展区域联合执法检查,实施多种大气污染物综合控制。到 2015 年,上述区域复合型大气污染得到控制,所有城市空气环境质量达到或好于国家二级标准,酸雨、灰霾和光化学烟雾污染明显减少。同时提出了要加大 SO_2 和 NO_x 减排力度;明确要求持续推进电力行业污染减排,新建燃煤机组要同步建设脱硫脱硝设施,全面实施烧结机烟气脱硫,加强水泥、石油石化、煤化工等行业 SO_2 和 NO_x 治理,并开展机动车船 NO_x 控制等。

(2)《关于推进大气污染联防联控工作改善区域空气质量的指导意见》。由于我国的大气环境污染已经超越了单纯的点源局部性污染阶段,呈现出快速蔓延性、污染综合性和影响区域性等特点,对此,我国大气环境污染防治制度和机制做出响应,提出了实施推进大气联防联控工作的思路。2010 年 5 月 11 日,国务院办公厅转发环境保护部等部门《关于推进大气污染联防联控工作改善区域空气质量指导意见的通知》要求,以科学发展观为指导,以改善空气质量为目的,以增强区域环境保护合力为主线,以全面削减大气污染物排放为手段,建立统一规划、统一监测、统一监管、统一评估、统一协调的区域大气污染联防联控工作机制,扎实做好大气污染防治工作。

(3)《重点区域大气污染防治"十二五"规划》。为了推进重点区域大气质量的改善和联防联控机制，2012年9月27日国务院批复了《重点区域大气污染防治"十二五"规划》，并于2012年12月5日发布实施，这是我国第一部综合性大气污染防治的规划。标志着我国大气污染防治工作逐步由污染物总量控制为目标导向以改善环境质量为目标导向转变，由主要防治一次污染向既防治一次污染又注重二次污染转变。《重点区域大气污染防治"十二五"规划》提出，到2015年，重点区域SO_2、NO_x、工业烟粉尘排放量分别下降12%、13%、10%，VOCs污染防治工作全面展开；环境空气质量有所改善，PM_{10}、SO_2、NO_2、$PM_{2.5}$年均浓度分别下降10%、10%、7%、5%，O_3污染得到初步控制，酸雨污染有所减轻，并提出针对京津冀、长三角地区、珠三角地区等复合型污染严重的特点，提高了$PM_{2.5}$控制要求，$PM_{2.5}$年均浓度下降6%。

（4）大气污染防治行动计划。2013年9月，国务院颁布《大气污染防治行动计划》。这是新一届中央人民政府向环境污染宣战的第一战役。相对于《重点区域大气污染防治"十二五"规划》，《大气污染防治行动计划》提出了更加严格的控制目标和控制措施。针对严重的区域空气污染及其综合原因，《大气污染防治行动计划》提出了综合治理、结构调整、清洁能源、节能减排的五条十八项措施；针对缺乏污染减排长效机制，提出充分发挥市场机制、最严格法规和监督、污染信息公开方面两条七项措施；针对区域性空气污染、监控预警能力、全社会参与问题，提出了建立区域联防联控、预警监测、明确政府企业社会责任三条十项措施，旨在到2017年，全国地级及以上城市PM_{10}浓度比2012年下降10%以上，优良天数逐年提高；京津冀、长三角地区、珠三角地区等区域$PM_{2.5}$浓度分别下降25%、20%、15%左右，其中北京市$PM_{2.5}$年均浓度控制在60微克/米^{3}左右。

5.1.2 产业政策进展

调整产业结构、淘汰落后产能、推进重点行业实施清洁生产一直是近些年产业政策发展的基本思路。2005年国务院发布《促进产业结构调整暂行规定》，提出要加强和改善宏观调控，促进产业结构优化升级；国务院为促进产业结构调整，先后多次更新发布产业结构调整目录，2011年发布《产业结构调整指导目录（2011年本）》，2013年又进行修正发布了最新《产业结构调整指导目录（2013年本）》；2013年国务院印发《关于化解产能严重过剩矛盾的指导意见》，指出要坚决管住和控制增量、调整和优化存量，加快建立和完善以市场为主导的化解产能严重过剩矛盾长效机制，分别提出了钢铁、水泥、电解铝、平板玻璃、船舶等行业分业施策意见，并确定了当前化解产能严重过剩矛盾的八项主要任务；2013年3月5日，李克强总理在第十二届全国人民代表大会第二次会议政府工作报告中提出，要加快产业结构调整，鼓励发展服务业，支持战略性新兴产业，积极化解部分行业产能严重过剩矛盾。

（1）电力行业政策。电力行业是我国 $PM_{2.5}$ 控制的重点行业，电力工业煤炭消费占全国消费的比重在 50%左右，SO_2 排放占全国比重的 50%以上，CO_2 排放量占全国的比重约 40%。目前，我国颁布的对电力行业有重大影响的政策集中在淘汰落后产能以及污染减排方面。例如，2007 年 1 月 20 日，国务院批转了由国家发展和改革委员会、能源办印发的《关于加快关停小火电机组的若干意见》，强调加快调整电力工业结构，下决心淘汰一批不符合节能环保标准的小火电机组，发展一批清洁能源和可再生能源发电机组，完成电力工业能源消耗降低和污染减排的各项任务。未来，环保节能成为我国电力行业结构调整的重要方向。火电行业在"上大压小"的政策导向下积极推进产业结构优化升级，关闭大批能效低、污染重的小火电机组，在很大程度上加快了国内火电设备的更新换代，拉动火电设备市场需求。

（2）钢铁行业政策。为提高钢铁工业整体技术水平，推进结构调整，改善产业布局，发展循环经济，降低物耗能耗，实现产业升级，国家发展和改革委员会于 2005 年 7 月 8 日发布了《钢铁产业发展政策》，通过钢铁产业组织结构调整，实施兼并、重组，扩大具有比较优势的骨干企业集团规模，提高产业集中度；环境保护部于 2013 年 2 月 27 日发布了《关于执行大气污染物特别排放限值的公告》，规定了在重点控制区的火电、钢铁等六大行业以及燃煤锅炉项目执行大气污染物特别排放限值；为了推动钢铁行业依法实施清洁生产，提高资源利用率，减少和避免污染物的产生，保护和改善环境，国家发展和改革委员会会同环境保护部、工业和信息化部整合修编了《钢铁行业清洁生产评价指标体系》。

（3）水泥行业政策。我国处于快速城镇化阶段，基建发达，水泥耗量大，2008 年我国水泥产量为 14.5 亿吨，2012 年水泥产量达到 22.1 亿吨，占世界水泥产量的 56%，巨大的水泥生产量消耗了大量的资源和能源，也产生了大量的大气污染物。据统计，我国水泥工业颗粒物排放占全国排放量的 15%~20%，SO_2 排放占全国排放量的 3%~4%，NO_x 排放占全国排放量的 8%~10%。政府已出台一系列能源和环境政策来引导水泥工业的可持续发展。仅 2009 年，国家发展和改革委员会就发布了 10 件涉及水泥工业发展的政策、法规文件，对抑制水泥产能过剩、重复建设、淘汰落后产能、水泥工业清洁生产等提出了要求；2010 年新的《水泥行业发展政策》和《水泥行业准入条件》发布后，对淘汰落后产能、提高行业准入门槛做出了说明；2013 年新修订的《水泥工业大气污染物排放标准》，就对 PM、SO_2、NO_x、氟化物等污染物的控制进行了规范，要求水泥企业在各种通风生产设备及作业点采取高效除尘净化措施。2013 年，环境保护部发布《水泥工业污染防治技术政策》，对大气污染物排放控制进行了指导性说明。

（4）化工行业政策。近年来我国的化工行业发展突飞猛进，是重要支柱产业之一，占工业经济总量的 20%，我国已成为全球第二大石化产品生产国。化工工业在为社会提供各种化工产品的同时,生产过程中也产生大量的废气,主要有 SO_2、NO_x、TSP、烃类气体等。近年来,为应对石油化工行业发展带来的一系列大气污染问题,我国出台了多项政策对其进行调控。《国家环境保护"十一五"规划》中提出要以化工行业为重点,加大污染治理和技术改造力度,对重点工业废气污染源实行自动监控;2009 年,国务院办公厅发布了《石化产业调整和振兴规划》,对石化行业产能、产业布局、产品结构,以及技术进步和节能减排做出了要求;2009 年,石化协会发布《石油和化工产业结构调整指导意见》及《石油和化工产业振兴支撑技术指导意见》,对石化工业进行产业结构调整;2011 年,《产业结构调整指导目录(2011 年本)》修订,更加鼓励发展节能降耗、减排效果好的石化产品和技术,如环境友好型农药、染料、涂料等;更加严格限制产能已经过剩或潜在过剩的石化产品,如烧碱、纯碱等;更加严格限制高耗能和非环境友好型石化产品。可以看出,我国石化产业的政策主要集中于对其结构的调整,促使石油化工行业结构不断向集约化、规模化的方向发展,同时加强对其污染物排放的控制,鼓励开发环境友好产品,限制高耗能产品的开发,实现增产不增污。

(5)机动车产业政策。汽车产业是国民经济支柱产业,国家高度重视汽车行业的发展,制定了很多产业发展相关政策,如 2004 年出台了《汽车产业发展政策》,2009 年又对其进行了修订。针对机动车发展带来的一系列大气污染问题,也出台了不少政策来调控。2007 年财政部发布《中华人民共和国车船税法实施条例》,对全国车船税加以规范;2011 年 2 月 25 日,国家又颁布《中华人民共和国车船税法》,规定了机动船舶和游艇的具体适用税额,细化了税收优惠的规定,对节约能源、使用新能源的车船可以免征或者减半征收车船税;国家发展和改革委员会印发的《关于油品质量升级价格政策有关意见的通知》,对油品质量升级实行优质优价政策。其中,车用汽、柴油质量标准升级至第四阶段每吨分别加价 290 元和 370 元;从第四阶段升级至第五阶段每吨分别加价 170 元和 160 元。老旧汽车的更新换代也是汽车行业改革的一个重要方向。2009 年 7 月财政部会同商务部、国家发展和改革委员会等 10 部委联合印发了《汽车以旧换新实施办法》,就汽车以旧换新补贴范围及标准、申请流程、补贴资金审核、监督管理等方面做了具体规定;2012 年商务部发布了《机动车强制报废标准规定》,制定了新的报废标准对机动车实施强制报废。在此基础上,各地纷纷出台相关黄标车淘汰补贴政策,通过财政补贴加快黄标车退出使用。

5.1.3 能源政策进展

能源政策主要集中在以下方面。

（1）实施重点地区煤炭总量控制和用能总量控制政策。我国处于后工业化阶段，能耗较大，而煤炭在我国能源结构中一直占较大比重，2012年我国煤炭消费占用能总量的66%，这既是我国能源结构的特色，也是我国灰霾天气的重要原因（图5-1）。2010年5月，国务院办公厅转发环境保护部等部门《关于推进大气污染联防联控工作改善区域空气质量指导意见》，明确提出了"严格控制重点区域内燃煤项目建设，开展区域煤炭消费总量控制试点工作"。目前为改善空气质量，北京、天津、乌鲁木齐等城市已经开始实施煤炭消费控制措施。此外，我国从"十二五"开始实施的能源消费总量控制制度，将控制指标分解落实到各行政区，也对各地的煤炭消费形成了制约。

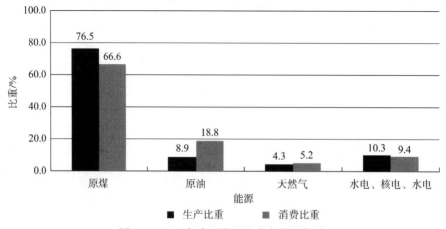

图5-1　2012年中国能源生产与消费构成

（2）发展太阳能等清洁能源。与全球其他主要国家相比（图5-2），中国当前的清洁能源消费比重均明显偏低，欧洲国家多数介于40%~60%，美国为40%，日本也超过35%，中国则在11%左右。特别是近几年，中国对清洁能源的政策扶持进入密集期，2013年7月4日国务院发布了《国务院关于促进光伏产业健康发展的若干意见》，包括积极开拓光伏应用市场、加快产业结构调整和技术进步、规范产业发展秩序完善等内容；2013年7月，财政部发布《关于分布式光伏发电实行按照电量补贴政策等有关问题的通知》，对分布式光伏发电项目按电量给予补贴；2013年8月，国家发展和改革委员会发布《国家发展改革委关于调整可再生能源电价附加标准与环保电价有关事项的通知》，将除居民生活和农业生产以外的其他用电征收的可再生能源电价附加标准由0.8分/千瓦时提高至1.5分/千瓦时；国家能源局在2013年8月发布了《关于开展分布式光伏发电应用示范区建设的通知》；2013年8月30日，国家发展和改革委员会发布《关于发挥价格杠杆作用促进光伏产业健康发展的通知》，对光伏电站实行分区域的标杆上网电价政策。根据各地太阳能资源条件和建设成本,将全国分为三类资源区,分别执行 0.9 元/千瓦时、0.95 元/千瓦时、1 元/千瓦时的电价标准;2013 年 9 月,国家发展和改革委员会下发《关于完善光伏发电价格政策通知》的意见稿,对下一步光伏发电上网电价提出了新的实施方案。其中,Ⅰ类资源区为 0.75 元/千瓦时,Ⅱ类资源区为 0.85 元/千瓦时,Ⅲ类资源区为 0.95 元/千瓦时,Ⅳ类资源区为 1 元/千瓦时。

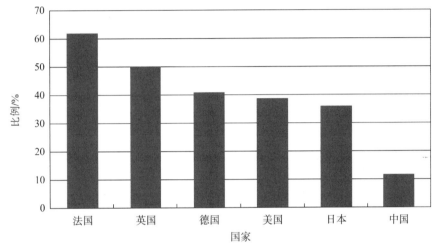

图 5-2 中国和全球主要国家清洁能源占一次消费比例

资料来源:BP《2012 世界能源统计回顾》

(3)大力推进节能政策。2006 年,我国政府发布《关于加强节能工作的决定》;2007 年,发布《节能减排综合性工作方案》,全面部署了工业、建筑、交通等重点领域节能工作,实施"十大节能工程";2011 年,我国发布了《"十二五"节能减排综合性工作方案》,提出"十二五"期间节能减排的主要目标和重点工作,把降低能源强度、减少主要污染物排放总量、合理控制能源消费总量有机结合起来,形成"倒逼机制",推动经济结构战略性调整,优化产业结构和布局。

5.1.4 大气污染防治政策进展

我国大气污染物控制政策体系自 20 世纪 70 年代开始形成,1979 年《中华人民共和国环境保护法(试行)》首次提出了对大气排放行为的控制要求,目前已经基本建立起以浓度、总量控制为核心,包括环境影响评价制度、三同时制度,排污许可证制度,排污收费制度等多项政策手段相结合的大气污染物控制政策体系。

1. 总量控制政策

自"九五"期间首次实行主要污染物排放总量控制以来，我国将对全国环境质量影响最大的 12 种主要污染物纳入总量控制范围，其中大气污染物包括烟尘、工业粉尘、SO_2 三项。"十五"期间，总量控制指标对 SO_2、烟尘和工业粉尘提出严格要求。"十一五"期间，总量控制制度被写入国民经济发展规划，"十二五"总量控制约束性指标新增加了 NO_x 因子，由此总量控制政策已经制度化、规范化，一套管理体系也基本建立起来，已经成为我国大气污染防控的重要政策。由于 SO_2 和 NO_x 均是二次 $PM_{2.5}$ 污染物的前体物，总量控制政策在控制 $PM_{2.5}$ 中发挥了重要作用。

2. 大气污染防治专项资金

为了切实防治污染，2013 年中央财政开始整合有关专项，设立了大气污染防治专项资金。根据财政部的要求，此次这笔 50 亿元的资金将用于北京、天津、河北、内蒙古、山西、山东六个省市的大气污染治理，重点向污染严重的河北倾斜。这笔资金将以"以奖代补"的方式，按上述地区预期污染物减排量、污染治理投入、$PM_{2.5}$ 浓度下降比例三项因素分配。2014 年 2 月，国务院召开常务会议中央财政设立的大气污染防治专项资金为 100 亿，该部分资金将按照"以奖代补"的方式用于对重点区域大气污染的防治。除中央财政外，不少地方政府也于 2014 年设立了当地大气污染防治专项资金。例如，北京预计设大气污染专项资金为 12.5 亿元，而河北该资金规模为 1 亿元，山东则表示设 11.85 亿元环保和大气污染防治资金，内蒙古也表示会设立专项资金。

3. 淘汰落后产能中央财政奖励资金

自 2007 年以来，中央财政设立奖励资金，采取专项转移支付方式对经济欠发达地区淘汰落后产能给予奖励。为加强财政资金管理，提高资金使用效益，财政部制定了《淘汰落后产能中央财政奖励资金管理暂行办法》，中央财政根据淘汰落后产能规模给予适当奖励，奖励资金由地方根据当地实际情况安排使用，涉及电力、炼铁、炼钢、电解铝、铁合金、电石、焦炭、水泥、玻璃、造纸、酒精、味精、柠檬酸这 13 个行业，奖励标准根据各行业淘汰落后设备投资平均水平等相关因素确定，并按一定比例逐年递减。

4. 污染减排专项资金

2007 年以来，财政部和国家环境保护总局联合制定了《中央财政主要污染物减排专项资金项目管理暂行办法》，设立了主要污染物减排专项资金，重点用于支持中央环境保护部门履行政府职能而推进的主要污染物减排指标、监测和考核体系建设，以及用于对主要污染物减排取得突出成绩的企业和地区的奖励，减排资金主要用于以下七个方面：①支持国家、省、市国控重点污染源自动监控中心能力建设；②补助污染源监督性监测能力建设和环境监察执法能力建设；③补助国控重点污染源监督性监测运行费用；④补助提高环境统计基础能力和信息传输能力项目；⑤围绕主要污染物减排开展的排污权交易平台建设及交易试点工作等；⑥主要污染物减排工作取得突出成绩的企业和地区的奖励；⑦财政部、环境保护总局确定的与主要污染物减排有关的其他工作。

5. 排污收费政策

排污收费是向大气排放污染物的排污者征收一定费用的政策手段，是我国最早提出并普遍实行的环境政策之一。该政策一是体现了污染者负担的原则，二是可以有效激励污染者积极治理污染。1979 年 9 月颁布的《中华人民共和国环境保护法（试行）》从法律上确定了我国的排污收费制度；1982 年 7 月国务院正式发布并施行了《征收排污费暂行办法》，排污收费制度在全国普遍实行；2000 年 9 月 1 日起施行的《中华人民共和国大气污染防治法》第十四条规定国家实行按照向大气排放污染物的种类和数量征收排污费的制度，根据加强大气污染防治的要求和国家的经济、技术条件合理制定排污费的征收标准；2003 年 1 月国务院第 369 号令《排污费征收使用管理条例》实施，规定依照大气污染防治法的规定，向大气排放污染物的，按照排放污染物的种类、数量缴纳排污费；2003 年 2 月实施的《排污费征收标准管理办法》规定了废气排污费的收取方法，对向大气排放的污染物，按照排放污染物的种类、数量计征废气排污费，对机动车、飞机、船舶等流动污染源暂不征收废气排污费，排污费资金的收缴、使用实施"收支两条线"管理，所收排污费全部纳入财政预算，作为各级政府的环境保护专项资金管理和使用。不同省区市可以根据当地情况，参考《排污费征收标准管理办法》，调整排污费的收取标准，如广东、江苏已经调整为 1.4 元/污染当量。特别是北京和天津为了适应京津冀大气污染治理，把排污收费标准提高了 10 多倍。2014 年 9 月，国家发展和改革委员会和环境保护部发布《关于调整排污费征收标准等有关问题的通知》，要求 2015 年 6 月底前，各省区市要将废气中的 SO_2 和 NO_x 排污费征收标准调整至不低于 1.2 元/污染当量，将污水中的化学需氧量、氨氮和五项主要重金属（铅、汞、铬、镉、类金属砷）污染物排污费征收标准调整至不低于 1.4 元/污染当量。在每一污水排放口，对五项主要重金属污染物均须征收排污费，全面提高排污收费标准。

6. 环保综合电价政策

2007 年，作为"十一五"期间 SO_2 总量控制的实施途径之一，国家发展和改革委员会、国家环境保护总局联合印发了《燃煤发电机组脱硫电价及脱硫设施运行管理办法（试行）》，确立了脱硫电价补贴政策；为了提高重点行业脱硝的积极性，有效地保障脱硝机组的运行，借鉴脱硫电价的方式，2011年，国家发展和改革委员会出台了《国家采取综合措施调控煤炭和电力价格》，规定自2011年12月1日起，在北京、天津、海南等14个省市安装并运行脱硝装置的燃煤发电企业，经国家或省级环境保护部门验收合格的，报省级价格主管部门审核后，试行脱硝电价，加价为0.8分/千瓦时，以弥补脱硝成本增支，保障脱硝机组的正常运行；2012年12月28日国家发展和改革委员会发布的《关于扩大脱硝电价政策试点范围有关问题的通知》规定，自2013年1月1日起，将脱硝电价试点范围扩大为全国所有燃煤发电机组。火电脱硝脱硫政策全面实施；2013年环境保护部和国家发展和改革委员会联合印发了《关于加快燃煤电厂脱硝设施验收及落实脱硝电价政策有关工作的通知》，激励燃煤电厂进行脱硝改造，脱硝电价开始在全国实施；《国家发展改革委关于调整可再生能源电价附加标准与环保电价有关事项的通知》规定自2013年9月25日起将燃煤发电企业脱硝电价补偿标准由0.8分/千瓦时提高至1分/千瓦时，对采用新技术进行除尘设施改造、烟尘排放浓度低于30毫克/米^3（重点地区低于20毫克/米^3），并对经环境保护部门验收合格的燃煤发电企业除尘成本予以适当支持，电价补偿标准为0.2分/千瓦时。2014年4月3日国家发展和改革委员会会同环境保护部公布的《燃煤发电机组环保电价及环保设施运行管理办法》明确规定，燃煤发电机组必须按规定安装脱硫、脱硝和除尘环保设施，其上网电量在现行上网电价基础上执行环保电价政策，脱硫电价加价标准为0.015元/千瓦时、脱硝电价为0.01元/千瓦时、除尘电价为0.002元/千瓦时。但是，若燃煤电厂不正常运行环保设施或不按照规定标准排放，将没收相应的环保电价款；超过限值1倍及以上的，处5倍以下罚款。

7. 环境影响评价制度

环境影响评价是我国环保工作的一项基本管理制度，适用于我国境内对环境有影响的建设项目、流域开发、开发区建设、城市新区建设和旧区改建等区域性开发中。编制建设规划时，应当进行环境影响评价。按对环境的影响程度由大到小，分别编制或填写环境影响报告书、环境影响报告表、环境影响登记表。环境影响评价自实施以来，保证了环境保护部门从源头上杜绝和合理规划一些高大气环境污染的建设项目。

8. 区域联防联控机制

为改善区域空气质量，我国一些地区在不断探索联防联控机制，如北京奥运会空气质量保障行动、《长江三角洲地区环境保护工作合作协议（2008—2010）》及《广东省珠江三角洲清洁空气行动计划》等，取得了一些实践经验。2007年10月，经国务院批准，由国家环境保护总局牵头负责，组织制定协调实施京津冀、山东、山西及内蒙古大气污染物联防联控的方案。河北、天津和北京分别成立了以省市主要领导为组长的空气质量保障工作领导小组或协调小组。在2008年北京奥运会、残奥会期间，六省市同步实施"奥运空气质量保障方案"。广东还制定了《广东省珠江三角洲清洁空气行动计划》，其中第一阶段（三年为一周期）的工作就是构建珠江三角洲大气污染综合防治建设体系框架，为第16届广州亚运会和深圳世界大学生运动会的成功举办提供空气质量保障。为保障世博会环境空气质量，2008年长三角地区两省一市签订了《长江三角洲地区环境保护工作合作协议》。2010年6月，国务院办公厅日前转发了环境保护部、发展改革委、科学技术部（简称科技部）等9部门《关于推进大气污染联防联控工作改善区域空气质量的指导意见》，要求全面推进大气污染联防联控工作，这是国务院出台的第一个专门针对大气污染防治的综合性政策文件。

9. 绿色信贷

近10年来，我国绿色信贷开展逐步发展起来，可以粗略分为三个阶段——起步摸索、稳步推和全面发展阶段。2006年12月，国家环境保护总局与中国人民银行联合印发了《关于共享企业环保违法信息有关问题的通知》，标志着新时期绿色信贷政策的开始；2007年7月12日，国家环境保护总局与中国人民银行、中国银行业监督管理委员会（简称中国银监会）联合印发了《关于落实环保政策法规防范信贷风险的意见》，就加强环保和信贷管理工作的协调配合，严格信贷环保要求提出了指导性意见；同年11月23日，中国银监会下发《节能减排授信工作指导意见》，要求对银行公布和认定的耗能、污染问题突出且整改不力的授信企业，除了与改善节能减排有关的授信外，不得增加新的授信；2008年6月10日，环境保护部和中国人民银行联合印发了《关于全面落实绿色信贷政策进一步完善信息共享工作的通知》，进一步规范了环保信息报送的范围、方式、时限等，对银行部门反馈环境信息使用情况也做出了明确的规定；2009年12月，中国人民银行联合中国银监会、中华人民共和国证券监督管理委员会（简称证监会）、中华人民共和国保险监督管理委员会（简称保监会）发布《关于进一步做好金融服务支持重点产业调整振兴和抑制部分行业产能过剩的指导意见》，明确信贷投放要"区别对待，有保有压"，要求金融机构"严把信贷关"；2013年12月，环境保护部、国家发展和改革委员会、中国人民银行、中国银监会四部委联合发布《企业环境信用评价办法（试行）》，指导各地开展企业环境信用评价，督促企业履行环保法定义务和社会责任，约束和惩戒企业环境失信行为。

10. 排污许可证制度

排污许可证制度是在我国很多政策里面均提及要推进实施的一项政策，早在20世纪80年代中期，我国就已开始对排污许可证管理制度的探索，国内多个省市也建立了排污许可证制度。2003年国家环境保护总局就启动了《排污许可证管理条例》的立法工作，并在2009年推出征求意见稿，但是由于多方面原因，至今《排污许可证管理条例》仍尚未出台，未能树立排污许可证制度在环境管理中的核心地位。究其原因如下：一是现有点源污染管理制度缺乏协整，排污许可证制度未能作为核心政策存在。由于缺乏许可证的统领，各项制度只是在污染防治的某一个阶段发挥作用，其主要功能表现出极大的局限性，难以有效实施。二是上位法未能突破，排污许可证制度缺乏顶层法律设计与具体实施办法。新修订的《中华人民共和国环境保护法》虽然对排污许可证做出了明确规定，但《中华人民共和国大气污染防治法》中没有体现对逾期拒不改正、拒不领证行为的制约措施，导致地方环境保护局在管理过程中无法明确对企业的处罚权限。《中华人民共和国大气污染防治法》也正在修订之中。未出台排污许可证的具体实施办法与国家层面统一的技术指南。三是排污许可证关键技术问题未能突破，管理存在难点。企业排污许可量与排放量的确定未能统一，多套企业排放量统计体系不一致，降低了数据权威性。发证范围和种类仍有缺失，重金属及其他有毒有害物质未涵盖，"小三产"等部分企业未纳入证照管理。排污许可证未能与排放标准及环境功能区划挂钩，各介质统一发证存在技术难度。各级环保部门对是否颁发临时排污许可证存在较大意见分歧，反对意见认为临时许可证约束力不强，反而增加环保部门的管理成本。四是排污许可证处罚规定不够具体，违法成本过低，而且罚则无法突破。无专门制定的超标或超总量处罚情形，处罚手段仅限于限期整改和罚款。罚款存在上限，对持续违法排污行为无法有效威慑。基层环保力量不足，发证后难以实现全面监管，非重点企业违法行为难以杜绝。

11. 排污权有偿使用及交易制度

目前我国大气污染物排污权交易主要是针对SO_2，自20世纪90年代起，开始开展SO_2排污权交易试点，目前全国已有20多个省区市开展了排污权交易试点，特别是在"十一五"期间，随着总量控制与减排制度的确立，开展排污权交易的条件进一步成熟，试点探索取得了较大进展。2007年，财政部和国家环境保护总局决定选择电力行业以及江苏太湖流域开展排污权交易试点。2009年，中央政府工作报告提出积极开展排污权交易试点的要求，环境保护部总量司据此对年度排污权交易试点工作进行了部署，并将排污权交易项目的开展和实施作为年度重点推进工作之一。此后，在每年的中央政府工作报告都分别提出进一步提出扩大排污权交易试点、研究制定排污权有偿使用和交易试点指导意见、开展碳排放和排污权交易试点的要求。作为对中央宏观政策的响应，各地纷纷积极开展多样化的排污权交易政策试点实践。自 2008 年起，天津、江苏、湖北、陕西、浙江、内蒙古、湖南、山西、河北、河南、重庆先后发布相应政策文件，建立排污交易管理机构，并组织进行了一系列排污权有偿使用与交易活动。目前，财政部及环境保护部已联合批准天津、江苏、湖北、陕西、浙江、内蒙古、湖南、山西、河北、河南、重庆 11 个排污权交易试点的开展。

5.2 政策有效性评估方法框架

5.2.1 评估方法

政策评估是政策运行过程的重要环节，也是政策运行科学化的重要保障。通过政策评估，可以检验政策的效果、效益和效率，从而判断某一政策去向是延续、革新或终结，达到更合理地配置政策资源、提高决策科学化、民主化的目的。目前国内外还没有针对环境政策评估的基本模式。著名公共政策评估研究专家 Vedung（1997）在总结大量研究的基础上，提出了一般性政策评估模式框架，将已有研究的归纳出为 3 种不同模式、10 种具体模式（图 5-3）。Vedung（1997）指出，政策评估工作的模式选择一般可以基于该系统框架，根据评估工作定位去组织开展。目前，许多学者在进行政策评估过程中，采用 Vedung 评估分析框架。例如，赵莉晓（2014）基于 Vedung 的"效果模式"下的"综合评估模式"，设计了公共政策评估的一般性理论方法框架，在公共政策评估的理论方法框架的基础上建立了创新政策评估的理论框架；赵子源（2013）通过观察公共政策评估在我国的发展历史和现状，总结出政策评估的传统特征和新兴特征，进而提出独立多元评估模式。

该政策评估模式也被广泛应用于包括大气污染防控政策在内的环境政策的评估，最常见的是采用效果和效率评估模式。美国是世界上实施环境政策评估较早的国家，酸雨计划是美国历史上最重要和效果最明显的一项大气污染防治政策，许多学者从不同角度对酸雨计划进行了评估，基于效率评估模式，Carlson 等（2000）和 Ellerman（2000）分别从服从成本上对酸雨计划进行后评估，服从成本主要包括污染处理设施的固定成本和可变成本，得到的服从成本大致相同。基于成本效果模式分析酸雨计划中排污交易相对于命令控制手段是否节省成本的研究表明排污交易可以减少 15%~90%的成本（Burtraw，2003）。中国正在大力推进 SO_2 排污权交易和试点，一些研究者对该政策尝试进行了评估，主要集中在对政策目标、政策实施机制、政策实施效果的评估。叶维丽等（2011）从政策目标、政策实施机制、政策效益等方面对江苏太湖流域水污染物排污权有偿使

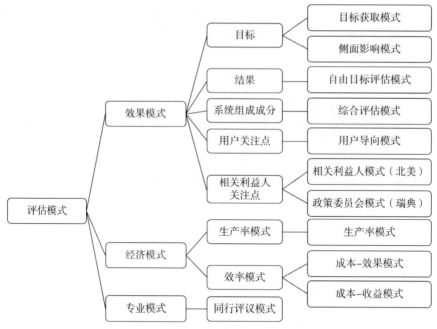

图 5-3 Vedung 政策评估模式的分类

用政策进行了评估。结果表明,江苏太湖流域水污染物排污权有偿使用政策已获得了正面效益,但在排污指标初始分配、排污权有偿使用费的初始定价及资金运转等环节还存在缺陷,应进一步加强有偿使用费的收缴、管理,保障政策的公平性及合理性。万薇和张世秋(2012)通过对深圳 PCB 行业的实证研究,发现排污交易政策对产业优化升级也起到积极作用。操家顺等(2005)针对不同污染源类型采用排污交易控制太湖磷污染,结果表明该政策可实现显著的经济效益和环境效益。

5.2.2 评估内容

根据 Vetung 提出的政策评估模式,结合本书的研究定位,将从政策设计本身、政策执行与政策效果三个维度进行政策评估。政策本身的评估主要侧重于政策与 $PM_{2.5}$ 控制的关联性分析,识别相关程度与国外有关差异;政策执行的评估主要考察政策实施情况、执行的是否好以及实施过程中存在的主要问题;政策效果的评估主要考察政策产生的效果与影响。其中,政策本身评估的指标赋值分别为 A——很高、B——较高、C——一般、D——较低、E——很低;政策执行的指标赋值为 A——很好、B——较好、C——一般、D——较差、E——很差;政策效果的指标赋值为 A——完全实现(高)、B——基本实现(一般)、C——没有实现(低)(表 5-2)。

表 5-2　大气污染与 PM$_{2.5}$ 控制政策有效性评估框架

评估维度	二级指标	三级指标	程度
政策设计	政策关联性	政策与 PM$_{2.5}$ 源关联度	A. 很高　B. 较高　C. 一般　D. 较低　E. 很低
		政策与 PM$_{2.5}$ 一次污染物关联度	A. 很高　B. 较高　C. 一般　D. 较低　E. 很低
		政策与 PM$_{2.5}$ 二次前体物关联度	A. 很高　B. 较高　C. 一般　D. 较低　E. 很低
	政策合理性	政策范围合理性	A. 是　B. 否
		政策标准合理性	A. 是　B. 否
	政策差异度	与国外差距水平	A. 很大　B. 较大　C. 一般　D. 较小　E. 很小
政策执行	政策执行性	政策执行度	A. 很好　B. 较好　C. 一般　D. 较差　E. 很差
政策效果	政策有效性	政策目标实现度	A. 完全实现　B. 基本实现　C. 没有实现
		政策效用水平	A. 高　B. 一般　C. 低
	政策公平性	政策是否符合污染者付费原则	A. 是　B. 否
		政策是否对利益相关方机会均等	A. 是　B. 否
		政策是否为利益相关者参与提供有效途径	A. 是　B. 否
		政策是否为弱势群体提供保障	A. 是　B. 否
	政策回应性	政策目标是否反映利益相关者诉求	A. 是　B. 否
		是否采取积极措施去落实政策目标	A. 是　B. 否
		政策制定和执行机构是否对政策对象和社会公众的反馈做出及时回应	A. 是　B. 否

5.2.3　问卷调查

本书的研究根据上述评估框架，采用社会学方法开展政策评估，设计了（半）结构式调查问卷，共计发放调查问卷 90 份，回收有效问卷 74 份，问卷有效率达 82.22%，问卷有效，结果可用。样本男女比例分别为男士占 54%，女士占 46%；样本年龄结构分别如下：19 岁以下及 60 岁以上分别为 0，20~29 岁占 58%，30~39 岁占 24%，40~49 岁占 15%，50~59 岁占 3%。样本学历水平结构分别如下：小学及初中为 0，高中（中专）占 4%，大专占 8%，大学 26%，研究生以上 62%。样本身份结构分别如下：企业公司员工占 10%，研究人员占 33%，社会公众占 48%，环境保护部门管理者 9%。样本对政策的了解程度如下：非常不了解的占 7%，不了解的占 19%，一般的占 35%，了解的占 35%，非常了解占 4%。以下的政策评估采用 90 份样本的平均值进行评估。

5.3 治理 $PM_{2.5}$ 政策有效性评估

5.3.1 法规标准与规划评估

根据 5.2 节政策评估框架,将大气污染防治法规标准与规划按照与 $PM_{2.5}$ 关联性、政策执行以及政策效果三个维度进行评估。

1. 与 $PM_{2.5}$ 关联性评估

1)法律法规

在已出台的一系列的大气污染防控有关的法律法规中,都直接地或间接地对 $PM_{2.5}$ 防控起到了作用。综合性的环境法律法规一般对大气污染防控提出一般性规范要求,专门性的大气污染防治法律法规则直接规范大气污染防控,很多内容与 $PM_{2.5}$ 防控直接相关。能源、清洁生产、循环经济等法律法规内容则主要对 $PM_{2.5}$ 防控起间接性作用。从前述大气污染防控的法律法规实践进展中,总结分析的法律、法规、规章以及其他形式的法律法规是不同的立法形成,由于立法位阶不同发挥的作用客观上是有差异的,从具体作用上来讲,则主要与该法律法规的主要内容有关,对于这些不同形式的法律法规,本书的研究根据其内容对其在 $PM_{2.5}$ 控制中的关联性做了综合评估,如表 5-3 所示。

表 5-3 大气污染防治法律法规与 $PM_{2.5}$ 关联性评估

类别	与 $PM_{2.5}$ 源关联性	组分		与国外相关政策差距
		与 $PM_{2.5}$ 一次污染物关联性	与 $PM_{2.5}$ 二次前体物关联性	
《中华人民共和国环境影响评价法》	C	C	B	C
《中华人民共和国清洁生产促进法》	D	C	B	C
《中华人民共和国循环经济促进法》	C	C	C	B
《中华人民共和国节约能源法》	B	B	B	B
《中华人民共和国可再生能源法》	C	B	B	B
《中华人民共和国大气污染防治法》	A	A	A	A
《汽车排气污染监督管理办法》	A	A	A	—
《秸秆焚烧和综合利用管理办法》	B	A	A	—
《环境行政处罚办法》	C	C	C	—

下面重点对专门性的《中华人民共和国大气污染防治法》中针对 $PM_{2.5}$ 防控发挥的作用情况进行具体分析。《中华人民共和国大气污染防治法》除了规定大气污染排放总量控制制度、大气排污许可证制度、大气污染防治划区管理制度等 7

项制度以外，还以燃煤、机动车船排污、扬尘这 3 个我国城市大气的主要污染源为突破口，进行重点防治，提出了一系列的要求和规定：针对燃煤大气污染防治，要求在不能采用清洁能源而必须使用煤炭供热的地区发展集中供热，并且在集中供热管网覆盖的地区，不得新建燃煤供热锅炉；要求在城市推行"禁煤区"，即在大中城市的某些区域禁止燃用煤炭，实行以气代煤或者以电代煤，推广使用清洁能源；针对机动车污染防治，将防治机动车船污染单独列为一章，并从机动车制造、在用车使用和维修、燃油质量、监督检查等几个环节分别做出规定；针对废气、尘和恶臭污染防治，在防治粉尘污染方面，要求采取除尘措施、严格限制排放含有毒物质的废气和粉尘；在防治废气污染方面，要求回收利用可燃性气体、配备脱硫装置或者采取其他脱硫措施；在防治城市扬尘污染方面，要求提高人均绿地面积，减少裸露地面和地面尘土。从这些规定中，可以发现，这些要求的直接目的都是控制 SO_2、NO_x、扬尘等污染物的排放，而 SO_2、NO_x、扬尘是与 $PM_{2.5}$ 控制密切相关的污染物，所以可以认为《中华人民共和国大气污染防治法》与 $PM_{2.5}$ 控制关联性很强。

但是，自 2000 年《中华人民共和国大气污染防治法》修订以来，我国的大气污染特征有了巨大变化，已经从典型的煤烟型污染转向复合型污染，具体如下：在引起大气污染的主要污染物方面，由以 SO_2 和 PM_{10} 为主转变为以 PM_{10}、$PM_{2.5}$ 和 O_3 及其各种前体物为主；在污染的影响范围方面，由以城市污染为主转变为覆盖多个城市的区域污染为主；在主要污染源方面，由以燃煤污染为主转变为燃煤源、移动源和工业过程源的综合污染。所以现有大气污染防治法对控制 $PM_{2.5}$ 等污染物有点力不从心，具体表现如下：一是缺乏对 $PM_{2.5}$ 和 O_3 等对人体健康有重要影响的污染控制应有的重视；二是没有把空气质量改善作为大气环境管理的核心内容，对地方政府落实辖区空气质量改善的义务强调不够；三是缺乏对空气联防联控机制的重视；四是对违法行为的处罚力度不够，大气环境违法成本偏低。现行《中华人民共和国大气污染防治法》中对大气污染物排放主体超标排放、环境空气质量不达标、数据弄虚作假等行为的处罚标准过低，导致违法成本远低于守法成本，不利于推动大气污染防治工作的进行；五是对非道路移动源的排放控制重视不够，没有将船舶、飞机、火车以及非道路用机械的废气排放纳入大气法管辖范围。

2）标准

（1）环境空气质量标准。2012 年我国修订的《环境空气质量标准》（GB3095—2012）参考了 WHO 对空气质量标准的建议，加严了 PM_{10} 的限值要求，并把 $PM_{2.5}$ 纳入指标体系（表 5-4），使针对 PM_{10} 和 $PM_{2.5}$ 的标准与 WHO 推荐的第一阶段空气质量改善目标值接轨。同时环境空气质量标准明确了 SO_2、NO_2、TSP 等污染物的排放标准，并规定了标准的实施时间，这些要求都是与 $PM_{2.5}$ 污染控制直接相关的，所以环境空气质量标准与 $PM_{2.5}$ 控制关联度很高。

表 5-4　大气污染防治标准与 $PM_{2.5}$ 关联性评估

类别	与 $PM_{2.5}$ 源关联性	组分		与国外相关政策差距
		与 $PM_{2.5}$ 一次污染物关联性	与 $PM_{2.5}$ 二次前体物关联性	
环境空气质量标准	A	A	A	A
火电厂大气污染排放标准	A	A	A	B
机动车大气污染排放标准	A	A	A	D

（2）火电厂大气污染物排放标准。2011 年 7 月发布的《火电厂大气污染物排放标准》（GB13223—2011），共控制四种污染物，分别为 SO_2、NO_x、烟尘和汞及其化合物，控制指标包括 SO_2 浓度、NO_x 浓度、烟尘浓度、汞及其化合物浓度，以及烟气黑度 5 项指标。同时大幅收紧大气污染物浓度排放限值，所有新建火电机组烟尘排放量限值为 30 毫克/米^3；SO_2 排放量限值为 100 毫克/米^3，重点区域还需要遵守特别限值，排放限值接近或达到发达国家和地区的要求。由于 $PM_{2.5}$ 可以由硫和氮的氧化物转化而成，降低燃煤火电厂的污染物浓度有利于对 $PM_{2.5}$ 人为源的控制。所以火电厂大气污染物排放标准与 $PM_{2.5}$ 控制关联度很高。

（3）机动车大气污染物排放标准。机动车污染物排放是我国 $PM_{2.5}$ 的重要来源之一，特别是 NO_x 的重要排放源之一。我国经过逐步实施国Ⅰ、国Ⅱ、国Ⅲ、国Ⅳ阶段排放标准，燃油中含硫量大幅降低，$PM_{2.5}$ 限值要求大幅提高，一定程度上降低了 NO_x 等污染物的排放，缓解了 $PM_{2.5}$ 污染程度，所以机动车大气污染排放标准与 $PM_{2.5}$ 控制关联度很高。

3）规划

《大气污染防治行动计划》。从目标来看，《大气污染防治行动计划》是直接面向大气重点灰霾问题的，明确提出到 2017 年，全国地级及以上城市 PM_{10} 浓度比 2012 年下降 10%以上，优良天数逐年提高；京津冀、长三角地区、珠三角地区等区域 $PM_{2.5}$ 浓度分别下降 25%、20%、15%，其中北京市 $PM_{2.5}$ 年均浓度控制在 60 微克/米^3。从重点任务和措施来看，《大气污染防治行动计划》提出了加大综合治理力度，减少多污染物排放；调整优化产业结构，推动经济转型升级；加快调整能源结构，增加清洁能源供应；建立区域协作机制，统筹区域环境治理这 10 项直接或者间接减少污染物排放，改善大气环境质量的措施。所以，《大气污染防治行动计划》与 $PM_{2.5}$ 控制关联度很高。

《重点区域大气污染防治"十二五"规划》。从目标来看，提出了明确的 $PM_{2.5}$ 控制目标，到 2015 年，PM_{10}、SO_2、NO_2、$PM_{2.5}$ 年均浓度分别下降 10%、10%、7%、5%，并提出针对京津冀、长三角地区、珠三角地区等复合型污染严重的特点，提高了 $PM_{2.5}$ 控制要求，$PM_{2.5}$ 年均浓度下降 6%。从规划任务来看，对形成 $PM_{2.5}$ 一次污染物、$PM_{2.5}$ 二次前体物均做出了明确的减排规定。对 SO_2、NO_x、

VOCs 三种污染物提出了明确的控制措施。综合以上分析,《重点区域大气污染防治"十二五"规划》与 $PM_{2.5}$ 控制关联度很高。

《关于推进大气污染联防联控工作改善区域空气质量的指导意见》。从目标来看,《关于推进大气污染联防联控工作改善区域空气质量的指导意见》明确提出要控制灰霾以及光化学烟雾等控制目标。提出"到 2015 年,主要大气污染物排放总量显著下降,酸雨、灰霾和光化学烟雾污染明显减少,区域空气质量大幅改善"。从任务来看,《关于推进大气污染联防联控工作改善区域空气质量的指导意见》提出了 SO_2、NO_x、颗粒物污染防治以及 VOCs 污染防治等与 $PM_{2.5}$ 控制方面的要求。因此《关于推进大气污染联防联控工作改善区域空气质量的指导意见》与 $PM_{2.5}$ 控制关联度很高。

大气排放标准与相关规划方面,除了《国家环境保护"十二五"规划》与 $PM_{2.5}$ 源相关性较强,其余规划均与 $PM_{2.5}$ 源相关性非常强。《大气污染防治行动计划》等四项规划与 $PM_{2.5}$ 一次污染物相关性非常强(表 5-5)。

表 5-5 大气污染防治规划与 $PM_{2.5}$ 关联性评估

类别	与 $PM_{2.5}$ 源关联性	组分		与国外相关政策差距
		与 $PM_{2.5}$ 一次污染物关联性	与 $PM_{2.5}$ 二次前体物关联性	
大气污染防治计划	A	A	A	—
重点区域大气污染防治"十二五"规划	A	A	A	—
关于推进大气污染联防联控工作改善区域空气质量的指导意见	A	A	A	—
国家环境保护"十二五"规划	B	A	A	—

注:—表示无法进行比较分析

2. 政策执行评估

1)法律法规

(1)法律。自《中华人民共和国环境保护法》和《中华人民共和国大气污染防治法》颁布实施以来,我国相继颁布实施了 8 部环境法律、13 部与环境相关的资源法律,还有 30 余部环境保护行政法规,90 余部环境保护部门规章,370 多项环境标准。各地区把保护环境作为政府工作的重大职责和促进科学发展的重要举措来抓,大力强化环保理念和法制意识,不断创新工作推进机制,严格落实环保工作责任制。但是,由于我国许多地方的环境法能力有限,环境立法多是对国家立法的模仿和重复。当国家立法规定比较具有原则性和抽象时,地方立法很难做到非常具体和细化,因此法规操作性差成为通病,这也导致了执法主体执法随意性大的问题;另外,现有规定比较理想化,难以真正落实,相关单位相互配合协调不够。环境保护部组织开展大气污染防治专项检查,仅2013年11月我国就出动执法人员7.14万人次,检查企业2.9万家,施工场所9 200个,发现环保违法的企业9 377家,环保不达标施工场地719个,取缔关闭小作坊890家。对京津冀及周边地区6省区市的19个市开展两次督查行动,检查企业403家,对199家现场提出整改要求。

(2)法规。以排污费征收为例,为了贯彻《排污费征收使用管理条例》(国务院令第369号),根据《排污费征收标准管理办法》(国家发展计划委员会、财政部、国家环境保护总局、国家经济贸易委员会第31号)及《排污费资金收缴使用管理办法》(财政部、国家环保总局令第17号)的有关规定,为切实做好排污费的征收使用管理工作,各地区结合实际,提出各地区的排污费资金征收、使用以及监督的相关意见与措施。

(3)部门规章。《汽车排气污染监督管理办法》、《秸秆禁烧和综合利用管理办法》、《排污费征收标准管理办法》及《环境行政处罚办法》颁布实施之后,各地区结合实际情况,纷纷颁布具有地区特色的相关部门规章,积极采取措施落实与响应。

(4)其他形式的法律法规。其他相关规范性法律文件出台之后,各省市结合实际情况,提出各省区市的相关规范性文件,并提出具体的措施与意见执行各项文件。

2)标准

(1)空气质量标准。按照国务院批准的空气质量新标准"三步走"实施方案,环境保护部印发了《关于加强环境空气质量监测能力建设的意见》,下发了中央支持国家环境空气质量监测网建设的资金。此后,环境保护部先后组织实施了《空气质量新标准第一阶段监测实施方案》和《空气质量新标准第二阶段监测实施方案》,推进环保重点城市和环保模范城市$PM_{2.5}$监测点建设。

(2)电厂污染物排放标准。为了配合执行《火电厂污染物排放标准》,减少企业执行标准的负担,国家先后制定出台了脱硫补贴电价、脱硝补贴电价、除尘补贴电价、火电脱硝脱硫等一系列政策在全国范围全面实施,2013年9月25日起将燃煤发电企业脱硝电价补偿标准由0.8分/千瓦时提高至1分/千瓦时。对采用新技术进行除尘设施改造、烟尘排放浓度低于30毫克/米^3(重点地区低于20毫克/米^3),并经环境保护部门验收合格的燃煤发电企业除尘成本予以适当支持,电价补偿标准为0.2分/千瓦时。

(3)机动车污染排放标准。目前,我国初步建立起了新生产机动车环保型式核准、环保一致性监管、在用机动车环保检验、环保检验合格标志和"黄标车"加速淘汰等一系列环境管理制度,相关法律、法规、标准体系不断完善,机动车污染防治体系和监管能力基本形成。

3)规划

(1)出台地方大气污染防治行动计划或实施方案。国务院办公厅印发了《大气污染防治行动计划》重点工作部门分工方案。环境保护部联合有关部门印发《京津冀及周边地区落实大气污染防治行动计划实施细则》，并与 31 个省（自治区、直辖市，不包括港澳台地区）签订了大气污染防治目标责任书。在《大气污染防治行动计划》发布后，各地区高度重视，纷纷做出响应，颁布地方大气污染防治行动实施方案。北京出台清洁空气行动计划，天津印发清新空气行动方案，河北印发发起污染防治行动计划及任务分工，具体如表 5-6 所示。

表 5-6 大气污染防治行动计划颁布情况

名称	颁布时间	颁布部门
《北京市 2013—2017 年清洁空气行动计划》	2013-09-12	北京市人民政府办公厅
《天津市清新空气行动方案》	2013-10-19	天津市人民政府
《河北省大气污染防治行动计划实施方案》	2013-09-12	河北省人民政府
《京津冀及周边地区落实大气污染防治行动计划实施细则》	2013-09-17	环境保护部、国家发展和改革委员会、工业和信息化部、财政部、住房和城乡建设部、国家能源局
《山西省人民政府关于印发山西省落实大气污染防治行动计划实施方案的通知》	2013-10-16	山西省人民政府
《内蒙古自治区人民政府关于贯彻落实大气污染防治行动计划的意见》	2013-12-31	内蒙古自治区人民政府
《吉林省人民政府关于印发吉林省落实大气污染防治行动计划实施细则的通知》	2013-12-24	吉林省人民政府
《黑龙江省人民政府关于印发黑龙江省大气污染防治行动计划实施细则的通知》	2014-01-26	黑龙江省人民政府
《上海市清洁空气行动计划（2013—2017）》	2013-11-07	上海市人民政府
《江苏省大气污染防治行动计划实施方案》	2014-01-06	江苏省人民政府
《浙江省大气污染防治行动计划（2013—2017 年）》	2013-12-31	浙江省人民政府
《安徽省人民政府关于印发安徽省大气污染防治行动计划实施方案的通知》	2013-12-30	安徽省人民政府
《福建省人民政府关于印发大气污染防治行动计划实施细则的通知》	2014-01-05	福建省人民政府
《江西省落实大气污染防治行动计划实施细则》	2013-12-26	江西省人民政府
《山东省 2013—2020 年大气污染防治规划》	2013-07-17	山东省人民政府
《河南省蓝天工程行动计划》通过省政府审定	2014-01-21	河南省人民政府
湖南《贯彻落实〈大气污染防治行动计划〉实施细则》	2013-12-24	湖南省人民政府
《广东省大气污染防治行动方案》	2014-02-07	广东省人民政府
《海南省大气污染防治行动计划实施细则》	2014-03-07	海南省人民政府
《四川省大气污染防治行动计划实施细则》	2014-01-06	四川省人民政府
《陕西省"治污降霾·保卫蓝天"五年行动计划》	2014-01-10	陕西省人民政府
《甘肃省大气污染防治行动计划实施意见》	2013-09-17	甘肃省人民政府
《宁夏回族自治区大气污染防治行动计划（2013 年—2017 年）》	2013-01-25	宁夏回族自治区人民政府

（2）积极推进联防联控等区域协调机制。环境保护部牵头组建了全国大气污染防治部际协调小组，京津冀及周边地区、长三角区域大气污染防治协作小组已经成立。此外，广东省人民政府建立了珠江三角洲区域大气污染防治联席会议，陕西制定了《"十二五"关中城市群大气污染联防联控规划》。

3. 政策效果评估

1）法律法规

法律。从政策目标实现度来看，一方面，现行《中华人民共和国环境保护法》和《中华人民共和国大气污染防治法》在保护环境特别是控制污染方面发挥了积极作用，具有不可磨灭的历史功绩。但是，历史的局限性、自身法律规定不完善和管理体制不顺等问题，也影响了《中华人民共和国环境保护法》的实施效果，使其在环境保护实践中的地位和作用不断削弱，须做进一步修改和完善。另一方面，《中华人民共和国环境保护法》和《中华人民共和国大气污染防治法》的实施，促进了我国大气污染防治工作的开展，据历年《全国环境统计公报》统计，2012年，全国废气中 SO_2 排放总量为 2 117.6 万吨，从 2007 年开始一直呈下降趋势，这与这些有关法律的实施具有直接关系。

法规。以最为典型的《排污费征收使用管理条例》为代表，从政策目标实现度来看，《排污费征收使用管理条例》对企业减排取得了一定的成效，《排污费征收使用管理条例》的颁布施行，为我国环保事业的发展提供有力的法律保障。通过排污收费这一经济杠杆，将鼓励排污者减少污染物排放，促进污染治理，进而提高资源利用效率，保护和改善环境。但《排污费征收使用管理条例》也存在着若干问题，需要加以完善，这在后续的排污费政策评估中可以看出。

部门规章。从政策目标实现度来看，各部门规章在各部门进行大气污染防治过程中发挥了积极作用，但是同时其也存在一定的问题与缺陷，如收费项目与范围具有局限性，对排污单位处罚力度较轻等问题亟待改进与完善。

其他文件。从政策目标实现度来看，各相关文件在其各自领域发挥了积极作用，但是同时其也存在一定的问题与缺陷亟待改进与完善。

2）标准

火电厂大气污染物排放标准实施效果显著。新的《火电厂大气污染物排放标准》（GB13223—2011）实施后，我国火电厂的污染治理设施规模大幅提高，火电厂的污染排放管理绩效也大幅提高。截至 2013 年年底，我国 1.9 亿千瓦燃煤机组监测脱硝设施，脱硝机组比例超过 50%；2013 年 500 万千瓦燃煤机组脱硫设施实施增容改造，燃煤电厂脱硫机组比例超过 90%；1.5 亿千瓦现役机组拆去烟气旁路，取消烟气旁路火电机组比例达到 37%。

机动车大气污染排放标准实施效果显著。2012 年，全国机动车四项污染物排放量为 4 612.1 万吨，比 2011 年增加 0.1%。其中，CO 为 3 417 万吨，碳氢化合物为 438.2 万吨，NO_x 为 640.0 万吨，颗粒物为 62.2 万吨。虽然污染物排放总量与 2011 年基本持平，但是由于 2012 年全国机动车保有量达到 2.24 亿辆，比 2011 年增长了 7.8%，因此取得的成效是与实施更严格的机动车排放标准、加快淘汰高排放的"黄标车"等密切相关的。

3）规划

目前《大气污染防治行动计划》刚刚开始实施，难以识别政策效果。因此我们采用模拟情景代表《大气污染防治行动计划》的预期效果。以 2010 年气象模拟数据与排放清单为基础，利用第三代光化学空气质量模型 CMAQ 分别模拟了 2012 年和 2017 年全国及各省区市的 $PM_{2.5}$ 污染状况，结合 2013 年全国 74 个城市的 $PM_{2.5}$ 初步监测数据，计算了《大气污染防治行动计划》实施后全国、重点区域及各省区市 $PM_{2.5}$ 年均浓度相比 2012 年的下降幅度（表 5-7）。其中，2017 年全国各种污染物排放清单依据《大气污染防治行动计划》中提出的各项污染减排措施确定。主要结论如下：如果《大气污染防治行动计划》得到全面实施，全国、京津冀、长三角地区及珠三角地区 $PM_{2.5}$ 年均浓度将分别相比 2012 年下降 22%、34%、24% 和 24%，环境空气质量得到改善，可以实现《大气污染防治行动计划》提出的 $PM_{2.5}$ 年均浓度下降目标。$PM_{2.5}$ 降幅最大的地区主要集中在北京、天津、石家庄等重污染城市周边，其次为整个京津冀地区；此外以"北京—三门峡—上海"为顶点构成的污染三角区及珠三角地区 $PM_{2.5}$ 降幅较大。$PM_{2.5}$ 浓度降幅较大的地区与 $PM_{2.5}$ 高污染地区在空间上高度重合，体现了空间差异化的控制要求。从各省区市 $PM_{2.5}$ 改善效果来看，北京、天津、河北三省市降幅最大，$PM_{2.5}$ 年均浓度降幅超过 30%；山东、江苏、上海、广东、浙江、河南、湖北、安徽、湖南、广西及四川 $PM_{2.5}$ 年均浓度降幅均超过 20%；其他省区市 $PM_{2.5}$ 年均浓度降幅均低于 20%，西藏 $PM_{2.5}$ 基本不发生变化。

表 5-7 大气污染防治政策执行与效果评估

政策类别	政策执行	政策效果	
	政策执行度	政策目标实现度	政策效用水平
中华人民共和国环境保护法	B	C	B
中华人民共和国环境影响评价法	B	C	B
中华人民共和国清洁生产促进法	B	C	B
中华人民共和国循环经济促进法	B	C	B
中华人民共和国节约能源法	B	C	B
中华人民共和国可再生能源法	B	C	B
中华人民共和国大气污染防治法	B	B	B
汽车排气污染监督管理办法	B	B	B

续表

政策类别	政策执行	政策效果	
	政策执行度	政策目标实现度	政策效用水平
秸秆焚烧和综合利用管理办法	B	B	B
环境行政处罚办法	B	B	B
环境空气质量标准	B	C	B
火电厂大气污染排放标准	B	B	B
机动车大气污染排放标准	B	B	B
大气污染防治计划	A	—	B
重点区域大气污染防治"十二五"规划	B	B	B
关于推进大气污染联防联控工作改善区域空气质量的指导意见	B	B	B
国家环境保护"十二五"规划	B	A	B

5.3.2 产业政策评估

1. 与 $PM_{2.5}$ 关联性评估

由于当前产业结构调整的重点就是增加三产比重，减少二产比重，并且二产中的化工、钢铁、水泥行业等是 $PM_{2.5}$ 贡献源，因此一些优化产业结构调整、促进产业发展优化的政策均与控制 $PM_{2.5}$ 事间接相关的。电力、化工、机动车等重点行业部门是 $PM_{2.5}$ 的重点贡献源，因此这些行业部门的总量控制、淘汰落后产能、清洁生产政策均与控制 $PM_{2.5}$ 直接相关（表5-8）。

表 5-8 产业政策与 $PM_{2.5}$ 关联性评估

政策类别	与 $PM_{2.5}$ 源关联性	组分		与国外相关政策差距
		与 $PM_{2.5}$ 一次污染物关联性	与 $PM_{2.5}$ 二次前体物关联性	
产业结构调整政策	B	C	C	B
火电行业政策	A	A	A	B
钢铁行业政策	A	A	A	B
水泥产业	A	A	A	B
化工行业	A	A	A	B
机动车	A	A	A	B

2. 政策执行评估

在我国以经济发展为硬道理的发展模式下，有利于经济增长的政策，总是很容易执行。然而，由于过于重视发展的国内生产总值导向，一些与之不符合地经济政策执行下去往往面临困境，如产业结构调整政策、落后产能政策，在一些地区执行力弱化，投资过热、产能过剩、清洁生产力度小等问题依然存在。尽管如此，随着科学发展观的深入人心，提升工业行业的能效和资源生态效率、节能政策、淘汰落后产能政策总体上落实力度在不断加大。

3. 政策效果评估

产业结构调整政策效果比较显著，国家统计局发布的《2013年国民经济和社会发展公报》显示，2013年我国第三产业占国内生产总值比重达到46.1%（图5-4），首次实现三产超二产；单位能耗的国内生产总值贡献，一直呈增加趋势（图5-5）。"十一五"期间，综合运用法律、经济、技术及必要的行政手段，大力推动落后产能淘汰工作，圆满完成既定规划目标。上大压小、关停小火电机组7 200万千瓦，淘汰落后炼铁产能12 172万吨、炼钢产能6 969万吨、水泥产能3.3亿吨等，在关闭造纸、化工、纺织、印染、酒精、味精、柠檬酸等重污染企业方面都取得积极进展。

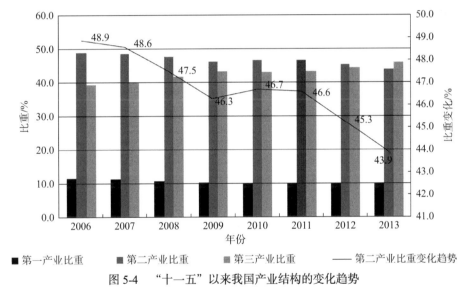

图5-4 "十一五"以来我国产业结构的变化趋势

（1）火电行业政策。通过实施污染减排倒逼产业结构调整升级，提高了产业集中度，也降低了污染物排放。"十一五"期间，共关停小火电机组7 683万千瓦，电力行业300兆瓦以上火电机组占火电装机容量比重从2005年的47%上升到2010年的71%；淘汰落后炼钢产能0.72亿吨，钢铁行业1 000立方米以上大型高炉比重从21%上升到52%。到2010年，全国累计建成投运燃煤电厂脱硫设施5.78亿千瓦（"十一五"期间增加5.32亿千瓦），火电脱硫机组比例从2005年的12%提高到2010年的82.6%。"十一五"期间，通过产业结构调整，实现SO_2削减量为

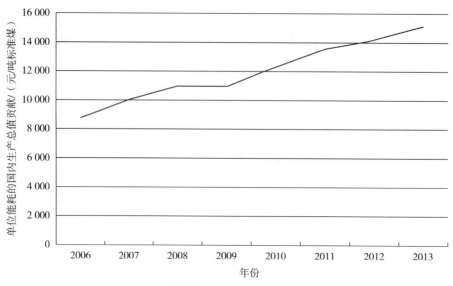

图 5-5　单位能耗的国内生产总值贡献

资料来源：国家统计局. 中国统计年鉴2013. 北京：中国统计出版社，2014；国民经济和社会发展统计公报（2013年）

360万吨，占 SO_2 总削减量的31%，其中小火电淘汰关停实现的 SO_2 削减量约为207万吨，占 SO_2 总削减量的17.8%。

（2）钢铁行业政策。钢铁行业产能增速放缓。"十一五"时期，我国粗钢产量由3.5亿吨增加到6.3亿吨，年均增长12.2%。钢材国内市场占有率由92%提高到97%。尽管钢铁、能源等原材料工业仍将保持增长，但与21世纪头十年钢铁20%左右、能源10%左右的增速相比，增速开始放缓。钢铁行业逐步开始实施烧结烟气脱硫改造。2010年，全行业吨钢综合能耗降到0.73吨标煤、吨钢可比能耗0.685吨标煤、吨钢耗新水8吨以下。共淘汰落后炼铁产能12 272万吨、炼钢产能7 224万吨，高炉炉顶压差发电、煤气回收利用及蓄热式燃烧等节能减排技术得到广泛应用，部分大型企业建立了能源管理中心，促进了钢铁工业节能减排。

（3）水泥产业政策。水泥行业是节能减排的重点领域，出台的一些清洁生产、淘汰落后产能的政策在推动水泥产业内部整合、抑制投资过热、淘汰落后产能、节能减排效果等方面起到了一定的作用。其中，2009年水泥产品综合能耗大大降低，吨熟料能耗124.15每千克标准煤，比2008年降低4.85%；吨水泥能耗95.08每千克标准煤，比2008年降低8.11%。根据《节能减排"十二五"规划》、《重点区域大气污染防治"十二五"规划》及《关于执行大气污染物特别排放限值的公告》等文件要求，2015年水泥行业 NO_x 排放量控制在150万吨，淘汰水泥落后产能3.7亿吨；对新型干法窑降氮脱硝，新建、改建、扩建水泥生产线综合脱硝效率不低于60%，这将会对 NO_x、SO_2 等污染物起到一定减排作用，进而改善空气环境质量。

第5章 PM$_{2.5}$控制政策的有效性评估

（4）化工产业政策。由于国家出台的有关政策大多是指导性文件，没有硬性的规定和要求，一些地方政府为了自身考虑，不按照国家的产业政策审批项目，造成高能耗项目依然存在过剩的局面。但总体而言，对化工行业的产业结构调整政策依然取得了一定的效果，仅2013年第二批工业行业淘汰名单中就淘汰了67家低端造纸行业，共计淘汰产能120万吨，这在一定程度上减轻化工行业生产过程向大气排放污染物的压力，提升了空气环境质量。

（5）机动车政策。由于我国鼓励机动车发展，自1985年以来中国私人汽车拥有量呈现出逐年增加的趋势，年增加率逐渐加大，1990~2000年这十年私人汽车拥有量增加了543.71万辆。而从2000~2010年这十年私人汽车拥有量增加了5 313.78万辆，增长率高达877.25%。2009年和2010年增长率都保持在30%左右（图5-6）。2012年和2013年增速有下降的趋势，这与国家限制机动车快速增加的政策有一定的关系（表5-9）。

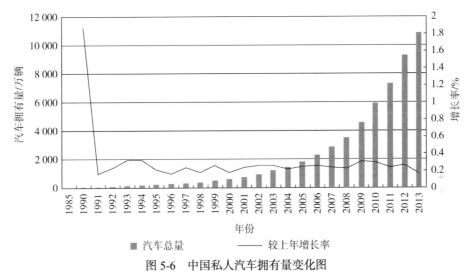

图5-6 中国私人汽车拥有量变化图

表5-9 产业政策执行与效果评估

政策类别	政策执行	政策效果	
	政策执行度	政策目标实现度	政策效用水平
产业结构调整政策	B	B	C
火电行业政策	B	B	C
钢铁行业政策	B	B	C
水泥产业	B	B	C
化工行业	B	B	C
机动车行业	B	B	C

5.3.3 能源政策评估

1. 与 $PM_{2.5}$ 关联性评估

煤炭等化石燃料的使用是 $PM_{2.5}$ 的贡献源，因此用能政策，特别是煤炭总量控制政策，对 $PM_{2.5}$ 防控具有重要作用；清洁能源的使用，特别是太阳能、水电、风能的大量使用，实质上就是间接地替代煤炭等化石能源的使用，从而减少了 $PM_{2.5}$；能源节约政策通过减少能源使用从而具有防控 $PM_{2.5}$ 作用。能效政策通过改进单位能源的经济产出，也具有减少 $PM_{2.5}$ 的间接作用（表 5-10）。

表 5-10 能源政策与 $PM_{2.5}$ 关联性评估

政策类别	与 $PM_{2.5}$ 源关联性	组分		与国外相关政策差距
		与 $PM_{2.5}$ 一次污染物关联性	与 $PM_{2.5}$ 二次前体物关联性	
煤炭总量政策	A	A	A	A
清洁能源政策	B	A	A	D
节能政策	B	A	A	C
能效政策	B	A	A	C

2. 政策执行评估

宏观调控政策总体执行良好，但仍然存在多方面落实不积极的问题。电力市场改革不到位问题依然存在，电力项目开发的市场机制不成熟，通过竞争方式选择投资者的做法有待完善和规范，这也反映了仅仅依靠政府宏观政策调控还不够，必须要探索市场经济条件下的激励政策，与市场配置资源相结合；由于用煤总量政策执行是一项新近启动的工作，市场的反映以及对政策执行效果还需要进一步评估；针对光伏、水电、煤改气等清洁能源的利好政策，目前的财税补贴、价格政策比较好地得到了执行，发挥了一定作用，但是未来还需要进一步强化财税、价格、补贴等政策的设计与执行，特别是如何更好地利用市场，形成政府、市场互动的良性格局，切实促进能源开采、使用更好地发展还是一个难题。

3. 政策效果评估

目前我国的能源政策主要定位是促进能源的有效供给、节能，过去是从经济发展角度去考虑能源政策问题的，近些年随着大气环境问题严峻形势的到来，对大气环境的影响问题及其响应的研究才被广泛重视。近几年来出台的能源政策，包括清洁能源、节能、能效改进、限制煤炭总量等从能源使用的源头，对防控 $PM_{2.5}$ 起到了积极作用。进展主要表现如下：一是煤炭消耗总量占比不断下降，从 2005

年的 70%多下降到 2012 年的 66%。二是促进了能源的节约利用。《中华人民共和国节约能源法》从法律上确立了节能的管理制度和措施，节能置于能源政策的优先地位基本树立；制定和实施一系列有关节能的经济政策和技术政策，建立了中央、地方和行业、企业三级节能体系；实施了一些重点节能工程，如"十大节能工程"推动燃煤工业锅炉（窑炉）改造、余热余压利用等，形成 3.4 亿吨标准煤的节能能力；开展"千家企业节能行动"，重点企业生产综合能耗等指标大幅下降，节约能源 1.5 亿吨标准煤。三是新能源和可再生能源的开发受到鼓励。通过财政补贴和支持，实行税收优惠和保护性价格政策等，对光伏、小水电和风力发电的开发和利用等。在这些措施的推动下，能源消费结构不断优化，能源供应质量有所提高。洁净能源的迅速发展，优质能源比重的提高，为提高能源利用效率和改善大气环境起到了重要的作用。当然，存在最大的问题是煤炭占比仍较大，煤炭的清洁使用是一项重大挑战；我国应完善国内天然气价格形成机制及清洁能源发展的体制机制（表 5-11）。

表 5-11 能源政策执行与效果评估

政策类别	政策执行	政策效果	
	政策执行度	政策目标实现度	政策效用水平
煤炭总量政策	B	B	B
清洁能源政策	C	C	B
节能政策	B	A	B
能效政策	B	B	B

5.3.4 关联性政策评估

根据政策评估框架，将大气污染防治政策按政策与 $PM_{2.5}$ 关联性、政策执行及政策效果三个维度进行评估。

1. 与 $PM_{2.5}$ 关联性评估

（1）总量控制政策。该政策对可控制的大气污染物均有考虑，面向所有工业行业部门，而且控制指标根据阶段性重点问题进行了调整，如"十一五"仅将 SO_2 纳入控制范围，兼顾了管理工作的可行性。从"九五"期间以来，一直是总量控制的 SO_2 指标及"十二五"新增的 NO_x 指标，均对控制 $PM_{2.5}$ 起到了直接重要作用。

（2）排污权交易政策。该政策旨在利用市场交易机制提升大气污染物总量减排效率。目前全国 20 来个试点省主要开展的是 SO_2 交易，NO_x 交易实施的范围较小，局部地区开展了试点，而一次性 $PM_{2.5}$ 是无法纳入排污权交易政策范畴的。该政策的设计与总量政策、排污费政策的关系还有待理清，政策不协调影响了政策推进与效果发挥。

（3）大气污染防治专项资金。专项资金规模与需求相比较小，对地方差异性考虑不够。

（4）淘汰落后产能中央财政奖励资金。该政策主要是针对众多落后的重点行业产能淘汰，而钢铁、水泥、化工、有色等许多高污染行业的落后产能淘汰是重点内容，因此对$PM_{2.5}$减排具有重要意义。

（5）排污收费政策。从政策设计来看，排污收费主要存在标准低、范围窄问题，不能充分弥补治理成本、对VOCs、扬尘的征收还未有考虑。

（6）环保综合电价政策。从政策本身来看，标准过低，当前，标准为1分/千瓦时，无法满足火电厂脱硝改造成本，许多研究认为脱硝电价标准在1~1.5分/千瓦时为宜，而如果加价并不能满足所有电厂的运行维护成本，运行维护成本高于脱硫加价的电厂则不愿意投运脱硫设施，而宁愿缴纳排污费；脱硫和脱硝电价只适用于上网电量，对于电厂供气没有相关补贴，由于热电联产机组的上网电量通常会较少，这就意味着电厂得到的脱硫脱硝电价补贴相当有限。例如，浙江嵊州新中港热电有限公司目前采用的全部是背压机组，热电厂的热电比为500%，即约有5/6的燃煤用于供汽，而只有1/6的燃煤用于发电。电价补贴对东部、中部、西部不同地区差异性也考虑不足，执行"一刀切"政策，即新老机组都1.5分/千瓦时，无论南方还是北方，无论是煤炭基地还是非煤炭基地都一样，但电价各地是有差别的，脱硫电价亦应有所不同。

（7）环境影响评价政策。对防范项目和规划的大气环境风险起到了重要作用，但是对$PM_{2.5}$问题尚没有足够关注。

（8）区域联防联控政策。对从区域格局上解决大气污染防控起到了积极作用，但是如何更好地激励区域各方能够更有效地实施联防联控，需要更多的配套政策跟上；需要制定更加细化可行、更加有效地联防联控政策。

（9）绿色信贷政策。对高耗能、环保违规企业不予贷款，以及对环保表现优良企业实行优惠信贷政策，均对控制$PM_{2.5}$具有积极意义。但是，绿色信贷政策的落实还存在很多障碍因素，特别是银行金融部门实施绿色信贷缺乏统一的规范准则，如何评价银行部门的绿色信贷水平无法确定。

（10）排污许可证政策。排污许可证政策设计定位不清，没有把排污许可证制度当做一个真正的核心制度来建立和执行，与很多政策重叠，如与环评政策。

政策本身考察的政策与$PM_{2.5}$源的关联性、政策与$PM_{2.5}$组分（一次污染物和二次前体物）的关联性、与国外相关政策的差距三个维度，评价结果如表5-12所示。

表 5-12 大气污染防治政策与 $PM_{2.5}$ 关联性评估

政策类别	与 $PM_{2.5}$ 源关联性	组分		与国外相关政策差距
		与 $PM_{2.5}$ 一次污染物关联性	与 $PM_{2.5}$ 二次前体物关联性	
大气污染排放总量控制政策	A	A	A	D
大气污染防治专项资金	C	E	A	B
淘汰落后产能中央财政奖励资金	C	E	A	B
排污收费制度	C	D	A	B
环保综合电价政策	A	E	A	—
环境影响评价制度	C	E	A	B
区域联防联控机制	C	A	A	D
绿色信贷政策	A	E	A	D
排污许可证制度	C	E	C	A
排污权有偿使用及交易制度	C	E	A	D

由表 5-12 可以发现，与 $PM_{2.5}$ 源相关性维度，大气污染排放总量控制政策、环保综合电价政策以及绿色信贷三项政策与 $PM_{2.5}$ 源相关性很强，大气污染防治专项资金、淘汰落后产能中央财政奖励资金等七项政策与 $PM_{2.5}$ 源相关性一般；与 $PM_{2.5}$ 一次污染物的关联性方面，大气污染排放总量控制政策及区域联防联控机制二项政策与 $PM_{2.5}$ 一次污染物关联性很强，排污收费制度与 $PM_{2.5}$ 一次污染物关联性弱，大气污染防治专项资金、淘汰落后产能中央财政奖励资金等七项政策与 $PM_{2.5}$ 一次污染物关联性很弱；与 $PM_{2.5}$ 二次前体物关联性方面，大气污染排放总量控制政策、大气污染防治专项资金等九项政策与 $PM_{2.5}$ 二次前体物关联性很强，排污许可证制度与 $PM_{2.5}$ 二次前体物关联性一般；与国外相关政策差距方面，排污许可证制度与国外相关政策差距很大，大气污染防治专项资金、淘汰落后产能中央财政奖励资金等四项政策与国外相关政策差距较大，环保综合电价政策与国外相关政策差距一般，大气污染排放总量控制政策、区域联防联控机制等四项政策与国外相关政策差距较小。

2. 政策执行评估

1) 总量控制政策

从总量控制政策执行来看，总量控制政策采取上下协商、逐层分解、层层下达的方式，通过实施总量减排督查、考核，以及目标责任制的方式确保总量控制政策贯彻执行。同时，污染减排统计体系、监测体系和考核体系也逐渐建立并完善，这为总量控制政策的执行提供了能力基础。

大气污染总量控制没有与质量控制很好地有机结合。随着社会的不断发展与环保形势日益严峻，在大气污染物中仅对 SO_2 及 NO_2 实施总量控制，而不采取综合性的大气污染控制手段,并不能从根本上改善大气环境质量,必须以环境质量为根本目标,实行环境多污染物综合控制战略。

实施总量控制涉及的行业较少。大气污染物总量控制指标是 SO_2 及 NO_2,经国务院授权,国家环境保护总局除了与31个省(自治区、直辖市,不包括港澳台地区)明确了 2005 年 SO_2 的控制目标之外,仅与我国主要电力集团签署了控制目标责任状。从排放的角度而言,煤电确实是 SO_2 排放最多的行业。但是,从发展的角度看,尤其是电力行业,国家出台了很多的产业政策,并且电力行业严格执行国家政策,普遍脱硫,且重点地区新建火电厂大部分都要求安装烟气脱硝装置。研究表明,"十一五"末,在某些重工业区的电力行业将不再是 SO_2 排放最多的行业,在一些重工业区,目前已经是化工行业、钢铁行业 SO_2 排放大于电力行业。而国家还没有出台与化工行业、钢铁行业、水泥行业等重工业相关的 SO_2 及 NO_x 治理指导的产业政策。从企业的角度,更是没有较多的技术积累。

2)排污权交易政策

从政策执行来看,目前主要是各地政府部门推动下的排污权交易,很多交易行为是新进入市场的新建企业的购买行为,而非企业自发交易形成的具有良好流动性的二级市场,政策实践深化与大范围开展面临不少挑战,主要体现在监测能力、政策配套、信息能力、市场环境等方面要跟上。排污权交易目前在国外已经取得了相当大的成功,但我国还处在探索阶段,有很多问题亟待解决,目前交易制度不成熟,优化配置环境容量资源受到制约,在排污权交易中客观存在着各种交易成本,如信息成本、监督和执行成本等,这些交易成本过高在一定程度上也降低交易主体的积极性。

3)大气污染防治专项资金

由于该政策是新近政策,深入的评估还难以开展。从执行来看,问题应该不大,但正如过去设置的众多环保专项资金一样,如何强化监管、提升绩效才是关键。从政策目标实现度来看,作为一种扶优奖先的激励财政手段,肯定会在一定程度上实现预期政策目标,但是多大程度实现需要详细评估后确定;政策的效果已初步发挥,通过河北等地已开展的一些重点行业减排工程项目可以看出。

4)淘汰落后产能中央财政奖励资金

在淘汰落后的重点行业产能淘汰中发挥了重要作用,如 2013 年四川省申报获得中央财政资金 2.7 亿元,其中,电力行业 0.7 亿元、其他工业行业 2.0 亿元,对当地淘汰落后产能发挥了重要作用。但是对激励地方积极性作用有限,一些地方有等、靠思想,另外,也衍生了政府与企业责任分工不明问题。同众多专项资金政策一样,对资金下达后的绩效考核以及资金监管有待加强。

5)排污收费政策

排污收费政策执行水平在改进,但是管理不规范问题仍比较严重。各地有序执行排污收费政策，地方纷纷出台了不少有关具体政策文件进行排污收费政策改革。提高收费标准、实行差别化收费成为地方排污费改革的方向。2013年4月28日，广东发布的《关于调整氮氧化物、氨氮排污费征收标准和试点实行差别政策的通知》中提到，适当调整广东氮氧化物（NO_x）和氨氮 $NH_3\text{-}N$ 排污费征收标准，并试点实行差别排污费政策。其中，NO_x 排污费征收标准，每污染当量由 0.60 元提高到 1.20 元；$NH_3\text{-}N$ 排污费征收标准，每污染当量由 0.70 元提高到 1.40 元；危险废物排污费、噪声超标排污费以及除上述两个污染因子外的其他废气、污水中污染物排污费征收标准暂不调整，仍按现行标准执行。广东的燃煤电厂排放 NO_x 实行差别排污费政策。此外，排污费尚不能足额征收。目前，在全国范围内存在着不同程度的少缴、欠缴、拖缴排污费的问题，其主要原因是，在现行的排污费征收程序中，征收额的测算标准是排污者申报和环境保护部门核定，而在一些地方主要依靠企业自报，申报数据的可靠性、准确性、真实性难以保证。

6）环保综合电价补贴政策

从政策执行来看，脱硫电价补贴已经在全国推广开来，脱硝、除尘电价补贴正在全国推进实施。"十一五"期间全国火电发电机组装机容量为 7.10 亿千瓦，脱硫机组 5.78 亿千瓦（烟气脱硫机组 5.6 亿千瓦），占全国煤电机组容量的 86%。"十一五"期间累计新增逾 5 亿千瓦；2010 年，全国电力行业 SO_2 排放量核定值为 956 万吨，比 2005 年降低约 29%；2010 年电力 SO_2 排放量下降 394 万吨（全国下降 364 万吨）。"十一五"时期 113 个环境保护重点城市 SO_2 浓度由 2005 年 0.057 毫克/米^3 下降到 0.042 毫克/米^3，下降了 26%。目前脱硝电价处于逐步推开阶段，截至 2011 年年底，全国已投运脱硝机组容量约为 1.4 亿千瓦，占火电机组容量的 18%，规划和在建的烟气脱硝机组已超过 1 亿千瓦，其中包括同步建设脱硝设施约为 8 500 万千瓦，技术改造加装脱硝设施约为 1 500 万千瓦。

3. 政策效果评估

1）总量控制政策

从总量控制政策目标实现度来看，"十五"计划中 SO_2 排放量没完成预期目标，2005 年我国 SO_2 排放总量为 2 549 万吨，超过总量控制目标 749 万吨，比 2000 年增加了约 27%。"十一五"顺利实现 SO_2 减排的政策目标，特别是我国电力行业 SO_2 排放量从 2005 年的 1 350 万吨降低到 2010 年的 926 万吨，减排 424 万吨，下降约 31.4%，火电行业 SO_2 占比从 53%下降到 42.4%。"十二五"前两年 NO_x 排放总量呈现先升后降趋势。"十二五"前两年 NO_x 排放总量累计增长（2012 年与 2010 年相比增长）接近 3%。因此，要实现"十二五"NO_x 削减 10%的目标，后三年需年均削减 5%，减排形势不容乐观。总量控制政策产生的 $PM_{2.5}$ 减排效果明显，实现"十二五"总量减排目标后，根据环境规划院模拟研究结果，2015 年全国城市 PM$_{2.5}$ 中硫酸盐和硝酸盐的年平均浓度将在 2010 年的基础上分别降低 6.3%和 6.0%。硫酸盐和硝酸盐浓度的降低将使全国城市 PM$_{2.5}$ 的年平均浓度降低了 2.3%。

2) 排污权交易政策

从排污权交易政策目标实现度来看,由于排污权交易还未形成一项长效机制,不少省区市排污权交易在大气污染控制中的作用仍较有限。但是,排污权有偿使用与交易政策发挥了一定效用,主要体现在以下三个方面：不少省区市发生了较大规模的交易量,为大气污染防治筹集了资金、为企业提高排污效率提供了激励,总量收紧、排污权有偿获取价格攀高阻止了一些高污染企业的准入。例如,2013 年重庆市共完成主要污染物排放权交易 276 次,成交金额为 3 113.86 万元,交易次数比 2012 年增加 94 次,交易金额增加了 1 606.69 万元；截至 2013 年 11 月底,内蒙古排污权交易中心与 116 家企业成功进行交易,交易金额为 1 744.420 万元。

3) 排污收费政策

从排污收费政策目标实现度看,排污收费对企业治污减排起到了一定激励作用,对排污收费与废气排放量进行回归模拟。从回归结果发现（图 5-7）,随着废气收费强度的增大,废气排放强度逐年下降,说明排污收费对控制污染物的排放起到了一定的作用,但作用仍有限。此外,我国排污费征收额总体呈现逐年递增趋势,排污收费筹集了大量资金。2011 年全国排污费征收总规模已经超过 200 亿元,2012 年达到 205.3 亿元,2013 年达到 216.1 亿元,是 2002 年的 67.4 亿元的 3.2 倍（图 5-8）。

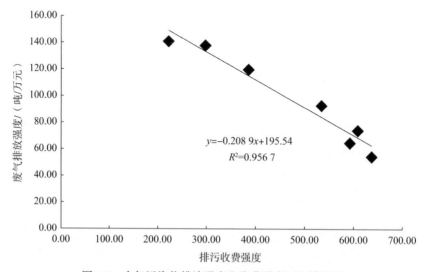

图 5-7 大气污染物排放强度和收费强度回归模拟图

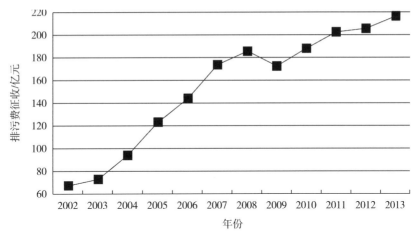

图 5-8 排污费征收年际变化趋势

4) 环保综合电价政策

从环保综合电价政策目标实现度来看，脱硫、脱硝、除尘电价政策的实施，有效地调动了发电企业安装设施的积极性，保障了脱硫设施的正常运行，减少了电力行业 SO_2 的排放。例如，就脱硫补贴效果来说，2008 年全国 SO_2 排放量为 2 321.2 万吨，比上年下降 5.95%，其中：电力企业 SO_2 排放量为 1 049 万吨，比上年减少 178 万吨左右，同比下降 14.5%；五大电力集团 SO_2 排放量为 563.2 万吨，比上年减少 17.81%。据环境保护部门估计，发电企业脱硫对 SO_2 减排的贡献率约为 70%。可见，脱硫电价政策对 SO_2 减排有明显效果，达到了激励燃煤机组烟气脱硫设施建设，减少 SO_2 排放的目的。但是由于补贴"一刀切"，难以调动企业积极性。脱硫电价补贴执行"一刀切"政策，即新老机组都 1.5 分/千瓦时，无论南方还是北方，无论是煤炭基地还是非煤炭基地都一样。脱硫成本与煤的含硫量、与当地的脱硫剂是否充足、与当地的劳动生产率等还有关，各地电价有差别，脱硫电价亦应有所不同。脱硫工艺不同、脱硫效率不同及脱硫装置的投运率不同，其投资和运行费用都会有很大的差别。如果电力企业脱硫成本高于脱硫电价，那么脱硫效果越好，亏损就越严重，这将会严重影响电力企业经济效益和开展脱硫工作的积极性。

5) 其他政策

（1）环境影响评价政策。环评执行的强制力不足，环评措施落实不到位、公众实质性参与等问题仍然存在。

（2）区域联防联控政策。需要激励与规制并行的配套政策机制，才能更好地激励区域各方能够更有效地实施联防联控，目前发挥的政策效用与期待尚存在较大差距。

（3）绿色信贷政策。现有的政策资源对银行金融部门推行绿色信贷的激励不足；绿色信贷的信息沟通机制、部门合作机制有效性还不够，实质性推进绿色信贷需要银行部门的根本性转变，需要强制与激励相结合，提供银行金融部门实施绿色信贷的宏观社会政策环境。

（4）排污许可证政策。分介质管理而非综合性管理是国际上的惯常做法，排污许可证制度在我国多个地方都在实施，但总的来说是形式大于内容，操作过于简单化，不够精细，不能成为执法和监管的依据。

综上所述，政策出台之后，各地纷纷采取措施或者响应机制，但是对于政策执行与政策效果如何，依据正常有效性评估框架，结合政策自身的实施情况与效果，得到如下结论：总量控制政策的政策执行度很好，政策目标实现度为很好，政策效用水平高；大气污染防治专项资金政策执行度很好，政策目标实现度为基本实现，政策效用水平高；淘汰落后产能中央财政奖励资金政策执行度很好，政策目标实现度为基本实现，政策效用水平高；排污收费政策执行度很好，政策目标实现度为很好，政策效用水平高；环保综合电价政策执行度很好，政策目标实现度为完全实现，政策效用水平高；环境影响评价制度政策执行度较好，政策目标实现度为基本实现，政策效用水平一般；区域联防联控机制制度政策执行度较好，政策目标实现度为基本实现，政策效用水平一般；绿色信贷政策执行度较好，政策目标实现度为基本实现，政策效用水平一般；排污许可证制度政策执行度较差，政策目标实现度为没有实现，政策效用水平一般；排污权有偿使用及交易制度政策执行度一般，政策目标实现度为没有实现，政策效用水平低（表5-13）。

表5-13　大气污染防治政策执行与效果评估

政策类别	政策执行	政策效果	
	政策执行度	政策目标实现度	政策效用水平
大气污染物总量控制政策	A	A	A
大气污染防治专项资金	A	B	A
淘汰落后产能中央财政奖励资金	A	B	A
排污收费制度	A	A	A
环保综合电价政策	A	A	A
环境影响评价制度	B	B	B
区域联防联控机制	B	B	B
绿色信贷	B	B	B
排污许可证制度	D	C	B
排污权有偿使用及交易制度	C	C	C

5.4 综合评估结论与建议

以上基于 Vedung 评估框架,对我国大气污染控制政策对 PM$_{2.5}$治理的有效性,从政策与 PM$_{2.5}$ 的关联性、政策执行、政策效果三个维度进行了系统评估,识别各项有关政策在对 PM$_{2.5}$ 控制的状况,从而在总体上形成我国当前大气污染控制政策对 PM$_{2.5}$ 控制有效性的评估结论。

5.4.1 与控制 PM$_{2.5}$ 的关联性

在法律法规类政策中,《中华人民共和国大气污染防治法》及《汽车排气污染监督管理办法》等三项法律法规与 PM$_{2.5}$ 相关性很高,而其他的则相关性水平多为较高或者一般,说明现有的法律法规体系还需要针对 PM$_{2.5}$ 控制进一步加强,即使关联性很高的《中华人民共和国大气污染防治法》也需要适应区域性联防联控、污染物协同控制管理需求等进一步完善。目前大气减排有关标准与 PM$_{2.5}$ 相关性很高,将来需要进一步结合社会经济发展阶段以及管理需求,不仅要针对这几项标准,而且也要针对石化行业、化工行业等重点行业,继续完善污染物排放标准,更加体现维护人群健康和改善环境质量的治理目标;规划类政策中,大气污染防治行动计划等三项政策与 PM$_{2.5}$ 相关性很高,《国家环境保护"十二五"规划》与 PM$_{2.5}$ 相关性较高,均说明从规划方面基本上对 PM$_{2.5}$ 有了考虑,下一步应结合 PM$_{2.5}$ 的重点和区域型防控需求,从维护大气环境质量和确保群众环境健康角度出发来编制有关规划。产业政策类六项政策中,产业结构调整政策与 PM$_{2.5}$ 相关性较高,其余五项政策与 PM$_{2.5}$ 相关性很高,总体上看产业政策对 PM$_{2.5}$ 控制已有了基本关注,但是由于产业发展是 PM$_{2.5}$ 产生的最根本源头,因此下一步仍需要进一步强化产业政策在控制 PM$_{2.5}$ 中的作用,如针对环境服务业发展的配套政策,加强对火电厂燃煤发电机组的环保设施运行监管等;能源政策中煤炭总量政策与 PM$_{2.5}$ 相关性很高,其余三项政策与 PM$_{2.5}$ 相关性较高,总体上能源政策有利于 PM$_{2.5}$ 控制,但考虑到我国能源问题是 PM$_{2.5}$ 的直接原因,因此下一步还要考虑在重点地区实施能源消费总量控制;大气污染防治相关政策中,大气污染排放总量控制政策等三项政策与 PM$_{2.5}$ 相关性很高,大气污染防治专项资金等七项政策与 PM$_{2.5}$ 相关性一般。这些政策从不同方面对 PM$_{2.5}$ 控制发挥着不同的作用,下一步要继续结合 PM$_{2.5}$ 控制要求,进一步完善这些政策,如排污收费政策,要重视从提高收费标准以及增加收费范围,扩大行业调控范围入手,以在 PM$_{2.5}$ 控制中更好地发挥该政策手段的调控功能。

5.4.2 对控制 $PM_{2.5}$ 的执行力度

法律法规类十项政策执行度总体较好，但是仍存在不少问题，特别是国家立法规定原则性较强，操作性差，执法随意性大，不少地方的环境法能力有限等问题，严重影响了法律法规的贯彻落实。标准类的三项政策执行度较好，但还需要强化监管入手，确保达标排放。特别是将来要继续完善化工、石化等重点行业标准，标准的执行力度对当前的环境规制水平也是一个较大的考验；规划类政策中大气污染防治行动计划很好，这主要是因为实施了地方目标考核责任制，促进了计划任务措施的落实；其余三项政策执行度较好。产业政策类六项政策执行度较好，在将来的主要挑战有两方面：一是我国仍处于工业化中后期阶段，一些重点行业，如火电、钢铁等产能在保持一定规模增长的情境下，通过技术创新和效率提升能否对 $PM_{2.5}$ 控制产生积极的影响；特别是随着我国城镇化推进，以及居民消费水平的提升，在现有的机动车政策下，机动车拥有量持续增加问题对 $PM_{2.5}$ 控制是一个重大挑战；二是宏观经济形势下滑情景下，是否能够严格落实落后产能淘汰政策，以及重点行业门槛准入政策，这是对产业政策的一个重大考验。能源政策中清洁能源政策政策执行度一般，其余三项政策执行度较好；大气污染防治相关政策中，大气污染排放总量控制政策等五项政策执行度很好，环境影响评价制度等三项政策执行度较好，排污许可证制度政策执行度较差，排污权有偿使用及交易制度政策执行度一般。由于排污许可证政策只是一些地区在试点，还未大范围推开，因此在一定程度上影响了政策评估结论，将来作为环境管理基本载体的排污许可证推开后，在 $PM_{2.5}$ 控制中将会产生重要作用；此外，由于排污权有偿使用及排污交易政策还处于试点阶段，也在一定程度上影响了对该政策执行水平的评估。

5.4.3 对 $PM_{2.5}$ 控制的效果

从政策目标实现度来看，事实上，由于很多法律法规在初始制定出台的目标中未对 $PM_{2.5}$ 控制有充分考虑，发挥效果主要是从其一次前体物控制得以体现的。因此，对法律法规的效果评估总体结论为一般，当然随着《中华人民共和国大气污染防治法》等法律根据 $PM_{2.5}$ 控制需求修订完善后，政策效果会大大得以提升。标准类环境空气质量标准政策目标没有实现，其余两项政策基本实现政策目标，说明下一步推进实施维护大气环境质量改善的标准是重点工作，需要继续加大投入，逐步建立形成长效管理机制，解决 $PM_{2.5}$ 控制的重点地区、重点问题才能有望实现环境质量标准要求。规划类政策中《重点区域大气污染防治"十二五"规划》等两项政策基本实现政策目标，《国家环境保护"十二五"规划》完全实现政策目标，说明环境规划类政策执行效果总体较好，但是由于这些规划对 PM$_{2.5}$ 关注不够，因此除了大气行动计划外，规划的作用仍还存在不少欠缺，在"十三五"以及今后的有关规划中，要将 PM$_{2.5}$ 控制纳入规划目标中去，才可真正体现规划对 PM$_{2.5}$ 的控制效果。能源政策中煤炭总量政策等两项政策基本实现政策目标，节能政策完全实现政策目标，清洁能源政策没有实现政策目标；大气污染防治相关政策中，大气污染排放总量控制等三项政策完全实现政策目标，大气污染防治专项资金等三项政策基本实现政策目标，排污许可证制度等两项政策没有实现政策目标。对于排污许可证和排污权有偿使用及排污交易政策而言，评价结论与这些政策仍处于试点阶段，以及政策本身的政策目标定位不清有着直接关系，当然，由于这些政策尚处于试点阶段，很大程度上在 PM$_{2.5}$ 控制中的政策效用还远未发挥（表 5-14）。

表 5-14 大气污染控制政策对 PM$_{2.5}$ 治理政策有效性评估结果

类别	政策名称	政策与 PM$_{2.5}$ 关联性			与国外相关政策差距	政策执行度	政策效果	
		与 PM$_{2.5}$ 源关联性	组分				政策目标实现度	政策效用水平
			与 PM$_{2.5}$ 一次污染物关联性	与 PM$_{2.5}$ 二次前体物关联性				
法律法规	中华人民共和国环境保护法	A	B	B	B	B	—	B
	中华人民共和国环境影响评价法	C	C	B	C	B		B
	中华人民共和国清洁生产促进法	D	C	B	C	B		B
	中华人民共和国循环经济促进法	C	C	C	B	B		B
法律法规	中华人民共和国节约能源法	B	B	B	B	B		B
	中华人民共和国可再生能源法	B	B	B	B	B		B
	中华人民共和国大气污染防治法	A	A	A	A	B		B
	汽车排气污染监督管理办法	A	A	A	—	B		B
	秸秆焚烧和综合利用管理办法	B	A	A	—	B		B
	环境行政处罚办法	C	C	C	—	B		B
标准	环境空气质量标准	A	A	A	A	B	C	B
	火电厂大气污染排放标准	A	A	A	B	B	B	B
	机动车大气污染排放标准	A	A	A	D	B	B	B
规划	大气污染防治行动计划	A	A	A	—	A		
	重点区域大气污染防治"十二五"规划	A	A	A	—	B	B	B
	关于推进大气污染联防联控工作改善区域空气质量的指导意见	A	A	A	—	B	B	B
	环境保护"十二五"规划	B	A	A	—	B	A	B

续表

类别	政策名称	政策与PM$_{2.5}$关联性			与国外相关政策差距	政策执行	政策效果	
		与PM$_{2.5}$源关联性	组分			政策执行度	政策目标实现度	政策效用水平
			与PM$_{2.5}$一次污染物关联性	与PM$_{2.5}$二次前体物关联性				
产业政策	产业结构调整政策	B	C	C	B	B	B	C
	火电行业政策	A	A	A	B	B	B	C
	钢铁行业政策	A	A	A	B	B	B	C
	水泥产业	A	A	A	B	B	B	C
	化工行业	A	A	A	B	B	B	C
	机动车	A	A	A	B	B	B	C
能源政策	煤炭总量政策	A	A	A	A	B	B	B
	清洁能源政策	B	A	A	D	C	C	B
	节能政策	B	A	A	C	B	A	B
	能效政策	B	A	A	C	B	B	B
大气污染防治相关政策	大气污染排放总量控制政策	A	A	A	D	A	A	A
	大气污染防治专项资金	C	E	A	B	A	B	A
	淘汰落后产能中央财政奖励资金	C	E	A	B	A	B	A
	排污收费制度	C	D	A	B	A	A	A
大气污染防治相关政策	环保综合电价政策	A	E	A	C	A	A	A
	环境影响评价制度	C	E	A	B	B	B	B
	区域联防联控机制	C	A	A	D	B	B	B
	绿色信贷制度	A	E	A	D	B	B	B
	排污许可证制度	C	E	C	A	D	C	B
	排污权有偿使用及交易制度	C	E	A	D	C	C	C

第6章 基于跨界输送的 PM$_{2.5}$ 区域协同控制机制

PM$_{2.5}$污染往往由来自不同区域的大气污染物共同贡献,并呈现出显著的区域性污染特征。研究表明,在京津冀、长三角地区和珠三角地区等区域,部分城市的 PM$_{2.5}$ 污染在很大程度上受到外来源的影响。因此,目前我国以城市或省级行政区为单元的大气污染防治管理模式已经难以有效解决日益严重的区域性 PM$_{2.5}$ 污染问题。建立一套适用于区域大气污染防治的管理机制,有效降低跨界输送对 PM$_{2.5}$ 污染的影响,是 PM$_{2.5}$ 污染防治管理领域的关键。

6.1 PM$_{2.5}$ 区域协同控制的实践和经验

6.1.1 欧美国家和地区的研究和控制实践

由于 PM$_{2.5}$ 污染存在着显著的跨界传输特征,欧美发达国家和地区在控制 PM$_{2.5}$ 污染的过程中,非常重视通过协调区域间的控制目标,减少跨界污染物及其前体物的排放,优化污染控制的资源配置。

美国为了控制国家层面的 PM$_{2.5}$ 污染,在以 SIP 为核心的属地管理模式基础上,于 2005 年发布了《清洁空气州际法规》,试图通过使用总量预算(emission budget)和排污交易等市场手段,对美国中东部地区各州的 SO$_2$ 和 NO$_x$ 等二次颗粒物前体物实现减排,使 O$_3$ 和 PM$_{2.5}$ 浓度未达标区的面积分别减少95%和67%。2011 年,美国发布了《跨州空气污染条例》,在替代《清洁空气州际法规》的同时提高了控制目标。《跨州空气污染条例》针对美国中东部地区的 23 个州提出了 SO$_2$ 和 NO$_x$ 排放控制目标,控制区域的选择和控制目标的确定所依据的是每个州的 SO$_2$ 和 NO$_x$ 排放对自身和其他州 PM$_{2.5}$ 和 O$_3$ 浓度的影响。控制目标确定过程的技术核心包括利用 CAM$_x$ 等空气质量模型模拟各州之间的二次颗粒物跨界传输,定量评价州际跨界传输对每个州空气质量超标的影响程度,并结合污染控制成本等因素,确定各州排放控制目标。

于 20 世纪 70 年代，欧盟就开始了基于区域酸雨跨界传输的研究结果，制定了《远距离越境空气污染公约》（UNECE，1979），建立了跨国界的政策与科学平台，用于协调制定跨界污染物的减排总体目标以及各国减排份额，并在此平台上开展污染物减排的区域合作。在《远距离越境空气污染公约》的框架下，欧洲国家通过签订多个确定跨界污染物总量减排的议定书，推动 SO_2、NO_x、NH_3、VOCs 以及一次颗粒物在各国的减排。2001 年，欧盟结合空气质量控制目标，在《远距离越境空气污染公约》等已有的政策基础上制定了《欧洲清洁空气计划》，结合对污染物跨界影响的分析，对欧洲各个国家设定了 2020 年的主要污染物减排目标。这些减排目标的实现将显著降低欧洲 $PM_{2.5}$ 的跨界传输，有助于欧洲整体达到空气质量目标。

无论是美国还是欧洲，其区域大气污染防治机制的设计、执行及评估过程均建立于大量的科学技术手段基础之上。欧洲早于 1984 年建立了远程大气污染输送监测和评估合作计划（The European Monitoring and Evaluation Programme，EMEP），将"监测—模型—评估—对策"等过程紧密联系在一起，提供了区域合作共同解决环境问题的成功范例。现有的 EMEP 体系已覆盖欧盟各国的 $PM_{2.5}$ 监测、污染源监控、防治对策研究以及实施效果评估等多个工作体系，为推进区域大气污染防治提供了重要科学支撑。美国也在《清洁空气州际法规》实施的同时，运用一整套包括排放清单编制、空气质量数值模拟、空气质量监测等技术手段的大气污染防治评估体系，对政策实施的效果进行评估，为政策的改进提供了可靠的技术支持。

6.1.2 中国大气污染区域联防联控进展

相比欧美发达国家和地区，中国在国家层面对大气污染跨界传输的评估和控制工作相对较少，但在京津冀、长三角地区、珠三角地区等区域已开展了一些基础性研究工作，这些研究均证实了重点区域大气污染存在显著的跨界输送特征。应用已有的跨界传输研究成果，借助 2008 年北京奥运会、2010 年上海世博会及 2010 年广州亚运会等重大赛会的机会，中国对整合区域资源，开展大气污染联防联控的机制进行了探索，分别在京津冀、长三角地区和珠三角地区，通过区域协同控制，成功保障了赛会举办地的空气质量。在此基础上，环境保护部于 2012 年颁布了《重点区域大气污染防治"十二五"规划》，强调了建立"统一规划、统一监测、统一监管、统一评估、统一协同"的区域联防联控机制，应对大气污染；2013 年 6 月，国务院出台了《大气污染防治行动计划》，进一步提出进行区域协作，对 $PM_{2.5}$ 污染进行控制。

由于我国已有的针对大气污染跨界传输影响的研究主要针对于部分区域，且主要针对的是短周期的污染过程，缺乏全国尺度、长周期 $PM_{2.5}$ 及其关键组分的跨界输送规律研究，因此，现有的研究基础尚难以为在国家层面构建重点区域大气污染协作机制提供有效技术支撑。此外，我国已有的针对重大赛会实施的区域大气污染联防联控措施，大多是以临时措施为主，而且都是针对特定区域特定时段的污染特点量身定做，无法照搬推广至全国并长期实施。为了制定长期有效的政策措施，减少跨界输送对我国 $PM_{2.5}$ 污染的影响，必须要在已有研究的基础上，进一步通过实验分析和模型模拟，解析我国大气 $PM_{2.5}$ 跨界传输的特征，并结合我国已有的大气污染控制政策框架，建立重点区域大气污染协同控制机制。

6.2 $PM_{2.5}$ 跨界输送模型与参数设置

6.2.1 跨界输送模型选择

我国大气环境污染特征总体上已由单一的局地煤烟型污染过渡到区域复合型污染阶段，大气环境污染总体上呈现出"多污染问题共存、多污染源叠加、多尺度关联、多过程演化、多介质影响"的复合型特征。因此，空气质量模型的选取应满足以下三个要求：①能充分考虑各污染物间的物理传输及化学转化过程，可模拟多污染物间的协同效应；②能够用于模拟局地、区域及全国等多种尺度的大气环境问题；③可一次性模拟 SO_2、NO_2、PM_{10}、$PM_{2.5}$、O_3、酸雨等多种大气污染过程，特别是模拟区域复合型大气污染过程。通过对目前环境模拟领域各种常用空气质量模型进行梳理对比，CMAQ、CAM_x 模型最典型的特点是采用了基于"一个大气"的设计理念，考虑了复杂的物理及化学过程，能够同时模拟各种尺度、各种复杂的大气环境问题，CMAQ、CAM_x 模型均能满足上述三项要求。

考虑到 CAM_x 模型内嵌的颗粒物来源追踪技术（particulate source apportioning technology，PSAT）能够模拟不同地区、行业对 $PM_{2.5}$ 及其关键组分的贡献，因此本章的研究选用 CAM_x 空气质量模型（表6-1）。

表6-1 常用模型比较

模型类型	适用尺度	应用领域	优缺点
MM5、WRF 模型	多尺度嵌套	分析大气污染物传输路径；为空气质量模型模拟气象场提供资料	计算所需时间较长，技术难度较大；但可与大多数空气质量模型对接
CMAQ、CAM_x、WRF-CHEM 模型	多尺度嵌套	采用"一个大气"的设计理念，可系统模拟各种尺度、各种大气污染问题,特别适用于光化学污染过程的模拟	目前最先进的空气质量模型之一；所需基础资料难获得；计算所需时间长；多应用于科研领域，在我国环境规划与管理中的应用案例较少

续表

模型类型	适用尺度	应用领域	优缺点
ATMOS 模型	几百到几千千米	可模拟 SO_2、NO_x 及颗粒物的浓度及沉降过程,主要侧重于酸沉降模拟	所需资料易获得,计算时间较长,应用较广泛;不能模拟光化学污染过程
CALPUFF 模型	几十到几百千米	可模拟多种大气污染问题,适用于长三角地区、珠三角地区及京津冀等区域性大气环境模拟中	所需资料易获得,计算时间适中,应用较广泛;化学污染过程采用了参数化方案,模拟过于简化
AERMOD 模型、ADMS 模型	几千米到几十千米	可模拟多种大气污染问题,适用于城市尺度大气污染问题的模拟中	所需资料易获得,计算时间适中,广泛应用于城市尺度模拟中;对光化学污染过程的模拟过于简化

CAM_x 模式是美国 ENVIRON 公司在 UAM-V 模式基础上开发的综合空气质量模式,它将"科学级"的空气质量模型所需要的所有技术特征合成为单一系统,可用于对气态和颗粒物态的大气污染物在城市和区域的多种尺度上进行综合性的评估。CAM_x 除具有第三代空气质量模型的典型特征之外,CAM_x 最著名的特点包括双向嵌套及弹性嵌套、网格烟羽模块、O_3 源分配技术、颗粒物源分配技术、O_3 和其他物质源灵敏性的直接分裂算法等。

CAM_x 可以在三种笛卡儿地图投影体系,即通用的横截墨卡托圆柱投影(universal transverse Mercator)、旋转的极地立体投影(rotated polar stereographic)和兰伯特圆锥正形投影(Lambert conic conformal)中进行模拟。CAM_x 也可以提供在弯曲的线性测量经纬度网格体系中运算的选项。此外,垂直分层结构是从外部定义的,所以各层高度可以定义为任意的空间或时间的函数。这种在定义水平和垂直网格结构方面的灵活性,使 CAM_x 能适应任何用来为环境模型提供输入场的气象模型(表 6-2)。

表 6-2 CAM_x 主要物理过程模块摘要

模块	物理模式	数值方法
水平平流/扩散	用 K 理论闭合的欧拉连续方程	平流采用 Bott 或 PPM 或显式扩散
垂直输送/扩散	用 K 理论闭合的欧拉连续方程	隐式或显式平流和扩散
化学	CB IV、CB05、SAPRC99 机制,气溶胶机制	EBI、IEH、LSODE 算法
干沉降	气态和气溶胶采用分离阻力模式	沉降速度作为垂直扩散中的边界条件
湿沉降	气态和气溶胶采用分别清除模式	湿清除量作为降水速率、云水含量、气态可溶性物质、扩散率及 PM 粒径的函数

CAM_x 模型具有双向嵌套网格功能,对高架点源采用快速、结构简单的 GREASD PiG 方法,同时考虑干沉降和湿沉降、垂直输送和扩散,采用隐式对流和扩散的数值方法求解。CAM_x 不但能够模拟 SO_2、NO_2、PM_{10}、$PM_{2.5}$、

O_3、酸雨等多种大气污染过程，而且利用 CAM_x 模型 PSAT 模块的源追踪识别技术，可以定量追踪不同区域、不同行业排放源对关心点 $PM_{2.5}$ 及其组分的浓度贡献。

6.2.2 输入数据及参数设定

1. 输入数据

CAM_x 模型所需要的输入数据包括满足模型格式要求的排放清单、三维气象场、模拟区域边界条件、模拟时间初始条件、光化学反应速率等。CAM_x 模型排放清单采用本书第 2 章所建立的全国尺度高时空分辨率多污染物排放清单，通过程序转换格式为 CAM_x 模型所需排放清单；三维气象场由第 3 章建立的 WRF 模型提供，通过 WRF2CAM_x 气象处理程序转换为 CAM_x 模型所需格式；所需边界条件和初始条件均采用模型默认参数生成；光化学反应速率首先采用 O3MAP 程序从全球 O_3 柱浓度文件中生成模拟区域 O_3 柱浓度文件，其次利用辐射转换模型生成不同地表反照率、地形高程及纬度条件下的晴空光解速率。

2. 参数设定

模拟时段：模拟时段与 WRF 一致，为 2010 年 1 月、4 月、7 月、10 月这四个月，分别代表冬季、春季、夏季、秋季，模拟时间间隔为 1 小时。

模拟区域：采用与 WRF 相同的投影坐标系，但模拟区域小于 WRF 模拟区域，其水平模拟范围为 X 方向（–2 682~2 682 千米）、Y 方向（–2 142~2 142 千米），网格间距为 36 千米，共将模拟区域划分为 150×120 个网格，研究区域包括中国全部陆域范围。模拟区域垂直方向共设置 9 个气压层，层间距自下而上逐渐增大。

模型参数：CAM_x 模型提供多种参数化方案设置，本书的研究所采用的参数设置如表 6-3 所示。

表 6-3　CAM_x 模型参数设置

模型参数	参数设置
模型版本	6.0
网格嵌套方式	单层网格
水平分辨率	36 千米
垂直分层层数	9
水平平流方案	PPM
垂直对流方案	隐式欧拉
水平扩散方案	显式同步
垂直扩散方案	隐式欧拉

续表

模型参数	参数设置
干沉降方案	Wesely89
气相化学机制	CB05
气溶胶化学机制	CF
光化学速率	in-line
模型参数	CAM_x
网格烟羽模块	关
边界条件	默认
初始条件	默认

6.2.3 大气污染物排放清单

本章的研究所需要的满足空气质量模型需求的国家排放清单在空间、时间、物种方面的主要参数设置如表 6-4 所示，为此，结合污染源普查排放清单及科研领域排放清单的特点，本章的研究应用 GIS 空间分析技术对污染源普查排放清单、MEIC 排放清单、GEIA 排放清单进行融合，建立 2010 年我国 36 千米分辨率排放清单，经化学物种分配、时间分配、空间分配、垂直分配四个技术环节，形成模型的输入清单。排放清单的化学物种主要包括 SO_2、NO_x、颗粒物（PM_{10}、$PM_{2.5}$ 及其组分）、NH_3、VOCs（含多种化学组分）等多种污染物。对于 SO_2 及 NO_x，采用全国污染源普查数据排放清单，除 SO_2、NO_x 外，人为源颗粒物（含 PM_{10}、$PM_{2.5}$、BC、OC 等）、VOCs（含主要组分）、NH_3 排放数据采用 2010 年清华大学 MEIC 排放清单，生物源 VOCs 排放数据源于全球排放清单 GEIA。排放数据来源如表 6-5 所示。

表 6-4 排放清单关键参数设置

主要参数	具体参数	具体设置				
		投影参数		网格大小	网格数	覆盖范围
空间参数	水平	中心点经度	东经 103°	36 千米×36 千米	150×120	X 方向 –2 682～2 682 千米，Y 方向 –2 142～2 142 千米 覆盖中国全部陆域区域
		中心点纬度	北纬 37°			
		平行纬度一	北纬 25°			
		平行纬度二	北纬 40°			
	垂直	层数	σ 气压层			
		9	1、0.993、0.985、0.975、0.95、0.9、0.8、0.6、0.3、0			
化学参数	CB05 化学机制	SO_2、NO_x、PM、NH3 及 VOCs 主要组分等 34 个物种				
时间参数	逐时	月变化系数、周变化系数、小时变化系数				

表 6-5 排放数据来源

污染物	数据来源	空间分辨率
SO_2、NO_x	污染源普查数据	电厂和工业源精确到经纬度坐标，生活源精确到区县或乡镇，交通源精确到地级行政区划
人为源颗粒物、VOCs、NH_3	MEIC	0.25°×0.25°
生物源 VOCs	GEIA	0.25°×0.25°

6.3 $PM_{2.5}$ 及其前体物省际输送关系

采用 6.2.2 小节的模型输入数据和模型参数设置，利用 CAM_x 模型分别对模拟区域内 $PM_{2.5}$ 及其关键组分（硫酸盐、硝酸盐、铵盐）进行统计分析，建立我国 31 个省（自治区、直辖市，不包括港澳台地区）的 $PM_{2.5}$ 及前体物输送矩阵，分析 $PM_{2.5}$ 及前体物空间输送关系。

6.3.1 $PM_{2.5}$ 输送关系

$PM_{2.5}$ 污染为区域性复合型污染，区域内和区域间城市 $PM_{2.5}$ 相互传输，区域内城市大气污染变化过程呈现明显的时间同步性、高值同步性，$PM_{2.5}$ 相互传输不仅受污染源排放规律影响，而且受到区域大气环流和大气化学影响。本章的研究利用 CAM_x 的 PSAT，对我国 333 个地级及以上城市 $PM_{2.5}$ 的空间来源进行系统解析。在此基础上，建立我国 31 个省（自治区、直辖市，不包括港澳台地区）$PM_{2.5}$ 的空间输送矩阵（表 6-6），为 $PM_{2.5}$ 分型分区空间区划提供支持，见表 6-6。$PM_{2.5}$ 空间输送矩阵为 31×31 的二维矩阵，其中行代表某省区市 $PM_{2.5}$ 的空间来源，列代表某省区市对各省区市 $PM_{2.5}$ 的贡献，对角线表示各省区市 $PM_{2.5}$ 中的本地源贡献。从空间输送矩阵可以看出，我国 $PM_{2.5}$ 空间输送关系存在以下两个特征。

（1）绝大部分省区市 $PM_{2.5}$ 仍以本地源贡献为主。我国 31 个省（自治区、直辖市，不包括港澳台地区）中，除海南外，其余 30 个省区市本地源贡献均接近或超过 50%。然而，受排放空间分布、气象场等因素影响，各省区市本地源贡献程度差异较大，长三角地区 $PM_{2.5}$ 区域输送显著，本地贡献相对较低，约为 50%；京津冀地区区域输送也较为显著，本地贡献约为 60%；受地形和气象条件影响，成渝地区外来源贡献相对较小，约为 70%；内蒙古、黑龙江、新疆、西藏、青海等省区，受外来源影响小，本地源贡献接近或超过 85%。

（2）部分重点区域空间输送效应强。例如，河北对北京、天津、山东 3 省市 $PM_{2.5}$ 影响较大，对上述 3 省市 $PM_{2.5}$ 的浓度贡献分别为 24%、26%、12%，为京

表 6-6 我国 31 个省（自治区、直辖市，不包括港澳台地区）PM$_{2.5}$空间输送矩阵（单位：%）

源\受体	北京	天津	河北	山西	内蒙古	辽宁	吉林	黑龙江	上海	江苏	浙江	安徽	福建	江西	山东	河南	湖北	湖南	广东	广西	海南	重庆	四川	贵州	云南	西藏	陕西	甘肃	青海	宁夏	新疆
北京	63	4	24	2	2	0	0	0	0	0	0	0	0	0	2	0	0	0	0	0	0	0	0	0	0	0	0	0	0	0	0
天津	6	58	26	1	1	0	0	0	0	0	0	1	0	0	5	2	0	0	0	0	0	0	0	0	0	0	0	0	0	0	0
河北	5	6	64	5	3	1	0	0	0	1	0	1	0	0	7	6	0	0	0	0	0	0	0	0	0	0	1	0	0	0	0
山西	0	0	4	69	4	0	0	0	0	1	0	1	0	0	1	12	1	0	0	0	0	0	0	0	0	0	5	1	1	1	0
内蒙古	0	0	3	3	78	2	1	1	0	0	0	0	0	0	1	1	0	0	0	0	0	0	0	0	0	0	0	0	0	3	0
辽宁	1	1	5	1	7	67	3	2	0	2	0	1	0	0	8	1	1	0	0	0	0	0	0	0	0	0	3	1	0	0	0
吉林	0	0	3	1	8	22	52	8	0	0	0	0	0	0	4	1	0	0	0	0	0	0	0	0	0	0	1	0	0	0	0
黑龙江	0	0	1	0	4	4	8	80	0	0	0	0	0	0	1	0	0	0	0	0	0	0	0	0	0	0	0	0	1	0	0
上海	0	0	2	1	1	1	0	0	46	27	11	4	0	2	4	2	0	1	0	0	0	0	0	0	0	0	0	0	0	0	0
江苏	0	1	3	2	1	0	0	0	2	50	5	19	0	0	11	4	1	0	0	0	0	0	0	0	0	0	0	0	0	0	0
浙江	0	0	3	2	1	0	0	0	4	17	52	8	1	2	6	3	2	0	0	0	0	0	0	0	0	0	0	0	0	0	0
安徽	0	0	4	2	1	0	0	0	1	9	2	58	0	3	8	9	2	0	0	0	0	0	0	0	0	0	0	0	0	0	0
福建	0	0	2	1	1	0	0	0	1	6	9	5	59	1	2	4	7	5	3	0	0	0	0	0	0	0	0	0	0	0	0
江西	0	0	2	2	1	0	0	0	0	4	3	10	1	52	4	3	1	1	1	0	0	0	0	0	0	0	0	0	0	0	0
山东	1	2	12	2	1	1	0	0	0	6	1	5	0	0	59	8	1	0	0	0	0	0	0	0	0	0	0	0	0	0	0
河南	0	0	9	8	0	0	0	0	0	0	0	3	0	0	5	63	5	1	0	0	0	0	0	0	0	0	2	0	0	0	0
湖北	0	0	3	3	1	1	0	0	0	2	2	6	0	4	3	10	58	5	1	0	0	0	0	0	0	0	1	0	0	0	0
湖南	0	0	1	1	0	0	0	0	0	1	2	3	0	5	2	2	10	61	3	0	0	0	0	0	0	0	0	0	0	0	0
广东	0	0	1	1	1	0	0	0	0	1	1	1	5	6	3	2	2	12	65	1	0	0	0	2	0	0	0	0	0	0	0
广西	0	0	1	1	1	0	0	0	0	0	1	3	1	3	2	4	5	8	54	2	0	0	0	1	0	0	1	0	0	0	0

续表

源\受体	北京	天津	河北	山西	内蒙古	辽宁	吉林	黑龙江	上海	江苏	浙江	安徽	福建	江西	山东	河南	湖北	湖南	广东	广西	海南	重庆	四川	贵州	云南	西藏	陕西	甘肃	青海	宁夏	新疆
海南	0	0	2	2	1	1	0	0	0	3	3	5	4	5	3	3	4	6	24	4	29	0	0	0	0	0	1	0	0	0	0
重庆	0	0	0	1	0	0	0	0	0	0	0	0	0	0	0	1	1	2	0	0	0	69	13	10	1	0	1	0	0	0	0
四川	0	0	0	1	0	0	0	0	0	0	0	0	0	0	0	1	1	1	0	0	0	14	72	5	1	0	1	1	0	0	0
贵州	0	0	0	1	0	0	0	0	0	0	0	0	0	0	1	2	3	1	0	3	0	4	8	63	6	0	1	0	0	0	0
云南	0	0	0	0	0	0	0	0	0	0	0	1	0	0	0	1	1	2	0	0	0	3	9	13	64	0	1	0	0	0	0
西藏	0	0	0	0	0	0	0	0	0	0	0	0	0	0	0	0	0	0	0	0	0	0	0	0	0	99	0	0	0	0	0
陕西	0	1	1	4	3	0	0	0	0	0	0	0	0	0	1	5	4	1	0	0	0	2	4	1	0	0	69	3	0	2	0
甘肃	0	0	0	1	1	1	0	0	0	0	0	0	0	0	0	1	1	0	0	0	0	3	8	1	0	0	9	67	4	4	0
青海	0	0	0	0	0	0	0	0	0	0	0	0	0	0	0	0	0	0	0	0	0	0	0	0	0	0	0	11	87	0	0
宁夏	0	0	0	1	11	0	0	0	0	0	0	0	0	0	1	0	0	0	0	0	0	1	3	1	0	0	3	13	1	65	0
新疆	0	0	0	0	0	0	0	0	0	0	0	0	0	0	0	0	0	0	0	0	0	0	0	0	0	0	0	0	0	0	100

津冀地区 $PM_{2.5}$ 控制的关键省市。上海超过 50%的 $PM_{2.5}$ 为外来源贡献，其中以江苏和浙江对其影响最大，贡献分别为 27%、11%，因此改善上海 $PM_{2.5}$ 污染现状，依赖于区域联防联控措施。

6.3.2 硫酸盐输送关系

硫酸盐主要由大气中的 SO_2 二次反应生成，是二次无机颗粒物的重要组成，硫酸盐颗粒相对稳定，能在大气中长期存留，并通过长距离传输影响到其他地区，造成区域性污染。模拟结果表明，硫酸盐时空分布特征主要表现为秋冬季节月均浓度高，春夏季节相对较低。1 月、4 月、7 月、10 月的硫酸盐月均浓度分别为 5.8 微克/米^3、3.9 微克/米^3、4.8 微克/米^3、5.3 微克/米^3。

根据 PSAT 统计结果，京津冀、长三角地区、成渝等地区的区域间输送关系显著。在京津冀地区，河北对周边省区市硫酸盐贡献较大，对北京、天津的硫酸盐浓度分别为 2.3 微克/米^3、3.3 微克/米^3，占两城市硫酸盐浓度的 23%和 26%；江苏为长三角地区硫酸盐浓度的贡献大户，对上海、浙江硫酸盐颗粒浓度的贡献分别为 2.0 微克/米^3、0.7 微克/米^3，分别占两省市浓度的 22%、14%，此外，江苏对安徽的硫酸盐贡献也较大，占安徽硫酸盐浓度的 13%，同时，江苏硫酸盐受周边省区市影响较大，近 60%来源于周边省区市。另一个区域输送较为显著的区域，两地区间硫酸盐贡献约为 1.3 微克/米^3。根据 4 个月的统计结果，京津冀、长三角地区、成渝三个地区硫酸盐的区域间传输影响在 4 个月均较为显著，无显著差异。

6.3.3 硝酸盐输送关系

硝酸盐主要由大气中 NO_x 二次反应生成，是二次无机颗粒物的重要组成。模拟结果表明，硝酸盐时空分布特征与硫酸盐相似，秋冬季节月均浓度高于春夏季节，但其季节性变化相比于硫酸盐更加显著，秋冬季节硝酸盐远大于春夏季节，4 个月月均浓度分别为 8.1 微克/米^3、4.2 微克/米^3、1.4 微克/米^3、5.8 微克/米^3。季节性变化差异大于硫酸盐是因为硝酸根离子比硫酸根离子氧化性强，硝酸盐在大气中停留时间相对较短，夏季降雨量大、气温高、光照充足，不利于硝酸盐在大气中累积。

硝酸盐颗粒的区域间输送关系与硫酸盐类似，其空间传输影响较大，尤其是京津冀、长三角地区、成渝等地区的区域间输送关系显著。在京津冀地区，河北对北京、天津的硝酸盐浓度贡献分别为 2.4 微克/米^3、2.7 微克/米^3，占两市硝酸盐浓度的 32%和 31%，而河北超过 70%的硝酸盐为外来源贡献；江苏为长三角地区硝酸盐浓度的贡献大户，对上海、浙江硝酸盐颗粒浓度的贡献分别为 2.2 微克/米^3、1.5 微克/米^3，分别占两省市浓度的 27%、25%，此外，江苏对安徽的硝酸盐贡献也较大，占安徽硝酸盐浓度的 16%，同时，江苏硝酸盐受周边省区市影响较大，近 65%来源于周边省区市。

另一个区域输送较为显著的区域,两地区间硝酸盐贡献约为1.6微克/米^3。

6.4 京津冀区域 PM$_{2.5}$ 输送关系与减排重点

在 6.3 节建立的研究方法基础上,着重针对京津冀区域的 13 个城市以及周边地区,使用 CAM$_x$ 模型的 PSAT 技术分析 PM$_{2.5}$ 及其主要化学组分的相互传输特征。

6.4.1 模拟分析的区域设置

根据 6.3 节的结果,对京津冀区域 PM$_{2.5}$ 污染有显著影响的省市除了北京、天津和河北之外,还有山东、河南、山西、内蒙古、辽宁等;其他省区市对北京、天津和河北 PM$_{2.5}$ 质量浓度的贡献之和分别为 1.5%、2.0% 和 3.6%。因此在此部分的研究中,仅考虑对京津冀区域 PM$_{2.5}$ 污染有显著影响的省区市。

为了解析京津冀区域城市间的相互影响,将北京、天津及河北的 11 个城市作为各自独立的排放区域;将山东、河南、山西、内蒙古、辽宁 5 个省区作为各自独立的排放区域,并把模拟域内的其他区域作为一个统一的排放区域。将各个污染源排放区域进行编号(表 6-7),排放区域在模型中对应的网格如图 6-1 所示。

表 6-7 模拟中的污染源区划及编号

行政区	污染源区域编号	行政区	污染源区域编号
北京市	1	沧州市	11
天津市	2	廊坊市	12
石家庄市	3	衡水市	13
唐山市	4	辽宁省	14
秦皇岛市	5	内蒙古自治区	15
邯郸市	6	山西省	16
邢台市	7	河南省	17
保定市	8	山东省	18
张家口市	9	其他	19
承德市	10		

模拟分析的对象是京津冀区域 13 个城市的 PM$_{2.5}$ 及其主要组分的浓度。在使用模拟得到的结果计算城市大气污染物浓度的过程中,一般有两个方法:①对城市所包含的所有网格的某种大气污染物浓度取平均值,作为这个城市这种大气污染物的浓度值;②选取城市人口最集中的市区所在的网格,直接使用模型中此网

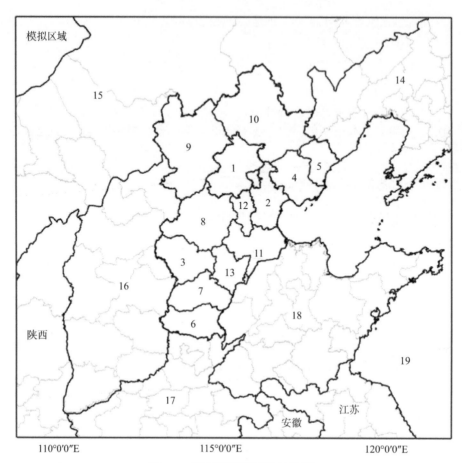

图 6-1　京津冀的污染源区域划分

格的输出结果作为城市大气污染物浓度。由于我国评价城市环境空气质量的监测点位绝大多数都集中在各个城市的市区，为了使分析结果与我国城市空气质量监测的数据可比，在本章的研究中采用第二种方法评价各个城市的大气污染物浓度。因此，在模型的 PSAT 分析过程中，选取了京津冀区域 13 个城市市区所在的网格，作为模型的受体点。

6.4.2　$PM_{2.5}$ 在京津冀的输送

由 CAM_x/PSAT 解析得到的 $PM_{2.5}$ 在京津冀区域的传输结果如表 6-8 所示。由此可知，与 6.3 节中以省为单位的结果相比，北京和天津 $PM_{2.5}$ 浓度的本地贡献百分比分别减少了约 10%，而河北 $PM_{2.5}$ 浓度的本地贡献百分比则稍有增加。其主要原因可能是采取了不同的模拟时间，第 3 章对我国的模拟针对的是 2010 年，而本章的模拟时段是 2012 年。两个时段的排放分布情况有所差异，气象场也存在不同，可能造成结果的不同。

从结果上来看，唐山和石家庄这两个城市的 $PM_{2.5}$ 对自身的浓度贡献最高，分别达 74%和 62%，这与其作为区域内重化工业特征最明显的城市有直接的关系。$PM_{2.5}$ 浓度受周边影响最大的城市包括廊坊、秦皇岛和衡水，其 $PM_{2.5}$ 污染中分别仅有 23%、32%和 32%来自于自身的贡献。

周边省区市对京津冀区域部分城市的 $PM_{2.5}$ 浓度也有显著的影响。例如，秦皇岛有 14%的 $PM_{2.5}$ 来自于辽宁；张家口有 10%的 $PM_{2.5}$ 来自于内蒙古；山西的污染物排放虽然受到太行山的阻挡，但是对石家庄、邯郸、邢台等比邻的城市仍然有 7%~8%的贡献；河南对邯郸和邢台 $PM_{2.5}$ 的贡献比山西更大，可分别达到 15%和 10%。山东对京津冀城市 $PM_{2.5}$ 污染的影响远大于其他周边省区市，其显著影响（贡献超过 10%）的城市包括天津、秦皇岛、沧州和衡水，影响分别达到了 11%、15%、23%和 21%，对京津冀其他城市的影响也比较可观。总体而言，山东对京津冀 13 个城市 $PM_{2.5}$ 的影响达到了 10%，远高于河南（5%）、山西（4%）和内蒙古（2%）。《大气污染防治行动计划》把山东、山西和内蒙古作为影响京津冀 $PM_{2.5}$ 污染的周边地区，提出了比除长三角地区和珠三角地区外的我国其他省区市更高的要求，但是从模拟得到结果来看，河南也应该作为对京津冀影响显著的区域，在未来提出更加严格的控制要求。

如果把京津冀区域作为一个整体，其 2012 年的 $PM_{2.5}$ 污染中有 24%来自于区域外的贡献，76%是由区域内 13 个城市贡献的。在 13 个城市中，贡献超过平均值（6%）的城市有唐山、石家庄、天津、邯郸和保定，其贡献率分别为 11.9%、9.0%、8.5%、8.0%和 6.7%；贡献不超过 4%的城市有张家口、秦皇岛、承德、衡水和廊坊，其贡献率分别为 1.8%、2.0%、2.3%、3.8%和 4.0%；北京、邢台和沧州的贡献居中。由此可见，总体来说，京津冀区域更易受到来自东部和南部的污染影响，而来自西部和北部的污染对整个区域的影响较小。分季节的分析结果表明，即使是在 1 月等以偏北风为主导风向的季节，来自南部的污染还是造成 $PM_{2.5}$ 高浓度的主要因素。因此，针对京津冀区域的大气污染防治应该更加重视对南部区域的污染物减排。

从控制整个京津冀区域 $PM_{2.5}$ 污染的角度出发，在京津冀区域内，需要优先大力削减贡献较大的城市，如唐山、石家庄、天津、邯郸和保定等城市的污染物排放量；与此同时，通过减少山东、河南等省份污染物的排放量，才能从根本上减少京津冀区域的大气污染物传输，降低 $PM_{2.5}$ 浓度。但是作为污染物排放量和 $PM_{2.5}$ 浓度的高值区，京津冀区域对其周边的影响应该也非常显著，因此如果从更大的空间尺度进行考虑，则沧州、邢台等排放量大、污染严重的城市也应该是控制的重点（图 6-2）。

表 6-8　京津冀 13 个市及周边省区市对京津冀的 $PM_{2.5}$ 浓度贡献矩阵（单位：%）

源＼受体	北京	天津	石家庄	唐山	秦皇岛	邯郸	邢台	保定	张家口	承德	沧州	廊坊	衡水	辽宁	内蒙古	山西	河南	山东	其他
北京	48.2	8.0	1.0	3.6	0.3	0.5	0.4	3.2	1.5	1.1	1.9	13.7	0.6	0.6	2.2	2.0	1.6	5.6	3.9
天津	2.4	51.0	1.2	5.9	0.6	0.7	0.5	2.2	0.3	0.9	4.9	4.9	0.9	1.2	1.9	2.2	2.4	11.1	4.8
石家庄	0.5	1.0	61.6	0.4	0.1	2.2	3.5	4.2	0.1	0.1	1.3	0.4	2.1	0.3	1.4	7.7	3.6	5.0	4.3
唐山	0.8	4.7	0.5	74.0	3.3	0.3	0.2	0.6	0.2	1.9	0.7	0.8	0.3	1.2	1.1	0.9	1.0	5.2	2.5
秦皇岛	1.2	4.1	0.9	12.8	32.2	0.5	0.4	1.1	0.3	1.7	1.2	1.0	0.5	13.8	3.4	1.8	1.9	14.7	6.6
邯郸	0.3	0.7	2.8	0.4	0.1	46.8	8.5	0.8	0.1	0.1	0.6	0.3	0.9	0.3	1.1	6.8	14.5	8.6	6.3
邢台	0.4	0.9	7.8	0.5	0.1	23.6	28.1	1.3	0.1	0.1	0.9	0.4	1.6	0.4	1.3	7.4	9.8	8.8	6.4
保定	1.4	3.1	5.0	0.8	0.2	1.1	1.0	53.2	0.5	0.1	8.6	2.8	2.9	0.5	1.9	3.6	2.7	6.3	4.4
张家口	2.4	1.8	1.8	0.9	0.1	0.7	0.5	2.8	57.6	0.2	1.1	1.1	0.5	0.3	9.8	5.6	2.1	3.2	7.4
承德	2.2	4.6	0.9	8.7	1.3	0.5	0.4	1.1	0.6	53.6	1.1	1.6	0.5	1.3	4.2	1.9	1.9	7.0	6.5
沧州	1.2	7.4	1.6	1.4	0.3	1.1	0.8	1.9	0.2	0.3	40.9	2.1	2.3	1.1	1.7	2.7	3.9	23.0	6.1
廊坊	16.4	23.5	1.2	5.2	0.4	0.6	0.5	4.5	0.6	1.1	3.5	23.1	0.8	0.8	1.9	2.0	2.0	7.6	4.2
衡水	0.7	1.6	8.4	0.8	0.2	2.5	4.8	3.8	0.2	0.2	4.2	0.8	32.0	0.7	1.6	3.8	5.9	20.8	7.0
京津冀平均	5.7	8.5	9.0	11.9	2.0	8.0	4.5	6.7	1.8	2.3	5.5	4.0	3.8	1.3	1.9	3.9	4.6	9.7	5.1

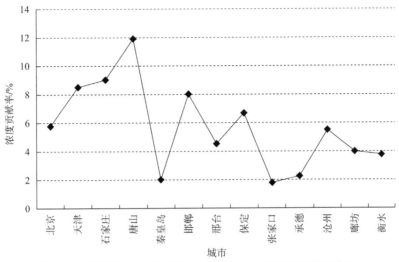

图 6-2　京津冀 13 个市对整个京津冀 PM$_{2.5}$ 浓度的贡献百分比

6.4.3　二次无机气溶胶的区域输送特征和减排重点

二次无机气溶胶（包括硫酸盐、硝酸盐和铵盐等）是大气 PM$_{2.5}$ 中的重要化学组分。由于这些气溶胶的形成具有更强的区域性特征，美国和欧洲都把硫酸盐、硝酸盐和铵盐等作为区域 PM$_{2.5}$ 背景的重要组成部分，在 PM$_{2.5}$ 污染防治和政策效果分析中进行考虑。例如，美国专门通过 CASTNET 监测网络的近 100 个点位对大气 PM$_{2.5}$ 中的无机组分进行分析，作为美国区域 PM$_{2.5}$ 背景分析的基础，并为州际污染传输法规的制定提供技术支撑。

观测和模拟结果都表明，硫酸盐、硝酸盐和铵盐等组分在我国京津冀地区 PM$_{2.5}$ 中所占比例超过 1/3。大幅降低这三种盐的浓度，是实现京津冀区域 PM$_{2.5}$ 浓度下降目标的重要保证；而分析这三种无机盐的区域传输和来源特征，是科学制定 SO$_2$、NO$_x$ 和 NH$_3$ 等污染物减排目标的重要前提。

基于 CAM$_x$/PSAT 的分析结果，比较京津冀各城市对自身硫酸盐、硝酸盐、铵盐和 PM$_{2.5}$ 中其他组分的贡献比例，具体如图 6-3 所示。分析结果显示区域传输对 PM$_{2.5}$ 中不同组分的贡献率存在很大差别。总体而言，京津冀 13 个城市的硝酸盐主要都来源于其他城市，自身 NO$_x$ 排放贡献的硝酸盐大多在 20% 以下，平均每个城市对自身的贡献率为 13.6%（表 6-9）。这说明在几种组分中，硝酸盐的形成对区域传输更为敏感；虽然城市的 PM$_{2.5}$ 浓度下降目标各不相同，但是对硝酸盐的控制，应该更多地着眼于区域的 NO$_x$ 排放量削减。与之相对的，针对某一个城市的 NO$_x$ 排放量削减，可能对当地的硝酸盐浓度降低作用相对有限，但是可能会在更大的空间区域内带来硝酸盐浓度下降的效果。

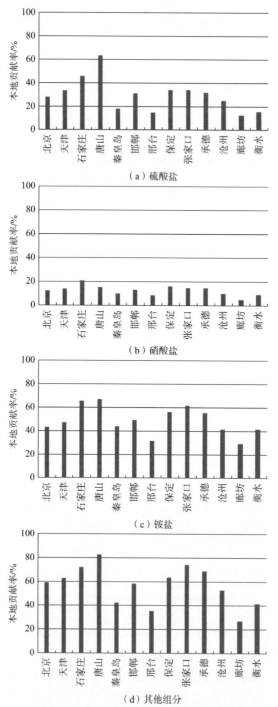

图 6-3 京津冀 13 个市对自身 PM$_{2.5}$ 各组分浓度的贡献百分比

表6-9 京津冀13个市及周边省区市对京津冀的硝酸盐浓度贡献矩阵（单位：%）

源\受体	北京	天津	石家庄	唐山	秦皇岛	邯郸	邢台	保定	张家口	承德	沧州	廊坊	衡水	辽宁	内蒙古	山西	河南	山东	其他
北京	13.0	13.8	2.6	5.5	0.7	1.4	1.0	4.8	1.5	0.9	4.0	6.3	1.4	1.9	7.5	5.1	4.8	15.4	8.3
天津	3.1	14.7	2.9	4.3	0.8	1.8	1.2	2.8	0.6	0.8	5.0	2.4	1.6	3.1	6.3	5.6	7.0	26.0	10.0
石家庄	1.4	2.8	21.2	1.1	0.2	4.7	4.6	4.9	0.4	0.2	2.5	0.9	3.3	1.2	5.0	11.2	10.4	13.5	10.3
唐山	2.9	10.6	2.1	16.1	3.1	1.3	0.8	2.0	0.6	1.6	2.5	1.6	1.0	5.1	6.2	4.0	4.7	25.1	8.7
秦皇岛	2.2	6.9	1.5	10.2	11.0	0.9	0.6	1.6	0.4	1.4	1.7	1.2	0.7	14.4	6.3	2.8	3.2	25.3	7.7
邯郸	1.0	1.8	3.4	0.9	0.2	14.5	4.3	1.4	0.2	0.2	1.2	0.5	1.3	0.9	3.1	10.4	24.1	17.6	13.2
邢台	1.1	2.0	5.7	0.9	0.2	11.9	9.9	1.8	0.3	0.3	1.4	0.6	1.8	1.0	3.4	10.9	18.4	16.6	11.9
保定	2.4	6.1	7.4	1.7	0.3	2.5	2.0	17.3	0.7	0.3	6.2	2.3	3.7	1.5	6.4	7.7	7.2	15.1	9.5
张家口	6.6	4.2	3.8	1.5	0.2	1.5	1.0	5.8	16.2	0.2	2.0	2.1	0.9	0.4	22.9	10.3	4.3	5.1	10.9
承德	5.0	10.4	1.9	11.9	1.7	1.1	0.7	2.1	1.0	15.3	2.1	2.8	0.9	2.2	10.7	3.9	4.0	13.7	8.4
沧州	2.0	5.1	2.5	1.8	0.4	1.9	1.2	1.9	0.4	0.4	10.8	1.2	2.0	2.4	4.6	5.5	8.6	36.1	11.1
廊坊	6.0	17.0	2.7	5.3	0.7	1.6	1.0	3.9	0.8	0.8	4.7	6.0	1.6	2.4	6.3	5.0	5.6	19.8	8.8
衡水	1.4	2.6	4.6	1.2	0.3	3.4	3.5	2.3	0.3	0.2	3.0	0.8	10.5	1.5	3.8	6.4	11.6	30.8	11.7
京津冀平均	3.0	6.6	5.3	3.8	1.3	4.8	3.1	3.9	1.0	1.0	3.7	1.9	2.8	2.7	5.7	7.2	10.6	21.2	10.5

对于绝大多数城市而言，硫酸盐的形成也主要来源于区域传输，平均每个城市对自身的贡献率为 30.6%。唐山是例外的一个城市，其 SO_2 排放对自身硫酸盐浓度的贡献率达到了 64.0%（表 6-10），其原因可能是唐山自身的 SO_2 排放强度远高于周边的承德、秦皇岛等城市，浓度梯度显著。由于每个城市仍然有超过 2/3 的硫酸盐来源于区域传输，因此对于硫酸盐的控制，同样应该以着眼于整个京津冀（甚至周边）区域的 SO_2 排放量削减为主（图 6-3）。

表 6-10　京津冀各市对自身和区域 $PM_{2.5}$ 中对应组分浓度的贡献率（单位：%）

贡献指标	硫酸盐	硝酸盐	铵盐	其他组分
各城市对自身的贡献率平均值	30.6	13.6	49.7	57.0
13 个城市对区域的贡献率之和	55.6	42.2	74.2	84.8

与硝酸盐和硫酸盐相比，铵盐和 $PM_{2.5}$ 中其他组分的区域贡献率则较不显著。京津冀区域 13 个城市 NH_3 排放对自身铵盐浓度的平均贡献率为 49.7%，一次 $PM_{2.5}$ 以及其他组分排放对 $PM_{2.5}$ 中相应组分的平均贡献率为 57.0%。这可能是因为 NH_3 转化为铵盐的速率比硫酸盐和硝酸盐的形成过程快，而一次 $PM_{2.5}$ 等组分由于粒径相对较大，更容易通过干沉降等过程被去除。由于各城市对自身的铵盐和其他组分的贡献相对更显著，京津冀各城市在削减自身的铵盐和其他组分时，应该更多地着眼于自身的烟粉尘和扬尘污染防治，以及 NH_3 排放控制，而把区域尺度的控制作为补充。

以上的结论不仅适用于京津冀的 13 个城市，也适用于京津冀区域这个整体，如表 6-11 所示。对于除了硝酸盐、硫酸盐和铵盐之外的组分，京津冀的排放贡献了整个区域浓度的 84.8%，占绝对主要地位。对于这些组分，主要需要依靠京津冀自身的努力，切实削减排放量。对于硝酸盐和硫酸盐，京津冀的排放贡献了整个区域浓度的 55.6% 和 42.2%，有约一半的硝酸盐和硫酸盐是由京津冀区域外的排放通过输送造成的影响。因此，在更大区域内，通过联防联控和总量控制，减少 SO_2 和 NO_x 的排放量，将会在降低京津冀硫酸盐和硝酸盐浓度发挥积极的贡献。

6.4.4　SO_2 和 NO_x 减排目标的差异

假设随着大气多污染物排放量的削减，$PM_{2.5}$ 的浓度持续下降，而硫酸盐和硝酸盐等二次无机盐在 $PM_{2.5}$ 中的质量百分比保持不变，那么到 2020 年，京津冀区域的硫酸盐和硝酸盐浓度需要在 2013 年的基础上下降约 40%。

根据 CAM_x 模拟结果，除了张家口和承德以外，京津冀区域其他 11 个城市 $PM_{2.5}$ 中的硫酸盐和硝酸盐浓度全部高于 10 微克/米^3，整个区域 13 个城市的硫酸

表 6-11 京津冀 13 个市及周边省区市对京津冀的硫酸盐浓度贡献矩阵（单位：%）

源\受体	北京	天津	石家庄	唐山	秦皇岛	邯郸	邢台	保定	张家口	承德	沧州	廊坊	衡水	辽宁	内蒙古	山西	河南	山东	其他
北京	28.7	7.6	1.5	4.6	0.5	0.8	0.5	3.0	1.0	1.0	2.6	10.2	0.8	1.1	3.4	4.2	3.1	13.3	12.0
天津	1.7	34.4	1.4	6.1	0.7	0.8	0.5	1.9	0.3	0.8	4.4	3.1	0.8	1.7	2.9	4.1	3.5	18.7	12.0
石家庄	0.4	1.2	46.3	0.7	0.1	2.5	2.8	2.9	0.1	0.1	1.4	0.4	1.8	0.4	2.5	11.2	5.3	9.3	10.5
唐山	0.7	4.8	0.6	64.0	2.6	0.4	0.2	0.7	0.1	1.7	0.9	0.7	0.3	1.5	1.8	1.9	1.5	9.2	6.4
秦皇岛	0.9	4.2	1.0	12.4	18.8	0.6	0.4	1.0	0.2	1.5	1.3	0.9	0.5	9.2	4.2	3.3	2.6	21.4	15.5
邯郸	0.3	0.8	2.8	0.6	0.1	32.0	5.4	0.8	0.	0.1	0.7	0.3	0.8	0.4	2.2	10.7	15.0	12.9	13.8
邢台	0.4	1.1	6.4	0.7	0.2	16.7	15.4	1.2	0.	0.1	1.0	0.4	1.3	0.5	2.5	11.4	11.7	14.1	14.6
保定	1.0	3.3	5.0	1.3	0.2	1.4	1.1	35.4	0.3	0.2	7.9	2.1	2.3	0.7	3.0	6.1	4.3	12.8	11.5
张家口	1.7	2.6	2.8	1.5	0.2	1.0	0.7	3.0	35.3	0.3	1.7	1.2	0.8	0.6	8.7	7.8	3.7	7.7	18.6
承德	1.3	5.0	1.2	8.4	1.2	0.7	0.5	1.2	0.4	32.2	1.5	1.5	0.6	1.6	5.0	3.8	3.2	13.8	16.8
沧州	0.9	5.7	1.7	2.1	0.4	1.2	0.7	1.6	0.2	0.3	26.1	1.5	1.5	1.4	2.9	5.1	5.2	27.4	13.9
廊坊	9.4	16.6	1.6	6.1	0.6	0.9	0.6	3.8	0.5	1.0	4.0	13.1	0.9	1.4	3.2	4.3	3.5	16.3	12.3
衡水	0.6	1.9	7.1	1.2	0.2	2.3	2.7	2.9	0.2	0.2	3.3	0.7	16.3	0.9	2.8	7.0	7.7	26.2	15.6
京津冀平均	3.2	6.7	7.3	11.5	1.6	5.8	2.8	4.7	1.2	1.8	4.4	2.5	2.3	1.4	3.0	6.4	5.8	15.4	12.4

盐和硝酸盐平均浓度分别为 16.28 微克/米^3 和 16.43 微克/米^3，分别占 PM$_{2.5}$ 浓度的 14%左右。结合以上目标，在 2020 年前，需要通过京津冀以及周边其他省区市的共同减排，使硫酸盐和硝酸盐的浓度下降约 13 微克/米^3，降幅达 40%左右。由于二次颗粒物的形成和气态前体物的排放存在非线性关系，为了辨析实现京津冀区域硫酸盐和硝酸盐浓度下降，SO$_2$ 和 NO$_x$ 减排的重点省区市目标，本章的研究假设各省区市气态前体物排放量同步削减 40%，使用 CAM$_x$/PSAT 模型模拟 PM$_{2.5}$ 的区域输送情况。

SO$_2$ 和 NO$_x$ 减排 40%情景和基准情景相比，各省区市对京津冀三个省市的硫酸盐和硝酸盐传输量的下降比例如表 6-12 所示。在对比中，首先判断了每个省区市造成的硫酸盐和硝酸盐传输量变化是否显著，其次以硫酸盐或硝酸盐浓度变化不低于 0.017 5 微克/米^3（即 PM$_{2.5}$ 浓度质量标准的 0.05%，所需达到的硫酸盐/硝酸盐浓度降幅的 0.3%）作为筛选的基本条件。对于不能达到此条件的，认为其排放变化对京津冀硫酸盐和硝酸盐的浓度影响不显著。

表 6-12　前体物减排 40%情景下向京津冀输送的硫酸盐和硝酸盐浓度下降比例（单位：%）

源＼受体	硫酸盐			硝酸盐		
	北京	天津	河北	北京	天津	河北
北京	39.7	38.9	38.5	43.7	34.5	35.3
天津	38.5	39.7	38.3	39.8	37.2	34.6
河北	37.3	38.2	38.0	39.3	31.4	34.0
山西	25.2	24.4	30.6	39.6	37.4	36.9
内蒙古	27.6	28.5	26.1	41.4	40.2	40.8
辽宁	33.2	33.6	33.0	48.1	48.9	47.8
吉林	—	—	—	—	—	—
黑龙江	—	—	—	—	—	—
上海	—	—	—	—	—	—
江苏	27.6	30.6	29.9	56.4	55.5	55.1
浙江	—	—	—	—	—	—
安徽	28.1	30.5	30.2	54.0	50.7	51.3
福建	—	—	—	—	—	—
江西	—	—	—	—	—	—
山东	32.5	35.3	34.3	48.1	42.2	43.5
河南	25.7	29.1	32.0	47.9	45.1	42.2
湖北	—	—	—	—	53.5	51.9
湖南	—	—	—	—	—	—
广东	—	—	—	—	—	—

续表

源 \ 受体	硫酸盐			硝酸盐		
	北京	天津	河北	北京	天津	河北
广西	—	—	—	—	—	—
海南	—	—	—	—	—	—
重庆	—	—	—	—	—	—
四川	—	—	—	—	—	—
贵州	—	—	—	—	—	—
云南	—	—	—	—	—	—
西藏	—	—	—	—	—	—
陕西	—	—	—	39.6	39.0	41.5
甘肃	—	—	—	—	—	—
青海	—	—	—	—	—	—
宁夏	—	—	—	—	—	—
新疆	—	—	—	—	—	—

结果显示，当两种气态前体物排放量同步削减40%的时候，对于京津冀区域而言，硫酸盐浓度的下降程度比硝酸盐浓度的下降程度低。除了北京、天津、河北本地排放的SO_2形成的硫酸盐浓度减少了近40%外，来自较远省区市的硫酸盐浓度减少程度都仅仅在30%左右，小于SO_2排放量的减少程度。对京津冀硫酸盐浓度下降存在较大贡献的周边省区包括山西、内蒙古、辽宁、江苏、安徽、山东、河南等。这些省区应该作为保障京津冀$PM_{2.5}$减排目标实现，削减SO_2排放量的重点省区。

与硫酸盐不同，当前体物NO_x排放量减少40%，硝酸盐浓度的下降程度超过这一比例，尤其是来源于辽宁、江苏、安徽、湖北等东部和中部省份传输的硝酸盐，浓度下降甚至可超过50%。此外，湖北和陕西NO_x的减排也对京津冀区域硝酸盐浓度的降低有显著贡献，这与"京津冀硝酸盐的区域贡献比硫酸盐更大"的结论一致。

总体而言，在对SO_2和NO_x进行相同比例的减排时，京津冀区域硝酸盐浓度下降的比例高于硫酸盐下降的比例；而根据CAM_x模拟结果，目前京津冀区域$PM_{2.5}$中，硝酸盐的浓度和硫酸盐基本相当。因此在目前的情况下，NO_x减排对于$PM_{2.5}$浓度下降的效益比SO_2减排的效益更大。在"十三五"期间对京津冀及周边区域进行SO_2和NO_x总量减排的过程中，从减少$PM_{2.5}$浓度的角度出发，宜对NO_x减排的目标加以倾斜，提出相对更高的减排要求。

6.5 建立基于跨界输送的 $PM_{2.5}$ 协同控制机制

6.5.1 建立以质量改善为目标的大气污染控制模式

1. 提高空气质量达标的法律地位

新修订的《中华人民共和国大气污染防治法》中明确提出要求，城市政府要向社会公布城市空气质量达标的时间路线图，建立以城市空气质量达标为核心的大气环境保护目标责任制和考核评价制度。目前我国使用的《环境空气质量标准》是于 2012 年修订的，考虑到我国大气污染的程度和人民群众对良好空气质量的要求，全国大部分城市需要在 2030 年之前实现 $PM_{2.5}$ 达标。京津冀作为我国政治中心所在地，也是经济活动活跃、人口集中的区域，需要把在 2030 年之前实现 $PM_{2.5}$ 达标作为约束性指标。另外，需要在此基础上建立责任追究制度，对不能按时完成空气质量改善任务的城市，进行经济处罚，对政府主要负责人，严肃追究责任。

2. 科学进行大气环境管理分区

在以大气环境质量改善为核心的环境管理模式下，打破行政边界的限制，在考虑大气污染特征时空分布规律、污染气象、地形因素及污染扩散和输送规律的基础上，进行科学的大气环境管理分区。地面观测、卫星遥感和数值模拟等多种大气科学研究的结果都证实，我国东部北起京津冀、南至长江流域、西起太行山脉、东至东部沿海的广大区域都属于 $PM_{2.5}$ 污染极其严重的地区，且整个区域不同省区市之间的大气污染传输非常显著，从减轻我国、尤其是东部地区 $PM_{2.5}$ 污染的角度来说，应当把这整个区域作为一个统一的大气管理分区进行管理，统筹多种大气污染物的排放控制工作，尤其是在总量控制和区域联防联控的框架下，对现有制度进行梳理和调整，以统筹整个区域 SO_2、NO_x 等区域传输影响显著的污染物排放控制工作。

6.5.2 深化区域大气污染防治合作机制

1. 东部区域城市制定区域空气质量达标规划

以空气质量整体达标为目标，在我国东部区域 $PM_{2.5}$ 浓度达到空气质量标准的总体路线安排基础上，制定京津冀区域空气质量达标规划。明确京津冀区域内 13 个城市的达标时间进度安排与分阶段空气质量改善目标；基于京津冀和整个东部区域大气环境容量和承载力的空间分布，合理确定京津冀区域内工业、能源、城镇化等宏观社会经济指标的发展预期，并进行科学合理的空间布局；对制约空气质量改善的区域重点污染贡献源和贡献城市提出统一、严格的控制要求。

2. 完善统一协调的区域大气污染防治合作机制

把京津冀地区大气污染防治合作机制作为区域空气质量管理机制创新的突破口，依托目前已经建立的京津冀区域协作机制和部际协调机制，定期召开工作会议，就京津冀区域内的大气污染防治重大问题，以及相关的经济、能源等问题进行协调。除此之外，尽快在现有的京津冀区域协作机制和部际协调机制基础上，由国务院研究并制定关于京津冀区域大气污染防治重大问题的议事规则与决策程序，以确保京津冀区域决策的规范化、程序化、制度化，提高重点区域协作机制的运行效率。建议制定京津冀地区"三十五"空气质量改善规划，出台相应的法规，如《京津冀区域环境保护条例》。

3. 完善大气污染防治区域联合执法机制

加强区域环境督查机构建设，提高区域监察执法能力，构建完善的区域环境监察网络，探索开展区域内不同行政区之间的交叉执法；建立环保、工信、安监等多部门横向联动的执法体系，形成高效执法合力；加强环境行政执法与刑事司法衔接，完善环境行政执法部门与司法机关的工作联席制度，形成及时、快捷、高效制止和打击涉嫌环境违法和犯罪活动的工作机制，对严重的环境违法行为依法追究刑事责任，保证环境执法的法律效力得到有效发挥。

4. 整合科技力量支撑区域规划和科学决策

充分利用国家及京津冀及周边区域各省区市的科技资源，成立由环境保护部等多部委资助的区域规划组织，组织开展区域大气污染成因溯源、传输转化、来源解析等基础性研究，掌握区域大气污染的成因规律，提高区域大气污染治理的科学性和针对性；参考欧洲经验，定期研究区域大气污染物远距离传输对京津冀不同城市空气质量的影响，在此基础上对已有的区域大气污染防治政策及其影响开展科学的独立评估，用于进一步调整和改进区域大气污染防治政策；对区域污染排放状况进行评估分析，建立区域重点污染源清单，确定优先治理项目；筛选推荐先进适用的、区域共性的、工程化的大气污染治理技术，为区域大气污染治理提供科技支撑；在此基础上编制区域空气质量达标规划。

5. 建立区域环境监测和执法信息共享平台

围绕京津冀区域大气污染防治的主要业务领域，扩大环境信息共享的范围和内容，尤其要推动区域空气质量监测、污染源排放及重点污染源、气象数据、新建项目环境影响评价业务和支撑数据、治理技术成果、管理经验等关键环境信息的共享。依托已建立的全国大气污染防治部际协调机制和重点区域大气污染防治协作机制，通过定期召开联席会议、编发信息简报、搭建信息共享门户平台等方式,推进环境信息共享。建议发布信息共享管理办法,确定共享信息的内容、质量、数量、更新频度、授权使用范围和使用方式、共享期限等事项。

6.5.3 完善区域大气污染防治政策

1. 统一区域产业准入和结构调整政策

京津冀区域内各地均制定了严于国家的产业结构调整目录与标准,然而,由于发展水平的差异,在力度方面,京津冀区域以及周边省区市对产业结构调整的政策有很大差异,因此大量北京污染源(包括工业企业和机动车)向外转移,其中绝大部分转移到了河北。从区域传输的角度来看,这一政策的结果并不利于京津冀区域大气环境质量的改善,因此,需要对京津冀(以及周边传输影响较为严重的区域)产业结构调整的政策进行调整,使整个区域在同一力度下开展产业结构调整工作,从而从根本上杜绝重污染源转移对整个区域的影响。除此之外,需要加大对京津冀区域大气污染防治专项资金的倾斜和转移支付力度,增加以奖代补试点城市,从而促进经济发展较为滞后的河北地区的污染物减排工作;加大京津冀地区淘汰落后产能和化解过剩产能项目资金奖励力度,从而降低整个区域对重化工业的依赖程度。

2. 完善机动车污染防治的经济激励政策

优化整个京津冀区域的交通结构,通过使用经济激励政策,大力发展城市间快速铁路和城市内部轨道交通等形式,减少整个区域城市间和城市内交通对机动车的依赖程度。适时征收机动车燃油附加费,使用价格杠杆控制机动车使用强度,将所收费用用于建立大气污染治理基金,专项用于各地公共交通等基础设施建设和大气污染防治。研究制定老旧机动车报废政策,发挥财政资金的引导作用,加大黄标车及老旧车淘汰财政补贴力度;协调有关部门实施"以旧换新"政策,通过财税手段促进黄标车淘汰。

3. 全面推进煤炭减量化和能源清洁化

在京津冀地区进一步增加外输电和天然气供应,电源选择内蒙古等西部省区。加快发展分布式能源、可再生能源,逐步降低煤炭消费比重。在京津冀区域实施煤炭消费总量控制,新建项目禁止配套建设自备燃煤电站,耗煤项目实行煤炭等量或减量替代,除热电联产外禁止审批新建燃煤发电项目。进一步加强散煤治理,推进煤炭清洁高效利用。加快淘汰分散燃煤锅炉,以热电联产、集中供热和清洁能源替代。削减农村炊事和采暖用煤,加大罐装液化气和可再生能源供应,推广太阳能热利用。对于城郊和农村地区暂时无法替代的民用燃煤,推广使用洁净煤和先进炉具。建设全密闭煤炭优质化加工和配送中心,构建洁净煤供应网络,加强煤炭质量管理,全面取消劣质散煤的销售和使用。

第7章 降低 $PM_{2.5}$ 的 VOCs 收费和环保电价政策

从我国大气环境管理实践来看,排污收费与环保综合电价是现行环境管理中最为重要的两项经济政策。但这两项政策都需要改革和完善。本章首先分析了排污收费与环保综合电价政策在 $PM_{2.5}$ 控制中存在的问题及其需求,根据科学合理和操作可行原则,提出了针对 $PM_{2.5}$ 控制的 VOCs 排污收费与差别性环保综合电价政策方案,并且评估了不同政策方案情景下的实施效果与影响。

7.1 现行排污收费与环保电价政策分析

7.1.1 政策实施程序与进展分析

1. 大气排污收费政策进展

现行的排污收费制度是根据 2003 年 1 月国务院发布的《排污费征收使用管理条例》实施的一项重要环境经济制度。2003 年 2 月《排污费征收标准管理办法》开始实施,规定对向大气排放污染物的企业征收废气排污费。排污收费已成为我国最重要的一项环境经济政策。据统计,2013 年全国排污费征收开单 216.05 亿元,征收户数 43.11 万户。

1) 排污费征收范围及标准

根据《排污费征收标准管理办法》,对向大气排放的污染物,按照排放污染物的种类、数量计征废气排污费,而对机动车、飞机、船舶等流动污染源暂不征收废气排污费(表 7-1)。

表 7-1 大气污染物排污费征收标准和计算方法

征收项目	收费标准	计算方法
废气排污费	废气排污费按排污者排放污染物的种类、数量以及污染当量计算征收，每一污染当量征收标准为 0.6 元。其中，SO_2 排污费，第一年每一污染当量征收标准为 0.2 元，第二年（2004 年 7 月 1 日起）每一污染当量征收标准为 0.4 元，第三年（2005 年 7 月 1 日起）达到与其他大气污染物相同的征收标准，即每一污染当量征收标准为 0.6 元。NO_x 在 2004 年 7 月 1 日前不收费，2004 年 7 月 1 日起按每一污染当量 0.6 元收费	废气排污费征收额=0.6元×前3项污染物的污染当量之和
	对每一排放口征收废气排污费的污染物种类，以污染当量数从多到少的顺序，最多不超过 3 项	对难以监测的烟尘，可按林格曼黑度指数征收排污费，每吨燃料的征收标准为：1 级 1 元、2 级 3 元、3 级 5 元、4 级 10 元、5 级 20 元
煤粉二次扬尘收费	征收标准按照《排污费征收标准管理办法》附表废气部分中"一般性粉尘"的收费标准执行	废气（粉尘）排污费征收额=0.6元×前3项污染物的污染当量之和

注：不同省区市可以调整排污费的收取标准；具体的各污染物当量值可以参考《排污费征收标准管理办法》；2014 年 9 月，国家发布《关于调整排污费征收标准等有关问题的通知》，要求 2015 年 6 月底前，各省区市要将废气中的 SO_2 和 NO_x 排污费征收标准调整至不低于每污染当量 1.2 元

2）征收程序

排污费征收程序一般分为排污申报登记、排污申报审核、排污量核定、排污收费计算、排污费征收与缴纳、排污费收费公告、排污收费资料归档这 7 个主要步骤。首先排污单位要向当地环境保护部门进行排污申报登记，然后环境保护部门拟订排污收费污染源监察性监测计划，经审核后交监测站实施；根据监测数据、排污单位的排污申报、日常现场监督监察记录及有关材料，核定排污单位的实际排污量；按规定的收费标准和排污单位的实际排污情况，计算各类污染物的排污收费额。发出征收排污费通知书，及时将所征收的排污费全额解缴国库。

3）排污费征管

我国开始实行的是"总量"排污收费制度，排污费资金纳入财政预算，作为环境保护专项资金管理，全部专项用于环境污染防治。排污费资金的收缴、使用实施"收支两条线"管理，所收排污费全部纳入财政预算，作为各级政府的环境保护专项资金管理和使用。环境保护专项资金主要用于重点污染源防治项目、跨区域污染防治项目、污染防治新技术、新工艺的推广应用项目等的拨款补助及贷款贴息。

2. 环保综合电价补贴政策进展

火电厂是我国 SO_2 和 NO_x 的主要排放源，据统计，2010 年我国燃煤电厂排放的 SO_2 和 NO_x 分别占全国总排放量的 53%和 65%。为了鼓励安装脱硫设施和保障

脱硫设施的正常运行，2007年，国家发展和改革委员会、国家环境保护总局实施脱硫电价补贴政策。"十一五"期间，全国SO_2排放控制取得显著成效，达到了预期总量控制目标，该政策起到了积极作用。随着NO_x排放呈不断上升趋势，NO_x作为O_3、$PM_{2.5}$的前体物，同时也是光化学烟雾形成的主要因素，严重影响空气质量。脱硝电价补贴政策从2011年开始在全国14个试点开展。

1）脱硫电价

《燃煤发电机组脱硫电价及脱硫设施运行管理办法（试行）》的补贴范围包括符合国家建设管理有关规定建设的安装脱硫设施的燃煤发电机组，也包括所有现有和新（扩）建燃煤机组。新（扩）建燃煤机组必须按照环保规定同步建设脱硫设施，其上网电量执行国家发展和改革委员会公布的燃煤机组脱硫标杆上网电价；现有燃煤机组应按照国家发展改革委、国家环境保护总局印发的《现有燃煤电厂二氧化硫治理"十一五"规划》要求完成脱硫改造。安装脱硫设施后，其上网电量执行在现行上网电价基础上加价为1.5分/千瓦时的脱硫加价政策。这一补贴与脱硫设施的运行相关，即若脱硫设施投运率在90%以上，扣减停运时间所发电量的脱硫电价款；投运率在80%~90%的，扣减停运时间所发电量的脱硫电价款并处1倍罚款；投运率低于80%的，扣减停运时间所发电量的脱硫电价款并处5倍罚款。电网企业应在同等条件下优先安排脱硫设施的燃煤机组上网发电。

2）脱硝电价

为鼓励电力企业建设和运行脱硝设施，减少NO_x排放，2011年11月，国家发展和改革委员会出台燃煤发电机组试行脱硝电价政策，对北京、天津、河北等14个省区市符合国家政策要求的燃煤发电机组，上网电价在现行基础上每千瓦时加价0.8分，用于补偿企业脱硝成本。2012年12月28日，国家发展和改革委员会下发《关于扩大脱硝电价政策试点范围有关问题的通知》，自2013年1月1日起，将脱硝电价试点范围扩大为全国所有燃煤发电机组，火电脱硝脱硫政策全面实施。脱硝补贴政策在很大程度上鼓励了燃煤发电企业进行脱硝改造的积极性，提高了脱硝设施投运率和脱硝效率，进一步减少NO_x排放，实现污染减排。《国家发展改革委关于调整可再生能源电价附加标准与环保电价有关事项的通知》规定自2013年9月25日起将燃煤发电企业脱硝电价补偿标准由0.8分/千瓦时提高至1分/千瓦时。

脱硝电价政策的实施方法主要如下：对2013年1月1日前建成投运并通过国家或省级环境保护部门验收的燃煤发电机组脱硝设施，尚未执行脱硝电价的，自2013年1月1日起执行脱硝电价。2013年1月1日以后安装、具备在线监测功能且运行正常的脱硝设施，经省级环境保护部门验收合格后，报省级价格主管部门审核，自验收合格之日起执行脱硝电价。以"点对网"方式跨省区市送电的燃煤发电机组脱硝设施，经当地省级环境保护部门验收合格并经当地省级价格主管部门审核后,向落地省区市价格主管部门或区域电网公司提出申请,自验收合格之日起执行脱硝电价。安装脱硝设施的燃煤机组 NO_x 排放浓度要达到《火电厂大气污染物排放标准》(GB13227—2011)相应的排放限值要求;脱硝设施必须按照分散式控制系统,实时监控脱硝系统运行情况,记录用于 NO_x 减排核查核算相关参数,并确保能随机调阅相关参数及趋势曲线,相关数据至少保存一年以上;同时,脱硝设施必须安装烟气在线监测设施,通过有效性审核,并取得设备监督考核合格标志。

3)除尘补贴

《国家发展改革委关于调整可再生能源电价附加标准与环保电价有关事项的通知》规定,自 2013 年 9 月 25 日起对于除尘设施改造企业进行补贴,对采用新技术进行除尘设施改造、烟尘排放浓度低于 30 毫克/米^3(重点地区低于 20 毫克/米^3),并经环境保护部门验收合格的燃煤发电企业除尘成本予以适当支持,电价补贴标准为 0.2 分/千瓦时。

7.1.2 政策实施存在问题与需求

1. 排污收费

排污收费标准偏低。我国现行的排污收费标准是 2003 年制定的,首先,根据当时的物价水平,通过对污染治理设施运行所需的固定资产折旧、管理等费用的核算,确定排污收费标准的目标值;其次,根据经济社会发展水平及排污者的承受能力,最后确定废气的排污费收费标准为当时 1995 年污染治理成本的一半,即废气排污费的收费标准是 0.6 元/污染当量。十几年来,经济社会的发展和物价水平不断提高,排污收费标准与污染治理成本的差距越来越大,造成排污成本远低于治污成本,对企业的行为产生了逆向调节作用,变相地促使了生产者排污,使企业从自身利益出发,宁肯交纳超标排污费,也不愿积极治理污染,造成企业违法成本低、守法成本高,客观上形成了"付费即排污"的不合理状况。

收费项目不全、覆盖面不广。在《排污费征收标准管理办法》自实施之后,一直未有调整,而当时期 $PM_{2.5}$ 并非关键问题,该收费政策对 $PM_{2.5}$ 问题并未有针对性考虑,包括收费的对象、收费的污染因子,如机动车尾气,VOCs 排污源等。表明排污收费制度与 $PM_{2.5}$ 控制之间存在着不适应性问题。

排污费征收率还比较低。目前,在全国范围内存在着不同程度的少缴、欠缴、拖缴排污费的问题,其主要原因是,在现行的排污费征收程序中,征收额的测算标准是排污者申报和环境保护部门核定,而在一些地方主要依靠企业自报,申报数据的可靠性、准确性、真实性难以保证。量大面广的大部分污染排放小型企业都没用纳入排污收费制度的范围。

排污费征收成本在上升。排污收费存在寻租空间,尤其是现行的排污费数量虽然要求以自动监测系统作为收费的首选方法,但在实际过程中存在收费部门和企业协商的方式;尤其是对于欠发达地区的环境保护部门,有些环境保护部门的资金需要当地政府来分配,而当地政府将经济发展看的比环境保护更重要,对环境保护部门要求的污染治理资金和能力建设资金拨款较少,企业的排污费实际上成为环保主管部门的收入来源。污染企业多,征收的排污费多,环境保护部门的收入亦高。出于自身资金需求的考虑,使环境保护部对排污行为采取一定程度的容忍,以保持持续的收入来源,大大削弱了环境管理部门对污染企业的规制意愿和力度。

2. 环保综合电价

"一刀切"的环保电价补贴政策不利于调动企业积极性。目前,脱硫电价补贴执行统一的政策,即新老机组都为1.5分/千瓦时,无论南方北方,煤炭基地还是非煤炭基地都一样。而脱硫成本和脱硝成本与煤的含硫量、与当地的劳动生产率等也有关,各地电价是有差别的,电价补贴亦应有所不同。脱硫、脱硝、除尘工艺不同,效率不同,装置的投运率不同,其投资和运行费用都会有很大的差别。如果电力企业脱硫、脱硝、除尘成本高于电价补贴,那么脱硫、脱硝、除尘效果越好,企业亏损就越严重,这将会严重影响电力企业经济效益和开展脱硫、脱硝、除尘成本工作的积极性。

脱硫、脱硝、除尘政策缺乏系统考虑。国家有关部门在制定技术标准或规范时,没有一个统一的体系。从领域看,脱硝产业涉及环保、电力、机械、化工、建筑等行业;从过程看,脱硝产业涉及设计、建设、调试、运行等各个环节,而且与除尘、脱硫紧密联系,缺乏系统考虑,难以使标准间协调一致,容易造成混乱,从而阻碍火电厂脱硝产业的健康发展。

大量垫付补贴资金,电网企业压力大。由于销售电价调整,与脱硫设施投运执行脱硫加价政策在时间上不同步,在销售电价未相应调整到位的情况下,电网企业按规定垫付了大量脱硫加价补贴资金。近几年,脱硫新机集中投产和老机组加快脱硫改造,导致垫付脱硫加价补贴资金压力急剧加大。2009年1月至8月,仅国家电网公司向发电公司支付脱硫加价补贴就增加购电费149.8亿元,扣除已销售电价疏导部分,垫付额度达81.5亿元;估计全年将达到224.96亿元。电网企业本身不排放SO_2,只是脱硫电价政策执行中的资金运转平台,在亏损的情况下,电网企业垫支脱硫费用的意愿也在下降。对于正在推行实施的脱硝、除尘电价也存在这一问题。

配套实施政策不到位。首先是脱硫脱硝特许经营缺乏政策推动。电厂脱硫项目在开展特许经营后,脱硫公司向银行申请硫电价质押贷款时,因金融机构缺乏对特许经营模式下的质押贷款的规定,造成脱硫电价质押贷款存在一定障碍。在产权不完成的情况下，脱硫企业想通过对脱硫资产质押的方式获得银行贷款，目前仍缺乏相关的政策支持。其次是结算机制不畅通。在特许经营的运作模式下，按相关政策脱硫电价收益应由脱硫公司获得。但政策只规定了脱硫脱硝特许经营合同由发电企业与脱硫脱硝专业公司签订，而发电企业将脱硫脱硝电价收益授予环保专业公司，但对于具体的结算程序未做规定。在现行的支付条件下，脱硫脱硝电价不能单独支付给环保公司，需由电网支付给发电企业，再由发电企业支付给脱硫企业。

7.2 基于 $PM_{2.5}$ 控制的 VOCs 排放收费政策设计

7.2.1 控制 VOCs 对治理灰霾的作用

VOCs 是二次有机气溶胶（secondary organic aerosol，SOA）的关键前体物。$PM_{2.5}$ 既有由多种污染源直接排放的一次颗粒物，也有由气态前体物通过均相和非均相反应转化而成的二次无机气溶胶（SNA）和 SOA。与一次颗粒物相比，二次颗粒物通过其气态前体物所造成的环境影响更为广泛。而 VOCs 则是 SOA 的关键前体物。一些活性较强的 VOCs 与大气中的 OH、NO_3^-、O_3 等氧化剂发生多途径反应，形成有机酸、多官能团羰基化合物、硝基化合物等半 VOCs，再通过吸附、吸收等过程进入颗粒相，生成 SOA。某一 VOCs 转化为 SOA 的研究表明，SOA 约占 $PM_{2.5}$ 的 25%~35%，而 OC 是我国 $PM_{2.5}$ 中的重要化学物种，VOCs 在我国城市与区域灰霾污染形成过程中起着重要作用。

VOCs 污染对人体健康构成严重威胁。VOCs 对人体健康的影响也是其备受人们关注的重要原因之一，可分为直接影响和间接影响。首先，VOCs 所表现出的毒性、致癌性和恶臭，危害人体健康。表 7-2 为总结的典型 VOCs 物种对人体健康的影响情况。其次，VOCs 可导致光化学烟雾，光化学烟雾对眼睛的刺激作用特别强，且对鼻、咽喉、气管和肺等呼吸器官也有明显的刺激作用，并伴有头痛，使呼吸道疾病恶化。北京城乡结合地空气中 VOCs 健康风险评价研究表明，苯的致癌指数（2.21×10^{-5}）超过了 EPA 建议的致癌风险值（1×10^{-6}），空气中的苯对人体健康具有明显影响，长期暴露易对暴露人群健康造成危害，存在较大的致癌风险。相关研究表明，2005 年我国 VOCs 排放量约为 1 940.6 万吨，在化学组分方面主要由烷烃（20%）、不饱和烃（21%）、苯系物（30%）构成，毒性 VOCs 的排放比重约占 30%，全国范围排放 VOCs 的平均光化学 O_3 生成潜势光化氧化剂形成溶势（photochemical ozone creation potential，POCP）约为 53.7。因此，鉴于我国 VOCs 排放量大且具有较高的毒性和大气氧化活性，VOCs 污染对公众的身体健康和生命安全的影响不容忽视（表 7-2）。

表 7-2 VOCs 对人体健康的毒性

VOCs	刺激性、腐蚀性			器官毒性				致癌性
	皮肤	眼睛	呼吸道	神经系统	肝脏	肾脏	胃	
苯	△	△	△	△				★
甲苯	△	△	△	▲	▲			
间二甲苯	△	△	△	▲	▲	▲	△	
氯苯	△	▲	△	▲	△	△		
丙酮	▲	△						
乙酸乙酯	▲			▲				
二氯甲烷	▲	▲	▲	△	▲	▲		☆
三氯甲烷	▲	▲	▲	△	△	△	▲	☆
四氯乙烯	▲	▲	▲	△	△	△		☆
四氯化碳	▲	▲	▲	△	△	△		☆
1,2-二氯乙烯	△	△	△	△				
偏二氯乙烯	△	▲						
1,7-丁二烯	△	△	△	△		△		
乙醛	△	△	△				△	
乙醚				▲	▲	▲		
乙腈	▲	△	△	△	▲	▲		
丙烯腈	△	△	△	△	△	△	△	☆

注：△表示低浓度健康损害；▲表示高浓度健康损害；★表示 IARC 确认的人类致癌物；☆表示 IARC 认为可能是人类致癌物

VOCs 排放源中可控人为源占主要比重。VOCs 排放源包括自然源和人为源。自然源主要为植被排放、森林火灾、野生动物排放和湿地厌氧过程等，是不可控排放源。人为排放主要源于人类活动的不完全燃烧行为、油品溶剂挥发散逸行为及工业过程行为。人为源可分为移动源和固定源，而固定源又包括生活源和工业源等。其中，工业源 VOCs 排放行业主要归类于以下四个环节，即 VOCs 生产过程，VOCs 产品的储存、运输和营销，以 VOCs 为原料的工艺过程以及含 VOCs 产品的使用过程。一些研究表明，中国大陆地区自然源和人为源的 VOCs 排放水平较为接近，排放量均介于 1 000 万~2 000 万吨/年；在小尺度的城市空间范围内，由于各种人类生产、生活活动的聚集，人为源成为 VOCs 排放的主要来源，如北京市，2000 年绿地自然源 VOCs 排放量约为 1.6 万~5.3 万吨，而 1990 年和 1995 年人为源 VOCs 排放量约为 20.4 万吨和 29.4 万吨，人为源排放量约是天然源的 6~18 倍（表 7-3）。

表 7-3 VOCs 具体来源

类型			排放源
移动源			汽车、轮船、飞机等各种交通运输工具
固定源	生活源		建筑装饰、油烟排放、垃圾焚烧、秸秆焚烧、服装干洗等
	工业源	VOCs 生产过程	炼油与石化、有机化工等溶剂提炼或有机物产生的行业
		VOCs 产品的储存、运输和营销	油品、燃气、有机溶剂的储存、转运、配送和销售过程
		以 VOCs 为原料的工艺过程	涂料、合成材料、食品饮料、胶粘剂生产、日用品、农用化学品和轮胎制造行业等
		含 VOCs 产品的使用过程	
垃圾处置			垃圾填埋、焚烧、堆肥等
天然源			植物挥发

7.2.2 中国 VOCs 污染控制现状分析

1. 国家逐渐重视 VOCs 污染控制

VOCs 会对人体健康、城市与区域大气环境质量以及区域性复合型大气污染产生重要影响，因此国家越来越重视 VOCs 污染防治。但是，我国 VOCs 污染防治工作才刚刚起步，任重而道远。2010 年 5 月，国务院办公厅转发环境保护部、国家发展和改革委员会、财政部等部门《关于推进大气污染联防联控工作改善区域空气质量的指导意见》，标志着国家已经将 VOCs 污染防治工作提上了议事日程。2013 年 9 月，国务院印发了《大气污染防治行动计划》，将 VOCs 和 SO_2、NO_x、工业烟粉尘一起列为三区十群的防控重点，并确定了 10%~18% 的重点行业现役源 VOCs 减排目标（表7-4）；提出开展 VOCs 排放摸底调查、完善重点行业 VOCs 排放控制要求和政策体系；选定加油站、石化、有机化工、表面涂装、溶剂使用等重点领域开展 VOCs 污染专项整治。

表 7-4 重点行业现役源 VOCs 排放削减比例（单位：%）

区域	比例	区域	比例
北京	15	长株潭	10
天津	18	成渝（重庆）	15
河北	15	成渝（四川）	10
上海	18	海峡西岸	10
江苏	18	山西中北部	10
浙江	18	陕西关中	10
珠三角地区	18	甘宁（甘肃）	10
辽宁中部	15	甘宁（宁夏）	10
山东	15	新疆乌鲁木齐	10
武汉及其周边	10		

此外，国家相继出台部分涉及 VOCs 的国家环境保护标准。我国涉及 VOCs 的国家环境保护标准名录（表 7-5）。

表 7-5 我国涉及 VOCs 的国家环境保护标准名录

标准类型	标准名称	标准编号	发布时间	实施时间
大气污染物排放标准	大气污染物综合排放标准	GB16297—1996	1996-04-12	1997-01-01
	恶臭污染物排放标准	GB14554—93	1997-08-06	1994-01-15
	炼焦化学工业污染物排放标准	GB16171—2012	2012-06-27	2012-10-01
	轧钢工业大气污染物排放标准	GB28667—2012	2012-06-27	2012-10-01
	橡胶制品工业污染物排放标准	GB27632—2011	2011-10-27	2012-01-01
	合成革与人造革工业污染物排放标准	GB21902—2008	2008-06-25	2008-08-01
	储油库大气污染物排放标准	GB20950—2007	2007-06-22	2007-08-01
	汽油运输大气污染物排放标准	GB20951—2007	2007-06-22	2007-08-01
	加油站大气污染物排放标准	GB20952—2007	2007-06-22	2007-08-01
	饮食业油烟排放标准（试行）	GB18487—2001	2001-11-12	2002-01-01
	炼焦炉大气污染物排放标准	GB16171—1996	1996-07-07	1997-01-01
监测方法标准	环境空气挥发性有机物的测定吸附管采样-热脱附/气相色谱-质谱法	HJ644—2013	2017-02-17	2017-07-01
清洁生产标准	清洁生产标准化纤行业（涤纶）	HJ/T429—2008	2008-04-08	2008-08-01
	清洁生产标准石油炼制业（沥青）	HJ447—2008	2008-09-27	2008-11-01
	清洁生产标准化纤行业（氨纶）	HJ/T359—2007	2007-08-01	2007-10-01
	清洁生产标准基本化学原料制造业（环氧乙烷/乙二醇）	HJ/T190—2006	2006-07-03	2006-10-01
	清洁生产标准汽车制造业（涂装）	HJ/T297—2006	2006-08-15	2006-12-01
	清洁生产标准人造板行业（中密度纤维板）	HJ/T317—2006	2006-11-22	2007-02-01
	清洁生产标准石油炼制业	HJ/T127—2003	2007-04-18	2007-06-01
	清洁生产标准炼焦行业	HJ/T126—2003	2007-04-18	2007-06-01
环境标志产品技术要求	环境标志产品技术要求印刷第一部分：平版印刷	HJ2507—2011	2011-07-02	2011-07-02
	环境标志产品技术要求人造板及其制品	HJ571—2010	2010-07-04	2010-07-01
	环境标志产品技术要求皮革和合成革	HJ507—2009	2009-10-30	2010-01-01
	环境标志产品技术要求防水涂料	HJ457—2009	2009-02-04	2009-07-01
	环境标志产品技术要求胶印油墨	HJ/T370—2007	2007-11-02	2008-02-01
	环境标志产品技术要求凹印油墨和柔印油墨	HJ/T371—2007	2007-11-02	2008-02-01
	环境标志产品技术要求胶粘剂	HJ/T220—2005	2007-11-28	2006-01-01
	环境标志产品技术要求水性涂料	HJ/T201—2005	2007-11-22	2006-01-01
污染防治技术政策	挥发性有机物（VOCs）污染防治技术政策		公告 2013 年第 31 号	2017-07-24

在大气污染物排放标准方面,《大气污染物综合排放标准》(GB16297—1996)将苯、甲苯、二甲苯、酚类、甲醛和乙醛等列入 33 种需要控制的大气污染物名单;行业排放标准涉及炼焦化学、轧钢、橡胶制品、合成革与人造革、储油库、汽油运输、加油站、饮食业和炼焦炉 9 个领域,包括苯、甲苯、二甲苯、酚类等具体控制指标和油烟 VOCs、油气 VOCs、合成革与人造革工业 VOCs 等综合指标;《恶臭污染物排放标准》(GB14554—1993)规定了甲硫醇、甲硫醚、三甲胺等散发恶臭气味的 VOCs 排放限值。在监测方法标准方面,《环境空气挥发性有机物的测定 吸附管采样–热脱附/气相色谱–质谱法》(HJ644—2013)适用于环境空气中 35 种 VOCs 的测定。在清洁生产标准方面,涉及的行业包括化纤(涤纶和氨纶)、人造板(中密度纤维板)、汽车制造(涂装)、基本化学原料制造(环氧乙烷/乙二醇)、炼焦和石油炼制等,标准中规定了 VOCs 及具体控制指标的产生量。在污染防治技术政策方面,《挥发性有机物(VOCs)污染防治技术政策》提出了生产 VOCs 物料和含 VOCs 产品的生产、储存运输销售、使用、消费各环节的污染防治策略和方法。所涉及的工业源主要包括石油炼制与石油化工、煤炭加工与转化等含 VOCs 原料的生产行业,油类(燃油、溶剂等)储存、运输和销售过程,涂料、油墨、胶粘剂、农药等以 VOCs 为原料的生产行业,涂装、印刷、黏合、工业清洗等含 VOCs 产品的使用过程;生活源包括建筑装饰装修、餐饮服务和服装干洗。

2. 地方积极探索 VOCs 污染控制

在 VOCs 污染控制方面,北京、上海、广东等地区走在前列,正在积极推进其污染防治工作。地方 VOCs 污染防治工作的开展,可为国家层面管理政策和控制措施的制定提供有益的参考与经验借鉴。

在北京市,2011~2013 年通过日常检查和专项行动的方式,加强了对石油化工行业、印刷行业、汽修行业和汽油储油库等 VOCs 排放的监管;2012 年制定了《北京市工业污染源挥发性有机物(VOCs)总量减排核算细则》(试行),开展 VOCs 总量减排核查核算;2007 年发布了涉及 VOCs 的地方标准——《北京市大气污染物综合排放标准》(DB11/501—2007)和《炼油与石油化学工业大气污染物排放标准》(DB11/447—2007),对 VOCs 排放提出了较为严格的控制要求。

在上海,以加油站、石化企业和造船行业为突破口启动了 VOCs 减排工作。目前,已完成全部油罐车、储油库以及 95%的加油站油气治理工作,在上海石化、高桥石化、上海赛科、华谊集团 4 家企业开展泄漏检测与修复(LDAR)试点示范工程,采取源头控制与末端治理相结合的方式来加强上海长兴岛船舶制造基地 VOCs 污染控制;2006 年发布了《半导体行业挥发性有机化合物排放标准》(DB31/374—2006)。

广东于 2010 年相继出台了《家具制造行业挥发性有机化合物排放标准》(DB44/814—2010)、《包装印刷行业挥发性有机化合物排放标准》(DB44/817—2010)、《表面涂装（汽车制造业）挥发性有机化合物排放标准》（DB44/816—2010）和《制鞋行业挥发性有机化合物排放标准》（DB44/817—2010）4个地方VOCs排放标准。2012年印发了《关于珠江三角洲地区严格控制工业企业挥发性有机物（VOCs）排放的意见》，明确了珠三角地区VOCs污染控制分步实施的目标，并提出严格的VOCs排放类企业环境准入、加快VOCs重点污染源整治、加强VOCs工业源环境监管等具体举措。

3. 台湾地区VOCs排污收费

台湾地区自1995年起开始引入"污染者付费"原则，实施排放收费制度，但由于未开征VOCs排污费，有研究表明这造成了O_3浓度提高了12%的重要原因。为减轻O_3污染，台湾地区于20世纪90年代末开始VOCs排污收费的研究规划，2005年立法院通过决议，于2007年1月1日起开征VOCs排污费，各行业排量计算的依据为行政院环境保护署颁布《公私场所固定污染源申报空气污染防制费之挥发性有机物之行业制程排放系数、操作单元排放系数、控制效率及其他计量规定》，根据污染排放的掌握情况、减量效益及对相关行业的冲击程度，采取分阶段方式开征，第一期以点源优先，第二期扩大至面源，并按危害程度差异（筛选因子包括致癌性、半致死浓度、环境浓度限值、毒管处列管项目），分阶段扩大加征有害VOCs排污费。针对排放总量的不同，采用三级累进费率征收方式，并纳入防治区差别费率对除甲苯、二甲苯外的个别物种（共11种）加征费额估算，对各个行业排放系数的计算进行了统一规定。由于VOCs具逸散的污染特性，不易完整计量，并且考虑到业者计算复杂且困难度高，因此采取公告"行业过程排放系数"，简化计算方式，对削减VOCs的排放量，改善空气质量发挥了一定的作用，固定污染源空气污染减量奖励方式分为减量奖励金、检测费用奖励金及减量额度3种。自2007年1月1日起，台湾开征VOCs空气污染防治费，每年约可减少15 000吨VOCs的排放，促使从业者至少加装744座污染防治设备。台湾地区VOCs排污收费制度框架（表7-6和表7-7）。

表7-6 台湾地区VOCs排污收费制度框架

期程	污染物种类	费率		适用的公私场所	计量方式	备注
		二级防治区	一、三级防治区			
第一期（2007~2009年）	VOCs	12元台币/千克		季排放量>1吨	公告"行业制程排放系数"法	①VOCs是指在1大气压下，测量所得初始沸点在摄氏250度以下有机化合物的空气污染物总称。但不包括CH_4、CO、CO_2、二硫化碳、碳酸盐、碳酸铵、氰化物、硫氰化物等化合物。以非甲烷总烃（NMHC）为计费基准；②VOCs收费费额=(排放量−起征量)×费率

续表

期程	污染物种类		费率		适用的公私场所	计量方式	备注
			二级防治区	一、三级防治区			
第二期（2010年起）	VOCs		25元台币/千克	30元台币/千克	第一级：季排放量扣除起征量后>49吨	回归质量平衡方式	①防治区等级以O_3分级为基准；②起征量：1公吨/季度；③VOCs收费费额=（第一级排放量×第一级费率+第二级排放量×第二级费率+第三级排放量×第三级费率）×优惠系数（A'）
			20元台币/千克	25元台币/千克	第二级：6.5公吨<季排放量扣除起征量后≤49吨		
			15元台币/千克	20元台币/千克	第三级：季排放量扣除起征量后≤6.5吨		
	个别物种	甲苯、二甲苯	5元台币/千克		排放VOCs中含本项个别物种的，加计本项排污费		个别物种收费费额=个别物种排放量×费率
		苯、乙苯、苯乙烯、二氯甲烷、1,1-二氯乙烷、1,2二氯乙烷、三氯甲烷（氯仿）、1,1,1-三氯乙烷、四氯化碳、三氯乙烯、四氯乙烯	30元台币/千克				
	VOCs总收费费额=VOCs收费费额+个别物种收费费额						

表 7-7 台湾地区 VOCs 排污收费制度中优惠系数

削减率（A）	优惠系数（A'）	备注
A≥95%	40%	×100%
75%≤A<95%	50%	
50%≤A<75%	65%	
30%≤A<50%	80%	
适用条件：装（设）置收集及控制设备或制程改善能有效减少VOCs排放，且排放削减率大于或等于95%		

7.2.3 VOCs污染控制可行性范围分析

VOCs的人为排放来源非常广泛，按照大类来分，主要包括天然源、工业源、生活、商业源，还有垃圾填埋等。其中，生活源主要包括机动车尾气排放、建筑装修材料、厨房油烟等，此外农村做饭、取暖等的生物质燃烧也会产生大量VOCs；工业源的具体来源主要有石油化工废气、印刷、涂料、工业生产、锅炉燃料燃烧尾气、油漆与涂料的生产与使用等；垃圾填埋、垃圾焚烧、垃圾堆肥也都会产生和排放VOCs。

第 7 章 降低 PM$_{2.5}$ 的 VOCs 收费和环保电价政策

根据 2009 年中国科学院生态环境研究中心、清华大学环境学院等单位对人为 VOCs 排放源排放分布情况的一项研究（表 7-8），工业源是我国最主要的人为 VOCs 排放源，排放贡献率高达 55.5%。工业源 VOCs 排放所涉及的行业众多，具有排放强度大、浓度高、污染物种类多、持续时间长等特点，对局部空气质量的影响显著。另外，工业源通过管控可以获得较明显改善，特别是工业源中的重点工业行业，因为产生的 VOCs 占比较大，一般为有组织排放，浓度高，易于收集和处理，且有较为成熟的治理技术。

表 7-8 重点行业排放 VOCs 占人为源的比重（单位：%）

类型		人为源	比例	
工业源	石化	石油化工、石油炼制	6.9	55.5
	储运	油品储运	7.6	
	化工	有机化学原料	1.1	
		合成材料	2.2	
		化学原料药制造	0.9	
		塑料制品制造	1.6	
		小计	5.8	
	表面涂装	交通运输设备制造与维修	2.4	
		金属制品制造、通用设备及专用设备制造、电器机械及器材、仪器仪表、文化办公、机械制造	5.2	
		通信设备、计算机及其他电子设备	1.3	
		家具制造	3.1	
		小计	12.0	
	溶剂使用	印刷和包装印刷	13.4	
		皮革、毛皮、羽毛（绒）制造	2.8	
		纺织印染	2.8	
		食品饮料制造	1.9	
		木材加工	1.2	
		黑色和有色金属冶炼	1.1	
		小计	23.2	
生活源		建筑装饰	6.5	19.6
		餐饮油烟	3.4	
		生物质燃烧	9.7	
移动源		机动车	21.5	21.5
其他			3.4	3.4
总计			100	

工业VOCs来源众多、组分复杂，我国对VOCs污染控制还处于摸索阶段，当前全面开展污染治理的难度较大。在排放基数不清、标准体系不健全以及控制需求日益迫切的严峻形势下，建议VOCs污染防治应从排放量大的重点行业入手，在复合污染严峻的重点区域开展VOCs的全过程污染防控。对VOCs排放现役源，筛选排放量大的重点行业，作为控制重点。《重点区域大气污染防治"十二五"规划》确定的石化、有机化工、涂料和涂装等重点行业，可作为近期工作重点。

7.2.4 发达国家控制VOCs的经济手段

1. 日本VOCs减排优惠政策

日本从2005年开始实施税收优惠政策，鼓励企业对VOCs排放进行末端治理。对于采用直接燃烧、催化燃烧、蓄热燃烧、吸附、冷凝、吸收分离和密封等VOCs末端治理技术的企业，治理装置减免14%的所得税，固定资产税减免1/6（效果特别显著时可达1/2），事业所得税减免1/4。此外，日本政府对各类净化设施的融资给予优惠利率。

2. 美国SCAQMD收费制度

美国加州南海岸空气品质管理局（South Coast Air Quality Management District，SCAQMD）收费制度主要依据许可费用收取，并借由征收各项列管污染物排放费作为空气污染管制方式，以改善空气质量。VOCs是其列管污染物之一。VOCs排放费的征收对象是VOCs年排放量超过4公吨者，并以排放量为计费基础，采取分级费率（表7-9）。SCAQMD通过制订年排放申报计划，提供VOCs排放量计算表格，要求各设施每年申报排放量。VOCs排放量计算方法包括质量平衡、连续监测系统、排放源检测结果、排放系数和燃料分析。

表7-9 美国SCAQMD的VOCs排放费费率

年排放量/公吨	费率/（美元/吨）	人民币折算/（元/千克）
4~25	337	2.07
>27~75	547	3.35
>75	819	5.02

注：货币兑换按照2014年9月23日汇率折算，1美元=6.139元

3. 瑞士VOCs税

瑞士于2000年1月1日开始征收VOCs税，征收对象主要包括符合特定蒸气

压或沸点的 VOCs 以及进口或国内含 VOCs 产品等,税率以 3 瑞士法郎/千克 VOCs（20 元/千克）为基准,采取渐进方式收取。

7.2.5 VOCs 排污收费政策设计

珠江三角洲地区以世界工厂闻名于世,而溶剂使用的相关工业源是该地区人为源 VOCs 排放的重要来源。本章研究中的典型 VOCs 排放行业是根据 2009 年广东省政府制定的《广东省珠江三角洲大气污染防治办法》中关于 VOCs 排放量较高行业的认定,以及珠三角地区典型城市针对其本地 VOCs 污染源调研中对于主要排放行业的摸底调查。选取 VOCs 重点行业,如家具、化工、金属表面涂装行业等开展重点研究。发放调查问卷了解企业对 VOCs 排污收费的支付意愿。

1. VOCs 排污收费政策设计框架

利用政策系统解析法,基于行业部门—污染收费因子—收费标准—政策方案的研究逻辑主线,从排放 VOCs 的工业行业及不同行业 VOCs 的组分出发,结合排污收费征管模式,研究排污费征收的可行性范围。基于调研数据,分析不同行业 VOCs 的治理成本,并结合不同行业 VOCs 重点组成因子的有害程度等,分别测算典型行业 VOCs 污染当量值,设计不同行业的排污收费标准,确定操作可行的 VOCs 排污收费政策方案。

2. VOCs 的排污费征收标准

考虑到现有收费采取污染当量法,因此,本章的研究在 VOCs 收费标准设计时仍采取污染当量法。2014 年 9 月,国家发展和改革委员会、财政部和环境保护部联合发出《关于调整排污费征收标准等有关问题的通知》规定,2015 年 6 月底前,各省区市价格、财政和环境保护部门要将废气中的 SO_2 和 NO_x 排污费征收标准调整至不低于 1.2 元/污染当量,将污水中的化学需氧量、氨氮和五项主要重金属（铅、汞、铬、镉、类金属砷）污染物排污费征收标准调整至不低于每污染当量 1.4 元。基于此,本章的研究中 VOCs 排污费征收标准执行国家统一规定的废气排污费征收标准,为 1.2 元/污染当量。

3. VOCs 因子毒性程度识别

以我国典型工业 VOCs 源排放成分谱的研究成果为基础,根据英国综合考虑健康风险（致癌性、吸入或摄入毒性）、与异味阈值的 VOCs 分类原则（图 7-1）,并参考中国台湾 VOCs 排污费征收的有害物种与美国有机有毒有害空气污染物名录,确定出中国应征收 VOCs 排污费的不同因子的危害等级,如表 7-10 所示。

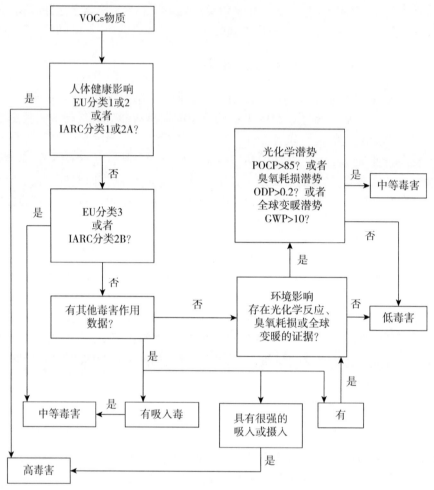

图 7-1 英国 VOCs 分类路线图

EU-欧盟；IARC-国际癌症研究机构

表 7-10 组成 VOCs 因子的危害程度分级

序号	污染物名称	毒性	光化学潜势	异味阈值	等级
1	苯	一级致癌	33	8.65	高
2	1,7-丁二烯	二级致癌		0.45	高
3	氯乙烯	一级致癌	27	190	高
4	1,1-二氯乙烷	二级致癌		0.003 3	高
5	1,2-二氯乙烷				高
6	乙烯	未分级	100	260	中
7	丙烯	未分级	108	22.5	中

续表

序号	污染物名称	毒性	光化学潜势	异味阈值	等级
8	1-丁烯	未分级	113		中
9	顺-2-丁烯		99	810	中
10	反-2-丁烯		99	810	中
11	1-戊烯		104		中
12	顺-2-戊烯		95		中
13	反-2-戊烯		95		中
14	甲醛	三级致癌性	55	0.2	中
15	乙醛	三级致癌	65	0.066	中
16	丙酮				
17	甲基异丁基酮				
18	乙腈	有毒		1.96	中
19	甲苯	有害	77	0.16	低
20	乙苯	有害	81	2.3	低
21	苯乙烯	IARC Gp 2B	8	0.034 4	中
22	1,2,7-三甲基苯		125	0.55	中
23	1,2,4-三甲基苯	有害	132	0.55	中
24	1,3,7-三甲基苯	有刺激性	130		
25	间二甲苯	有害		0.016	中
26	对二甲苯	有害	95	0.016	中
27	邻二甲苯				
28	间乙基甲苯	未分级	99		中
29	对乙基甲苯	未分级	94		中
30	二氯甲烷	三级致癌	3	0.912	中
331	三氯甲烷	三级致癌		85	中
32	1,2二氯丙烷				
33	1,1,1-三氯乙烷	有害	0.2	400	中
34	1,1-二氯乙烯				
35	三氯乙烯	三级致癌性	8	1.36	中
36	四氯乙烯	IARC Gp 2B	4	4.68	中
37	四氯化碳	三级致癌		40.73	中
38	1,4-二氯苯	IARC Gp 2B			中
39	氯苯				
40	正己烷				
41	异丙基苯				

4. 不同行业 VOCs 排放成分确定

根据《挥发性有机物（VOCs）污染防治技术政策》及珠三角地区实地调研的数据可得性，并综合考虑研究时间周期、研究经费等综合因素，本章的研究最终选择溶剂使用行业中的家具制造业、化学工业，以及电器、机械等金属表面涂装三个典型行业。通过调研不同行业的典型企业，分别确定 VOCs 的排放源特征与不同成分。

1）家具行业

家具制造行业中的 VOCs 主要来源于调漆、涂装工艺中使用的油漆、涂料、稀释剂、固化剂和胶黏剂等。其中，油性油漆（涂料）主要包括聚氨酯类涂料、硝基类涂料、醇酸类涂料三大类。通过对珠三角地区家具制造业调查研究表明，油性油漆（涂料）的应用仍是主流，少数企业使用水性涂料，极少企业使用粉末涂料。

目前珠三角地区家具制造行业，广泛使用的是溶剂型涂料，涵括不同类型的涂料、稀释剂和固化剂，而对于单个企业而言，其生产不同的部件，或者是喷涂底漆、面漆等，使用的油漆涂料亦是不同，同一企业，可能存在一类或几类涂料、稀释剂和固化剂，以满足其不同产品的生产要求。家具行业涂料对应使用的辅料与其中有机溶剂的主要成分为乙基苯、乙酸丁酯、乙酸乙酯、苯乙烯。

2）化工行业

VOCs 作为石油化工行业的特征污染物，主要来源于储罐无组织排放、生产装置泄漏、废水处理过程挥发、工艺排放和溶剂挥发等。石油化工企业通常都拥有大量的原料储罐、中间储罐和成品储罐，以保证生产正常进行和调节市场需求。在石油炼制过程中，储存物主要为不同蒸汽压的烃混合物，如原油或者汽油；在石油化工生产中，主要为挥发性有机液体，可以是纯物质或者蒸汽压相近的有机混合物，如芳烃类。由于环境温度和压力的变化以及储运作业的原因，石油化工产品在储存过程中会产生呼吸损耗，排放大量 VOCs 至大气中，带来一系列安全、环境和健康危害。现场调研企业的 VOCs 抽样检测记录，化工行业 VOCs 的主要成分为苯、甲苯和二甲苯。

3）金属表面涂装行业

本章的研究中金属表面涂装行业涉及面较广，调查的企业包括电子产品表面喷涂、大型机械表面喷涂、小件铸铁表面喷涂、部件浸漆等，涉及的含 VOCs 原辅材料种类繁多。但其关键喷涂工艺与家具喷涂工艺非常相似，其主要的排放来源为漆的挥发、喷涂过程的损失与挥发以及产品干燥过程的 VOCs 释放。本书调研珠三角地区 7 家表面喷涂企业，包括电子、机械、有色金属延展加工 3 个小类产品生产行业。可知，金属表面处理行业中 VOCs 的来源相当丰富，使用的漆与溶剂各异，配套使用不同的稀释溶剂，但是，从整个行业来看，苯乙烯、甲基异丁基甲酮、甲苯、1,2-二氯乙烷是构成金属表面涂装行业VOCs的重要因子。

5. 不同行业VOCs治理成本测算

1) 治理技术的经济分析

处理费用主要包括设备费用和基建投资折旧费用、能耗费（包括电费）、原材料费、维修费、管理费、管理人员工资费用等。本章的研究中折旧模式采用直线折旧模式，以设备为主的设施折旧年限一般为5~15年，根据现有设施的平均运行情况统计，取10年为限。而通常现有生产工艺废气处理设施的建成与运行年限是不一致的，由于物价的起伏，按照统计年限计算处理设施的费用是不合理的，应考虑物价上涨因素再修订到基准年限，修订模式如下：

$$PC = C(1+r)^{t-t_0} \tag{7-1}$$

式中，PC为修订到基准年限的价格；C为处理设施建成或统计时的价格；r为修订系数。根据国家计划委员会公布的统计资料和实际调查数据，1990年以前建成运行的设施修订系数取为7%，1990年以后建成运行的设施修订系数取为10%；t为基准年限；t_0为处理设施建成或统计年限。

2010年广东发布制鞋、印刷、家具和表面涂装（汽车制造业）4大行业VOCs行业标准，且同年广东省环境保护厅会同广东省物价局、广东省财政厅研究发布《关于调整广东省SO_2化学需氧量排污费征收标准和试点实行差别政策的通知》，将SO_2的排污费征收标准，由0.60元/污染当量提高到1.26元/污染当量。由于此次调研主要集中在珠三角地区，基于以上两点因素本章的研究中选择2010年为VOCs排污费标准制定的价格基准年。

2) 不同行业VOCs治理成本的确定

通过对广东家具、化工、金属表面涂装3大行业企业调研问卷的回收整理，剔除无效数据之后，根据不同行业VOCs治理投入的一次性设备建设费用、每年的运行费用，以及VOCs削减量。根据式（7-1）计算得到家具行业平均治理费用是9.90元/千克；化工行业VOCs平均治理费用是9.99元/千克；金属表面涂装行业VOCs平均治理费用是3.49元/千克。

6. 不同行业VOCs污染当量值确定

VOCs与SO_2、NO_x等传统大气污染物不同，VOCs不是一种单一的污染物，而是一类化合物的统称，包括非甲烷总烃（NMHC）（烷烃、烯烃、炔烃、芳香烃）、含氧有机化合物（OVOCs）（醛、酮、醇、醚等）、卤代烃，含氮化合物，含硫化合物等几大类，且不同行业的排放因子差异较大。为了提高VOCs排污收费的可操作性，VOCs污染当量值的确定应基于现行废气排污收费制度的操作性要求，以大气中1千克主要污染物烟尘、SO_2为基准，将不同行业VOCs的处理费用以及有害程度、对生物体的毒性与其进行比较。国家统一规定的废气排污费征收标准，为1.2元/污染当量，即1.2元投资能够削减VOCs污染物的数量为该行业VOCs处理的费用当量值，结合不同行业VOCs典型组成因子的有害程度和对生物体的毒性，综合确定不同行业的VOCs污染当量值。

结果表明，在家具行业中，0.12千克VOCs的处理费用和产生的污染危害与1千克的烟尘、SO_2是等值的。在化工、金属表面涂装行业中，0.12千克、0.34千克的VOCs的处理费用和产生的污染危害与1千克的烟尘、SO_2是等值的。因此，家具行业VOCs的污染当量值是0.12千克；化工行业VOCs的污染当量值是0.12千克；金属表面涂装行业行业VOCs的污染当量值是0.34千克。由于制鞋行业未统计到VOC的削减量，因此未能够计算出该行业的污染当量值。

给出不同行业VOCs排污费收费项目的污染当量值（表7-11）。

表7-11 不同行业VOCs污染当量值（单位：千克）

行业	主要VOCs污染因子	污染当量值
家具行业	乙基苯、乙酸丁酯、乙酸乙酯、苯乙烯	0.12
化工行业	苯、甲苯、二甲苯	0.12
金属表面涂装	苯乙烯、甲基异丁基甲酮、甲苯、1,2-二氯乙烷	0.34

7. VOCs排放量的确定

1）基于物料衡算法的排放量核定技术

根据《排污费征收使用管理条例》第九条："负责污染物排放核定工作的环境保护行政主管部门在核定污染物排放种类、数量时，具备监测条件的，按照国务院环境保护行政主管部门规定的监测方法进行核定；不具备监测条件的，按照国务院环境保护行政主管部门规定的物料衡算方法进行核定。"VOCs收费可按照国务院环境保护行政主管部门规定的监测方法进行核定。

在调研的过程中发现，佛山、深圳等地已委托具备相应资质的社会检测机构对VOCs重点企业的污染物排放进行监督性监测，监测因子包括苯、甲苯、二甲苯和总VOCs、非甲烷总烃等。但由于受目前监测条件限制，难以对所有的VOCs排放企业进行监督性监测，而即便是某一行业选择个别典型企业进行监测，其监测费用已非常可观，有些地方，由于可收费因子过少，甚至出现了监测费用远大于排污费的状况。因此，本章的研究选择物料衡算法，计算不同行业的VOCs排放量。

物料衡算法是对于一个具体的产品"生产制程"，核定原材料中的VOCs含量和最终产品中的VOCs含量，二者之差即是VOCs的排放量（有末端治理设施的需减去治理设施的VOCs消减量）。

采用物料平衡法，需要业主申报原材料的使用量（如涂料、油墨、胶粘剂、干洗剂和溶剂的使用量）和产品产量等信息，对企业的生产活动强度进行核查。从国外的实践经验和调研情况来看，对于喷涂、涂布、涂覆、胶粘和包装印刷业等涉及溶剂使用过程的行业，由于原材料没有发生化学反应产生新的有机化合物，所使用的原料中的有机溶剂在生产过程中全部挥发到大气中（少部分残留在产品中或废弃物中）。可以通过统计涂料、油墨、胶黏剂和溶剂的使用量计算 VOCs 的排放量，采用"物料平衡法"进行排放量计量简单易行。而对于生产过程中发生化学反应，物料性质发生转化的生产过程以及无组织排放严重的生产过程则不宜采用质量平衡法进行计量。

2）VOCs 排放量核算

不同行业中所产生的可 VOCs 组分排放量，主要是根据原辅料中苯、甲苯、二甲苯和甲醇等 VOCs 组分因子的含量来核算。收费的依据主要为原辅料使用量、物料衡算关系和采取的控制措施，具体公式如下所示：

$$Eip = M \times Kip \times (1 - \lambda \times \eta) \qquad (7-2)$$

式中，Eip 为某行业 VOCs 的排放量（千克）；M 为原料使用量（千克）；Kip 为物料衡算关系（千克）；λ 为某种集气罩的集气效率（%）；η 为某种治理设施的治理效率（%）。

8. VOCs 排污费计算方法

VOCs 排污收费采取不同行业分类计费，排污费计算公式归纳如下：

$$\text{VOCs 排污费征收额} = \text{征收标准} \times \text{行业 VOCs 污染当量数} \qquad (7-3)$$

式中，行业 VOCs 污染当量数=该行业 VOCs 排放量（千克）/该行业 VOCs 污染当量值。

9. VOCs 排污费的征收与使用

排污者所在地环境保护主管部门依据征收标准、核定后的实际排污事实，结合国家发布的环境空气质量监测数据，根据 VOCs 排污费计算方法，确定排污者应缴纳的 VOCs 排污费，向排污者送达 VOCs 排污费缴纳通知单，并同时向社会公示。VOCs 排污费的缴纳按《排污费征收使用管理条例》（国务院令第 369 号）的规定执行。

VOCs 排污费纳入财政预算，作为环境保护专项资金管理，主要用于 VOCs 污染防治项目建设、重点行业清洁生产改造、监测监管能力建设及污染防治新技术、新工艺开发示范等，任何单位和个人不得截留、挤占或者挪作他用。

7.3 基于 $PM_{2.5}$ 控制的环保电价政策设计

根据发电行业的自身特点,在测算火力发电企业环境成本时拟以环境对策成本,即电厂从事环境保护活动而支付的成本,如电厂安装脱硫、脱硝和除尘等排污设备发生的成本,要考虑到各项环保活动的投资费用、设备折旧率及设备使用年限内的发电量等因素,测算出平均生产单位电能需要的各项费用的总和。

7.3.1 燃煤电厂环保综合电价调查

本章的研究调查了 15 家电厂(34 台机组)的火电厂脱硫成本,包括 A(300 兆瓦*4,石灰石-石膏湿法)、B(300 兆瓦*2,石灰石-石膏湿法)、C(300 兆瓦*2,石灰石-石膏湿法)、E(265 兆瓦,湿法)、F(350 兆瓦*2,选择性催化还原(selective catalytic reduction,SCR),石灰石-石膏湿法)、G(320 兆瓦*2,石灰石-石膏湿法)、K(640 兆瓦*2,湿法)、I(300 兆瓦,320 兆瓦,湿式石灰石/石膏烟气脱硫)、G(600 兆瓦*2,石灰石-石膏湿法)、O(50 兆瓦*4,3#4#5#石灰石-石膏湿法;6#炉内热电联产企业,拟改造为石灰石-石膏湿法)、P(330 兆瓦*2,湿法)、Q(600 兆瓦*2,湿法)、R(1 000 兆瓦*2,石灰石-石膏湿法脱硫)、S(1 840 兆瓦,海水脱硫)、T(300 兆瓦*2,石灰石-石膏湿法脱硫)。其中,机组容量为 50 兆瓦的 4 台,机组容量为 265 兆瓦的 1 台,机组容量为 300 兆瓦的电厂 11 台,机组容量为 320 兆瓦的 3 台,机组容量为 330 兆瓦的 2 台,机组容量为 350 兆瓦的 2 台,机组容量为 600 兆瓦的 4 台,机组容量为 630 兆瓦的 2 台,机组容量为 640 兆瓦的 2 台,机组容量为 1 000 兆瓦的 2 台,机组容量为 1 840 兆瓦的 1 台。

同时,本章的研究调查了 15 家电厂(34 台机组)的火电厂脱硝成本,包括广东 A(300 兆瓦*4,SCR,技改)、B(300 兆瓦*2,低氮燃烧+SCR,技改)、D(300 兆瓦*2,SCR,新建)、C(300 兆瓦*2,低氮燃烧+SCR,同步建设)、E(265 兆瓦,低氮燃烧+SCR,技改)、F(350 兆瓦*2,SCR,技改)、G(320 兆瓦*2,低氮燃烧+SCR,技改)、H(630 兆瓦*2,SCR,技改)、K(640 兆瓦*2,SCR,技改)、I(320 兆瓦,SCR,技改)、J(600 兆瓦,SCR,技改)、M(600 兆瓦*2,SCR,技改)、R(300 兆瓦*4,600 兆瓦*2,1 000 兆瓦*2,SCR,技改)、T 有限公司(300 兆瓦*2,SCR,新建)、S(1 840 兆瓦,SCR,技改)。其中,机组容量为 265 兆瓦的 1 台,300 兆瓦的电厂 16 台,机组容量为 320 兆瓦的 3 台,机组容量为 350 兆瓦的 2 台,机组容量为 600 兆瓦的 5 台,机组容量为 630 兆瓦的 2 台,机组容量为 640 兆瓦的 2 台,机组容量为 1 000 兆瓦的 2 台,机组容量为 1 840

兆瓦的1台。

本章的研究调查了19家电厂（42台机组）火电厂的除尘成本，包括广东A（300兆瓦*4，布袋除尘）、B（300兆瓦*2，电除尘器）、广东华润热电有限公司（300兆瓦*2，电除尘）、E（265兆瓦，静电除尘）、F［350兆瓦*2，静电除尘器（加旋转电极）］、G（320兆瓦*2，静电除尘器）、K1#机组（630兆瓦*2，电袋）、K2#机组（640兆瓦*2，静电）、I5#机组（300兆瓦，电袋除尘）、I6#机组（320兆瓦，静电除尘）、M（600兆瓦*2，高压静电除尘）、O（50兆瓦*4，电袋复合除尘）、V（330兆瓦*2，袋式除尘器）、W（350兆瓦*2，袋式除尘器）、X（300兆瓦*2，袋式除尘器）、Y（350兆瓦*2，电袋除尘器）、Z（350兆瓦*2，袋式除尘器）、AA（660兆瓦*2，袋式除尘器）、AB（600兆瓦*2，电袋除尘器）、S（1840兆瓦，静电除尘）、T有限公司（300兆瓦*2，静电除尘）。其中，机组容量为50兆瓦的4台，机组容量为265兆瓦的1台，300兆瓦的电厂13台，机组容量为320兆瓦的3台，机组容量为330兆瓦的2台，机组容量为350兆瓦的8台，机组容量为600兆瓦的4台，机组容量为630兆瓦的2台，机组容量为640兆瓦的2台，机组容量为660兆瓦的2台，机组容量为1840兆瓦的1台。

7.3.2 燃煤电厂污染治理成本测算

1. 脱硫

1）燃煤机组脱硫设施建设情况

在广东调研的6个火电厂的12台脱硫机组全部实现了脱硫改造（表7-12）。

表7-12 广东燃煤机组脱硫设施建设情况

电厂名称	机组容量/兆瓦	年发电量/万千瓦时	脱硫机组容量/兆瓦	年均发电小时数/小时	烟气量/（米^3/小时）
A	300*4	588 498	600*2	—	1 050 000*4
B	300*2	427 645.44	600	7 329	17 111 127
C1#机组	300	199 135.62	300	8 083.64	1 029 166
C2#机组	300	196 947.72	300	7 908.78	984 166
E	265	86 753	265	3 493	5*223 000
S	1 840	950 000	1 840	5 173	6 600 000
T1#机组	300	159 949	300	7 799.8	1 100 000
T2#机组	300	170 740	300	8 444.8	1 100 000

在安徽调研的7个火电厂、16台脱硫机组全部实现了脱硫改造（表7-13）。

表 7-13　安徽燃煤机组脱硫设施建设情况

电厂名称	年发电量/万千瓦时	机组容量/兆瓦	脱硫机组容量/兆瓦	年均发电小时数/小时	烟气量/（米³/小时）
F	385 000	350*2	350*2	5 500	—
G1#机组	191 054	320	320	5 970	6.659 5
G2#机组	164 484	320	320	5 140	—
K1#机组	706 973	630*2	630*2	5 611	984 700
K2#机组	787 978	640*2	640*2	6 156	874 700
I5#机组	144 370.2	300	300	6 322	2 100 000
I6#机组	180 838.8	320	320	7 847	2 050 000
M	700 000	600*2	600*2	5 500	1 832 724
O	85 005	50*4	50*4	8 193	106.8

在天津、河南及陕西开展了 3 家燃煤电厂的调研，6 台机组全部都实现了脱硫改造（表 7-14）。

表 7-14　天津、河南、陕西燃煤机组脱硫设施建设情况

电厂名称	年发电量/万千瓦时	机组容量/兆瓦	脱硫机组容量/兆瓦	年均发电小时数/小时	烟气量/（米³/小时）
P	367 901	330*2	330*2	7 644.5	206.62
Q	594 028	600*2	600*2	6 638	318.71
R	537 403	1 000*2	1 000*2	7 126.7	270.74

2）燃煤机组脱硫工艺及脱硝效率

如表 7-15 所示，广东火电企业所采用的燃煤机组脱硫技术主要为石灰石-石膏湿法与湿法脱硫，其中，A、B、C 机组脱硫技术为石灰石-石膏湿法，E 机组采用的脱硫技术为湿法脱硫。据调研数据，广东燃煤机组的平均脱硫效率为 95.11%，脱硫设施投运率在 95% 以上。

表 7-15　广东燃煤机组脱硫工艺及脱硫效率（单位：%）

电厂名称	脱硫技术	脱硫效率	脱硫设施投运率
A	石灰石-石膏湿法	95.87	99.87
B	石灰石-石膏湿法	95.8	95.4
C1#机组	石灰石-石膏湿法	95.09	99.89
C2#机组	石灰石-石膏湿法	95.79	99.83
E	湿法脱硫	93	100
S	海水脱硫	97.2	100
T1#机组	石灰石-石膏湿法脱硫	>98.75	100
T2#机组	石灰石-石膏湿法脱硫	>98.5	100

如表 7-16 所示，安徽火电企业所采用的燃煤机组脱硫技术主要为石灰石-石膏湿法、湿法脱硫以及炉内喷钙催化氧化脱硫工艺。其中，O 电厂的其中一台机组为炉内喷钙催化氧化脱硫工艺，拟改造为石灰石-石膏湿法，目前正在设计阶段。据调研数据，安徽燃煤机组的平均脱硫效率为 96.24%，脱硫设施投运率在 92%以上。

表 7-16　安徽燃煤机组脱硫工艺及脱硫效率（单位：%）

电厂名称	脱硫技术	脱硫效率	脱硫设施投运率
F	石灰石-石膏湿法	95	99
G1#机组	石灰石-石膏湿法	95.51	95.67
G2#机组	石灰石-石膏湿法	99.95	99.92
K1#机组	湿法脱硫	93	94
K2#机组	湿法脱硫	99.86	99.86
I5#机组	石灰石-石膏湿法	93.39	92.39
I6#机组	石灰石-石膏湿法	99.38	98.62
M	石灰石-石膏湿法	>90	>98.5
O	3#4#5#炉采用石灰石-石膏湿法脱硫工艺；6#炉目前采用炉内喷钙催化氧化脱硫工艺，拟改造为石灰石-石膏湿法脱硫工艺，目前正处于设计阶段	93.8	99.9

天津、河南及陕西 3 家电厂的脱硫技术主要为石灰石-石膏湿法脱硫，电厂的脱硫效率均在 95%以上，脱硫设施投运率在 99%以上（表 7-17）。

表 7-17　天津、河南及陕西燃煤机组脱硫工艺及脱硫效率（单位：%）

电厂名称	脱硫技术	脱硫效率	脱硫设施投运率
P	石灰石-石膏湿法	96.85	100
Q	石灰石-石膏湿法	95.41	99.96
R	石灰石-石膏湿法	97.16	100

3）燃煤机组脱硫成本组成分析

目前调研的 15 家电厂，34 台机组中，主要为装机容量 300 兆瓦、600 兆瓦及 1 000 兆瓦，其中装机容量为 265~350 兆瓦且成本信息完备的机组 10 台，装机容量为 600~640 兆瓦的机组 4 台，1 000 兆瓦及以上的机组 2 台。在分析脱硫电价成本组成时，按装机容量进行分类，筛选分类结果见表 7-18。已投产运行的机组容量为 300 兆瓦的脱硫治理成本结构情况，分别是广东 A、C、B、I、E、P、T（表 7-18）。

表 7-18 机组容量为 300 兆瓦的脱硫成本（单位：万元）

项目情况		脱硫建设成本					脱硫运行成本				
电厂名称	年发电量/万千瓦时	设备购置	工程建筑	安装费	工程技术服务费	其他	脱硫剂	折旧费	年维修费	年人工费	其他
广东 A	588 498	30 000	5 400				499	217.47	756	843	3 616
C1#机组	199 135.62	3 500	500	200	80	100	120	28.00	150	150	600
C2#机组	196 947.72	3 500	500	200	80	100	120	28.00	150	150	600
B	427 645.44	3 102.8	1 957.2	675.9	1 741.3	618.8	1 028.45	100.73	450	435	3 689
I5#机组	144 370.2	8 500	52.73	0	230	0	2 000	0.00	0	0	0
E	86 753	4 545	505				1 301.295				
I6#	180 838.8	6 122	0	0	0	0	67.7	0	270	0	2 400
P	367 901.32	6 990	1 269	2 827	476	2 274	1 175.9	78.39	460	409	312
T1#机组	159 949	8 000	3 000				280	18.67	100	100	505.05
T2 机组#	170 740	8 000	3 000				280	18.67	100	100	505.05

如表 7-19 所示，已投产运行、数据信息完全的机组容量为 600 兆瓦的 4 组数据，分别是 M、K#机组、K2#机组、Q 机组。

表 7-19 机组容量为 600 兆瓦的脱硫成本（单位：万元）

项目情况		脱硫建设成本					脱硫运行成本				
电厂名称	年发电量/万千瓦时	设备购置	工程建筑	安装费	工程技术服务费	其他	脱硫剂	折旧费	年维修费	年人工费	其他
M	700 000	8 524.5	3 000				260	70.3	0	75	0
K#机组	706 973	0	3 500				1 146	34.36	1 127	212	2 195
K2#机组	787 978	0	3 500				1 126	74.53	821	212	2 294
Q	594 028.04	7 216	2 968	3 463	536	2 308	544.8	65.93	407	372	544

如表 7-20 所示，已投产运行、数据信息完全的机组容量为 1 000 兆瓦及以上的两组数据，分别是 R 机组及 S 机组。

表 7-20 机组容量为 1 000 兆瓦及以上的脱硫成本（单位：万元）

项目情况		脱硫建设成本					脱硫运行成本				
电厂名称	年发电量/万千瓦时	设备购置	工程建筑	安装费	工程技术服务费	其他	脱硫剂	折旧费	年维修费	年人工费	其他
R	537 402.6	7 216	2 968	3 463	536	2 308	544.8	91.62	407	372	544
S	950 000	72 486					2 886				

脱硫成本包括建设成本与运行成本两部分，其中建设成本包括设备购置费、工程建筑费、安装费、工程技术服务费等，运行成本包括脱硫剂、折旧费、年维

修费、年人工费等。

$$C_{建设成本} = C_{设备购置} + C_{工程建筑} + C_{安装费} + C_{工程服务费} + C_{其他} \quad (7-4)$$

$$C_{运营成本} = C_{脱硫剂} + C_{折旧费} + C_{年维修费} + C_{年人工费} + C_{其他} \quad (7-5)$$

$$C_{单位建设成本} = C_{建设成本} / Q_{发电量} \quad (7-6)$$

$$C_{单位运营成本} = C_{运营成本} / Q_{发电量} \quad (7-7)$$

$$C_{单位总成本} = (C_{建设成本} + C_{运营成本}) / Q_{发电量} \quad (7-8)$$

4) 不同燃煤机组的单位脱硫成本

装机容量为 300 兆瓦的机组，平均脱硫建设成本介于 0~1.88 分/千瓦时，平均脱硫建设成本为 0.92 分/千瓦时；平均脱硫运营成本介于 0.53~1.51 分/千瓦时，平均脱硫运营成本为 0.97 分/千瓦时；脱硫总成本（运营成本+建设成本）介于 0.97~2.52 分/千瓦时，平均总成本为 1.89 分/千瓦时。装机容量为 600 兆瓦的机组，单位脱硫建设成本介于 0.47~1.56/千瓦时，平均单位脱硫建设成本为 0.73 分/千瓦时；单位脱硫运营成本介于 0.06~0.67 分/千瓦时，平均单位脱硫运营成本为 0.41 分/千瓦时；平均脱硫总成本（运营成本+建设成本）介于 0.49~1.89 分/千瓦时，平均脱硫总成本为 1.14 分/千瓦时。装机容量为 1 000 兆瓦的机组，脱硫建设成本介于 1.31~1.73/千瓦时，平均脱硫运营成本为 1.52 分/千瓦时；脱硫运营成本介于 0.07~0.36 分/千瓦时，平均脱硫运营成本为 0.33 分/千瓦时，脱硫总成本（运营成本+建设成本）介于 2.04~2.33 分/千瓦时，平均脱硫总成本为 1.85 分/千瓦时。

从均值上来看，装机容量为 600 兆瓦的机组脱硫建设成本（0.73 分/千瓦时）比装机容量为 300 兆瓦（0.92 分/千瓦时）的机组低 0.19 分/千瓦时；装机容量为 1 000 兆瓦以上的机组脱硫建设成本（1.52 分/千瓦时）比装机容量为 300 兆瓦（0.92 分/千瓦时）的机组高 0.60 分/千瓦时；装机容量 600 兆瓦的机组脱硫运营成本（0.41 分/千瓦时）比装机容量为 300 兆瓦（0.97 分/千瓦时）的机组低 0.71 分/千瓦时，装机容量 1 000 兆瓦以上的机组脱硫运营成本（0.33 分/千瓦时）比 600 兆瓦（0.41 分/千瓦时）的低 0.08 分/千瓦时；装机容量 600 兆瓦的机组脱硫总成本（1.14 分/千瓦时）比装机容量为 300 兆瓦（1.87 分/千瓦时）的机组低 0.73 分/千瓦时，装机容量为 1 000 兆瓦及以上的机组脱硫总成本（1.85 分/千瓦时）比装机容量为 300 兆瓦（1.87 分/千瓦时）的机组低 0.02 分/千瓦时。

由污染物削减总成本除以年发电量即可得到机组脱硫增加成本，机组容量为 300 兆瓦机组脱硫平均增加成本为 1.87 分/千瓦时，高于现行的脱硫补贴 1.5 分/千瓦时，应该提高其补贴标准（表 7-21）；机组容量为 600 兆瓦机组脱硫平均增加成本为 1.14 分/千瓦时，低于现行的脱硫补贴 1.5 分/千瓦时；机组容量为 1 000 兆瓦及以上机组脱硫平均增加成本为 1.85 分/千瓦时，高于现行的脱硫补贴 1.5 分/千瓦时。

表 7-21　不同装机容量的电力行业脱硫增加成本分析

机组容量	电厂名称	污染物削减总成本 C/万元	年发电量/万千瓦时	增加成本/（分/千瓦时）	平均脱硫成本/（分/千瓦时）
300 兆瓦	广东 A	11 331.47	588 498	1.93	1.87
	C1#机组	1 928.00	199 135.62	0.97	
	C2#机组	1 928.00	196 947.72	0.98	
	B	10 696.38	427 645.44	2.50	
	I5#机组	2 282.73	144 370.2	1.58	
	E	1 806.30	86 753	2.08	
	I6#机组	2 737.70	180 838.8	1.51	
	P	9 281.29	367 901.32	2.52	
	T1#机组	4 003.72	159 949	2.50	
	T2#机组	4 003.72	170 740	2.34	
600 兆瓦	K#机组	3 405.30	700 000	0.49	1.14
	K2#机组	8 214.36	706 973	1.16	
	M1#机组	8 027.53	787 978	1.02	
	M2#机组	11 208.73	594 028.04	1.89	
1 000 兆瓦及以上	R	11 234.42	537 403	2.09	1.85
	S	15 372.00	950 000	1.62	

如表 7-22 所示，装机容量为 300 兆瓦的 7 个机组的 SO_x 出口浓度、入口浓度及排放量和污染物削减总成本情况。

表 7-22　电力行业 SO_x 排放（一）

电厂名称	污染物削减总成本 C/万元	SO_x 排放量 W/吨	SO_x 入口浓度 Iin/（毫克/标准米^3）	SO_x 出口浓度 Ein/（毫克/标准米^3）
广东 A	14 376.00	1 253	1 117.59	48.7
C1#机组	2 320.00	1 745	1 684	77
C2#机组	2 320.00	326	756	39
B	12 106.65	282	865	37
I5#机组	2 282.73	599.2	1 425	92.16
E	1 806.30	340	1 311	88
I6#机组	2 737.70	698.4	1 300.5	100.39
P	10 355.90	1 147.89	2 157.37	72.67
T1#机组	5 039.55	491	1 100	60
T2#机组	5 039.55	315.5	1 100	25

注：本表中的典型装机容量为 300 兆瓦。

如表 7-23 所示，装机容量为 600 兆瓦的 4 个机组的 SO_x 出口浓度、SO_x 入口浓度、SO_x 排放量及污染物削减总成本情况。

第 7 章 降低 PM$_{2.5}$ 的 VOCs 收费和环保电价政策

表 7-23 电力行业 SO$_x$ 排放（二）

电厂名称	污染物削减总成本 C/万元	SO$_x$ 排放量 W/吨	SO$_x$ 入口浓度 Iin / (毫克/标准米^3)	SO$_x$ 出口浓度 Ein / (毫克/标准米^3)
K#机组	3 850.47	579	1 100	71
K2#机组	9 298.00	604	1 100	67
M1#机组	8 942.00	1 190.78	1 507	121.32
M2#机组	12 517.10	1 138.89	1 370	102.22

注：本表的装机容量为 600 兆瓦

如表 7-24 所示，装机容量为 1 000 兆瓦及以上的机组的 SO$_x$ 出口浓度、SO$_x$ 入口浓度、SO$_x$ 排放量以及污染物削减总成本情况。

表 7-24 电力行业 SO$_x$ 排放（三）

电厂名称	污染物削减总成本 C/万元	SO$_x$ 排放量 W/吨	SO$_x$ 入口浓度 Iin / (毫克/标准米^3)	SO$_x$ 出口浓度 Ein / (毫克/标准米^3)
R	12 517.10	1 453.5	2 836.9	90.74
S	19 372.00	926	911	25

注：本表的装机容量为 1 000 兆瓦及以上

5）燃煤机组脱硫成本区域差异性

区域差异性脱硫成本如表 7-25 所示的分析，东部地区的平均脱硫增加成本介于 0.97~2.52 分/千瓦时，中部地区平均脱硫成本介于 0.49~1.89 分/千瓦时，西部地区平均脱硫增加成本为 2.09 分/千瓦时；由平均脱硫成本的均值，可得东部地区平均脱硫成本为 1.87 分/千瓦时，中部地区平均脱硫成本为 1.14 分/千瓦时，西部地区平均脱硫成本为 2.09 分/千瓦时（表 7-25）。

表 7-25 电力行业不同区域脱硫增加成本分析

区域	电厂名称	污染物削减总成本 C/万元	年发电量/万千瓦时	增加成本/(分/千瓦时)	平均脱硫成本/(分/千瓦时)
东部地区	广东 A	11 331.47	588 498	1.93	1.87
	C1#机组	1 928	199 135.62	0.97	
	C2#机组	1 928	196 947.72	0.98	
	B	10 696.38	427 645.44	2.5	
	I5#机组	2 282.73	144 370.2	1.58	
	E	1 806.3	86 753	2.08	
	I6#机组	2 737.7	180 838.8	1.51	
	P	9 281.29	367 901.32	2.52	
	T1#机组	4 003.72	159 949	2.5	
	T2#机组	4 003.72	170 740	2.34	
	S	15 372	950 000	1.62	

续表

区域	电厂名称	污染物削减总成本 C/万元	年发电量/万千瓦时	增加成本/(分/千瓦时)	平均脱硫成本/(分/千瓦时)
中部地区	K#机组	3 405.30	700 000	0.49	1.14
	K2#机组	8 214.36	706 973	1.16	
	M1#机组	8 027.53	787 978	1.02	
	M2#机组	11 208.73	594 028.04	1.89	
西部地区	R	11 234.42	537 403	2.09	2.09

6）不同技术经济参数下的脱硫成本

不同 SO_2 入口浓度的脱硫成本分析。入口浓度 0~1 000 毫克/米^3 电力企业平均增加成本介于 0.97~1.93 分/千瓦时，平均脱硫增加成本为 1.19 分/千瓦时（表 7-26）；入口浓度 1 000~2 000 毫克/米^3 电力企业平均增加成本介于 0.49~2.5 分/千瓦时，平均脱硫增加成本为 1.73 分/千瓦时；入口浓度 2 000 毫克/米^3 以上电力企业平均增加成本介于 2.09~2.52 分/千瓦时，平均脱硫增加成本为 2.3 分/千瓦时。

表 7-26 不同入口浓度的电力企业脱硫增加成本分析

入口浓度（毫克/米^3）	电厂名称	污染物削减总成本 C/万元	年发电量/万千瓦时	增加成本/(分/千瓦时)	平均脱硫成本/(分/千瓦时)
0~1 000	C1#机组	1 928.00	199 135.6	0.97	1.19
	C2#机组	1 928.00	196 947.7	0.98	
	S	15 372.00	950 000	1.62	
1 000~2 000	A	11 331.47	588 498	1.93	1.73
	B	10 696.38	427 645.44	2.5	
	E	1 806.3	86 753	2.08	
	I5#机组	2 282.73	144 370.2	1.58	
	I6#机组	2 737.7	180 838.8	1.51	
	K1#机组	3 405.3	700 000	0.49	
	K2#机组	8 214.36	706 973	1.16	
	M1#机组	8 027.53	787 978	1.02	
	M2#机组	11 208.73	594 028.04	1.89	
	T1#机组	4 003.72	159 949	2.5	
	T2#机组	4 003.72	170 740	2.34	
2 000 及以上	P	9 281.29	367 901.32	2.52	2.3
	R	11 234.42	537 403	2.09	

不同燃煤含硫量的平均脱硫成本分析。根据不同燃煤含硫量将电厂进行分类计算，可以得出，含硫量 0%~0.5% 的电力企业脱硫平均增加成本介于 0.49~2.5 分/千瓦时，平均年脱硫成本为 1.51 分/千瓦时；含硫量 0.7%~1% 的电力企业脱硫

平均增加成本介于 1.02~2.5 分/千瓦时，平均年脱硫成本为 2 分/千瓦时；含硫量 1%以上的电力企业平均年脱硫成本为 2.09 分/千瓦时（表 7-27）。

表 7-27 不同燃煤含硫量的电力企业平均脱硫成本

燃煤含硫量/%	电厂名称	污染物削减总成本 C/万元	年发电量/万千瓦时	增加成本/（分/千瓦时）	平均脱硫成本/（分/千瓦时）
0~0.5	A	11 331.47	588 498	1.93	1.51
	C1#机组	1 928	199 135.6	0.97	
	C2#机组	1 928	196 947.7	0.98	
	I5#机组	2 282.73	144 370.2	1.58	
	I6#机组	2 737.7	180 838.8	1.51	
	K1#机组	3 405.3	700 000	0.49	
	K2#机组	8 214.36	706 973	1.16	
	S	15 372	950 000	1.62	
	T1#机组	4 003.72	159 949	2.5	
	T2#机组	4 003.72	170 740	2.34	
0.7~1	B	10 696.38	427 645.44	2.5	2.01
	E	1 806.3	86 753	2.08	
	M1#机组	8 027.53	787 978	1.02	
	M2#机组	11 208.73	594 028.04	1.89	
	P	9 281.29	367 901.32	2.52	
1 及以上	R	11 234.42	537 403	2.09	2.09

2. 脱硝

1) 燃煤机组脱硝成本测算分析

脱硝成本包括建设成本和运营成本两部分。建设成本包括设备购置费、工程建筑费、安装费及其他费用等。其中，设备购置费是最主要的成本项目，约占 60%。脱硝设施单位（每千瓦）建设成本从 100~200 元不等，平均为 112 元/千瓦。技术改造与同步建设脱硝设施的成本差异较大，技改加装脱硝设施的平均成本为 154 元/千瓦，同步建设脱硝设施的平均成本为 104 元/千瓦。近几年，脱硝设施单位建设成本呈逐步下降趋势，一些大机组脱硝设施单位建设成本已下降至 70 元左右。

运营成本包括还原剂（液氨或尿素）成本、催化剂成本、折旧费用、维修费、人工费用及其他费用等。其中，还原剂和催化剂成本为主要成本项目，各占 25%和 22%，合计约占 50%。从项目类型来看，技改加装脱硝设施的运营成本比同步建设的要高 0.1 分/千瓦时左右，差异不大。

其他影响脱硝成本的因素包括：①发电利用小时。测算表明，脱硝成本对发电利用小时的变动相对敏感，随着利用小时数提高，脱硝成本逐渐降低。②还原剂类型。一般采用尿素做还原剂的成本高于液氨，原因是尿素购买价格比液氨略高，且脱硝过程中要将尿素加热气化，需要耗费较多用电。③机组负荷率。脱硝设施的投运条件对温度要求较高，机组低负荷运行时，烟气温度较低，催化剂效率降低或失灵，脱硝设施无法充分发挥作用，相应成本会升高。④此外，脱硝设施运行效率、银行贷款利息、自有资金比例、不同建设时期物价水平等都会对脱硝成本产生一定影响。

2）燃煤机组脱硝设施建设情况

据统计，所有电厂均采用了 SCR 的脱硝技术，另有 4 家电厂配有低氮燃烧技术，1 家电厂使用氨法脱硝工艺技术。15 家电厂中，脱硝项目类型为技改的电厂 13 家，同步建设的电厂 1 家，新建项目 1 家。从调研的 15 家电厂中共获得数据 34 台机组，绝大多数机组的脱硝设施投运率都在 97% 以上，脱硝效率达到了 70% 以上。

如表 7-28 所示，在广东调研的 7 个火电厂的 14 台机组，全部机组实现了脱硝改造。其中，同步建设脱硝设施机组 2 台、机组容量均为 300 兆瓦；技术改造机组 8 台、机组容量为 265 兆瓦的 1 台，机组容量为 300 兆瓦的 6 台，机组容量为 1 840 兆瓦的 1 台；新建机组 4 台，机组容量为 300 兆瓦。

表 7-28　广东燃煤机组脱硝设施建设情况

电厂名称	机组容量/兆瓦	年发电量/万千瓦时	脱硝项目类型	脱硝机组容量/兆瓦	年运行时间/小时
广东 A	300*4	588 498	技改	300*4	27 206
B	300*2	427 645.4	技改	300*2	7 716
D	300*2	165 000	新建	300	5 500
C1#机组	300	199 135.6	同步建设	300	7 192
C2#机组	300	196 947.7	同步建设	300	7 878
E	265	86 753	技改	265	3 493
T1#机组	300	159 949	新建	300	7 747.11
T2#机组	300	170 740	新建	300	8 421.72
S	1 840	950 000	技改	1 840	7 808

如表 7-29 所示，在安徽调研的 7 个火电厂、12 台机组中，其中 9 台机组进行了脱硝改造，改造完成的 5 台机组，还在建设的 4 台机组（F 的 1 台机组、G#1 机组、K1 台机组、I 的 1 台机组的脱硝设备改造还在建设中）。此外，在安徽调研的 12 台机组均为技术改造机组。

第 7 章 降低 PM$_{2.5}$ 的 VOCs 收费和环保电价政策

表 7-29 安徽燃煤机组脱硝设施建设情况

电厂名称	年发电量/万千瓦时	机组容量/兆瓦	脱硝机组容量	脱硝项目类型	年运行时间/小时
F	385 000	350*2	一台机组正在改造，另一台 2014 年改造	技改	建设中
G1#机组	未投产	320	320	技改	建设中
G2#机组	未投产	320	320	技改	于 2013 年 4 月投运
H5#	335 779	630	630	技改	5 329.83
H6#	436 952	630	630	技改	6 935.75
K	未投产	640*2	640	技改	建设中
I	144 370.2	320	300	技改	建设中
J	330 000	600	600	技改	6 000
M	700 000 000	600*2	600	技改	4 500

如表 7-30 所示，在陕西调研的 3 个火电厂的 8 台机组，全部进行了脱硝技术改造，具体参数详见表 7-30。

表 7-30 陕西燃煤机组脱硝设施建设情况

电厂名称	年发电量/万千瓦时	机组容量/兆瓦	脱硝机组容量	脱硝项目类型	年运行时间/小时
R1#机组	198 482	600	600	技改	5 268
R2#机组	198 482	600	600	技改	5 268
R	268 714	1 000	1 000	技改	6 707
R	268 714	1 000	1 000	技改	6 707
R1#机组	86 746	300	300	技改	5 000
R2#机组	86 746	300	300	技改	5 000
R3#机组	86 746	300	300	技改	5 000
R4#机组	86 746	300	300	技改	5 000

3）燃煤机组脱硝工艺及脱硝效率

如表 7-31 所示，广东火电企业所采用的烟气脱硝技术主要是 SCR 工艺，其中广东 A、D、T 有限公司、S 的 6 台机组的脱硝技术仅是 SCR 技术，B 的机组采用了 SCR+SNCR–SCR 的脱硝技术，其余 3 台机组采用的脱硝技术均是 SCR+低氮燃烧技术。据调研数据统计，广东燃煤机组的平均脱硝效率为 76.74%，脱硝设施投运率在 97.9% 以上。

表 7-31 广东燃煤机组脱硝工艺及脱硝效率（单位：%）

电厂名称	脱硝技术	脱硝效率	脱硝设施投运率
广东 A	SCR	82.55	99.41
B	低氮燃烧＋SNCR–SCR	56.3	98.85

续表

电厂名称	脱硝技术	脱硝效率	脱硝设施投运率
D1#机组	SCR	80	97.91
D2#机组	SCR	80	97.9
C1#机组	低氮燃烧+SCR	82.6	98.03
C2#机组	低氮燃烧+SCR	82.22	99.58
E	低氮燃烧+SCR	60	100
T1#	SCR	79	99.3
T2#	SCR	81	99.7
S	SCR（尿素）	83.7	98.5

如表 7-32 所示，安徽火电企业所采用的烟气脱硝技术均采用了 SCR 工艺，其中 G 在建的两台机组除了采用 SCR 工艺外，还采用了低氮燃烧技术。除去还在建设中的机组，安徽燃煤机组的脱硝设施投运率 80%以上，平均脱硝效率达到 75%。

表 7-32　安徽燃煤机组脱硝工艺及脱硝效率（单位：%）

电厂名称	脱硝技术	脱硝效率	脱硝设施投运率
F	SCR	80	建设中
G1#机组	SCR+低氮燃烧	建设中	建设中
G2#机组	SCR+低氮燃烧	80	建设中
H5#机组	SCR	72.02	79.538
H6#机组	SCR	72.63	79.3
K	SCR	82	92
I	SCR	建设中	建设中
J	SCR	>70	>90
M	SCR	≥70	>80

如表 7-33 所示，陕西火电企业所采用的烟气脱硝技术有 6 台机组采用了氨法脱硝工艺，两台机组采用了尿素水解脱硝，陕西燃煤机组的脱硝设施投运率 73.9%以上，平均脱硝效率达到 76%。

表 7-33　陕西燃煤机组脱硝工艺及脱硝效率（单位：%）

电厂名称	脱硝技术	脱硝效率	脱硝设施投运率
R1#	尿素水解脱硝	76.19	73.9
R2#	尿素水解脱硝	76.19	73.9
R	氨法脱硝工艺	82.89	98.34

续表

电厂名称	脱硝技术	脱硝效率	脱硝设施投运率
R	氨法脱硝工艺	82.89	98.34
R1#	氨法脱硝工艺	78.29	98.1
R2#	氨法脱硝工艺	78.29	98.1
R3#	氨法脱硝工艺	78.29	98.1
R4#	氨法脱硝工艺	78.29	98.1

4)燃煤机组脱硝成本组成分析

目前调研的 15 家电厂的 34 台机组中,主要以装机容量 300 兆瓦和装机容量 600 兆瓦这两种机组为主,其中装机容量为 265~350 兆瓦的机组 22 台,装机容量为 600~640 兆瓦的机组 9 台,装机容量为 1 000 兆瓦以上的 3 台。在分析脱硝电价成本组成时,将还在建设中、近期才开始运营、数据统计分类不明确的数据组略去,按装机容量进行分类,筛选分类结果见表 7-5 和表 7-6。

如表 7-34 所示,已投产运行、数据信息完全的机组容量为 300 兆瓦的十组数据,分别是 B、D、C1#机组、C2#机组、T 有限公司 1#机组、T 有限公司 2#机组、R1#机组、R2#机组、R3#机组、R4#机组。

表 7-34 机组容量为 300 兆瓦的脱硝成本

项目情况		脱硝建设成本/万元					脱硝运行成本/万元					
电厂名称	年发电量/万千瓦时	设备购置	工程建筑	安装费	工程技术服务费	其他	还原剂	催化剂	折旧费	年维修费	年人工费	其他
B	427 645	250 000	3 102.8	1 957.2	675.9	1 315.7	1 024	480	74.31	350	30	0
D	165 000	8 647.5	45.5	870.3	0	747.92	416	489.89	33.62	410	194	384.28
C1#机组	199 136	3 644	300	500	200	100	500	600	26.67	100	100	0
C2#机组	196 948	3 644	300	500	200	100	500	600	26.67	100	100	0
T1#	159 949	3 350	3 350	0	0	0	221	250	42.43	50	20	200
T2#	170 740	3 350	3 350	0	0	0	221	250	42.43	50	20	200
R1#机组	86 746	3 100	835.5	890.5	185.5	471.5	298.5	188	23.33	62.96	100	165
R2#机组	86 746	3 100	835.5	890.5	185.5	471.5	298.5	188	23.33	62.96	100	165
R3#机组	86 746	1 814.5	835.5	890.5	185.5	471.5	298.5	188	23.33	62.96	100	165
R4#机组	86 746	1 814.5	835.5	890.5	185.5	471.5	298.5	188	23.33	62.96	100	165

如表 7-35 所示,已投产运行、数据信息完全的机组容量为 600 兆瓦的六组数据,分别是 H5#机组、H6#机组、J、M、R1#机组、R2#机组。

表 7-35　机组容量为 600 兆瓦的脱硝成本

项目情况		脱硝建设成本/万元					脱硝运行成本/万元					
电厂名称	年发电量/万千瓦时	设备购置费	工程建筑	安装费	工程技术服务费	其他	还原剂	催化剂	折旧费	年维修费	年人工费	其他
H5#机组	335 779	4 340.5	1 191	971	395.5	753	0	0	7 647.5	196	25.5	352.5
H6#	436 952	4 340.5	1 191	971	395.5	753	0	0	7 647.5	196	25.5	352.5
J	330 000	4 290	50	230	30	2 300	647	1 232	437	255	96	800
M	700 000	10 600	2 942	3 862	973	2 626	27	1 611	515.47	70	75	0
R1#机组	198 482	5 042.5	330.5	2 566	317	966	971.5	305	768.5	50	100	195
R2#机组	198 482	5 042.5	330.5	2 566	317	966	971.5	305	768.5	50	100	195

如表 7-36 所示,已投产运行、数据信息完全的机组容量为 1 000 兆瓦以上的三组数据,分别是 R 电厂、S 电厂。

表 7-36　机组容量为 1 000 兆瓦以上的脱硝成本

项目情况		脱硝建设成本/万元					脱硝运行成本/万元					
电厂名称	年发电量/万千瓦时	设备购置费	工程建筑	安装费	工程技术服务费	其他	还原剂	催化剂	折旧费	年维修费	年人工费	其他
R	268 714	9 348	676.5	1 284.5	305.5	694.5	760	540	1 021	114.53	120	280
R	268 714	9 348	676.5	1 284.5	305.5	694.5	760	540	1 021	114.53	120	280
S	950 000	44 051	3 000				1 350	0	4 185	0	0	0

脱硝成本包括建设成本与运行成本两部分,其中建设成本包括设备工程建筑、安装费、工程技术服务费等,运行成本包括还原剂、催化剂、折旧费、年维修费、年人工费等。

$$C_{建设成本} = C_{工程建筑} + C_{安装费} + C_{工程服务费} + C_{其他} \quad (7\text{-}9)$$

$$C_{运营成本} = C_{还原剂} + C_{催化剂} + C_{折旧费} + C_{年维修费} + C_{年人工费} + C_{其他} \quad (7\text{-}10)$$

$$C_{单位建设成本} = C_{建设成本} / Q_{发电量} \quad (7\text{-}11)$$

$$C_{单位运营成本} = C_{运营成本} / Q_{发电量} \quad (7\text{-}12)$$

$$C_{单位总成本} = (C_{建设成本} + C_{运营成本}) / Q_{发电量} \quad (7\text{-}13)$$

5) 不同燃煤机组的单位脱硝成本

装机容量为 300 兆瓦的机组,脱硝建设成本介于 0.55~2.09 分/千瓦时,脱硝运营成本介于 0.46~1.17 分/千瓦时,总成本(运营成本+建设成本)介于 1.22~2.58 分/千瓦时;装机容量为 600 兆瓦的机组,脱硝建设成本介于 0.79~1.49 分/千瓦时,脱硝运营成本介于 0.48~1.05 分/千瓦时,总成本(运营成本+建设成本)介于 1.84~1.97 分/千瓦时;装机容量为 1 000 兆瓦及以上的机组,脱硝建设成本介于 0.63~1.10 分/千瓦时,脱硝运营成本介于 0.58~1.06 分/千瓦时,总成本(运营成本+建设成本)介于 1.21~2.16 分/千瓦时,平均值为 1.69 分/千瓦时。综上所述,机组容量为 300 兆瓦的单位脱硝成本为 1.96 分/千瓦时,机组容量为 600 兆瓦的单位脱硝成本为 1.9 分/千瓦时,机组容量为 1 000 兆瓦及以上的单位脱硝成本为 1.69 分/千瓦时(表 7-37)。

表 7-37 不同装机容量为的机组单位脱硝成本

装机容量	电厂名称	年发电量/万千瓦时	建设成本/万元	运营成本/万元	脱硝建设成本/(分/千瓦时)	脱硝运营成本/(分/千瓦时)	总成本/(分/千瓦时)	平均脱硝成本/(分/千瓦时)
300 兆瓦	B	427 645	7 051.6	1 958.31	1.65	0.46	2.11	1.96
	D	165 000	1 663.72	1 927.79	1.01	1.17	2.18	
	C1#机组	199 136	1 100	1 326.67	0.55	0.67	1.22	
	C2#机组	196 948	1 100	1 326.67	0.56	0.67	1.23	
	T1#	159 949	3 350	783.43	2.09	0.49	2.58	
	T2#	170 740	3 350	783.43	1.96	0.46	2.42	
600 兆瓦	J	330 000	2 610	3 467	0.79	1.05	1.84	1.9
	M	700 000	10 403	3 390.47	1.49	0.48	1.97	
1 000 兆瓦及以上	R	268 714	2 961	2 835.53	1.10	1.06	2.16	1.69
	S	950 000	6 000	5 535	0.63	0.58	1.21	

6)燃煤机组脱硝成本区域差异性

东部地区平均脱硝建设成本介于 0.57~2.09 分/千瓦时,平均脱硝运营成本介于 0.46~1.17 分/千瓦时,平均脱硝总成本介于 1.21~2.58 分/千瓦时;中部地区平均脱硝建设成本介于 0.76~1.49 分/千瓦时,平均脱硝运营成本介于 0.48~1.88 分/千瓦时,平均脱硝总成本介于 1.84~2.64 分/千瓦时;西部地区平均脱硝建设成本介于 1.10~2.11 分/千瓦时,平均脱硝运营成本介于 0.84~1.06 分/千瓦时,平均脱硝总成本介于 2.16~2.95 分/千瓦时;综上所述,东部地区脱硝成本平均为 1.85 分/千瓦时,中部地区脱硫成本平均为 2.15 分/千瓦时,西部地区脱硫成本为 2.55 分/千瓦时(表 7-38)。

表 7-38 不同区域机组单位脱硝成本

区域	电厂名称	年发电量/万千瓦时	建设成本/万元	运营成本/万元	脱硝建设成本/(分/千瓦时)	脱硝运营成本/(分/千瓦时)	总成本/(分/千瓦时)	平均脱硝成本/(分/千瓦时)
东部地区	B	427 645	7 051.6	1 958.31	1.65	0.46	2.11	1.85
	D	165 000	1 663.72	1 927.79	1.01	1.17	2.18	
	C1#机组	199 136	1 100	1 326.67	0.55	0.67	1.22	
	C2#机组	196 948	1 100	1 326.67	0.56	0.67	1.23	
	T 有限公司 1#	159 949	3 350	783.43	2.09	0.49	2.58	
	T 有限公司 2#	170 740	3 350	783.43	1.96	0.46	2.42	
	S	950 000	6 000	5 535	0.63	0.58	1.21	

续表

区域	电厂名称	年发电量/万千瓦时	建设成本/万元	运营成本/万元	脱硝建设成本/(分/千瓦时)	脱硝运营成本/(分/千瓦时)	总成本/(分/千瓦时)	平均脱硝成本/(分/千瓦时)
中部地区	H6#	436 952	3 310.5	8 221.5	0.76	1.88	2.64	2.15
	J	330 000	2 610	3 467	0.79	1.05	1.84	
	M	700 000	10 403	3 390.47	1.49	0.48	1.97	
西部地区	R	268 714	2 961	2 835.53	1.10	1.06	2.16	2.55
	R	268 714	2 961	2 835.53	1.10	1.06	2.16	
	R1#	198 482	4 179.5	1 672.73	2.11	0.84	2.95	
	R2#	198 482	4 179.5	1 672.73	2.11	0.84	2.95	

7）不同技术经济参数下的脱硝成本

不同脱硝技术的单位脱硝成本的比较分析。目前，电厂脱硝技术主要是SCR、SNCR及低氮燃烧三种脱硝技术。如表7-39所示，脱硝技术采用的是低氮燃烧和SNCR技术、装机容量为300兆瓦的机组的脱硝建设成本最高，达到了1.65分/千瓦时，但是脱硝运营成本较低，低至0.70分/千瓦时；脱硝技术是低氮燃烧技术加SCR技术的300兆瓦机组，脱硝建设成本最低，为0.55分/千瓦时，其运营成本也较低，约为0.85分/千瓦时；脱硝技术为SCR的机组，装机容量为300兆瓦的机组的脱硝建设成本（1.01分/千瓦时）。装机容量为600兆瓦、脱硝技术为SCR的机组，脱硝建设成本介于0.76~1.49分/千瓦时，均值为1.01分/千瓦时，从均值来看，300兆瓦和600兆瓦机组的脱硝建设成本均值相等，没有差别。脱硝技术是低氮燃烧加SNCR的机组，总成本介于1.40~2.46分/千瓦时，平均值为1.73分/千瓦时；脱硝技术是SCR的机组，总成本介于1.97~3.43分/千瓦时，平均值为2.47分/千瓦时。从均值来看，脱硝技术是低氮燃烧加SNCR的机组的总成本比脱硝技术是SCR的机组低0.74分/千瓦时。

表7-39 不同脱硝技术的单位脱硝成本

机组容量为300兆瓦					机组容量为600兆瓦				
电厂名称	脱硝技术	脱硝建设成本/(分/千瓦时)	脱硝运营成本/(分/千瓦时)	总成本/(分/千瓦时)	电厂名称	脱硝技术	脱硝建设成本/(分/千瓦时)	脱硝运营成本/(分/千瓦时)	总成本/(分/千瓦时)
B	低氮燃烧+SNCR	1.65	0.70	2.35	H5#	SCR	0.99	2.45	3.43
D	SCR	1.01	1.45	2.46	H6#	SCR	0.76	1.88	2.64
C1#机组	低氮燃烧+SCR	0.55	0.85	1.41	J	SCR	0.79	1.05	1.84
C2#机组	低氮燃烧+SCR	0.56	0.86	1.42	M	SCR	1.49	0.48	1.97

不同脱硝项目类型的单位脱硝成本的比较分析。脱硝项目类型主要有新建、

技术改造与同步建设三种。调研数据中，装机容量为 600 兆瓦的机组均采用的是技术改造，装机容量为 300 兆瓦的机组脱硝项目类型，有技改、新建，也有同步建设。

如表7-40所示，装机容量相同的条件下（均为300兆瓦）的机组，新建的脱硝建设成本最高，达2.03 分/千瓦时，其次是技改的脱硝建设成本为1.65分/千瓦时，同步建设的脱硝建设成本最低，约为0.56 分/千瓦时；脱硝运营成本最低的是新建项目，达0.48分/千瓦时，其次是技改建设成本，为0.7分/千瓦时，最高的是同步建设，0.86 分/千瓦时。从总成本的角度来看，新建项目的总成本最高，达2.5 分/千瓦时；其次是技改项目，为2.35 分/千瓦时；同步建设成本最低，约为1.42 分/千瓦时。

表 7-40　不同脱硝项目类型的单位脱硝成本（机组容量为 300 兆瓦）

电厂名称	脱硝项目类型	脱硝建设成本/（分/千瓦时）	脱硝运营成本/（分/千瓦时）	总成本/(分/千瓦时)
B	技改	1.65	0.70	2.35
T1#	新建	2.09	0.49	2.58
T2#	新建	1.96	0.46	2.42
C1#机组	同步建设	0.55	0.85	1.41
C2#机组	同步建设	0.56	0.86	1.42

3. 除尘

1）燃煤机组除尘设施建设情况

如表 7-41 所示，在广东调研的 7 个电厂 14 台机组中，除 D 没有提供除尘数据外，其余 6 家电厂机组容量分别为 300 兆瓦、265 兆瓦及 1 840 兆瓦，其中机组容量为 300 兆瓦的机组有 12 台，机组容量为 265 兆瓦的机组有 1 台，机组容量为 1 840 兆瓦的 1 台，详见表 7-41。

表 7-41　广东燃煤机组除尘设施建设情况

电厂名称	机组容量/兆瓦	年发电量/万千瓦时	除尘机组容量/兆瓦	年运行时间/小时
广东 A	300*4	588 498	1 200	8 760*4
B	300*2	427 645.44	600	7 721
C1#机组	300	199 135.62	300	8 083.64
C2#机组	300	196 947.72	300	7 908.78
E	265	86 753	265	3 493
S	1 840	950 000	1 840	7 808
T 有限公司 1#	300	159 949	300	7 799.8
T 有限公司 2#	300	170 740	300	8 444.8
X	300*2	350 000	300*2	5 500

在安徽调研的 7 个火电厂中,机组容量为 50 兆瓦的机组为 4 台,机组容量为 300~350 兆瓦的机组为 8 台,机组容量为 600~640 兆瓦的机组为 6 台;除尘机组容量为 50 兆瓦的机组为 4 台,除尘机组容量为 300~350 兆瓦的机组为 8 台,除尘机组容量为 600~640 兆瓦的机组为 6 台(表 7-42)。

表 7-42　安徽燃煤机组除尘设施建设情况

电厂名称	年发电量/万千瓦时	机组容量/兆瓦	除尘机组容量/兆瓦	年均发电小时数/小时
F	385 000	350*2	350*2	5 500
G1#机组	191 054	320	320	8 085
G2#机组	164 484	320	320	6 944
K1#机组	706 973	630*2	630*2	5 611
K2#机组	787 978	640*2	640*2	6 156
I5#机组	144 370.2	300	300	200 901
I6#机组	180 838.8	320	320	200 501
M	700 000	600*2	600*2	5 500
O#3 号炉	85 005	50	50	2 511
O#4 号炉		50	50	7 369
O#5 号炉		50	50	6 397
O#6 号炉		50	50	7 735
Y	350 000	350*2	350*2	5 500

在吉林、黑龙江、江西及四川调研的 5 个火电厂中,机组容量为 300~350 兆瓦的机组为 6 台,机组容量为 600~660 兆瓦的 4 台,如表 7-43 所示。

表 7-43　调研吉林、黑龙江、江西及四川的燃煤机组除尘设施建设情况

电厂名称	年发电量/万千瓦时	机组容量/兆瓦	除尘机组容量/兆瓦	年均发电小时数/小时
V	385 000	330*2	330*2	5 500
W	356 400	350*2	350*2	5 500
Z	330 000	350*2	350*2	5 962
AA	330 000	660*2	660*2	8 000
AB	365 000	600*2	600*2	5 500

2)燃煤机组除尘工艺及除尘效率

如表 7-44 所示,广东火电企业所采用的除尘技术主要为布袋除尘与电除尘,其除尘效率均在 99.4%以上,除尘投运率在 99.8%以上。

表 7-44　广东燃煤机组除尘工艺及除尘效率（单位：%）

电厂名称	除尘技术	除尘效率	除尘投运率
A	布袋除尘	99.95	100
B	电除尘器	99.4	99.8
C1#机组	电除尘	99.8	100
C2#机组	电除尘	99.8	100
E	静电除尘	99.9	100
S	静电除尘	99.6	100
T1#	静电除尘	>99	100
T2#	静电除尘	>99	100
X	袋式除尘器	99.9	100

如表 7-45 所示，安徽火电企业所采用的除尘技术主要为电袋除尘、静电除尘以及电袋复合除尘，其除尘效率均在 99.60% 以上，除尘投运率在 98% 以上。

表 7-45　安徽燃煤机组除尘工艺及除尘效率（单位：%）

电厂名称	除尘技术	除尘效率	除尘投运率
F	静电除尘器（加旋转电极）	99.60	>98
G1#机组	静电除尘器	99.83	100
G2#机组	静电除尘器	99.81	100
K1#	电袋除尘	99.93	100
K2#	静电除尘	99.88	99.8
I5#	电袋除尘	99.91	99.5
I6#	静电除尘	99.70	99.5
M	高压静电除尘	99.80	100
O#3 号炉	电袋复合除尘	99.70	100
O#4 号炉	电袋复合除尘	99.90	100
O#5 号炉	电袋复合除尘	99.90	100
O#6 号炉	电袋复合除尘	99.90	100
Y	电袋除尘器	99.93	100

如表 7-46 所示，安徽火电企业所采用的除尘技术主要为电袋除尘、静电除尘以及电袋复合除尘，其除尘效率均在 99.00% 以上，除尘投运率在 98% 以上。

表 7-46　调研安徽燃煤机组除尘工艺及除尘效率（单位：%）

电厂名称	除尘技术	除尘效率	除尘投运率
V	袋式除尘器	99.94	100

电厂名称	除尘技术	除尘效率	除尘投运率
W	袋式除尘器	99.92	100
Z	袋式除尘器	99.90	100
AA	袋式除尘器	99.00	100
AB	电袋除尘器	99.96	100

3）不同燃煤机组容量除尘成本分析

目前调研的 12 家电厂中，主要以装机容量 300 兆瓦、600 兆瓦、1 000 兆瓦及以上的机组为主，在分析除尘成本组成时，按装机容量进行分类。已投产运行和数据信息完全的机组容量 300 兆瓦的 13 组数据，如表 7-47 所示。

表 7-47　装机容量为 300 兆瓦的机组单位除尘成本

项目情况		除尘建设成本/万元					除尘运行成本/万元				
电厂名称	年发电量/万千瓦时	设备购置	工程建筑	安装费	工程技术服务费	其他	滤袋、龙骨的更换费用	电耗	折旧费	年维修费	年人工费	其他
B	427 645.44	1 744.8	0	176	14.4	0	0	459.2	137.4	120	30	0
C#1 机组	199 135.62	1 300	300	100	25.9	21.1	10	160	150	100	100	0
C#2 机组	196 947.72	1 300	300	100	25.9	21.1	10	160	150	100	100	0
E	86 753	3 000					200					
G1#机组	191 054	1 756.8	2 471.2	621.2	0	800.6	0	195.3	253.6	80	330	0
G2#机组	164 484											
I5#	144 370.2	2 460	0	0	0	0	0	120	0	162	120	0
I6#	180 838.8	2 053	0	0	0	0	0	350	0	33	120	0
V	385 000	4 300	0	0	0	0	1 400	40	0	2	0	0
W	356 400	3 150	0	0	0	0	1 520	30	0	2	0	0
X	350 000	2 980	0	0	0	0	1 100	30	0	2	0	0
Y	350 000	3 500	0	0	0	0	800	150	0	3	0	0
Z	330 000	2 860	0	0	0	0	1 120	30	0	2	0	0
T 1#	159 949	2 289.6	1 750				0	20	383.76	0	50	583.8
T 2#	170 740	2 289.6	1 750				0	20	383.76	0	50	583.8

已投产运行以及数据信息完全的机组容量为 600 兆瓦的 4 组数据，详见表 7-48。

表 7-48 装机容量为 600 兆瓦的机组单位除尘成本（单位：万元）

项目情况		除尘建设成本					除尘运行成本					
电厂名称	年发电量/万千瓦时	设备购置	工程建筑	安装费	工程技术服务费	其他	滤袋、龙骨的更换费用	电耗	折旧费	年维修费	年人工费	其他
M	700 000	3 550	0	0	0	0	0	35	334.83	0	75	0
K#机组	706 973	5 230	1 982	1 801	0	793	208	273	1 050	1 046	78	881
AA	330 000	6 488	0	1 208	0	0	2 200	50	0	2	0	0
AB	365 000	3 565	0	885	0	0	1 900	280	0	5	0	0

除尘成本包括建设成本与运行成本两部分，其中建设成本包括工程建筑费、安装费、工程技术服务费等，运行成本包括滤袋及龙骨的更换费用、电耗、折旧费、年维修费、年人工费等。

$$C_{建设成本}=C_{工程建筑}+C_{安装费}+C_{工程服务费}+C_{其他} \tag{7-14}$$

$$C_{运营成本}=C_{滤袋及龙骨更换费用}+C_{电耗}+C_{折旧费}+C_{年维修费}+C_{年人工费}+C_{其他} \tag{7-15}$$

$$C_{单位建设成本}=C_{建设成本}/Q_{发电量} \tag{7-16}$$

$$C_{单位运营成本}=C_{运营成本}/Q_{发电量} \tag{7-17}$$

$$C_{单位总成本}=(C_{建设成本}+C_{运营成本})/Q_{发电量} \tag{7-18}$$

如表 7-49 所示，装机容量 300 兆瓦的机组平均建设成本为 108.44 万元，平均运营成本为 892.26 万元；除尘建设成本介于 0~0.23 分/千瓦时，平均除尘建设成本为 0.05 分/千瓦时；除尘运营成本介于 0.17~0.44 分/千瓦时，平均除尘运营成本 0.3 分/千瓦时；除尘平均增加成本为 0.35 分/千瓦时。装机容量 600 兆瓦的机组平均建设成本为 442.5 万元，平均运营成本为 1 314.92 万元；平均除尘建设成本为 0.12 分/千瓦时；平均除尘运营成本 0.33 分/千瓦时；除尘平均增加成本为 0.45 分/千瓦时。

表 7-49 不同装机容量的机组单位除尘成本

机组容量	电厂名称	年发电量/万千瓦时	建设成本/万元	运营成本/万元	除尘建设成本/（分/千瓦时）	除尘运营成本/（分/千瓦时）	增加成本/（分/千瓦时）	平均除尘成本/（分/千瓦时）
300 兆瓦	B	427 645.44	190.4	746.6	0.04	0.17	0.22	0.35
	C#1 机组	199 135.62	447	520	0.22	0.26	0.49	
	C#2 机组	196 947.72	447	520	0.23	0.26	0.49	
	I5#	144 370.2	0	402	0.00	0.28	0.28	
	I6#	180 838.8	0	503	0.00	0.28	0.28	
	V	385 000	0	1 442	0.00	0.37	0.37	
	W	356 400	0	1 552	0.00	0.44	0.44	
	X	350 000	0	1 132	0.00	0.32	0.32	
	Y	350 000	0	953	0.00	0.27	0.27	
	Z	330 000	0	1 152	0.00	0.35	0.35	

续表

机组容量	电厂名称	年发电量/万千瓦时	建设成本/万元	运营成本/万元	除尘建设成本/(分/千瓦时)	除尘运营成本/(分/千瓦时)	增加成本/(分/千瓦时)	平均除尘成本/(分/千瓦时)
600 兆瓦	M	700 000	0	444.83	0.00	0.06	0.06	0.45
	AB	365 000	885	2 185	0.24	0.60	0.84	
1 000 兆瓦及以上	—	—	—	—	—	—	—	0.2[①]

①由于 1 000 兆瓦及以上机组未获取成本信息，因此采用现行除尘补贴 0.2 分/千瓦时

4）燃煤机组除尘成本地域差异性

东部地区除尘建设成本介于 0~0.23 分/千瓦时，除尘运营成本介于 0.17~0.44 分/千瓦时，平均除尘增加成本介于 0.22~0.49 分/千瓦时；中部地区除尘运营成本介于 0.06~0.28 分/千瓦时，平均除尘增加成本介于 0.06~0.28 分/千瓦时；西部地区除尘建设成本为 0.24 分/千瓦时，除尘运营成本为 0.6 分/千瓦时，平均除尘增加成本为 0.84 分/千瓦时；综上，东部地区单位除尘成本为 0.38 分/千瓦时，中部地区单位除尘成本为 0.22 分/千瓦时，西部地区单位除尘成本为 0.84 分/千瓦时（表 7-50）。

表 7-50 不同区域机组单位除尘成本

区域	电厂名称	年发电量/万千瓦时	建设成本/万元	运营成本/万元	除尘建设成本/(分/千瓦时)	除尘运营成本/(分/千瓦时)	平均除尘增加成本/(分/千瓦时)	平均除尘成本/(分/千瓦时)
东部地区	B	427 645.44	190.4	746.6	0.04	0.17	0.22	0.38
	C#1 机组	199 135.62	447	520	0.22	0.26	0.49	
	C#2 机组	196 947.72	447	520	0.23	0.26	0.49	
	V	385 000	0	1 442	0.00	0.37	0.37	
	W	356 400	0	1 552	0.00	0.44	0.44	
	X	350 000	0	1 132	0.00	0.32	0.32	
	Z	330 000	0	1 152	0.00	0.35	0.35	
中部地区	M	700 000	0	444.83	0.00	0.06	0.06	0.22
	Y	350 000	0	953	0.00	0.27	0.27	
	I5#	144 370.2	0	402	0.00	0.28	0.28	
	I6#	180 838.8	0	503	0.00	0.28	0.28	
西部地区	AB	365 000	885	2 185	0.24	0.60	0.84	0.84

4. 除汞

由于对除汞成本未进行调研，因此本章的研究主要基于现有研究文献信息。单独采用吸附剂喷注脱汞技术系统的 14 套燃煤锅炉装置，其采购和安装吸附剂喷注装置和相关的监测装备的平均费用约为 360 万美元，费用变化幅度范围为 120 万~620

万美元。作为对照，根据环境保护部的估算，采购和安装一套不包括相关监测装备的 SO_2 排放控制用的湿式洗气器的平均费用为 8 640 万美元，变化范围介于 3 260 万~13 710 万美元；而采购和安装一套用来控制 NO_x 排放的 SCR 装置，环境保护部估测其费用平均为 6 610 万美元，变化范围介于 1 270~12 710 万美元（表 7-51）。

表 7-51 2008 年采购及安装汞排放控制技术装置及监测装备的平均费用

汞排放控制技术装置名称	燃煤锅炉数量/套	吸附剂喷注技术系统/（美元/套燃煤锅炉）	汞排放监测装备系统/（美元/套燃煤锅炉）	技术服务及工程费/（美元/套燃煤锅炉）	袋滤机/（美元/套燃煤锅炉）	总计/（美元/套燃煤锅炉）
吸附剂喷注脱汞装置	14	2 723 277	559 592	381 535		3 594 023c
吸附剂喷注脱汞装置及袋滤机辅助脱汞装置	5	1 334 971	119 544	1 444 179	19 009 986	15 785 997

资料来源：GAO 政府责任办公室对燃煤电厂吸附剂喷注脱汞技术系统运行数据的分析结果

燃煤电厂单独安装吸附剂喷注脱汞装置并达到汞排放控制法规要求时，平均的投资额为 360 万美元；采购、安装及运行吸附剂喷注及监控一体化装备的均摊成本为 0.12 美分/千瓦时，合人民币 0.74 分/千瓦时。

7.3.3 环保综合电价补贴方案

按照机组容量、区域、入口浓度、燃煤含硫量、建设类型等进行分类，分析污染物削减的差异性成本，平均成本如表 7-52 所示。综合上述分析，环保综合电价可以划分为两种补贴方案，第一种为按机组容量划分环保综合电价补贴方案，第二种为按区域差异性分环保综合电价补贴方案。

表 7-52 燃煤机组污染物削减成本差异性综合分析（单位：分/千瓦时）

分类		平均脱硫成本	平均脱硝成本	平均除尘成本
不同机组容量	300 兆瓦	1.87	1.96	0.38
	600 兆瓦	1.14	1.9	0.22
	1 000 兆瓦及以上	1.85	1.69	0.84
不同区域	东部地区	1.87	1.85	0.38
	中部地区	1.04	2.15	0.22
	西部地区	2.09	2.55	0.84
不同 SO_2 入口浓度	0~1 000 毫克/米^3	1.19	—	—
	1 000~2 000 毫克/米^3	1.73	—	—
	2 000 毫克/米^3 及以上	2.3	—	—
不同燃煤含硫量	0%~0.5%	1.51		
	0.7%~1%	2		
	1%以上	2.09		

续表

分类		平均脱硫成本	平均脱硝成本	平均除尘成本
建设类型	技改	—	2.35	—
	新建	—	2.5	—
	同步建设	—	1.42	—

按机组容量划分环保综合电价补贴方案如表 7-53 所示，不含除汞补贴的 300 兆瓦机组容量的环保综合电价补贴为 4.21 分/千瓦时，含除汞补贴的 300 兆瓦机组容量的环保综合电价补贴为 4.95 分/千瓦时；不含除汞补贴的 600 兆瓦机组容量的环保综合电价补贴为 3.26 分/千瓦时，含除汞补贴的 600 兆瓦机组容量环保综合电价补贴为 4 分/千瓦时；不含除汞补贴的 1 000 兆瓦及以上机组容量的环保综合电价补贴为 3.74 分/千瓦时，含除汞补贴的 1 000 兆瓦及以上机组容量的环保综合电价补贴为 4.48 分/千瓦时。

表 7-53 按机组容量分环保综合电价补贴方案

不同机组容量	脱硫补贴/（分/千瓦时）	脱硝补贴/（分/千瓦时）	除尘补贴/（分/千瓦时）	除汞补贴/（分/千瓦时）	环保综合电价补贴/（分/千瓦时、不含除汞）	环保综合电价补贴/（分/千瓦时、含除汞）
300 兆瓦	1.87	1.96	0.38	0.74	4.21	4.95
600 兆瓦	1.14	1.9	0.22	0.74	3.26	4
1 000 兆瓦及以上	1.85	1.69	0.2	0.74	3.74	4.48

按区域差异性分环保综合电价补贴方案如表 7-54 所示，东部地区不含除汞补贴的环保综合电价补贴为 4.1 分/千瓦时，含除汞补贴的环保综合电价补贴为 4.84 分/千瓦时；中部地区不含除汞补贴的环保综合电价补贴为 3.51 分/千瓦时，含除汞补贴的环保综合电价补贴为 4.25 分/千瓦时；西部地区不含除汞补贴的环保综合电价补贴为 4.84 分/千瓦时，含除汞补贴的环保综合电价补贴为 5.58 分/千瓦时。

表 7-54 地域差异性环保综合电价补贴方案

区域	脱硫补贴/（分/千瓦时）	脱硝补贴/（分/千瓦时）	除尘补贴/（分/千瓦时）	除汞补贴/（分/千瓦时）	不含除汞环保综合电价补贴/（分/千瓦时）	含除汞环保综合电价补贴/（分/千瓦时）
东部地区	1.87	1.85	0.38	0.74	4.1	4.84
中部地区	1.14	2.15	0.22	0.74	3.51	4.25
西部地区	2.09	2.55	0.2	0.74	4.84	5.58

由于不同区域不同机组容量的燃煤机组具有不同的脱硫脱硝除尘除汞成本，因此，建议继续完善阶梯综合电价政策，充分发挥价格杠杆作用，促进合理、节约用电，从而建设资源节约型和环境友好型社会。

7.4 VOCs 收费和环保电价政策费用效益分析

政策方案最常用的一种方法就是成本-效益分析方法。其目标是改善资源分配的经济效果，追求最大的社会经济效益。环境政策方案的成本-效益分析方法是在分析预测环境政策实施条件和相关要素的基础上，对政策方案实施过程中所付出的成本和所产生的收益进行比较分析，形成环境政策的效益评价，然后对比各种政策方案的最终效益大小来确定采用的政策方案。环境政策成本-效益分析框架如图 7-2 所示。环境政策的成本（费用）一般包括政策的执行成本和遵守成本。执行成本主要是指政府部门用于政策制定、实施和监管的成本。遵守成本主要是指企业为达到政策要求或者规定所需要投入的设备、材料、人员等成本。环境政策的效益主要表现在三个方面：①环境健康效益。污染物排放减少，环境质量得到改善，从而使人群环境健康损失得到减少。计算时可把由于环境政策实施而减少的环境健康损失作为环境政策的健康效益。②政府和企业收益，主要包括政府获得的新增财政收入、企业利润增加等直接经济收益。③间接效益，包括政府部门监管能力提升、环保服务业发展等。

图 7-2 环境政策的成本-效益分析框架

7.4.1 VOCs 收费政策的成本效益分析

1. VOCs 排污收费政策的成本分析

VOCs 排污收费的政策成本从执行成本和遵守成本两方面进行分析。

1）执行成本

排污收费政策的执行成本主要包括政策制定的费用，以及排污费征收所需要耗费的人员、信息系统等费用。

（1）政策制定成本。VOCs 的排污收费是一项涉及面很广的工程，要开征 VOCs 排污费，需要开展大量的基础性研究工作，包括 VOCs 里各项污染物的毒理毒性特征，治理成本、计量方法等。预计需要至少设置 10 个左右的课题才能建立起来科学合理的 VOCs 排污收费体系。每个课题经费安排为 100 万元，则政策设计成本预计为 1 000 万元。

（2）政策执行人力成本。我国的排污费由环境监察部门来收取。2012 年，我国共有环境监察人员 61 081 人。若暂时估算主要从事排污费收取的人数为全部环境监察总人数的 30%，则从事排污收费的人员数约为 18 324 人。如果开征 VOCs 的排污费，预计需要新增 10%的收费人员，则新增人数为 1 832 人，2012 年我国非私营单位从业人员年平均工资为 46 769 元，则从事排污收费的环境监察人员成本为 8 569.95 万元。

（3）政策执行监测设备等硬件投资。如果开征 VOCs 的排污费，则需要新增大量的 VOCs 监测设备和排污申报等信息化系统等。2012 年，全国监测能力建设投资为 551 243.1 万元，环境监察能力建设总投资为 139 308.8 万元。VOCs 的监测监察等投资，按照全国环境监测能力建设投资 5%，环境监察能力建设投资的 10%测算，则共需投资 41 493.04 万元。

2）遵守成本

排污收费政策的遵守成本主要包括企业为达到污染物排放标准，减少缴纳排污费而新建、改（扩）建的 VOCs 治理设施投资费用以及这些设施的运行费用，包括药剂、材料、人工费用等。根据前面的研究结果，基于 159 个治理费用样本的调查统计显示，VOCs 的单位治理成本与排放浓度之间呈类似指数形衰减的关系，结合专家评估，VOCs 的行业平均处理费用约为 8.0 元/千克。

VOCs 在我国长期以来一直未列为常规污染控制因子，也未纳入环境统计或污染源普查等官方数据统计范畴。目前，尚无人为源 VOCs 排放量的权威发布数据。学术界运用不同方法对我国人为源 VOCs 排放量进行了估算，综合 INTEX-B 与 REAS2.0 人为污染源排放清单以及清华大学和北京大学的估算结果，我国人为源 VOCs 排放量介于 2 200 万~2 600 万吨。为了便于计算，我们在此取中间值，确定我国人为源 VOCs 排放量为 2 400 万吨。工业源是我国最主要的人为 VOCs 排放源，排放贡献率高达 55.5%，则工业源 VOCs 的排放量为 1 320 万吨。由此推算，工业源 VOCs 的治理费用为 1 056 亿元。

2. VOCs 排污收费政策的效益分析

排污收费政策的效益分析重点要从以下几个方面考虑：一是排污收费资金带

来的直接经济效益；二是由于实施排污收费政策促使企业建设污染治理设施带来的污染削减，从而产生的环境健康效益；三是由于实施排污收费政策，促进企业环境管理创新及环境监察能力提升等间接效益。

1）筹集资金产生的效益

由于不同行业的 VOCs 治理成本存在较大差异，在前述研究的基础上，结合专家意见和管理部门需求，取 VOCs 的污染当量计算算术平均值作为 VOCs 的污染当量，为 0.08 千克。我国工业源 VOCs 的排放量为 1 320 万吨，适宜征收排污费的排放量按照 30%计算，则为 396 万吨，VOCs 排污费征收标准执行国家统一规定的废气排污费征收标准，为 1.2 元/污染当量，则征收额为 594 亿元。

2）VOCs 治理带来的健康效益

VOCs 对人体健康的影响可分为直接影响和间接影响。由于难以直接测算出 VOCs 减少带来的环境健康效益，本小节采用间接方法来估测 VOCs 削减产生的环境健康效益。

2012 年 12 月 14 日发表的《全球疾病负担 2010》提出 2010 年中国因室外 $PM_{2.5}$ 污染导致 120 万人早死以及 2 500 万伤残调整寿命年损失。陈竺院士等在国际医学界最权威的《柳叶刀》发表的《中国应对空气污染健康影响》估计，中国每年因室外 PM_{10} 污染导致的早死人数介于 35 万~50 万人（表 7-55）。同时，如果中国城市 PM_{10} 年均浓度达到新修订的《环境空气质量标准》一级标准限值 40 微克/米^3，每年将减少 20 万人过早死亡，减少比例为 40%~57%。

表 7-55　不同研究机构关于中国空气污染损失的研究结果

研究单位或作者	研究成果	研究结论
陈竺等	中国应对空气污染健康影响	中国每年因室外 PM_{10} 污染导致的早死人数介于 35 万~50 万人
World Health Organization	全球疾病负担报告 2010	2010 年中国因室外 $PM_{2.5}$ 污染导致 120 万人早死以及 2 500 万名伤残调整寿命年损失
亚洲开发银行	迈向环境可持续的未来：中华人民共和国国家环境分析	中国的空气污染每年造成的经济损失，基于疾病成本估算相当于国内生产总值的 1.2%，达到 5 640 亿元。基于支付意愿估算则高达 3.8%，损失近 2 万亿元
潘小川等	危险的呼吸：$PM_{2.5}$ 的健康危害和经济损失评估研究	2012 年北京、上海、广州、西安四城市因 $PM_{2.5}$ 污染造成的早死人数将高达 8 572 人，因早死而致的经济损失达 68 亿元
经济合作与发展组织	空气污染的代价：道路交通对健康的影响	室外空气污染导致中国的年死亡人数为 120 多万人，接近总死亡人数的五分之二，经济损失约为每年 1.4 万亿美元。2005~2010 年，中国的室外空气污染死亡人数增加了约 5%（2005 年 1 215 180 人，2010 年 1 278 890 人）
Chen 等	*Evidence on the impact of sustained exposure to air pollution on life expectancy from China's Huai River policy*	通过研究 1981~2000 年的污染数据和 1991~2000 年的健康数据，发现每立方米空气每增加 100 微克的颗粒物，就会让人均寿命相应减少 3 年。中国空气污染，将缩短北方居民平均预期寿命 5.5 年，20 世纪 90 年代，中国北方的空气污染已经减少了人们合计 25 亿年的寿命

北京大学的潘小川和李国星完成的《危险的呼吸：PM$_{2.5}$的健康危害和经济损失评估研究》指出，2010年北京、上海、广州、西安因PM$_{2.5}$污染造成早死人数为7 770人，经济损失为61.7亿元；若在2012年，四城市的PM$_{2.5}$浓度能改善达到中国国家二级标准，可以减少北京、上海、广州、西安四城市近3 000例过早死亡，比例为39%；四城市的PM$_{2.5}$浓度能改善达到中国国家一级标准，可以减少四城市近6 156例过早死亡，比例为79%；如果能治理到WHO标准，则可以减少四城市6 962例过早死亡，比例为90%。

综合以上研究成果，中国由于空气污染造成的死亡人数约为120万人。在此采用支付意愿法来计算过早死亡带来的健康经济损失。在此，采用《PM$_{2.5}$的健康危害和经济损失评估研究》报告里的支付意愿数据。在该报告中，基于支付意愿法的"统计学意义上的生命价值"（value of statistical life，VOSL）为79.5万元。因此，空气质量改善每年带来的最大健康效益为9 540亿元。以VOCs为重要前体物的SOA约占PM$_{2.5}$的25%~35%简单计算，由VOCs减少带来的环境健康效益约为2 862亿元。但是，需要指出的是，这些仅是由于VOCs污染带来的早死导致的经济损失，还没有包括患病造成的治疗损失、工作日损失、学习日损失等。

3. VOCs排污收费的成本-效益分析

综上，实施VOCs排污收费政策的总成本为1 061.11亿元（表7-56），总效益为3 456亿元，效益费用比为3.26。

表7-56 VOCs排污收费政策的成本-效益分析结果（单位：亿元）

成本		效益	
执行成本	遵守成本	筹集资金规模	环境健康效益
5.11	1 056	594	2 862

7.4.2 环保综合电价政策的成本效益分析

1. 环保综合电价政策的成本分析

1) 执行成本计算

2012年，全国火电装机容量为81 968万千瓦，全国30万千瓦及以上大型火电机组占火电机组比重提高到76%，其中60万千瓦及以上清洁机组占火电机组比例已达39%，100万千瓦以上机组比例为5%左右（表7-57）。

表7-57 2012年火电场机组规模结构（单位：%）

<30万千瓦机组比例	≥30万千瓦<60万千瓦机组比例	≥60万千瓦<100万千瓦机组比例	≥100万千瓦机组比例
24	37	34	5

2012 年，全国火电发电量为 39 255 亿千瓦时。根据上面的机组比例，确定各类机组的发电量如下：1 000 兆瓦及以上机组容量的发电量为 1 962.75 亿千瓦时，600 兆瓦及以上（小于 1 000 兆瓦）机组容量的发电量为 13 346.7 亿千瓦时，300 兆瓦及以上（小于 600 兆瓦）机组容量的发电量为 14 524.35 亿千瓦时。

根据按机组容量划分环保综合电价补贴方案，不含除汞补贴的 300 兆瓦机组容量环保综合电价补贴为 4.21 分/千瓦时，含除汞补贴的 300 兆瓦机组容量的环保综合电价补贴为 4.95 分/千瓦时；不含除汞补贴的 600 兆瓦机组容量环保综合电价补贴为 3.26 分/千瓦时，含除汞补贴的 600 兆瓦机组容量环保综合电价补贴为 4 分/千瓦时；不含除汞补贴的 1 000 兆瓦及以上机组容量的环保综合电价补贴为 3.74 分/千瓦时，含除汞补贴的 1 000 兆瓦及以上机组容量的环保综合电价补贴为 4.48 分/千瓦时。

2012 年，全国脱硫机组装机容量占火电装机容量的 87.6%（表 7-58），全国脱硝机组装机容量占火电装机容量的 16.9%，全国除尘机组装机容量占火电装机容量的 100%。如果以 2012 年发电量和脱硫脱硝除尘机组装机比例为基础，则 2012 年全国环保综合电价补贴金额为 813.82 亿元。

表 7-58　2012 年各类机组发电量及综合电价补贴

机组类型	<30 万千瓦机组	≥30 万千瓦<60 万千瓦机组	≥60 万千瓦<100 万千瓦机组	≥100 万千瓦机组
装机容量比例/%	24.00	37.00	34.00	5.00
发电量/亿千瓦时	9 421.20	14 524.35	13 346.70	1 962.75
综合电价补贴标准（不含除汞）/(分/千瓦时)	不补贴	4.21（其中，脱硫 1.87；脱硝 1.96；除尘 0.38）	3.26（其中，脱硫 1.14；脱硝 1.9；除尘 0.22）	3.74（其中，脱硫 1.85；脱硝 1.69；除尘 0.2）
脱硫脱硝除尘装机比例/%	脱硫 87.6、脱硝 16.9、除尘 100	脱硫 87.6、脱硝 16.9、除尘 100	脱硫 87.6、脱硝 16.9、除尘 100	脱硫 87.6、脱硝 16.9、除尘 100
补贴金额/亿元	—	341.23	205.50	41.34

2）遵守成本计算

由于设计的补贴标准就是依据各电厂的脱硫、脱硝、除尘的成本核算出来的，因此电厂的政策遵守成本是与国家的环保综合电价补贴相等的，也就是说企业的遵守成本已经由国家予以了补助，所以相对于企业来说，遵守成本为零。

综上所述，燃煤电厂环保综合电价政策的总成本为 588.07 亿元。

2. 环保综合电价政策的效益分析

依据环境政策成本-效益分析框架，环保综合电价政策的效益分析重点从以下三个方面考虑：一是环保综合电价政策实施带来的企业脱硫脱硝除尘设施大规模建设，污染物排放量下降，环境质量改善带来的健康效益；二是对于企业来说，由于实施实施环保综合电价政策，企业运行污染治理设施的费用降低，同时排污费也将减少，企业利润相对提高，从而带来直接的经济收益；三是由于脱硫脱硝电价政策而发展起来的脱硫脱硝特许经营经营、合同环境服务等环境服务业产生的间接效益。

1）污染减排带来的健康效益计算

中国是全球最大的煤炭消费国，燃煤是我国大气污染的最大来源。我国 SO_2 排放量的 90%、NO_x 排放量的 67%、烟尘排放量的 70%、人为源大气汞排放量的 40%以及 CO_2 排放量的 70%都来自于燃煤。而这其中，电力行业燃煤又是全国燃煤的最主要行业，占到全国煤炭消费量的 50%以上。

煤炭不仅是一次 $PM_{2.5}$ 的主要排放来源，其排放的 SO_2、NO_x 更是二次 $PM_{2.5}$ 的主要前体物。有关研究表明，中国 $PM_{2.5}$ 污染约有 45%来自于燃煤的大气污染排放。$PM_{2.5}$ 由于粒径小，不但能引起呼吸系统疾病，甚至可以通过肺泡进入人体的血液循环系统，从而引起动脉硬化、高血压、冠心病、中风等循环系统的疾病。同时，煤炭燃烧时产生的 NO_x 主要指 NO 和 NO_2 在阳光照射下回进行复杂的光化学反应，可能产生光化学烟雾，造成区域性的氧化剂污染和 $PM_{2.5}$ 污染。另外，燃烧产生的烟尘废气中含有燃烧不完全的黑色碳粒，一般煤炭燃烧后会有约 1/10 的烟尘废气排入大气，其中颗粒较小的粒子会进入人体呼吸道，黏附在上呼吸道表面，极度微小的颗粒甚至会进入肺泡，被溶解吸收后造成血液中毒，未被溶解的可能成为尘肺，极大危害人体健康。

对燃煤造成的人体健康损失已经开展了很多研究，但是结果略有差异，主要如下：①2003 年，由世界自然基金会（中国）资助的，由煤炭信息研究院洁净能源与环境中心编制完成的《中国煤炭开发与利用的环境影响研究》显示，2001 年燃煤发电排放的 SO_2 和烟尘造成的环境健康损失为 1 100 亿元。②2008 年能源基金会、绿色和平及世界自然基金会联合发布了《煤炭的真实成本》（TCOC），报告中对煤炭生产、运输、消费过程对环境造成的各种损害的成本进行了估算，核算得到 2005 年煤炭环境外部成本为 176.73 元/吨煤，其中使用环节的环境成本为 91.7 元/吨煤，燃煤导致的健康损失为 44.8 元/吨煤，占煤炭燃烧环境成本的近一半。③2010 年，中国疾病预防控制中心环境与健康相关产品安全所的研究人员完成的《煤炭的真实成本——大气污染与公众健康》报告显示，燃煤大气污染造成的健康、经济损失巨大。2003 年，中国由于空气污染引发的过早死亡以及疾病的经济损失为 1 573 亿元，占到当年国内生产总值的 1.16%。2005 年，燃煤导致的健康经济损失为 44.8 元/吨，占到煤炭燃烧环境成本的 49%。④2014 年，环境保护部环境规划院的研究人员完成的《煤炭环境外部成本核算及内部化方案研究报告》显示，2010 年中国煤炭环境外部总成本为 5 555.4 亿元，占当年国内生产总值的 1.4%，折合每吨煤环境外部成本为 204.76 元。其中煤炭生产、运输和使用环节的环境成本分别为 67.68 元/吨、52.04 元/吨和 85.04 元/吨。在使用环节，燃煤造成的人体健康损失吨煤成本占使用吨煤成本最大，为 67.81 元/吨煤。

在计算过程中，将绿色和平组织和环境规划院两份报告中燃煤对人体健康损失的计算结果取平均值作为燃煤的人体健康损失，计算结果为 56.3 元/吨煤。根据《中国统计年鉴 2012》，2012 年，全国发电中间消费煤 178 531.0 万吨，则燃煤发电导致的人体健康损失为 1 005.13 亿元。

2）环境服务业发展带来的间接效益

根据《我国脱硫脱硝行业 2012 年发展综述》显示，2012 年全国电力脱硫脱硝行业骨干企业约为 30 家，总产值约为 150 亿元，利税总额约为 20 亿元。

则综上所述，我国环保综合电价政策的总效益为 1 155.13 亿元。

3. 环保综合电价政策的成本-效益分析

综上所述，实施环保综合电价政策的总成本为 588.07 亿元（表 7-59），总效益为 1 155.13 亿元，效益费用比为 1.96。

表 7-59　环保综合电价政策的成本-效益分析结果（单位：亿元）

成本		效益	
执行成本	遵守成本	环境健康效益	产业发展效益
588.07	0	1 005.13	150

第 8 章 降低拥堵和 $PM_{2.5}$ 污染的机动车柔性限行政策

随着城市机动车保有量的大幅增加，汽车排放对 $PM_{2.5}$ 的影响日趋严重的同时，机动车行驶速度也在显著下降。为了降低机动车污染排放和减少交通拥堵，提高机动车限行政策的社会可接受性，可以实施机动车柔性限行政策。本章将分析典型城市机动车柔性限行政策需求，在吸收发达国家交通拥堵和排放控制经验基础上，提出中国机动车柔性限行政策框架与方案。

8.1 中国主要城市交通环境需求管理政策分析

传统解决交通拥堵的主要方法为增加道路数量与路网的容量以及大力发展公共交通。经验表明，城市中可以用来进行交通基础设施建设的资源是有限的，新建道路与扩大路网容量不仅带来新的交通需求，而且在进行交通基础设施建设时的耗时和耗资都相当巨大，扩建道路与修建立交的同时也影响了交通的正常运行，造成更严重的交通拥堵。公共交通的大力发展有效地缓解了城市交通拥堵，但是随着城市机动车数量的大幅增长，大量的机动车上路导致了公共交通运营速率大幅降低，很多居民将开小汽车出行作为自己优先的出行选择。

由于传统解决交通拥堵方法的局限性，交通管理者与学者提出了交通需求管理政策，为解决城市交通拥堵提供了新的思路。交通需求管理政策是指通过交通政策的导向作用，运用一定的技术，通过机动车行驶速度、道路交通服务、费额等因素影响交通参与者对交通方式、交通时间、出行目的地等的选择行为，使交通需求在时间、空间上均衡化，以在交通供给和交通需求间保持一种有效平衡，使交通结构日趋合理。

8.1.1 北京交通需求管理政策

1. 公交票价补贴

2007 年 1 月 1 日，北京取消已经使用了 50 多年的公交月票制度，实行更为普遍的低票价政策，对公交刷卡乘客实行大幅度的折价优惠，如普通卡——4折，也就是 0.4 元；学生卡——2 折，0.2 元。2007 年 10 月 7 日起，北京市公共交通低票价政策覆盖到了轨道交通，轨道交通网实行 2 元制的单一票价制度。2009 年，北京地面公交补贴达到 104.2 亿元，随着轨道交通线路的不断延长和运营成本的不断提高，北京对轨道交通的补贴也达到了 15.2 亿元。公共交通工具票价的大幅降低使得对于出行费用敏感的人们其吸引力大大加强，与此同时，也对小汽车的潜在购买者购买小汽车的意愿有所降低。

大力发展公交系统在减轻城市交通压力方面起到重要作用，但是以上几方面的措施所起到的主要作用是吸引那些没有购买小汽车城市出行者，而对于已经拥有小汽车且选择小汽车出行的城市居民来说，作用并不是很明显。

2. 小汽车限购政策

2010 年 12 月底，北京正式公布了《北京市小客车数量调控暂行规定》实施细则，俗称"限购令"。其中主要有 4 个要点：①2011 年全年小客车总量额度指标为 24 万个（月均 2 万个），个人占 88%。每月 26 日实行无偿摇号方式分配车辆指标。②外地人在北京购车需要连续 5 以上缴纳北京社保和个税的证明，港澳台居民、华侨以及外籍人员只需 1 年居住证明。③外地牌照交通高峰时段在五环路以内禁行。将研究制订重点拥堵路段或区域交通拥堵收费方案，择机实施。④更新指标无需摇号，直接申请更新指标。"限购令"的出台从源头上控制了小汽车的发展，进而对城市的交通拥堵现象起到缓解作用。

3. 停车收费政策

在实行差别化收费政策之前，北京露天公共机动车停车场在四环以内收费标准为小型车 1 元/30 分钟、大型车为 2 元/30 分钟，四环外小型车为 0.5 元/30 分钟、大型车为 1 元/30 分钟；在王府井、东单、西单、金融街、中关村核心区等繁华地区的收费标准为小型车 2.5 元/30 分钟、大型车为 5 元/30 分钟；而公共建筑地下停车库收费标准小型车不高于 2.5 元/30 分钟、大型车不高于 5 元/30 分钟；居民小区地下停车场收费标准为小型车不高于 1 元/30 分钟、大型车不高于 2 元/30 分钟。而在 2010 年年底，北京出台了非居住区停车，非居住区白天停车收费标准调整政策，即差别化停车收费政策。具体来说，调价后北京非居住区停车场依据交通拥堵状况划分为三类区域：一类地区为三环路（含）以内区域及中央商务区（CBD）、燕莎地区、中关村西区、翠微商业区 4 个重点区域。二类地区为五环路（含）以内除一类地区以外的其他区域。三类地区为五环路以外区域。收费水平遵循"中心高于外围、路内高于路外、地上高于地下"的差别化原则，适当低于上海、广州、深圳等城市，具体标准为占道停车场、路外露天停车场、非露天停车场，一类地区分别为 10 元/小时（首小时后 15 元/小时）、8 元/小时和 6 元/小时，二类地区分别为 6 元/小时（首小时后 9 元/小时）、5 元/小时和 5 元/小时，三类地区均为 2 元/小时，其中占道停车场首小时后 3 元/小时。白天计时单位调整为以 15 分钟为 1 个计时单位，不足 15 分钟按 15 分钟计算。

4. 错时上下班政策

北京最早试行错时上下班的单位是各大商场，将平日开门时间由最初的 9 点推迟到 10 点，取得了较好效果。2010 年 4 月，北京进一步强化了该政策。自 2010 年 4 月 12 日起，北京市属各党政机关、社会团体、事业单位、国有企业和城镇集体企业，实施错时上下班政策。相关单位的上班时间将由 8 时 30 分调整为 9 时，下班时间由 17 时 30 分调整为 18 时。在北京的中央国家机关以及所属社会团体和企事业单位、学校、医院、大型商场上下班时间不变。

5. 尾号限行政策

从 2008 年 10 月 11 日开始，北京连续实施了三个阶段的机动车按车牌尾号工作日高峰时段区域限行交通管理措施。2010 年 4 月，北京发布了《北京市人民政府关于实施工作日高峰时段区域限行交通管理措施的通告》，通告主要内容包括：将车牌尾号工作日高峰时段区域限行的机动车车牌尾号分为 5 组，每 13 周轮换以此限行日，其中限行机动车车牌尾号组别分别为 2 和 7、3 和 8、4 和 9、1 和 6、5 和 0（包含临时号牌；机动车车牌尾号为英文字母的按 0 号管理），限行时间为工作日的早上 7 时到晚上 20 时，限行区域为包含五环以及五环以内的区域。除上述限行机动车外，公务车也有其相应的限行政策，即北京市行政区域内的中央国家机关、各级党政机关、中央和北京市所属的社会团体、事业单位和国有企业的公务用车按车牌尾号每周停驶一天（0 时到 24 时），范围为北京市行政区域内道路。

从北京尾号限行实施几年的效果来看，对道路交通拥堵改善作用与大气环境改善作用不是很明显，尾号限行政策还存在许多不足。首先，尾号限行实施以来，北京平均每年温室气体减排量少了 60.2 万吨，相当于 2007 年北京 CO_2 排放总量的 0.4%，平均每年减排污染物 8.6 万吨，其中 CO 为 7.5 万吨、NO_x 为 0.9 万吨、SO_x 为 0.2 万吨，将改善环境效益折合成经济效益，相当于每年节约了 0.57 亿元，其效果微乎其微。由于较小的限行比例和北京每年接近 16.8% 的私人机动车增长率，使尾号限行政策已呈现出"边际效应递减"，所以其对北京交通拥堵状况缓解能力也渐渐变弱。其次，由于尾号限行政策限行时间是刚性的，对部分车主的正常出行产生了一定的影响，限制了一些的确需要上路的车主。

6. 奥运期间单双号限行政策

值得一提的是，奥运期间北京的单双号限行政策，因为较大的限行比例，所以实施后的交通拥堵以及污染情况改善较大。为保证2008年北京奥运会、残奥会期间的交通正常运行和空气质量良好，履行申办奥运会时的承诺，根据《北京市人民代表大会常务委员会关于为顺利筹备和成功举办奥运会进一步加强法治环境建设的决议》，市政府决定在2008年7月1日至9月20日期间，对北京机动车（包含临时号牌车辆）采取临时交通管理措施。政策实施时起北京市车牌尾号实行单号单日、双号双日行驶（单号为1、3、5、7、9，双号为2、4、6、8、0），"二00二"式号牌机动车按双号管理。单双号限行范围为：北京市行政区域内道路；8月28日0时至9月20日24时，五环路主路以内道路（含五环路主路）、机场高速公路、八达岭高速公路主路（上清桥至西关环岛）、京承高速公路（来广营桥至白马南桥）。

自北京实施单双号限行后，效果显著，主要体现在四个方面：第一，路面车辆大幅减少，车速快了许多。坐406路公交车从东四十条到国家体育场"鸟巢"，十几千米的路程，在单双号限行前因为堵车要用70分钟，单双号限行后只用30分钟。从西城区西单坐109路公共电车经过最拥堵的西四路段到达朝阳门，8.5千米的路程以前要走90分钟，单双号限行后只用32分钟。这说明单双号限行起到了很好的减少交通拥堵的作用。第二，空气质量大为改善。通过相关研究发现，北京实施单双号限行之后，车流量大幅度下降，北京路面扬尘量下降了约47%，与交通排放相关的CO、CO_2和PM_{10}分别下降20%以上，环境改善效果明显。第三，有力地促进了城市地铁、轻轨的发展。为了筹办奥运会，需要采取单双号限行措施。如何解决这一阶段的出行问题，这就促使有关部门采取大力发展城市地铁、轻轨的措施。第四，对特殊时期城市交通管理起到示范作用，为以后解决我国举行盛会期间的交通环境问题积累了较丰富的交通管理经验，对今后各地交通管理起到良好的示范作用。

但是，奥运期间的单双号限行的限行比例过大，对市民的正常生活产生了巨大的影响，从长远来看，就有可能导致市民大量购买第二辆车，从而间接导致城市环境负担加剧，环境污染日益严重。

8.1.2 上海交通需求管理政策

1. 车牌拍卖政策

为解决交通拥堵的状况，1994年开始，上海首度对新增的客车额度实行拍卖制度，对私车牌照实行有底价、不公开拍卖的政策，购车者凭着拍卖中标后获得的额度，可以去车管所为自己购买的车辆上牌，并拥有在上海中心城区（外环线以内区域）使用机动车辆的权利。上海市车牌拍卖的时间是每个月的第三个星期六上午10：00到中午11：30。上海私车牌照拍卖政策实施二十余年来，较好地控制了本地牌照机动车的增长速度。但近年来，这个政策面临的突出问题是，随着拍卖价格的走高，越来越多的车主选择了外地牌照，造成政策绩效流失。

2. 停车收费政策

根据上海市政府发布的《上海市道路、水路运输服务业管理办法》及国家有关收费管理的规定，将上海公共经营性停车场根据所在地段分为六个级别，停车场按设施、设备情况共分为六等，机动车停放时间按小时计费，不足 1 小时按 1 小时计，超过 1 小时按 1 小时递进，超过 8 小时至但在 24 小时之内按 8 小时计。连续停放超过 24 小时，超过部分按上述标准重新计算。计费标准以基价加等级差价的方式计算。

8.1.3 杭州和广州交通管理政策

1. 杭州错峰限行政策

从 2011 年 10 月 8 日早上 7 时起，杭州每个工作日的（周一至周五）7 时至 8 时；17 时至 18 时 30 分为早晚高峰时段。（注：国庆节导致 10 月 8 日、9 日这两个双休日变成工作日时将分别按照对应变更的工作日来实施尾号限行）。对应的"错峰限行"机动车号牌（包含临时号牌）末位数字分别如下：星期一为 1 和 9、星期二为 2 和 8、星期三为 3 和 7、星期四为 4 和 6、星期五为 5 和 0。受限机动车在"错峰限行"时段，如果闯入设置禁止通行标志的"错峰限行"区域道路，按"机动车违反禁令标志指示"定性，处 100 元罚款，扣 3 分。

相比于北京的尾号限行政策，错峰限行政策更为人性化，错峰限行政策把限行对市民出行的影响降到较低，限行时间选择早晚高峰时段，目的是为了削峰，而不是确切一天，那么相应尾号的车主可以选择早些出发，晚些回家。但是错峰限行依然还是有很多不足之处：首先，由于限行比例较小，缓解交通拥堵的效果与改善环境的作用并不明显。其次，由于错峰限行采取的是削峰的策略，所以早晚出行高峰时间变长，停车压力增大。

2. 广州货车限行政策

广州市公安局分别在 2002 年 4 月、2006 年 9 月、2007 年 9 月和 2008 年 10 月四次公布了限制货车进城的范围和时段，每次范围和时段都有所扩大；限行措施分载重等级、地域范围、通行时段并对各类进城货车进行了限制，具有较强的针对性和灵活性。货车禁行区域调整后，货车禁行引起的道路流量变化主要集中在天河区的华南快速干线与东环高速之间、海珠区的新港路与南环高速之间区域。禁行范围扩大后，使这些区域的地面道路流量出现不同程度下降，货车向环城高速转移。货车限行措施使道路网络得到了一定的改善，但通过"限货"所释放出来富余道路空间却被小客车所占据，其道路占有率上升，货车限制措施在某种意义上反而促进了小汽车出行，并未起到交通需求管理的预期效果。

在未来几年，以上交通需求管理政策还将继续在我国城市中使用，也将对我国城市的大气污染防治中起到重要的作用。然后，仅仅依靠以上的政策并不足以推动我国城市空气质量改善的目标。需要通过经济以及政策手段来限制小汽车的使用，所以交通拥挤收费以及机动车限行成为一项较好及有效的城市交通调控手段，是交通需求管理的重要内容。在一定程度上，可以抑制城市交通需求的过快增长，保持交通需求与交通供给的平衡。由于出行交通流量的减少，可以降低能源消耗，节约交通基础设施投资，减少环境污染。

8.1.4 中国香港交通需求管理政策

作为繁华的国际化大都市，中国香港经济繁荣，地域狭小，但人口众多。中国香港的陆地及海域总面积共2 755平方千米，且有山有海，地形复杂。截至2011年6月，中国香港人口达到711万人，人口密度高达每平方千米2 580人。在这样的情况下，中国香港的交通依然比较顺畅，其经验值得参考和学习。中国香港的交通之所以能够保持畅通，主要是由于以下两点：第一，中国香港的城市布局结构是公共交通社区式的；第二，在20世纪60年代末，中国香港就大量吸取了英国成熟的交通规划与管理理论。第一点使得中国香港在后期的交通管理上较少受到城市规划不合理带来的约束，第二点使得中国香港在实施具体政策的过程中受到极少的群众阻力。

1997年，中国香港特区政府曾经委托有关研究机构就电子道路收费（electronic road pricing，ERP）展开可行性研究，探讨在中国香港实施交通拥挤收费的可行性（表8-1）。顾问研究组制定了一套运输研究模式，就可行的策略做出评估，并考虑了各种不同的ERP方案，提出了一系列系统设计计划，还进行了实地测试，中国香港拟定的拥挤收费方案，具体如表8-1所示。但是，到2001年4月，这项耗资9 000多万元、耗时多年研究的ERP计划最终还是被打入冷宫，原因是经济形势不景气，中国香港股市、证券市场出现危机，中国香港政府资金有限，投资趋于保守以及公众对于收费计划的质疑。特区政府宣布，据未来10年估计，中国香港的平均车不会有严重恶化，并且将有多项措施改善空气质量，因此在未来10年内不会实施该计划，但政府还是会密切关注相关科技的发展、交通情况以及ERP的技术进展，以备将来不时之需。需要指出的是，90%以上的中国香港市民在日常交通出行中都会选用公共交通工具，比率为全世界最高。中国香港政府对私人汽车始终实施高收费政策，包括汽车的首次登记税、牌照费、汽油税等，在全世界都处于偏高的水平，从而限制私人汽车的增长率及使用率。目前，中国香港每 1 000 人拥有私家汽车仅为 50 辆，在国际各大城市中比例相对较低。

表 8-1 中国香港拟定的拥挤收费方案

指标	方案 A	方案 B	方案 C
区域数目	5	5	13
是否采用潮汐式收费	否	是	是
收费站数目	130	115	185
平均每月付费	15.60	18.20	20.80
预计对交通的影响			
高峰时交通量的变化/%	20	21	24
经济效果			
总收益/（10^6美元/年）	95	113	119
投资和运营成本/（10^6美元/年）	6.38	6.28	6.63
收益成本比	14.8	17.9	17.9

机动车排放是目前增长最快的空气污染源。在发达国家大多数城市区域，汽油车是 CO、NO_x、HC 等空气污染物的主要来源。国外发达城市通过制定机动车排放标准，燃料质量指令，发展可持续交通体系、利用经济手段等减少颗粒物排放量。最近几十年来，中国机动车保有量每 7~8 年翻一番，而且随着经济的持续快速发展，未来一段时间内机动车保有量快速增长的趋势不会变。机动车排放污染物已经成为导致环境空气质量问题的一个突出因素，特别是城市群地区，为了有效并快速地控制移动污染源，必须从限车增速的角度出发制定相应政策。

从国外典型城市实施的交通管理政策的经验中发现通过经济手段控制机动车上路的数量有着明显作用。根据现阶段的国情，实施拥挤收费政策可能会因为经济因素的直接加入而遭到反对，限行这种间接性措施反而容易被接受，但是传统的刚性限行存在一些缺点。根据"轿车自律停驶制度"的经验，结合现阶段国情，提出实施机动车柔性限行政策，即交通管理部门对某区域实施交通限行，限行对象为小汽车（出租车除外）。交管部门每周按照限行比例赋予小汽车用户一定量的免费出行天数，如果当周小汽车用户实际上路天数超出了免费出行天数则需要缴纳一定量的拥挤费用。这里的限行比例可以描述为被限行的天数占该周总天数的比例，如限行比例为 0.4 时，则限行天数为 2 天。该政策力求在减少机动车上路数量缓解交通拥堵的同时减少限行给居民出行带来的影响，使得限行政策更为合理。

8.2 发达国家城市交通环境管理经验借鉴

8.2.1 伦敦交通需求管理政策

交通拥堵问题一直以来都在困扰着伦敦这个国际化大都市。由于车辆拥有量的增多,伦敦市中心的车辆时速一直处于较低的水平。从 20 世纪 60 年代开始到 2003 年实施拥堵收费前,伦敦的交通行驶速度整体已经降低了 20%左右。2002 年,伦敦市中心区域的车辆全日平均行驶速度只有 8.6 英里/小时(1 英里≈1.609 千米),大量的时间被耗费在交通拥堵时间中。

伦敦的拥堵定价收费在 1997 年时开始为人们所提及,但直到 2003 年 2 月,伦敦才开始正式推行拥堵收费政策,初始阶段该政策对划定收费区域内的市中心出入车辆征收拥堵费,该面积达到 22 千米^2,主要包括交通拥堵最密集的区域以及就业密集区域,如市中心区内的行政、经济、商业、娱乐区域,也包括伦敦西区、西斯敏特、金融城和泰晤士河南岸等部分地区,并于 2007 年 2 月收费区域向西面扩展到切尔西、诺丁山和肯辛顿地区。伦敦设定拥堵收费时间为周一至周五全天(早上 7 时至晚上 18 时);收费对象包括进入该区域的机动车辆;收费方式通过商店、网络或者电话支付,车主在支付时需注册车牌号码。通过安装在城市中的自动车牌设备识别来检查范围内的车辆的车牌号码,并对那些未支付的车主发出罚款通知。最初的收费标准为每天每 5 英镑,对于该区域内的居民可享有 90%的折扣,对于公共汽车、出租车等则不需支付拥堵费用,另外如果按周、月、年提前付费可以获得适当的折扣,最多为 15%。但是如果车主 2 天内不交拥堵费,则罚款 100 英镑;28 天之后再交,罚款会增加到 150 英镑。

自伦敦实施拥堵收费后,收费区域内的交通流量得以降低,进入伦敦市中心的私人车辆、小型货车和卡车的数量得以下降。相比于 2002 年,实施后的第一年就降低了 34%。同时人们对公共交通的需求量增大,特别是出租车和公交车出行率分别增加了 22%和 21%,尽管如此,但由于轿车和货车出行量的减少,整体交通量仍然下降了 12%,收费时段内,伦敦市中心交通堵塞现象下降了 30%,伦敦地区的自行车数量增长 20%。每天高峰时,乘坐公共汽车去伦敦市中心的人们增长了 47%。伦敦主干道上的车流速度已经从 2.9 英里/小时提升到 7.4 英里/小时。

交通事故发生率降低。据伦敦有关部门评估,道路拥堵收费方案实施后整个伦敦市区的交通事故明显下降,主要原因是交通流量的减少降低了交通事故发生率。2001~2006 年伦敦交通事故的伤亡率在逐年下降;与 2001~2005 年相比,2006 年伦敦"致命伤亡"事故分别减少 3~37 起;"严重受伤"事故分别减少 102~1 143 起;"轻微受伤"事故分别减少 29~6 297 起。根据伦敦交通管理局的统计,由于交通事故的减少,伦敦每年净增的社会福利为 210 万~370 万英镑。

居民出行行为改善。据伦敦交通管理局报告,开征道路拥堵费以后,伦敦私人汽车的出行量显著减少,占比由开征前的 51.6%下降到 40%左右;而与此同时,乘坐公交车出行的比例则由 3.4%上升至 5%以上;出租车出行占比由 14.8%上升到 20%以上;自行车出行占比由 4.2%上升到 7%;电动摩托车占比由 7.4%上升至 9%左右。

市中心区空气质量改善,据伦敦环境保护部门监测,实施道路拥堵费政策后,伦敦市中心空气中的 CO_2、悬浮颗粒物、NO_x、CO 含量明显降低,环境明显改善。其中 CO_2 含量减 25%左右,CO 含量减 33%左右。根据相关学者的测算,伦敦自开征道路拥堵费以来,空气质量改善所产生的社会福利介于 300 万~600 万英镑。

公共交通体系改善。实施道路拥堵费政策实施后,以 2002~2007 年为例,伦敦交通管理局收费净收益达到 4.3 亿英镑。这些收益主要用于改善伦敦公共交通体系,根据伦敦交通管理局公布的数据显示,净收益中的 80%用于改善公交系统(包括增加公交线路、增开公交班次等),12%用于新建城市道路,2.5%用于改善交通安全系统,4.5%用于改善人行道和自行车道,1%用于其他用途。通过多年的努力,伦敦公共交通体系得到了明显的改善。

总体来说,伦敦实现的拥堵收费取得很好的效果,但是由于收费标准没有针对不同区域进行更加细致的规划,收费未分时段,导致整个系统的效率不高,系统的运行和维护成本也相对较高。例如,2002~2007 年,伦敦交通管理局获得的总收益为 8.14 亿英镑,而其成本则达到 3.84 亿英镑,成本占总收益的比例高达 47%。

8.2.2 新加坡交通需求管理政策

新加坡是东南亚的一个岛国,也是城市国家。截至 2011 年,新加坡国土面积约为 714 平方千米,人口约为 518 万人,人口密度达到每平方千米 7 257 人,是世界上人口密度最大的国家之一。但新加坡的交通并没有出现严重的拥堵现象,早晚高峰时,高速公路平均车速高于 60 千米/小时,市区机动车度为 25 千米/小时,伦敦、东京和中国香港等交通状况良好的国际大都市也都对此望尘莫及。新加坡取得这样显著的成果,主要归因于新加坡政府实施谨慎、细致、有效、长远且可持续的交通政策及创新方案。在 20 世纪 70 年代,新加坡政府就有预见性的将交通需求管理引入交通发展政策,保障了交通供给和需求的平衡,并在后来交通发展中取得了明显的成效。

新加坡是第一个通过拥堵收费来控制道路交通量的城市,在这一方面有超过三十年的治理经验，对拥堵收费的研究无疑具有很高的研究价值和借鉴作用。

1975年6月，新加坡实施了区域通行方案（area licensing system，ALS），主要针对载客不足4人的车辆驶入实施区域时进行收费。在早起实施时，ALS主要在上班的高峰期实施，实施区域主要在725公顷的中心商务区，在区域边界设置了27个车辆入口，收费是每天2新元，对于购买区域通行证的进行放行，而对于没有通行证的车辆，由交警人工记录车牌号码，车主在两周内会收到法院的传票和70新元的罚款。1994年，ALS又改为全天运行，通行证也调整为全天和半天两种。ALS实施前后进入控制区的车辆数对比如表8-2所示。

表8-2 新加坡ALS实施前后进入控制区的车辆数（单位：辆）

时间	汽车		其他车辆		总计	
	实施前	实施后	实施前	实施后	实施前	实施后
7时至7时30分	5 384	6 565	4 146	5 011	9 800	11 576
7时30分至9时30分	32 421	7 727	22 892	22 545	55 313	30 272
9时30分至10时	7 059	7 479	5 716	7 561	12 775	15 040

通过该政策的实行，减少了高峰期的交通流量，从表8-2中可知，各类机动车的车流量在高峰期下降了45%。在车辆行驶速度方面，ALS实施前，在中心商务区平均车速只有19千米/小时；ALS实施后，中心商务区速度达到23千米/小时。另外，通过实施ALS，使居民出行方式开始更多地向公共交通转移，ALS实施后居民乘坐公共交通的比例由33%上升到69%。

1998年，新加坡实施了电子公路收费制度，即以ERP系统取代ALS。该系统主要由车内设置的电子装置、两个相距15米的收费匝道口以及计算机信息中心处理系统组成。驾车者在经过不同地点时所要缴纳的费用是不同的，并且在同一时间经过不同地点时的收费也不同，如高峰期时交通最拥挤的地区收费最高。一般来说，新加坡的经验表明可变的定价方式是一种减少拥堵的有效方法。其工作方式为，ERP系统将电子装置内置在机动车内，通过当地银行购买的现金储值卡进行预付费充值，每当机动车辆经过收费站时，车内的电子装置会将相应费用自动从现金账户中扣除。对于车内没有装载此项电子设置或者现金账户中余额不足的情形，收费站内设置的相机将会自动拍照记录。

新加坡的拥挤收费系统效果明显，在高峰时段进入城市中心区的车流量明显减少。调查数据显示，车辆在高峰时段进入中心区的流量减少了44.5%。促使许多交通出行者改乘公共交通方式，优化城市交通出行结构。城市交通体系发达，乘车方式也非常多样化。新加坡拥有83千米的地铁、240多条公交巴士线和轻轨线、3 800多个停靠站点组成的完善的公共交通网。每个站点的车辆到达间隔为15分钟，误差不超过2分钟，每两个站点之间的间隔距离不超过400米。在此强大的公共交通体系的支持下,新加坡城市中心区域收集收费政策实施效果非常好,许多新加坡人改乘公共交通工具。

8.2.3 首尔交通需求管理政策

首尔是韩国最大的城市,其面积为 605 平方千米,人口为 1 058 万人,人口密度高达每平方千米 17 487 人。据统计,目前每天约有 3 100 万人次进出,交通压力巨大。为了缓解城市交通压力,首尔市采取了以下交通需求管理措施。

1. 交通拥堵收费制度

为了调控机动车在交通拥堵路段的使用率,同时筹集必要的改善公共交通服务事业的财政投资,首尔从 1996 年 1 月起开始正式实施《首尔市道路拥堵收费实施条例》。该条例主要针对"南山一号隧道"和"南山三号隧道",它们是通往首尔市中心城区的主干道路或者在高峰时段比较拥堵的道路。《首尔市道路拥堵收费实施条例》实施后,每周一至周五的早七点至晚九点,公交车、出租车和货车以外的车辆(其中,载客数超过 3 人的车辆,残疾人所有的车辆以及公务车辆可享受免征政策,1 000 毫升以下排量的车辆可享受减免 50%拥堵费政策)驾驶者需交纳 2 000 韩元(约合 10 元)作为交通拥堵费才能经过以上提到的两条隧道。1996 年实行交通拥堵收费条例至 2006 年,首尔的汽车上牌量从 217 万辆迅速上升至 286 万辆,增加了 69 万辆,增幅近 32%,但收取交通拥堵费的两条隧道的通行量上涨不足 3%。由此可见,交通拥堵收费显著地放慢了交通拥堵加剧的步伐。

2. 轿车自律停驶制度

首尔从 2003 年 7 月开始正式启动"轿车自律停驶制度",该制度规定首尔市交通厅给在首尔市和首都圈地区注册的、每周工作日自愿停驶一天的、载客数不超过 10 人的非营业性车辆颁发"轿车自律停驶制度",获得该电子标签的车辆将享受减免 5%的汽车税、减免 50%的交通拥堵费和优先获得停车位等优惠政策,还可以享受一些民间机构提供的洗车费折扣、加油费折扣、保险费折扣等多种折扣优惠。但如果获得"轿车自律停驶制度"的车辆在一年之内有 3 次以上没有按照约定每周工作停驶一天,市政府将取消该车辆获得的电子标签,即不再享受以上提到的任何优惠。"轿车自律停驶制度"起源于 2002 年韩日世界杯期间,市政府强制实施的"尾号限行制度"。世界杯结束后,"尾号限行制度"不再强制实施,首尔在"尾号限行制度"的基础上,扩展成"主动参与减少交通量的行动"的市民活动,由市民自主决定每周工作日选择一天不使用自驾车,改用其他出行方式。首尔工作日参与停驶制度的数据统计结果显示,从星期一到星期五,停驶参与率顺次下降,星期一停驶的车辆为 17.2

万辆,参与率最高,为 26.3%;星期五停驶的车辆为 8.9 万辆,参与率最低,为 13.5%。

自从实施轿车自律停驶制度以来,首尔的每小时道路通行速度提高了 0.18 千米,提速率达 1.02%。当参与自律停驶制度的所有车辆都按照制度要求出行的时候,每小时道路通行速度将提高 0.39 千米,提速率达 1.92%(表 8-3)。可见轿车自律停驶制度对缓解首尔市交通拥堵状况具有较明显的作用。

表 8-3 实施轿车自律停驶制度前后的行驶速度变化(单位:千米/时)

指标	实施前	实施后	速度变化
现在(遵守率 56.8%)	20.50	20.71	0.18
理想状况(遵守率 100%)	20.50	20.89	0.89

3. 停车限制

从 1995 年开始,首尔市政府实施停车限制政策。在该政策中,首尔对不同地区采取有差别的停车标准和停车场建设标准,如在中心城区和副中心区采取限制性的停车措施,在城市外围地区采取较宽松的停车标准和停车场建设标准。首尔市采取的"停车场建设限制"政策的相关标准如表 8-4 所示。

表 8-4 首尔各种功能区面积比较

指标	居民区	工业区	首尔市地区	停车场建设限制地	绿化区	合计
面积/千米^2	303.08	27.9	24.65	13.76	250.33	605.96
比率/%	50	4.6	4.1	2.3	41.3	100

8.3 机动车对 $PM_{2.5}$ 污染的影响:南京案例

8.3.1 南京城区机动车 $PM_{2.5}$ 排放因子

1. COPERT IV 模型简介

当今世界上有三种主流的机动车排放标准体系,即欧、美、日三大体系。欧洲、美国、日本等发达国家和地区在过去三十余年不断推出更加严格的机动车排放标准,以控制严重的机动车污染物污染及其二次大气污染。目前,中国参照欧洲标准体系制定了不同阶段机动车排放标准。2000 年,中国开始实施国 I 排放标准;2005 年,实施国 II 排放标准;2008 年,实施国 III 排放标准;2010 年,实施国 IV 排放标准。目前,南京市绝大部分车辆都为国 IV 标准,从 2014 年开始全面实施机动车国 V 排放标准。

排放因子模型通过不同的数学回归公式建立影响车辆排放的参数和污染物排

放之间的关系。这些模型之间的差距很大程度上并不是体现在模型的算法上，而是在基础数据的累积上。越成熟的模型，测试数据库的覆盖面越广，对机动车污染控制水平发展的反映也越及时。模型数据库的完整性也就反映了这些模型的成熟度。目前，国际上比较成熟的有 MOBILE、EMFAC、IVE、CMEM 和 COPERT 模型，但相对于其他几种模型来讲，COPERT 模型更适用于有着不同尾气排放标准和很少交通数据资料的国家，为此，本章选用 COPERT 模型来计算机动车的排放因子。

COPERT 模型主要是用一些可靠的实验技术数据（如排放因子）和交通活动量数据（如总的车辆里程、车辆数目等）来对机动车排放的污染物进行预测，可以计算单车或者车队一年中的污染物排放量，模型算法流程如图 8-1 所示。其中排放因子根据用户所提供的输入数据（包括行驶工况和气候条件）的不同而变化。另外为了保证数据的可靠性，燃油消耗量及品质数据主要用于在计算数据和统计数据间保持平衡。

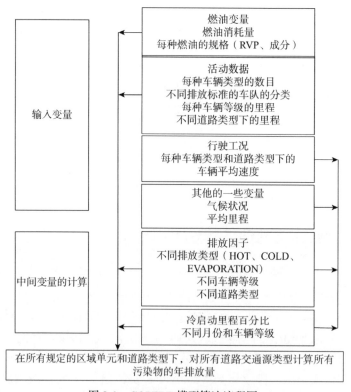

图 8-1 COPERT 模型算法流程图

COPERT 模型排放因子包括热排放、冷启动排放和蒸发排放，都是基于机动车平均速度的函数。模型的测试工况为 ECE15+EUDC 及 41 个基于实际道路的工况循环。模型根据车型、排放标准及燃料的不同对机动车进行分类为乘用车，轻型货车、重型货车、城市公交车及长途客车、两轮车（摩托车或轻便摩托车）。

对于机动车排放的类型主要可分为三类——热启动排放、冷启动排放及蒸发排放。热启动排放是指在发动机热稳定工况及汽车尾气后处理设备处于热稳定阶段的汽车的排放量。排放量的大小主要取决于车辆行驶的里程、速度或道路的类型、车龄、发动机排量及汽车重量等因素。冷启动排放是指发动机在达到热状态（包括油温、水温等）之前及三元催化器起燃温度之前的排放。在发动机冷启动过程中，三元催化器的转化效率较低，而且为了达到良好的启动性能会增大混合气的浓度，这些因素都导致冷启动过高的排放。实验研究表明，排放测试中50%~80%的HC和CO都是在冷启动过程中产生的。蒸发排放主要有三种来源，即昼间换气损失、热浸损失和运行损失。

这三种蒸发排放主要与燃油蒸汽压、绝对环境温度、温差及车辆技术特征有关。另外驾驶模式对热浸排放和运行损失的影响也是很显著的。用式（8-1）可表示为

$$E_{\text{TOTAL}} = E_{\text{HOT}} + E_{\text{COLD}} + E_{\text{EVAP}} \tag{8-1}$$

式中，E_{TOTAL}为对某一时刻分辨率的任何污染物的总的机动车的排放；E_{HOT}为发动机热稳定工况下污染物排放量；E_{COLD}为发动机热过渡工况下（冷启动）的污染物排放量；E_{EVAP}为燃油的蒸发排放量，主要指汽油车的非甲烷的排放量。

汽车尾气排放严重依赖于发动机的运行条件。不同的驾驶情况下造成了不同的发动机运行条件，即不同的排放性能。在城市、农村和高速公路行驶的区别会导致行驶性能占比的变化。COPERT模型中考虑了驾驶条件，通过式（8-2）来计算总排放量：

$$E_{\text{TOTAL}} = E_{\text{URBAN}} + E_{\text{RURAL}} + E_{\text{HIGHWAY}} \tag{8-2}$$

式中，E_{URBAN}、E_{RURAL}、E_{HIGHWAY}分别为不同驾驶条件下的所有污染物的总排放量。

根据欧盟相关机动车法规，COPERT Ⅳ模型将机动车划分为小客车（passenger cars）、总质量<3.5吨的轻型商用车（light commercial vehicles）、总质量>3.5吨的重型卡车（heavy duty truck）、公交车和长途客车（urban buses&coaches）、两冲程和四冲程的轻便摩托车（mopeds）、两冲程和四冲程摩托车（motor cycles）。每大类又按照发动机排量、车辆总质量、燃料类型和排放控制标准等进一步划分为若干小类。与此同时，模型还将道路划分为城区、郊区和高速公路三种类型，详细描述了机动车在不同状况下的排放特征。

应用COPERT Ⅳ模型计算排放因子，需要的参数包括车队组成（fleet）、平均行驶速度、平均旅程长度、燃料参数和气候参数等。这些参数的取值最终决定排放因子的不同，因此如何确定参数是研究的关键。

2. 参数确定

1）车辆类型

为了配合下一章节中利用元胞自动机模型进行交通仿真以及结合南京市的具体实际情况，本章结合 COPERT Ⅳ模型的车型划分确定了以下 7 种车型：①小汽车，汽油 1.4~2.0 升欧Ⅳ；②轻型商用车，柴油<3.5 吨欧Ⅳ；③中型卡车，柴油 3.5~7.5 吨欧Ⅳ；④重型卡车，柴油 7.5~12 吨欧Ⅳ；⑤城市标准公交车，柴油 15~18 吨欧Ⅳ；⑥城市 CNG 公交车，CNGEEV；⑦标准长途客车，柴油≤18 吨欧Ⅳ。

目前，南京的城市 CNG 公交车已达到国 5 标准（相当于 EEV 标准），而其余车辆绝大部分都为国Ⅳ标准（也即欧 4 标准），所以在这里将南京各种车型车辆定义为上述 7 中标准。

2）平均行驶速度

机动车平均行驶速度对热稳定状态下的排放因子起到关键的作用，准确的平均行驶速度是正确计算排放因子的基础，平均行驶速度将在下一章节中通过元胞自动机模型仿真得到。

3）燃料品质

汽油车所使用的汽油含硫量和蒸汽压会对车辆所排放的 SO_2 和 VOCs 产生显著影响。根据我国国Ⅳ标准执行的车用汽油标准和车用柴油标准所规定的燃料含硫量和蒸汽压水平，本章中确定汽油和柴油的含硫量为 0.005%，而汽油的蒸汽压是 11 月至次年 4 月为 88 千帕，5~10 月为 72 千帕。

4）气候参数

气候参数包括月最高气温、月最低气温和月相对湿度，由中国气象局提供的资料和《中国统计年鉴》确定。本章中使用 2011~2013 年南京各个月的月最高气温和月最低气温的平均值代表南京市的平均水平；使用 2004~2012 年南京各月的月相对湿度来代表南京市的平均水平，如表 8-5 所示。

表 8-5 南京月最低气温、月最高气温和月相对湿度表

参数＼月份	1	2	3	4	5	6	7	8	9	10	11	12
月最高气温/℃	5.98	8.29	14.53	22.63	27.01	29.00	33.16	32.47	26.81	22.61	16.52	8.35
月最低气温/℃	-0.80	1.51	5.17	11.73	17.47	21.54	26.16	25.39	19.31	14.03	8.02	0.66
月相对湿度/%	67.56	70	64.11	63	63.89	71.56	75.89	76.44	76.33	70.44	72.22	66.78

5）平均行驶里程

平均行驶里程是指机动车完成一次出行或运载事件所经历的平均旅程长度。目前关于我国车辆出行平均行驶里程的研究较少，所以本章中采用 COPERT 模型推荐使用 12.4 千米的默认值。

6) 行驶条件

在 COPERT 模型中主要有城市、乡村和高速公路三种行驶条件，每种行驶条件所占份额的不同会导致车辆排放量的不同，由于本章中主要研究南京市城区机动车排放因子，所以在这里我们取城市的份额为 100%。

3. 南京城区机动车 $PM_{2.5}$ 排放因子与速度的关系

在 COPERT 模型中输入上述确定的参数后，通过输入不同的速度（以 5 千米/小时为一个间隔单位）得到不同类型车辆在不同速度下的 $PM_{2.5}$ 排放因子，其中，小汽车的速度范围为 10~130 千米/小时，轻型商用车所取的速度范围为 10~110 千米/小时，中型和重型卡车所取的速度范围为 12~186 千米/小时，公交车所取的速度范围为 11~186 千米/小时，标准长途客车的速度范围为 12~105 千米/小时。通过研究发现，在各自对应的速度范围内，除了轻型商用车的 $PM_{2.5}$ 排放因子随着速度增加呈现先减后增的趋势外（在 60 千米/小时处达到最低点），其余类型车辆 $PM_{2.5}$ 排放因子都随着速度的增加而逐渐减少。由于南京城区道路一般都限行 60 千米/小时，各类型车辆在 15~160 千米/小时范围内的 $PM_{2.5}$ 排放因子如表 8-6 所示。

表 8-6　机动车 $PM_{2.5}$ 排放因子与速度之间的关系

车型速度/（千米/小时）	小汽车	轻型商用车	中型卡车	重型卡车	城市标准公交车	CNG 公交车	标准长途客车
	排放因子/（克/千米）						
15	0.012 4	0.070 0	0.055 60	0.070 88	0.098 89	0.047 79	0.121 33
20	0.012 4	0.063 3	0.053 10	0.065 43	0.089 58	0.045 71	0.105 46
25	0.012 4	0.057 5	0.051 34	0.061 76	0.083 00	0.044 37	0.095 01
30	0.012 4	0.052 7	0.050 05	0.059 15	0.078 14	0.043 42	0.087 65
35	0.012 4	0.048 7	0.049 11	0.057 25	0.074 43	0.042 73	0.082 21
40	0.012 4	0.045 7	0.048 42	0.055 84	0.071 53	0.042 22	0.078 05
45	0.011 8	0.042 6	0.045 74	0.052 6	0.067 04	0.039 63	0.072 60
50	0.011 2	0.040 4	0.043 21	0.049 65	0.063 00	0.037 14	0.067 81
55	0.010 6	0.039 1	0.040 83	0.046 93	0.059 31	0.034 71	0.063 52
60	0.010 0	0.038 7	0.038 57	0.044 4	0.055 9	0.032 34	0.059 62

8.3.2　机动车行驶速度与空间占有率的关系

为了求得机动车尾气对南京城区 $PM_{2.5}$ 的影响，在已知机动车 $PM_{2.5}$ 排放因子与速度的关系下，要进一步求出在不同空间占有率（在道路的一定路段上，车辆总长度与路段总长度之比称为空间占有率）下的机动车平均速度，最后将这两部分结合起来算出机动车尾气排放对南京城区 $PM_{2.5}$ 的影响。基于跟车行为的双车道元胞自动机模型来模拟机动车在不同空间占有率下的平均速度。

城区道路主要包括无公交站台和有公交站台的道路，而公交站台又分为港湾和非港湾公交站台。应用元胞自动机模型将这三种路段描述成如图 8-2 所示的系统。路段有两个车道——左车道（1 车道）和右车道（2 车道），路段长度为 L 个元胞。在路段上，车辆可以自由换道。在公交车站上游区域 A 内，公交车需要提前换到右车道以完成停站，公交车在此区域内具有特殊换道行为，该区域长度为 LA 元胞。公交车站的长度为 LB。港湾式公交车站的上游和下游分别设置车辆进站区 InS 和出站区 OutS，这两个区域的长度分别为为 LInS 和 LOutS。

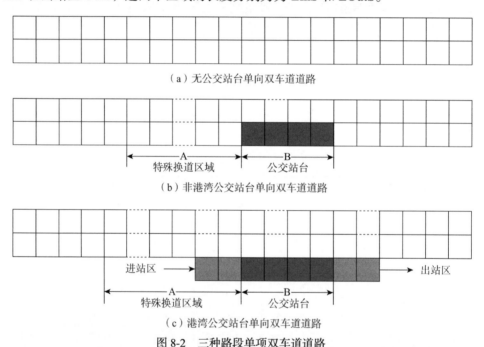

(a) 无公交站台单向双车道道路

(b) 非港湾公交站台单向双车道道路

(c) 港湾公交站台单向双车道道路

图 8-2 三种路段单项双车道道路

本模型中共考虑了三种类型的车辆，小汽车（非出租车和出租车）、卡车（轻型商用车、中型卡车和重型卡车）和客车（城市标准公交车、CNG 公交车和标准长途客车）。杨浩明等对南京市城区车流量进行了观测与特征分析，得到了南京市城区不同类型车辆在车流量中各自所占的比例，本章在参考了《南京统计年鉴》对南京市城区道路上的车辆比例上又进行了进一步的划分，可以知道小汽车占 0.75，其中非出租车占 0.72、出租车占 0.03；卡车占 0.06，其中轻型 0.028、中型 0.01、重型 0.022；客车占 0.19，其中柴油公交车占 0.026、CNG 公交车占 0.004、标准长途客车占 0.16。根据《南京统计年鉴》中同类型车辆不同规格所占的比例估算出小汽车、卡车和客车的平均长度分别为 4.5 米、7.6 米和 11.5 米。

整个模型的流程图如图 8-3 所示，其中，需要注意换道与车辆状态更新时的一些规则。

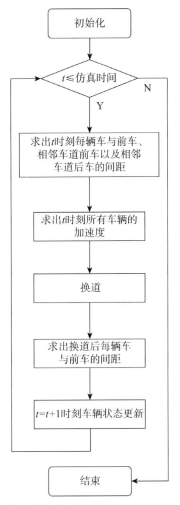

图 8-3　跟车行为的双车道元胞自动机模型流程图

换道时，车辆完成一次横向位移至少需要 2 秒时间。在车辆自由换道过程中，由于相邻车道前方空间较大，车辆一般不会进行减速。综合考虑上述因素，为真实再现车辆换道过程，避免乒乓换道现象，定义换道间隔参数 $T_{chlane}=4$ 秒和减速间隔参数 $T_{nodec}=3$ 秒。模型中的换道行为仍在 1 个时间步长内完成，规定车辆完成一次换道后，在 T_{nodec} 个时间步长中，速度更新时跳过随机性减速步骤，并且至少经过 T_{chlane} 个时间步长才可进行下次换道。

对于无公交站台的双车道道路，车辆在行驶过程中都可以自由换道。对于有公交站台的双车道道路，除了区域 A 和区域 B 中的公交车需要停站，具有特殊的换道行为之外，车辆在行驶过程中都可以自由变换车道，自由换道规则与无公交站台自由换道规则相同。在特殊换道区域 A 和区域 B 中，在左车道上行驶的未停站公交车必须换到右车道上才能进入车站停站，无论右车道上的行驶条件是好还是坏，其都要换道，此时换道动机与自由换道的动机是不同的。在特殊换道区域中，行驶在右车道上的未停站公交车不允许向左侧车道换道。

在公交站台处，未停站的公交车优先进入公交站台停站。对于非港湾式公交站台，只要站台位置是空的，左车道上相应位置上的未停站公交车就换到右侧车道上。对于港湾式公交站台，只要站台位置是空的，右车道上相应位置上的未停站公交车就换到公交站台上；只要右车道相应位置有空位，站台上已停站的公交车就换到右车道上。

车辆状态更新时，对于含有公交站台的双车道道路系统来说，公交车存在三种状态：未停站台公交车，State=0；正在停站公交车，State=1；已停站台公交车，State=2。公交车站台在 $L/2$ 处。对于非港湾公交站台，左车道上未停站公交车不准超过位置 $L/2+L_B$；对于港湾公交站台，左车道上未停站公交车不准超过位置 $L/2-L_{Ins}$-Sdec，右车道上未停站公交车不准超过位置 $L/2+L_B$。

公交车驶入车站后，紧挨着前方的停站公交车开始停站，如果前方没有停站公交车，那么其在车站最前方开始停站。也就是说公交车优先选择最靠前的位置停站。停站后，公交车状态变为 State=1。公交车的停站时间为 T_s，已停站时间为 t_s。如果 $t_s=T_s$，公交车完成停站，状态变为已停站公交车 State=2，可以出站继续向前行驶；否则，已停站时间累加 $t_s=t_s+1$，公交车继续停留在原处。

对于非港湾公交站台而言，为了使得左车道上未停站的公交车能够及时换到右车道上完成停站，并且尽量减少其对左车道上其余类型车辆的影响，当左车道上未停站的公交车不能够继续向前行驶时，右车道上的车辆需要对左车道上的公交车进行避让，确保公交车能够换到右车道上。对于港湾式车站而言，为了保证停完站的公交车能够及时由港湾车站换到右车道上，右车道上的车辆需要避让停站的公交车。

在构建完模型后开始仿真。仿真初始时，尽量将各类型车辆按照其所占比例尽量均匀分布在道路上，车与车之间的距离至少为安全距离 1.5 米。仿真后得到无公交站台道路、非港湾公交站台和港湾公交站台道路下，各类型车辆在不同空间占有率下的行驶速度。图 8-4~图 8-7 是港湾公交站台道路上机动车在不同空间占有率下的行驶速度，其他两种道路下机动车行驶速度与空间占有率的关系与港湾公交站台道路类似，在此就不一一说明。

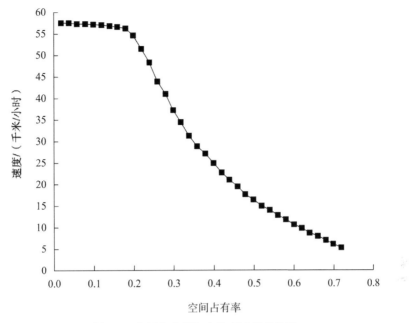

图 8-4 空间占有率与小汽车速度的关系

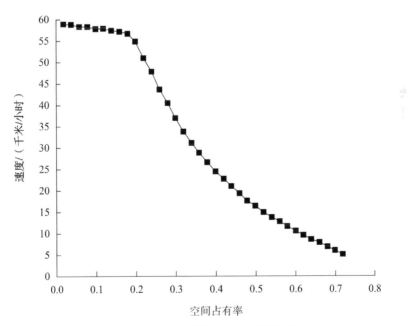

图 8-5 空间占有率与卡车速度的关系

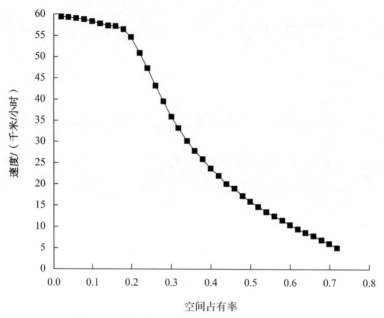

图 8-6　空间占有率与非公交客车速度的关系

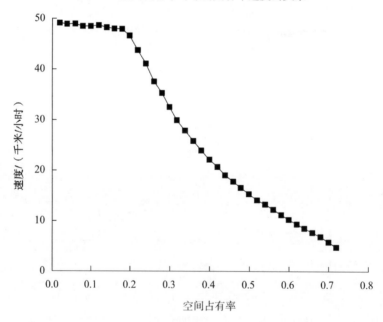

图 8-7　空间占有率与公交车速度的关系

8.4 基于降低 $PM_{2.5}$ 的机动车柔性限行政策

8.4.1 机动车柔性限行政策及其实施技术

1. 机动车柔性限行政策概念

该政策以每周 5 个工作日为基本单位对小汽车（出租车除外）进行限行，每周小汽车（出租车除外）允许上路的天数如下：

$$X = 工作日天数 \times (1 - 柔性限行比例) \qquad (8\text{-}3)$$

柔性限行比例需要根据一个城市具体的实际情况而定。车主每周实际出行天数不能超过规定的可出行天数 X，一旦车主上路行驶天数超过 X 则需要缴纳相应的费用。除了对城市特定严重拥堵区域征收交通拥堵费之外，通过差别化的经济鼓励手段促使车辆限行成为社会自律持久行为。建议按照出行天数的不同，分档收取城市道路资源占用费。对于需要天天出行或出行天数较多的车主，收取较高的道路资源占用费，以免他们通过购买多辆车来应对车辆限行；对于出行天数较少的车主给予车辆税费减免优惠，鼓励车主减少出行天数。

目前，国内部分城市所采取的机动车限行政策都是一种刚性限行政策，虽然刚性限行对城市交通拥挤有一定缓解作用，但是存在以下缺陷：①难以满足出行需求，即限制了一些确实需要出行的车辆，对市民日常出行造成较大影响；②限行效果逐渐减小，即机动车保有量的增加导致了刚性限行效果逐渐减小；③为此提出机动车柔性限行政策。相比传统的刚性限行，柔性限行可以实现更为合理和有效的车辆限行。其特点是可以根据城市具体的交通状况，实现合理比例的车辆限行。车主根据自己的实际出行情况，在限行比例内的天数内制订自己的出行计划。同时，只对出行超出限行比例的机动车收取道路拥堵费，缓解刚性限行情况下车主由于特殊情况在限行时间里出行被强制收取拥堵费的矛盾。

2. 机动车柔性限行政策实施技术

公路车辆智能监测记录系统作为对受监控路面车辆信息进行自动采集和处理设备，也是通过图像方式记录机动车行车轨迹和交通安全违法行为过程进行图像取证的重要手段。公路车辆智能监测记录系统目前主要体现为两种形式——电子警察系统、电子卡口系统。这里采用电子卡口系统作为实施机动车柔性限行政策的技术支持。

电子卡口系统是利用光电、计算机、图像处理、模式识别、远程数据访问等技术，对监控路段的机动车道、非机动车道进行全天候实时监控并记录相关图像数据。前端处理系统对所拍摄的图像进行分析，从中自动获取车辆的通过时间、地点、行驶方向、号牌号码、号牌颜色、车身颜色等数据,并将获取到的信息通过计算机网络传输到卡口系统控制中心的数据库中进行数据存储、查询、比对等处理,系统采用高性能工业摄像机作为前端的信息采集设备,图像分辨率达1 600×1 200像素,能够在一张照片上清晰显示车辆的所有细节信息,具有很高的车牌自动识别率。高清智能监测系统能及时准确地记录经过卡口的目标信息,不但可以随时掌握出入辖区的车辆流量状态,对超速等违章行为进行处罚,还可以准确记录相关数据信息。电子卡口系统结构示意图如图8-8所示(时念峰,2013)。

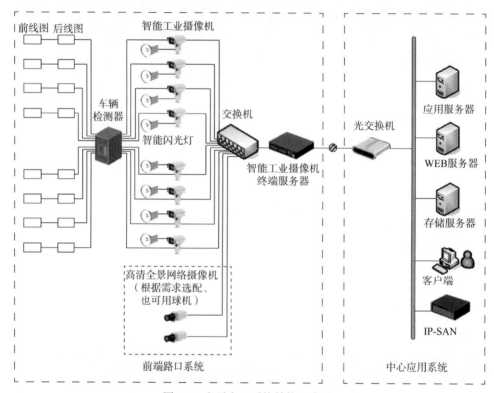

图8-8 电子卡口系统结构示意图

在实施柔性限行政策时,只需要系统能够记录车辆的车牌以及被拍摄到时的上路行驶日期,上述电子卡口系统完全符合机动车柔性限行政策的技术要求。

8.4.2 柔性限行政策对车速及 $PM_{2.5}$ 的影响

通过对南京市城区交通情况的观测与分析,假定道路空间占有率 i 分别为0.35、0.4和0.45,对应的车流密度分别为58辆/千米、67辆/千米和75辆/千米。在这里,首先取柔性限行天数为2天[即限行40%的小汽车(出租车除外)]。其次通过基于跟车行为的双车道元胞自动机模型进行仿真,比较柔性限行前后车辆的速度变化。在得到车辆速度之后,再根据 COPERT 模型计算出对应速度下的 $PM_{2.5}$ 排放因子。最后再结合柔性限行前后车辆数的变化算出 $PM_{2.5}$ 排放的变化率,结果如下。

(1) 对于无公交站台道路,当空间占有率为 0.35 时,限行之后车辆总体速度提高了 53%, $PM_{2.5}$ 排放减少了 25.28%;当空间占有率为 0.4 时,限行之后车辆总体速度提高了 55.5%, $PM_{2.5}$ 排放减少了 23.12%;当空间占有率为 0.45 时,限行之后车辆总体速度提高了 61.7%, $PM_{2.5}$ 排放减少了 23.99%。

(2) 对于非港湾公交站台道路,当空间占有率为 0.35 时,限行之后车辆总体速度提高了 27%, $PM_{2.5}$ 排放减少了 18.29%;当空间占有率为 0.4 时,限行之后车辆总体速度提高了 26.1%, $PM_{2.5}$ 排放减少了 17.82%;当空间占有率为 0.45 时,限行之后车辆总体速度提高了 27%, $PM_{2.5}$ 排放减少了 17.96%。

(3) 对于港湾公交站台道路,当空间占有率为 0.35 时,限行之后车辆总体速度提高了 45.3%, $PM_{2.5}$ 排放减少了 23%;当空间占有率为 0.4 时,限行之后车辆总体速度提高了 48%, $PM_{2.5}$ 排放减少了 21.94%;当空间占有率为 0.45 时,限行之后车辆总体速度提高了 61.1%, $PM_{2.5}$ 排放减少了 24.85%。

因此,随着柔性限行政策的实施,可以减少城区道路上的行驶车辆,提高车队的行驶速度,降低车辆的 $PM_{2.5}$ 的排放因子,减少机动车尾气对 $PM_{2.5}$ 的影响。

第9章 控制 $PM_{2.5}$ 污染的成本和效益评估

向污染宣战展现了政府应对雾霾问题的坚定决心和积极行动。然而，现有控制政策和有关研究往往仅关注于 $PM_{2.5}$ 控制措施本身，而没有充分关注关注控制成本和控制效益。在此背景下，迫切需要将成本-效益分析方法纳入我国 $PM_{2.5}$ 控制体系和控制对策决策中。本章将主要介绍控制 $PM_{2.5}$ 污染的成本和效益分析分法，并结合北京分析控制措施产生的健康效益。

9.1 $PM_{2.5}$ 污染控制的成本分析方法

为了应对日益严峻的大气污染问题，我国采取了一系列防治措施，如废气处理设备安装、污染监测系统建设、落后产能关停淘汰、清洁能源改造、老旧机动车淘汰等。然而，在目前的大气污染防治工作中，对各项措施的成本有效性重视程度不足，往往不计成本地投入大量人力、财力和物力，导致我国污染减排工作在取得成效的同时亦付出了相当大的经济社会代价。

无论是常规时期还是灰霾污染严重时期，我国在大气污染控制方面都进行了大量的投入。据统计，"十一五"期间，我国环境污染治理投资总额增长迅速，2010年达到 6 654.2 亿元，为 2005 年的 2.79 倍，其中工业污染治理投资年均在 400 亿元以上。李红祥等（2013）研究指出，"十一五"期间，我国用于 SO_2 减排的总费用为 2 285.37 亿元，且单位污染物减排费用由 2006 年的 1 223.12 元/吨，逐渐增加到 2010 年的 2 298.00 元/吨。随着灰霾污染的频发以及国家《大气污染防治行动计划》的出台，预计 2013~2017 年全社会将投资 17 000 亿元用于改善大气污染状况。现阶段，继 2013 年中央财政安排 50 亿元资金用于京、津、冀、蒙、晋、鲁 6 省区市的大气污染治理工作后，在 2014 年又安排了 100 亿元用于大气污染治理。对于大型活动举办期与重污染天气应急期间的污染控制，目前则往往重拳出击、不计成本、采取一系列非常规、高投入的措施。例如，2008 年北京奥运会、

2010年上海世博会以及2010年广州亚运会等重大赛会时期，各举办城市采取了机动车限行、企业限产乃至停产、工地停工等举措，发动全社会进行监督和监管。这些措施虽然在短期内可以取得空气质量改善的效果，然而其社会影响和经济成本十分巨大。

对于不同的$PM_{2.5}$控制措施，由于其发挥作用的方式不同，所产生的成本也不同，在成本界定与计算方面十分复杂。首先，直接成本包含项目繁杂，如末端治理工程措施的直接成本，包含土建工程费、工程安装费、脱硫剂费用、水电费、人员工资等多项内容，同时企业的规模、技术水平等均对其产生影响，需要大量自下而上的基础数据支撑以进行核算。而VOCs综合治理、施工工地扬尘环境监管等措施，其成本则更加难以量化。其次，还存在间接的机会成本，如末端治理措施会削弱或推迟企业的"生产性投资"；关闭小火电等结构减排措施将产生税收、就业、固定资产处置等机会成本。机动车限行限购等措施不仅增加了直接的监管成本，同时也对民众生活造成了一定影响，存在难以衡量的社会成本。另外，污染治理并非单纯的增加经济负担，如结构调整措施可能促进环保产业发展，拉动国内生产总值、提高就业等。当前，方法的复杂性和基础数据的缺乏一定程度上限制了对控制成本的评估工作。

综上所述，从国家到区域在大气污染控制的过程中，都采取了大量措施、进行了大量的投入，产生了巨大的经济和社会成本。然而，由于控制措施成本的核算十分复杂，现有控制政策和有关研究对控制过程中带来的成本关注不足。为寻求经济有效的控制方案，亟须对控制$PM_{2.5}$污染的成本分析方法进行研究，为污染控制的成本评估提供科学依据。

9.1.1 控制$PM_{2.5}$污染的成本分析思路

目前针对$PM_{2.5}$污染控制成本的研究很少，已有关于污染控制成本的研究主要停留在对部分传统一次污染物，如SO_2、NO_x的分析上。在直接成本方面，Soloveitchik等（2002）对以色列电力行业SO_2、NO_x等污染物的控制成本进行了工程测算，Vijay等（2010）对美国燃煤锅炉NO_x减排成本进行了研究；国内学者孙琦明和郑美花（2004）、廖永进等（2007）、燕丽等（2008）分析了火电厂湿法石灰石-石膏烟气脱硫成本。在机会成本方面，Färe等（2005）、Kaneko等（2010）计算了发电厂SO_2减排的影子价格，Ketkar（1983）、蒋洪强等（2009）、袁鹏（2012）等运用投入产出模型研究了工业企业SO_2减排的成本投入对经济体中产品价格、产出规模等的影响。也有学者，如Boyd和Uri（1991）通过CGE模型研究SO_2、NO_x减排对经济系统的影响，高鹏飞等（2004）、陈文颖等（2007）通过MARKAL-MACRO模型研究不同控制情景下碳减排措施对我国经济的影响。

1. PM$_{2.5}$控制措施梳理

大气污染控制成本与所采取的措施紧密相关，此处对 PM$_{2.5}$ 的控制措施进行梳理。首先，根据 PM$_{2.5}$ 来源及形成的自然科学研究结果，PM$_{2.5}$ 污染控制需要重点关注其一次排放及 SO$_2$、NO$_x$、VOCs 等前体污染物。其次，根据源清单解析的研究结果，PM$_{2.5}$ 污染控制的重点控制领域包括火电厂、工业源、道路移动源、扬尘源、含 VOCs 产品、生物质燃烧以及餐饮业等。具体污染源、污染物与 PM$_{2.5}$ 污染控制间的关系如图 9-1 所示。

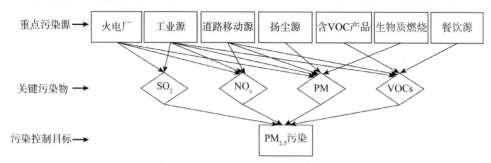

图 9-1 污染源、污染物与 PM$_{2.5}$ 污染控制之间的相互关系

基于 PM$_{2.5}$ 污染来源的分析，对 PM$_{2.5}$ 污染控制措施进行梳理，汇总每一类污染源的具体控制措施与措施类型，如表 9-1 所示。

表 9-1 PM$_{2.5}$ 污染控制措施汇总表

污染源	措施类型	控制措施
火电厂	结构减排	关停小火电 提高新建电厂审批标准 调整能源结构，使用清洁能源
	工程减排	安装脱硫设备 安装降氮脱硝设备 安装除尘设备
	管理减排	电价差价补助等
工业源	结构减排	调整产业结构，淘汰落后产能 调整能源结构，使用清洁能源
	工程减排	安装脱硫设备 实施降氮脱硝 安装除尘设备
	技术减排	开展清洁生产
	管理减排	加强监管

续表

污染源	措施类型	控制措施
道路移动源	规模控制	机动车总量控制
		机动车限行
	结构减排	黄标车淘汰
		提高新车准入标准
		优化交通出行结构
		改善油品结构，提高油品标准
	管理减排	在用车管理
		非道路移动源污染控制
扬尘源	管理减排	交通扬尘控制措施
		施工工地扬尘控制措施
		料堆站场扬尘控制措施
含VOCs产品	工程减排	油气回收
	结构减排	关停VOCs高排放行业
	管理减排	加强行业VOCs污染的监管
		控制VOCs含量高的产品使用
生物质燃烧	管理减排	禁止生物质露天燃烧
餐饮业	工程减排	餐馆油烟治理工程
		实施清洁能源改造
	管理减排	餐馆油烟监管

2. 措施的成本分析思路

根据措施的成本属性，将上述梳理的 $PM_{2.5}$ 控制措施分为四大类，包括工程设施类、结构调整类、机动车控制类和引导类，并为每类控制措施建立相应的成本核算方法。在具体的成本核算方法建立过程中，主要对四类控制措施的直接经济成本进行分析，即识别并逐项分析措施实施过程中的直接支出，如设备运行、原料投入等直接花费；同时也对工程设施类、结构调整类措施的机会成本进行分析（图 9-2）。

9.1.2 控制 $PM_{2.5}$ 污染的成本评估方法

1. 工程设施类措施

工程设施类措施的直接成本主要包括设施安装过程中的投资成本与运行成本。投资成本指一次性投资费用，包括土建工程费及工程安装费等，运行成本具体可分为污染治理设备物耗（如脱硫剂费用、电费、水费等）和运行期间所产生的费用，如人工工资、固定资产折旧以及修理费等。此外，还包括财务费用（银行贷款利息）与其他费用。设施安装的总成本可采用如下公式计算：

$$C_{治理工程类} = \sum_{i=1} \left[W_{ni} \times \left(C_{ni工程} + C_{ni设备} + \cdots \right) + T_{ai} \times C_{ai运行} \right] \quad (9-1)$$

式中，W_{ni} 为第 i 类治污设施（如脱硫、除尘、脱硝）新增的装机容量；$C_{ni工程}$、$C_{ni设备}$

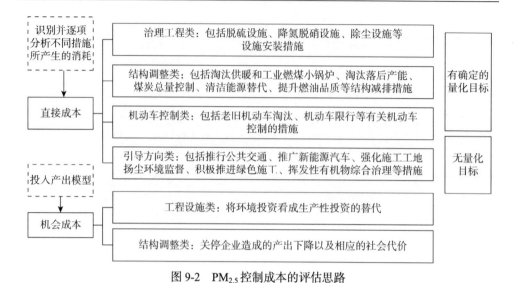

图 9-2　PM$_{2.5}$ 控制成本的评估思路

等为第 i 类治污设施新增装机容量的单位工程成本、设备投资成本等；T_{ai} 为第 i 类治污设施所有设备的运行时间；$C_{ai运行}$ 为第 i 类设施单位时间运行成本。

2. 结构调整类措施

结构调整类措施，如淘汰供暖和工业燃煤小锅炉企业、淘汰规定的非热电联产燃煤机组、改用清洁能源等，其直接成本主要包括技术改造与补贴两部分。

首先，技术改造的成本。包括旧设备向新设备改造升级的成本与随之而来的经营管理成本。例如，毛显强和彭应登（2002）对北京市"煤改气"工程的成本分析，包括燃烧设备改造和经营管理成本、长距离输气管道建设和城市输配气管网系统建设成本以及其他成本（如终端用户的增加成本）等。

其次，补贴成本。一方面包括对退出企业的补助，如对淘汰关停企业的专项资金补助，对淘汰关停企业在立项、土地审批、信贷政策、设备折旧、税收等方面给予的优惠；另一方面包括对淘汰关停企业原有工人的就业援助，如就业培训费用、提供短期失业保险费用、失业员工安置费用等。

综上所述，结构调整类措施的成本可采用如下计算公式：

$$C_{结构调整类} = \sum_{i=1}^{n}\left[W_i \times (C_{i安装} + C_{i设备} + \cdots) + C_{i其他}\right] \quad (9-2)$$

式中，W_i 为工程 i 的改造规模（如电厂的装机容量、锅炉的蒸吨量等）；$C_{i安装}$、$C_{i设备}$ 分别为工程 i 单位改造规模的安装费用、设备费用等成本；$C_{i其他}$ 为工程 i 改造人员安置等其他费用。

3. 机动车控制类措施

机动车控制措施种类多样（如表9-1所示），但从成本核算角度来看，主要包括老旧机动车淘汰与机动车限行。

老旧机动车淘汰的直接成本为政府对报废和转出老旧机动车的企业与个人进行补贴的成本。现有政策多依据老旧机动车的车辆类型与使用年限，以及不同地区考虑转出与报废等情况，做出相应补贴额度的规定。例如，北京市《关于进一步促进本市老旧机动车淘汰更新方案（2013—2014年）》中规定，2013年1月1日至2014年12月31日，报废老旧机动车的车主每辆可得到2 500元至16 500元不等的政府补助。另外，也有学者从车主的角度出发，采用支付意愿法对淘汰车主的受偿意愿水平进行调查，研究发现，如按照车主的受偿意愿，平均需要的补贴额度高于当前政府实际补贴额度。

对于机动车限行的成本，应包括监督管理成本、机动车闲置的成本、因闲置带来的占用停车位的成本等，同时也需考虑车主被迫购买另外机动车的成本。目前，一些研究从理论上探讨了机动车限行成本的组成。例如，张攀（2010）、吴婧等（2012）认为机动车限行成本包括限制公民财产使用权的成本、其他交通费用增加的成本、机动车限行管制成本、政府对机动车减税补偿成本以及投资公共交通的成本。而有关具体成本计算的研究较少，王兰（2010）依据机动车平均购买价格，粗略估算了每辆车分摊到每年的限行成本，当不考虑维修、保险、油料、停放等费用时，推算北京限行总成本平均约103亿元/年。参考相关研究，机动车限行的成本可采用如下公式进行初步估算：

$$C_{机动车限行}=\sum_{i=1}^{n} Q_i \times (1-\alpha_i) \times V_i \times \beta_i \tag{9-3}$$

式中，Q_i为第i年机动车保有量；α_i为第i年非受限机动车比例（包括公交车、出租车等）；V_i为第i年机动车平均价格；β_i为机动车第i年限制使用率。

4. 引导类措施

引导类措施一般不存在明确的定量化目标，多为鼓励、推广性质，因此难以定量评价。其控制成本主要包括监管的成本与补贴成本，下面结合几项具体措施分别进行探讨。

（1）推行公共交通：推行公共交通的直接成本主要包括公共交通的直接建设成本和对票价的补贴成本。其中，直接建设成本包括区域性轨道交通、公路网等的建设费用，票价补贴成本为鼓励推行公共交通实行低票价而进行的补贴。

（2）推广新能源汽车：推广新能源汽车的直接成本包括汽车技术改造升级成本和购买新能源汽车的补贴成本。其中，技术改造升级成本包括对公交车使用新能源和清洁能源技术改造提供的资金支持；补贴成本包括对购买新能源汽车、电动低速汽车等的补贴成本。

（3）强化施工工地扬尘环境监管：强化施工工地扬尘环境监管措施的成本包括管理和监督成本两个部分。其中，管理成本包括改进城市道路清扫方式、加大道路洒水降尘频率等的成本；监督成本则包括对施工工地扬尘情况进行监督检查的成本，包括检查人员的出行费用、监管设备的安装费用等。

（4）VOCs综合治理：VOCs综合治理措施成本包括治理成本和补贴成本两部分。其中，治理成本为对有机化工、医药、塑料制品、包装印刷等重点行业的企业开展VOCs综合治理的成本，包括治理设施的安装、维护、运行等费用；补贴成本为对推行"泄漏检测与修复"技术的企业提供的资金补贴等。

（5）餐饮业高效油烟净化装置推广：包括对城区餐饮服务经营场所安装高效油烟净化设施的补贴和监管成本。

5. 机会成本分析

机会成本分析主要是对工程设施类与结构调整类等两类主要控制措施的机会成本进行分析。

对于工程类措施，企业购买脱硫除尘等设备的"治污投资"会削弱或推迟"生产性投资"（陆旸，2011）。工程减排的经济影响，将取决于治污活动投资与生产性投资的替代关系。通过采用投入产出模型，构建不同的非减排情景，比较不进行工程减排的情景下宏观经济的总产出、增加值、税收及就业等与现实中进行工程减排情景的差距，该差距可以认为是工程减排对经济造成的影响，即工程减排的机会成本。

对于结构调整类措施，主要通过关停并转产来实现。当企业关闭时，被其占用的生产资源，如厂房、机械设备等固定资产，难以在短期内被再次利用。劳动力也面临下岗的问题，在短时期内无法创造财富。若不进行企业的关停，企业将继续进行生产，创造经济价值。因此，短期内关停企业将直接造成行业部门产出的下降，并通过部门间的经济关联进而造成整个经济系统总产出的下降，导致增加值的下降、税收及就业的减少。

工程减排机会成本，采用投入产出模型进行分析。现行的价值型投入产出表基本结构如表9-2所示。

表9-2　简化的价值型投入产出表

投入	产出		
	中间使用	最终需求	总产出
中间投入	$x_{ij}=a_{ij}\times x_j$	Y_i	X_i
初始投入	V_j		
总投入	X_j		

其中，x_{ij} 为第 j 个产业部门生产中所消耗的第 i 个产业部门产品的价值；a_{ij} 为第 j 个产业部门单位产出消耗的第 i 个产业部门产品的价值；Y_i 为第 j 个产业部门生产的产品进入最终消费领域的价值；V_j 为第 j 个产业部门的生产所需的初始投入的价值，包括劳动者报酬、生产税净额、固定资产折旧和营业盈余；X_j 为第 j 个产业部门生产所需的总投入（或总产出）的价值。

根据投入产出模型的基本等式，有

$$X^0 = (I - A^0)^{-1} Y^0 \tag{9-4}$$

式中，X^0 为在实际情况下各行业的总产出向量，即在进行污染治理设施的投资和运行情况下的总产出向量；A^0 为该情况下投入产出直接消耗系数矩阵；$(I - A^0)^{-1}$ 为里昂惕夫逆矩阵，简写为 L^0；Y^0 为现实状况下的最终需求向量。

式（9-4）描述了政府部门或企业对环境治理部门进行投资时，国民经济总产出的情况。但当不需要进行此类污染减排投资时，各生产部门可将这部分投资以其他形式用于"生产性部门"，获得经济收益。在不同情景下，最终需求向量 Y^n 也会不同，导致不同经济影响的产生。

$$Y^n = Y^0 + \Delta Y^n \tag{9-5}$$

式中，$n=1, 2, 3, \cdots$ 为不同的假设情景；ΔY^n 为污染治理设施投资引发的最终需求向量的变化。

$$X^n = (I - A^0)^{-1} Y^n \tag{9-6}$$

式中，X^n 为在不进行工程减排的不同假设情景下各行业的总产出向量。在此基础上，进一步考察其对增加值、就业、税收的影响。

对国内生产总值影响的计算公式如下：

$$\Delta F^n = \sum \Delta F_j^n = \sum \Delta X_j^n c_{yj} \tag{9-7}$$

式中，ΔF^n 为第 n 种情景中国内生产总值的变化量；ΔF_j^n 为 j 部门在第 n 种情景中的国内生产总值的变化量；c_{yj} 为 j 部门增加值占总产出的比例系数。

对税收的影响的计算公式：

$$\Delta V^n = \sum \Delta V_j^n = \sum \Delta X_j^n c_{vj} \tag{9-8}$$

式中，ΔV^n 为第 n 种情景中社会税收的变化量；ΔV_j^n 为 j 部门的社会税收的变化量；c_{vj} 为 j 部门的税收占总产出的比例系数。

对就业影响的计算公式：

$$\Delta W^n = \sum \Delta W_j^n = \sum \Delta X_j^n c_{wj} \tag{9-9}$$

$$\Delta H^n = \sum H_j^n = \sum \frac{\Delta W_j^n}{m_j} \tag{9-10}$$

式中，ΔW^n 为第 n 种情景下社会劳动者报酬的变化量；ΔW_j^n 为第 n 种情景下 j 部门的社会劳动者报酬的变化量；c_{wj} 为 j 部门的社会劳动者报酬占总产出的比例系数；ΔH^n 为第 n 种情景下就业人数变化量；ΔH_j^n 为 j 部门就业人数变化量；m_j 为 j 部门单位劳动力年劳动报酬的平均值。

结构减排机会成本。在投入产出基本模型中引入"污染物产生"产业部门，建立环境经济投入产出模型，如表 9-3 所示。

表 9-3　环境经济投入产出表

投入	产出		
	中间使用	最终需求	总产出
中间投入	x_{ij}	Y_i	X_i
污染物产生	P_{kj}	P_{ky}	P_k
初始投入	V_j		
总投入	X_j		

其中，P_{kj} 为第 j 个部门在生产中产生第 k 种污染物的产生量；P_{ky} 为第 j 个部门在最终需求中产生第 k 种污染物的产生量；P_k 为第 k 种污染物的总产生量。进一步可知环境经济投入产出模型如下：

$$P = E' \cdot X = E' \cdot (I - A)^{-1} Y \tag{9-11}$$

$$\Delta P = E' \cdot \Delta X = E' \cdot (I - A)^{-1} \Delta Y \tag{9-12}$$

式中，P 为各部门污染物产生总量；E 为污染物直接消耗系数列向量。

由于企业关停并转等结构减排措施将直接导致污染物产生量减少，那么其对总产出的影响的计算公式为

$$\Delta X = \sum \Delta X_j = \sum \frac{\Delta P_j}{c_{kj}} \tag{9-13}$$

式中，j 为目标减排部门；ΔX 为社会总产出的变化量；ΔX_j 为 j 部门总产出的变化量；ΔP_j 为 j 部门的污染物产生量变化量；c_{kj} 为 j 部门 k 种污染物的直接产生系数。

需要注意的是，由于关停企业技术水平往往相对较差，单位产出的污染物产生量较高，单位污染物产生量导致的总产出影响也相对较低。故进一步引入系数 α，表示平均水平的单位污染物产生量与关停部门直接产生系数的差距。有

$$\Delta X = \sum \alpha \frac{\Delta P_j}{c_j} \tag{9-14}$$

对国内生产总值影响的计算公式为

$$\Delta Y = \sum \Delta Y_j = \sum \Delta X_j c_{yj} \tag{9-15}$$

式中，ΔY 为国内生产总值的变化量；ΔY_j 为 j 部门的国内生产总值的变化量；c_{yj} 为增加值占总产出的比例系数。

对税收的影响的计算公式：

$$\Delta V = \sum \Delta V_j = \sum \Delta X_j c_{vj} \tag{9-16}$$

式中，ΔV 为社会税收的变化量；ΔV_j 为 j 部门的社会税收的变化量；c_{vj} 为 j 部门的税收占总产出的比例系数。

对就业的影响的计算公式：

$$\Delta W = \sum \Delta W_j = \sum \Delta X_j c_{wj} \tag{9-17}$$

$$\Delta H = \sum H_j = \sum \frac{\Delta W_j}{m_j} \tag{9-18}$$

式中，ΔW 为社会劳动者报酬的变化量；ΔW_j 为 j 部门的社会劳动者报酬的变化量；c_{wj} 为 j 部门的社会劳动者报酬占总产出的比例系数；ΔH 为就业人数变化量；ΔH_j 为 j 部门就业人数变化量；m_j 为 j 部门单位劳动力年劳动报酬平均值。

以上建立的成本分析方法体系主要针对常规时期污染控制措施的分析。当大型活动举办期间或短期内遇到极端不利气象条件时，往往需要采取临时性的超常规控制措施。这些临时性措施带来的监管成本会更大、企业临时停产导致的控制成本也更为可观，并且这些因素在具体成本核算时需要进行考虑。

9.2 PM$_{2.5}$污染控制的健康效益分析方法

9.2.1 控制 PM$_{2.5}$污染的健康效益分析思路

PM$_{2.5}$污染对人体健康会产生直接危害，由此导致的疾病或过早死亡给个人和社会带来巨大损失。通过采取 PM$_{2.5}$ 污染控制措施、减轻污染状况，将会获得相应的健康效益。

评价 PM$_{2.5}$控制对人体带来的健康效益，通常采用环境价值评估的研究方法。也即，PM$_{2.5}$浓度改善带来的健康效益等于健康终端的变化量和单位健康终端价值的乘积。PM$_{2.5}$污染对应的健康终端包括死亡、心血管疾病、呼吸系统疾病等，控制PM$_{2.5}$浓度改善的健康效益等于PM$_{2.5}$浓度降低后各健康终端变化带来的健康效应价值总和。基本计算公式如下：

$$CV = \sum V_k \cdot \Delta E_k \tag{9-19}$$

式中，CV 为 PM$_{2.5}$浓度改变产生的健康效应价值总和；V_k 为第 k 种健康效应终端对应的价值；ΔE_k 为 PM$_{2.5}$ 浓度改变导致第 k 种健康效应终端的变化量。因此，评估 PM$_{2.5}$ 污染控制的健康效益，关键在于建立两种联系：首先是环境变化与健康状况之间的联系，即 PM$_{2.5}$ 浓度变化导致患病率或死亡率等健康终端的变化量；其次是将人群健康终端的变化与等值的货币相联系，估算对应的经济价值，如图 9-3 所示。

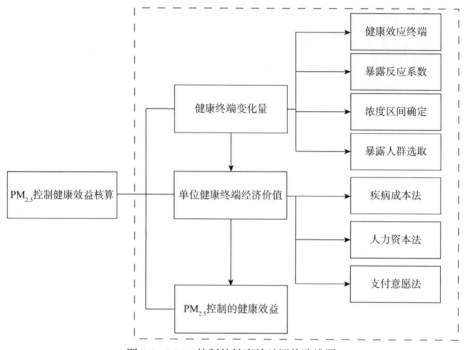

图 9-3　PM$_{2.5}$ 控制的健康效益评估路线图

以下分别从健康终端的变化量与单位健康终端的经济价值两方面，分析控制 PM$_{2.5}$ 带来的健康效益。

9.2.2　健康效应终端变化量评估方法

1. 健康效应终端选取

国内外大量的流行病学研究指出，PM$_{2.5}$ 污染与患病率和死亡率的增加有着密切的联系。目前已知 PM$_{2.5}$ 对人体健康的影响包括：增加重病、慢性病患者的死亡率；呼吸系统、心脏系统疾病恶化；改变肺功能及其结构，易引起流感、肺结核、肺炎等流行疾病；改变免疫功能；患癌率增加；等等。Schwartz 等（1996）发现当 PM$_{2.5}$ 日平均浓度增加 10 微克/米^3 时，死亡率增加 1.5%。国际上两个采用队列方法的研究都证明了 PM$_{2.5}$ 长期暴露增加了心血管疾病的死亡率（Dockery et al., 1993;

Pope et al., 1995)。Zanobetti 等（2009）的研究表明，$PM_{2.5}$ 日均浓度升高 10 微克/米^3，冠心病的入院率升高 1.89%，心肌梗死入院率升高 2.25%，先天性心脏病发生率升高 1.85%，呼吸系统疾病危险度升高 2.07%。也有研究（Norris et al., 1999；常桂秋等，2003）发现大气中 $PM_{2.5}$ 浓度的上升与咳嗽等呼吸道疾病、肺功能减弱、哮喘发病以及儿科门诊、急诊的就诊人次密切相关。

科学合理地建立我国 $PM_{2.5}$ 污染与人群健康效应的关系，需要选择适当的健康终端。终端的选择受到多种条件限制，分析过程中常遵循以下原则：①优先选择我国常规的卫生监测数据、医院登记卫生调查数据登记的、且列在国际疾病分类表（ICD-9 或 ICD-10）的疾病终端，以保证研究过程中疾病发生率数据具有可得性，研究结果与国外具有可比性；②优先选择已有研究证实了存在定量暴露-反应关系的健康终端；③优先选择具有代表性、影响大的终端，且尽可能保证终端间相互独立。目前国内研究中常见健康终端选择如表 9-4 所示。

表 9-4 国内现有研究选择的健康终端

研究人员	选择终端
阚海东等（2004）	长期死亡率、慢性支气管炎、急性死亡率、呼吸系统疾病住院、心血管疾病住院、内科门诊、儿科门诊、哮喘发作、活动受限
陈仁杰等（2010）	早逝、慢性支气管炎、内科门诊、心血管疾病住院、呼吸系统疾病住院
刘晓云等（2010）	呼吸系统疾病住院、心血管疾病住院、急性支气管炎、哮喘、内科门诊、儿科门诊
殷永文等（2011）	呼吸系统死亡率、心血管疾病死亡率、呼吸系统住院人数、活动受限日
潘小川等（2012）	非意外死亡、循环系统疾病死亡、呼吸系统疾病死亡
黄德生和张世秋（2013）	全因死亡率、慢性疾病死亡率、急性疾病死亡率、呼吸系统疾病住院率、心血管住院、儿科门诊、内科门诊、慢性支气管炎、急性支气管炎、哮喘
谢元博等（2014）	总死亡率、呼吸系统死亡率、呼吸系统住院率、心血管住院率、儿科门诊、内科门诊、急性支气管炎、哮喘

2. 暴露-反应关系系数选取

1）暴露-反应关系

当个体暴露于环境因素时，随暴露量的改变，个体会出现某种特定的效应，人群中出现该种效应的频率也会随之发生改变。暴露剂量的大小与特定健康效应的频率之间的关系为剂量-反应关系（潘晓琴和肖斌权，1997）。在流行病学研究中，人们实际接触的污染物剂量准确值难以得到，因此常用暴露量代替"剂量"，称为"暴露-反应"关系。在某一大气污染物浓度下人群健康效应值 E_i 为

$$E_i = \exp\left[\beta \times (C - C_0)\right] \times E_0 \quad (9\text{-}20)$$

式中，β 为暴露-反应关系系数；C 为污染物的实际浓度；C_0 为污染物的基准浓度；E_0 为污染物基准浓度下的人群健康效应。

大气颗粒物控制带来的健康效应改善为 E_i 和 E_0 的差值($E_i - E_0$),可用式(9-21)表示:

$$\Delta E = E_i - E_0 = P \times M_0 \times \left\{ \exp\left[\beta \times (C - C_0)\right] - 1 \right\} \quad (9\text{-}21)$$

式中,P 为暴露人口数;M_0 为健康效应终端基准情形死亡率或患病率。

为方便计算,进行如下转换:

$$\Delta E = P \times M_i \times \left(1 - \frac{1}{\exp\left[\beta \times (C - C_0)\right]} \right) \quad (9\text{-}22)$$

式中,M_i 为健康效应终端实际死亡率或患病率。

2)暴露-反应关系建立及系数选择

在流行病学研究中,根据暴露时间的长短分为长期暴露的慢性效应和短期暴露的急性效应。

其一,长期暴露的慢性效应。国内外大量的流行病学队列研究报道了大气 $PM_{2.5}$ 和 PM_{10} 与人群呼吸系统和循环系统疾病发病率和死亡率之间的关联。Hoek 等(2013)对国内外开展的 12 项队列研究结果进行 meta 分析,表明长期颗粒物暴露与人群总死亡、心血管疾病死亡之间存在关联,$PM_{2.5}$ 浓度每升高 10 微克/米^3,人群总死亡风险增加 6%(95%CI:4%~8%),心血管疾病死亡的风险增加 11%(95%CI:5%~16%)。Beelen 等(2013)对欧洲 22 个队列研究分析发现,$PM_{2.5}$ 浓度每升高 5 微克/米^3,人群自然死亡风险增加 7%(95%CI:2%~13%)。另外,研究发现,颗粒物长期暴露与高血压、心率变异性异常、内皮功能降低、心血管功能障碍、糖尿病、早产等健康终端间也存在关联。

其二,短期暴露的急性效应。国内外大量的时间序列研究、病例交叉研究报道了颗粒物短期暴露与人群每日死亡、住院人次、门急诊人次、心血管效应(如心率失常、心率变异异常、缺血性事件)等健康效应存在相关性。Samet 等(2000)在美国 20 个城市开展的多城市时间序列研究发现,PM_{10} 浓度每升高 10 微克/米^3,人群全因死亡率、心血管和呼吸道疾病死亡率分别增加 0.51%、0.68%。Katsouyanni 等(2001)在欧洲 29 个城市开展的时间序列研究表明,PM_{10} 浓度每升高 10 微克/米^3,人群全因死亡率增加 0.62%。近年来,亚洲、拉丁美洲等地区的多项时间序列研究进一步证实了颗粒物短期暴露与人群健康结局间的关联,其中,Chen 等(2012)在中国 16 个城市开展的时间序列研究表明,PM_{10} 浓度每升高 10 微克/米^3,人群全因死亡率、心血管疾病死亡率和呼吸疾病死亡率分别增加 0.35%、0.44%和 0.56%。

近年来,空气颗粒物与人群健康效应间暴露-反应关系是否存在阈值浓度以及暴露-反应关系曲线是否为非线性关系等问题引起国内外学者的关注。Schwartz 和 Zanobetti(2000)对美国 10 城市颗粒物与人群死亡率间暴露-反应关系特征的研究发现,暴露-反应关系曲线近似线性且无阈值浓度;Daniels 等(2000)对美国 20 城市 PM_{10} 与人群死亡率关系的研究表明,对于人群总死亡、呼吸系统疾病死亡和心血管疾病死亡,线性无阈值模型能更好地估计 PM_{10} 短期暴露对人群死亡率的影响。Samoli 等(2005)对欧洲 22 城市颗粒物与人群死亡率间的关系研究发现,在研究当时的污染水平下,线性模型能够很好地估计颗粒物与人群死亡率间的关联。尽管大多数研究、尤其是欧美低污染水平国家开展的多城市时间序列研究的结果表明,线性无阈值模型可能是其颗粒物污染水平下颗粒物与人群健康效应间暴露-反应关系的最佳模型,也有研究发现了不同的结果。Abrahamowicz 等(2003)利用美国癌症协会队列研究数据研究了颗粒物长期暴露与人群死亡率间的暴露-反应关系曲线,结果表明,$PM_{2.5}$ 长期暴露与人群死亡率间的暴露-反应关系明显偏离线性假设,相对于较高浓度水平,$PM_{2.5}$ 与人群死亡率在低浓度水平(低于 16 微克/米^3)存在更强的关联。

由此来看,大气颗粒污染对健康的影响是十分复杂的,流行病学研究中采取不同基线浓度、不同研究方法所得到的结果差异较大。通常,暴露-反应关系系数的选取常有下述选择原则,即考虑到不同地区、不同人群对 $PM_{2.5}$ 污染的敏感性不同,国外低浓度的大气污染和我国高浓度大气污染的程度差异,尽量选取国内的流行病学研究数据;当相应健康终端的国内资料缺乏时,选用国外同类研究资料。

3. 浓度区间设定

在浓度区间设定的过程中,首先应当获取所要评估的实际浓度值 C,再确定评估的基准浓度值(C_0)作为参考系,将二者相比较得到评估的浓度区间。

首先,获取待评估地区的实际浓度值。发达国家较早就开始监测 $PM_{2.5}$,如美国在 1997 年 $PM_{2.5}$、PM_{10} 已经逐渐代替 TSP 成为空气污染指示物。我国则起步较晚,2012 年修订的《环境空气质量标准》(GB3095—2012)首次将 $PM_{2.5}$ 纳入监测范围,2013 年我国开始发布 $PM_{2.5}$ 的监测信息,且仅部分城市有完整的全年监测值。

在计算过程中,考虑到 $PM_{2.5}$ 监测数据的不足,可以采取转换的方式,如利用转换系数将 PM_{10} 的浓度转换为 $PM_{2.5}$ 的浓度。现有研究结果中,$PM_{2.5}$ 与 PM_{10} 的比例系数大都介于 0.51~0.64(Dockery et al.,1993)。World Health Organization(2004)设定发展中国家 $PM_{2.5}/PM_{10}$ 比例为 0.5,世界银行污染的负担在中国报告中 $PM_{2.5}/PM_{10}$ 为 0.6(World Bank,2007)。

其次,设定研究区域内控制 $PM_{2.5}$ 的目标浓度数据,即设定基准浓度情景。在已有研究中,不同的基准浓度情景选择方案如下:①零限值。Daniels 等研究了 1987~1994 年美国 20 个大城市大气 PM_{10} 与人群逐日死亡的暴露-反应关系(Daniels et al.,2004)。结果表明对于人群总死亡和心血管、呼吸系统死亡,零阈值的模型能够最佳地拟合 PM_{10} 与死亡率的关系。②本地区大气污染浓度的自然背景值。阚海东等（2004）选择上海市的自然背景值作为阈浓度值。③已有流行病学出现的最低作用浓度值，如美国癌症协会 Pope 等（2002）针对最低观察浓度 15 微克/米^3，建议 PM_{10} 的基准值为 20 微克/米^3。World Health Organization（2004）、过孝民等（2004）、陈仁杰等（2010）均将 15 微克/米^3 设为 PM_{10} 的阈值；④政府或政府机构间制定的卫生标准：目前，我国已出台 $PM_{2.5}$ 空气质量标准，WHO 也存在相应标准。几种可参考的基准浓度情景如表 9-5 所示。

表 9-5 基准浓度情景设计参考标准

选择情景	日均浓度/（微克/米^3）	年均浓度/（微克/米^3）	参考标准
1	0	0	零阈值
2	65	15	美国 EPA 空气质量标准
3	75	35	WHO 过渡时期目标-1（IT1）
4	50	25	WHO 过渡时期目标-2（IT2）
5	37.5	15	WHO 过渡时期目标-3（IT3）
6	25	10	WHO 空气质量准则值
7	35	15	2012 国家空气质量一级标准
8	75	35	2012 国家空气质量二级标准
9	—	60	2017 年北京 $PM_{2.5}$ 浓度标准

4. 暴露人群识别

暴露人群涉及污染物的空间分布和人口分布状况。严格意义上，越多监测点位的污染物浓度及其对应的人群分布情况，可以更加准确地计算相应浓度对应的暴露人群数量。实际分析过程中，考虑到各项数据的可得性，通常使用某地区的常住人口数量来表征该地区大气污染的暴露人群；实际上监测点浓度作为代表难以反映不同地区人口的真实暴露水平。由于污染源和传输条件的不同，$PM_{2.5}$ 浓度存在地区间的差异。人口的空间分布也存在不均衡，不仅城市人口大于农村人口，同一城市不同区域的人口数量也存在差异。

9.2.3 单位健康终端价值评估方法

将环境污染引起的单位健康终端变化量进行货币化的手段即环境价值评估方法。经过多年的发展，这类方法已经相对成熟。针对健康损失的经济价值评估方法主要包括人力资本法（human capital approach，HCA）、疾病成本法（cost of illness，COI）和支付意愿法（willingness to pay，WTP）等。

1. 人力资本法

传统的人力资本法是最早的非市场价值评估方法之一。人力资本法评价在不同的环境条件下,个人因健康状况变化所造成的社会贡献的差异,以此表征环境污染对人体健康的影响所带来的经济损失。

在经济评价中,传统的人力资本法认为过早死导致对社会贡献价值的减少是损失的经济成本,而这种社会贡献价值来源于期望寿命年内获取人力资本投资回报的机会。在计算过程中,可将其收入的现值作为过早死亡的成本。例如,一个年龄 t 岁的人,他由于污染早死的损失等于其余下正常寿命的收入折现值,即

$$Ec = \sum_{i=0}^{T-t} \frac{\pi_{t+i} \times E_{t+i}}{(1+r)^i} \quad (9\text{-}23)$$

式中,Ec 为环境质量变化引起过早死亡的收入损失;π_{t+i} 为年龄为 t 岁的人活到 $t+i$ 岁的概率;E_{t+i} 为年龄为 $t+i$ 岁时的预期收入;r 为贴现率;T 为正常的期望寿命。

传统的人力资本法计算过程清晰简明、广为使用,但由于其将未来收入的折现作为人的价值,意味着不同年龄、不同收入人的价值不同,这带来了一些争议。修正的人力资本法在传统方法的基础上进行了改善,运用人均国内生产总值作为一个统计生命年对社会的贡献。从全社会的角度,考虑人力生产要素对社会经济增长的贡献,从而评估生命消亡损失的价值,不需要考虑个体价值的差异,解决了原有方法的争议。大气污染引起人群过早死而损失的期望寿命,等于同时出生的一代人活到某年龄尚能生存的平均数,也就是社会期望寿命与平均死亡年龄的差,在此基础上人力资本的损失等于人力资本在期望寿命年内对国内生产总值的贡献。

$$HCL = \sum_{i=1}^{t} GDP_i = GDP_0 \times \sum_{i=1}^{t} \frac{(1+\alpha)^i}{(1+r)^i} \quad (9\text{-}24)$$

式中,HCL 为修正的人力资本损失;t 为人均损失寿命年;GDP_i 为未来第 i 年人均国内生产总值贴现值;GDP_0 为基准年人均国内生产总值;α 为人均国内生产总值增长率;r 为贴现率。

2. 疾病成本法

疾病成本法常用来估算疾病引起的健康成本。健康成本一般指患病期间的直接费用和间接费用,包括门诊、急诊、住院的直接诊疗费和药费等,以及患者停止工作引起的收入损失、交通、陪护费用等间接费用。若患者未就诊,则包括该人群的自我治疗费用和药费。计算公式为

$$就诊费用 = 就诊人次 \times \begin{bmatrix} (人均就诊直接费用 + 人均就诊间接费用) \\ + 就诊时间 \times 日均收入损失 \end{bmatrix} \quad (9\text{-}25)$$

$$住院费用 = 住院人次 \times \begin{bmatrix} (人均住院直接费用 + 人均住院间接费用) \\ + 住院时间 \times 日均收入损失 \end{bmatrix} \quad (9\text{-}26)$$

$$未就诊费用 = 未就诊人次 \times 人均自我治疗费用 \quad (9\text{-}27)$$

疾病成本没有考虑患病者因病痛带来的精神痛苦，结果易造成健康损失的低估。在收入和医疗费用可得的情况下，一般疾病成本法能够较好地评价能够在较短时间内治愈、未产生长期副作用的非致命疾病或急性病等。慢性疾病，如支气管炎等由于患病时间长，精神痛苦较大，使用疾病成本法可能会带来较大的偏差。

3. 支付意愿法

支付意愿法是典型的陈述偏好方法，通过问卷、面对面访问的方式了解人们对某一环境改善效益的支付意愿（willingness to pay，WTP），或对环境质量损失的接受赔偿意愿（willingness to accept，WTA），通过人们的回答推算环境资源的经济价值。相比人力资本法、疾病成本法对直接成本、间接成本效益的估算，支付意愿法在健康效益价值评估的过程中能够较为全面地衡量疾病和死亡风险给人们带来的损失。除医疗费用、患病损失的时间价值等，它还能够度量患病或死亡给人带来的精神损失。

支付意愿法构建假想的市场，通过人们在模拟市场中的行为进行价值评估，不发生实际的货币支付，这也使得该方法较易产生偏差。首先，它在调查的过程中没有要求被访者以现金支付的方式来验证其意愿的真实性；并且被调查者的健康状况、年龄、收入等个人因素都会影响支付意愿的大小。其次，调查者的主观意见也容易在调查过程中表现出来而影响调查结果。支付意愿法从问卷设计、抽样调查到结果分析，每个步骤都必须经过严格的检验，实际操作起来比较复杂。

支付意愿法的调查分析工作量大，专业性强，具体到我国的研究资料十分有限。Hammitt 和 Zhou（2006）基于 1999 年在北京市、安庆乡村的调查，得出统计生命价值（value of a statistical life，VSL）约为 33 080~140 590 元；Wang 和 Mullahy（2006）基于 1998 年在重庆市对 550 个人的调查，得出 VSL 约为 34 458 美元的结论。曾贤刚和蒋妍（2010）调查上海、九江、南宁得到我国的 VSL 为 100 万元；谢旭轩（2011）2010 年的支付意愿调查结果显示，北京市 VSL 为 168 万元。Wang 和 He（2010）基于 2000 年丹阳（江苏）、六盘水（贵州）、天津郊县的调研，得到 VSL 为 197 万元的结论。

9.3 PM$_{2.5}$污染控制的能见度效益分析方法

9.3.1 控制PM$_{2.5}$污染的能见度效益分析思路

PM$_{2.5}$污染会带来能见度的降低,低能见度直接阻碍航空、公路、航海运输,严重时造成航班延误、高速封路、交通事故等。相应地,控制PM$_{2.5}$导致的能见度提高,一方面能够减少交通运输的延误或事故带来的损失;另一方面也使人们对旅游资源的效用提升,增加旅游及其相关产业的收益等。此外,大气能见度作为环境质量要素的重要组成部分,能够提供舒适性服务,使人们的精神愉悦、生活品质提高,即能见度的提高在精神层面还能够给人们带来舒适度效益。

评估PM$_{2.5}$控制带来的能见度效益,首先,需评估PM$_{2.5}$从现实浓度降低到目标浓度能够带来的能见度改善;其次,在明确PM$_{2.5}$与能见度关系的基础上,采用环境经济学评估分析方法将能见度改善带来的直接影响和间接影响进行货币化,估算得到能见度效益。核算总体思路如图9-4所示。

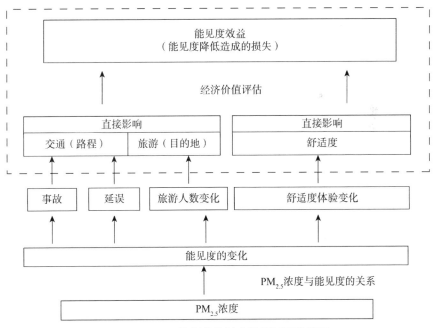

图9-4 PM$_{2.5}$控制的能见度效益评估路线图

9.3.2 PM$_{2.5}$浓度与能见度的关系

能见度(visibility)通常指标准视力的人,在当时的天气条件下,在水平方向上，能够从天空背景中将黑色目标物体（大小适度）区别出来的最大距离。它是一个重要的衡量大气透明度的气象指标。损害大气能见度的因素一般包括人为因素和自然因素两种，人为因素通常指污染物排放所造成的空气污染，自然因素指影响大气能见度的天气现象通过散射和吸收作用影响大气消光，气象条件特别是相对湿度也是造成能见度下降的主要因素。

尽管颗粒物在大气中只占很少的一部分，但其对城市大气光学性质的影响不容忽视。大气能见度的降低，主要是颗粒物对光的吸收和散射造成的。Malm and Day（2001）研究指出，与可见光谱相同粒径的颗粒物对光的散射具有较大影响。因此，对于可见光波长介于 0.40~0.76 微米范围内来说，粒径小于 2.5 微米的 $PM_{2.5}$ 的消光作用远大于粒径在 2.5 微米以上的粒子。国内的定量观测也发现，颗粒物中 $PM_{2.5}$ 是造成大气能见度下降的主要原因之一（吴兑等，2006；Chang et al.，2009）；而在 $PM_{2.5}$ 中，又有大量研究指出以有机碳，特别是对光具有散射作用的有机碳、元素碳和硫酸盐，是导致太阳光被削弱的主要因素（Martin et al.，2003；Tie et al.，2005）。能见度与 $PM_{2.5}$ 质量浓度之间的关系通常是非线性的，且在不同的季节呈现出不同的函数关系（宋宇等，2003；Deng et al.，2008）。当 $PM_{2.5}$ 浓度较高时（高于 120 微克/米^3），浓度的改变对能见度的影响并不大；而当 $PM_{2.5}$ 浓度在一个较低的水平时（低于 120 微克/米^3），能见度对 $PM_{2.5}$ 浓度的改变非常敏感（Deng et al.，2008）。

整体而言，控制 $PM_{2.5}$ 污染与能见度改善之间的关系较为复杂，这也给 $PM_{2.5}$ 控制的能见度效益评估增加了难度。

9.3.3 交通延误变化效益

低能见度给人们的日常生活带来诸多不便，尤其是给交通活动的正常运营造成不良影响。若能够有效控制 $PM_{2.5}$ 污染，能见度的提高将减少交通运输相关损失，获得巨大的经济效益，主要包括航空损失、陆路交通的高速封路损失、交通事故损失与交通延误损失等减少带来的效益。

1. 航空损失减少效益

能见度降低对航空飞行的影响主要包括三个方面，即较低的能见度引起的航班延误、由于当地能见度不高造成航班备降、极低的能见度导致航班取消。能见度改善效益等价于能见度降低带来的航空损失。

1）航空延误经济损失

我国航空运输能力近年来保持高速增长。2013 年民航旅客运输量达到 3.54 亿人次，1月到10月民航运输总周转量达 673 亿吨公里。在灰霾事件频发的状况下，能见度降低造成航班延误的比例也逐渐增加，对航空公司和旅客造成了极大的经济损失，包括地面和空中的运行成本增加、旅客滞留的食宿费用增加以及航班延误的旅客时间成本损失等。可采用以下方法对航班延误的损失进行核算。

（1）地面延误成本损失：地面延误损失指旅客登机后，受能见度影响航班无法起飞，在地面等待发生的成本。该损失与航班的运营成本直接相关，包括除燃料费用外的直接运营成本（租赁费、维修费、航材费等）以及间接运营成本。

$$C_g = \alpha_g \times T_g \tag{9-28}$$

式中，α_g 为单位运营成本（万元/小时）；T_g 为航班地面延误时间。

（2）空中成本损失：受能见度影响可能导致实际飞行时间超出计划飞行时间而发生的成本，该延误损失的计算方法是在地面延误损失的基础上，考虑燃油消耗的费用。

$$C_a = \left(\alpha_g + F_a \times r_{avg}\right) \times T_a \tag{9-29}$$

式中，F_a 为航空燃油价格；r_{avg} 为平均小时耗油量；T_a 为航班空中延误时间。

（3）调机、食宿平均损失：其是指由于航班延误造成旅客短时间无法登机，需解决旅客食宿和调配飞机等问题而发生的成本。根据抽样调查，调机、食宿等费用约为50万元/亿吨公里。因此调机、食宿费用的损失为

$$C_r = \text{RTK} \times 50 \tag{9-30}$$

式中，RTK 为运输总周转量（运输量和平均运距的乘积），单位为亿吨公里。

（4）旅客经济损失：航班延误造成旅客的时间成本损失。

$$V_p = \left(T_g + T_a\right) \times \frac{I_{gdp}}{2\,000} \tag{9-31}$$

式中，I_{gdp} 为当年人均国内生产总值；2 000 为一年中有效工作时间的平均值。

综上所述，航班延误的总经济损失为上述四项损失之和，即

$$C_D = C_g + C_a + C_r + V_p \tag{9-32}$$

2）航班备降损失

受低能见度影响，航班不能正常降落目的地机场，超过飞机携带燃油的续航能力，在备降机场降落。备降损失主要包括改变计划带来的额外运行成本（包括飞行成本、陆地成本）以及旅客的时间成本。

$$C_S = S_S + V_p \tag{9-33}$$

式中，S_S 为航班备降造成的额外运行成本；V_p 为备降旅客的时间成本。

3）航班取消损失

航班取消带来的损失包括航空公司收益损失和旅客的经济损失：

$$C_C = R_C + V_C \tag{9-34}$$

式中，R_C 为航空公司收益损失；V_C 为旅客经济损失。

2. 高速封路损失变化效益

2014年1月受雾霾影响，京津高速出京方向全线封闭；河北15条高速沿线站口关闭；2013年1月雾霾致使天津、河北等8个省市约30余条高速公路封闭。能见度所导致的高速封路现象不仅影响了人们正常的交通运输出行，还造成了直接的交通运输收益损失。当能见度改善时，高速封路损失减少效益在数值上等于能见度降低带来的高速封路损失。

高速封路损失 C_H 可按照式（9-35）进行估算：

$$C_H = T \times C_t + C_i \tag{9-35}$$

式中，T 为高速封路时间；C_t 为平均每小时高速通路收费的收入；C_i 为高速封路的间接经济损失（包括公路交通运输的时间成本以及旅客的时间成本等）。

3. 交通事故数量变化效益

能见度变化将影响交通事故发生的数量。当能见度较低时，易发生车辆追尾等交通事故，造成人员伤亡、高速公路拥堵等社会经济损失。低能见度引起交通事故造成的直接损失主要包括人员伤亡、车辆损害、货物损害、道路设施破坏等损失；间接损失主要包括伤亡家属的精神损失以及伤亡人员的劳动价值损失、额外增加的社会服务（警察执法、消防、医疗救护等）、事故拥堵造成的时间成本、事故造成的污染等损失，即交通事故损失 L_T 如下：

$$L_T = L_d + L_i \tag{9-36}$$

式中，L_d 为交通事故造成的直接经济损失；L_i 为交通事故造成的间接经济损失。

4. 交通延误减少效益

能见度提高能够减少交通延误。雾霾天气交通状况不佳，导致出行延误，交通延误损失为

$$L_P = T_d \times \frac{I_{gdp}}{2\,000} \tag{9-37}$$

式中，L_P 为交通延误造成的损失；T_d 为交通延误时间；I_{gdp} 为当年人均国内生产总值。

9.3.4 旅游人数变化效益

较低的能见度还可能造成景观旅游区参观人数减少，导致旅游产业相关收入减少。换言之，能见度的提高能够增加景观旅游区的参观人数，带来相应的收益。评估能见度变化带来的旅游效益可采用直接市场法、旅行成本法等方法。

1. 直接市场法

当能见度增加时,旅游人数增加带来的效益等于各个景点人数的变化与相应的门票费用、其他收入(住宿、饮食、工艺品等)的乘积。

旅游效益 R 可按式(9-38)进行计算:

$$R = \left[\sum_{i=0}^{n}(P_t + P_e)_i\right] \times (N_1 - N_0) \quad (9\text{-}38)$$

式中,N_1 为能见度改善后旅游人数;N_0 为当前旅游人数;P_t 为旅游景点门票费用;P_e 为旅游景区除门票外的其他收入(包括住宿、饮食、小商品等收入);i 为区域内第 i 个旅游景区。

2. 旅行成本法

旅行成本法(travel cost method,TCM)是针对无价格商品(特别是户外娱乐场所等休憩环境资源)效益进行评估的一种方法,它要评估的是旅游者通过消费这些环境商品或服务所获得的效益,或者对这些旅游场所的支付意愿(旅游者对这些环境商品或服务的价值认同)。通过游客旅行成本来间接推断旅游地的游憩价值。

通常而言,旅行费用决是指旅游者为了进行参观(或者说,使用或消费这类环境商品或服务),需要承担的相应的交通费用,包括花费的时间等;旅游者为此而付出的代价可以看做对森林公园等地旅游的实际支付。支付意愿等于消费者的实际支付与其消费某一商品或服务所获得的消费者剩余之和。一般而言,旅游者的实际花费相对较易获得,而旅游者的消费者剩余的估计需要基于抽样调查等方法获得。

9.3.5 舒适度变化效益

随着经济的发展和收入水平的提高,人们对舒适性功能的追求逐渐增加,舒适性资源受到越来越广泛的关注和重视。目前一般认为,"舒适性资源"是指能够为人类提供舒适性服务,满足人类的精神需求的自然环境资源,包括各类景观资源、国家公园、自然保护区等。舒适性资源所具有的功能主要体现在娱乐、审美、文化、科研、认知、教育、保健等方面。

随着研究的深化,舒适性资源概念也不断拓展,环境质量要素也成为舒适性资源的一部分。环境污染和生态破坏带来了空气、水和声环境质量等方面的下降,原本干净的水体、清洁的空气和安静的环境在一些地区成为稀缺的资源,这些要素便成为舒适性研究中的重要部分,且从各类环境资源整体舒适性的研究逐渐细化到各种环境质量要素所带来的舒适性上来(Green et al.,2005),某些要素可能甚至对整体舒适性的供求起着决定性的作用。

能见度是舒适性资源研究的重要部分。能见度对舒适度的影响可分为两个方面：第一，能见度影响人们的正常心理状态，容易产生不良情绪，影响工作效率、生活质量，造成社会经济损失；第二，极低或者持续的低能见度还易造成严重的舒适度影响，如引发人们的心情烦躁、悲观沮丧等不良心理后果。若空气质量能够得到有效的控制，较好的大气能见度给人们的舒适性感受能带来较大的经济价值。

舒适度变化的价值评估常用方法主要包括两类——揭示偏好法中的内涵资产价值法（hedonic price, HP）和陈述偏好法中的条件价值评估法（contingent valuation method, CVM）。揭示偏好法主要从个人的实际或被观察到的行为中揭示偏好，陈述偏好法则是从问卷调查中得到明确的偏好。

1. 内涵资产价值法

内涵资产价值法是揭示偏好法中的一种重要方法。它的基本思想是，人们赋予环境的价值可以从他们购买的具有环境属性的商品的价格中推断出来。内涵资产价值法用于评估能见度价值的优势在于，它是基于人们的真实购买和市场选择行为来确定的，其通常做法是通过研究房屋销售价格和环境质量的关系来估计环境物品的价值。这也使得内涵资产价值法适合研究居住地区能见度的使用价值，而难以评估国家公园和荒野地区的能见度价值。

Ridker 和 Henning（1967）最早运用内涵资产价值法来研究空气污染和房产价值之间的关系，发现空气污染对房屋价格具有显著的负影响。随后大量的研究对内涵资产价值法进行了推导验证、模型修正，并进一步证实大气环境质量和房屋售价之间的关系（Smith and Huang, 1993）。Beron 等（2001）从空气污染中将能见度对房屋价值的影响分离出来，针对性地研究了能见度对房地产的价值的影响，从而估计能见度的经济价值。研究结果表明，能见度是影响房屋售价的一个主要因素，在 1980~1995 年，能见度对洛杉矶地区房屋售价的影响为总房价的 3%~8%，而相应的经济效益评估表明，当地年平均能见度提高 20%将带来平均每年每户 875~3 178 美元的房屋价值的提高。

内涵资产价值法主要包括以下步骤：①建立房产价格与其各种特征变量间的函数关系：$P_h = f(h_1, h_2, \cdots, h_k)$，$P_h$ 为房产价格；h_1，h_2，…为住房的各种内部特性（面积大小、房间数量、新旧程度、结构类型等）和住房的周边环境特性（当地学校的质量、离商店的远近、当地的犯罪率等），h_k 为住房附近的能见度。假设函数是线性的，其函数形式为 $P_h = \alpha_0 + \alpha_1 h_1 + \alpha_2 h_2 + \cdots + \alpha_k h_k$。②把房产价格函数对能见度求导，可以求得能见度的边际支付意愿，即表示在其他特性不变的情况下，能见度增加 1 单位，支付意愿变动幅度。③能见度 h_k 和边际支付意愿 α_k 的组合可以看做该买主的最大效用平衡点，即边际支付意愿等于边际机会成本时的购买量和边际支付意愿的交点。④能见度由 q_0 改善至 q_1 带来的效益为 $\sum \text{WTP} = \sum (q_1 - q_0) \times \alpha_k$。

2. 支付意愿法

支付意愿法属于陈述偏好法的一种，是基于问卷调研访谈方式直接询问人们对能见度改善（或者为避免能见度恶化）的最大支付意愿或者接受能见度恶化的最小补偿意愿，并通常采用与能见度水平相对应的照片作为辅助手段。支付意愿法较早地应用于大气能见度的价值评估，也是目前发展相对成熟且应用较为广泛的一种方法。关于能见度的条件价值评估的基本操作方法如下。

（1）假定消费者个人效用 U 是能见度状态 q、消费者个人收入 y 和社会经济信息特征 s 的函数，即 $U = u(q, y, s)$。

（2）若使能见度由 q_0 改善至 q_1，为实现这种状态改善，消费者做出相应的收入支出以维持福利水平不变。虽然消费者明确舒适度资源对自身的效用函数，但由于随机因素的存在，分析者对每个消费者的偏好难以确定。通常将上式写成偏好的确定项和随机项的加和为 $U = V(q, y, s) + \varepsilon$，其中 ε 为随机项；两种不同能见度状态 q_0、q_1 下的效用函数为 $U_0 = V(q_0, y, s) + \varepsilon_0$ 及 $U_1 = V(q_1, y, s) + \varepsilon_1$。

（3）CVM 问卷询问受访者是否愿意支付由调查者随机选择的数额 A，受访者只需回答"是"或"否"。由于效用 U 是个人收入 y 的严格单调递增函数，如果受访者接受 A（回答"是"），根据效用最大化理论，有效用差 $\Delta U \geqslant 0$，即 $V(q_1, y - A, s + \varepsilon 1) \geqslant Vq0, y, s + \varepsilon 0$。

（4）当 $V(q_1, y - A, s) + \varepsilon_1 = V(q_0, y, s) + \varepsilon_0$ 时，环境价值 $= \sum A = \sum \text{WTP}$。将估价区域内所有福利受到影响的个人的 WTP 值累加，即得能见度改善所对应的舒适度效益。

9.4 北京控制 $PM_{2.5}$ 污染的健康效益估算

9.4.1 北京 $PM_{2.5}$ 污染状况

2013 年，北京市 $PM_{2.5}$ 年均浓度值为 89.5 微克/米³；空气质量一级优天数为 41 天；二级良天数为 135 天；三级轻度污染天为 84 天；四级中度污染天为 47 天；五级重度污染天为 45 天；六级严重污染天为 13 天。全年优良天数共计 176 天，占全年总天数的 48.2%。在重污染天数方面，五级和六级重污染天数累计出现 58 天，占全年总天数的 15.9%，平均相当于每隔 6 天或 7 天，就会出现一次重污染天气过程。在轻度污染以上的超标污染日中，首要污染物主要是 $PM_{2.5}$，占 77.8%。

北京市于 2013 年正式执行新的环境空气质量标准，共建立起 35 个覆盖全市的监测站点，对包含 PM$_{2.5}$ 在内的六项大气污染物开展监测。在 PM$_{2.5}$ 浓度空间分布上，监测点位数据显示北京地区南北污染差异显著，京东北密云水库和京西北八达岭两个站点浓度为 60 微克/米^3；而京西南琉璃河、京东南永乐店、京南榆垡三个站点则达到 110~120 微克/米^3，相差约一倍。在时间分布上，北京 PM$_{2.5}$ 浓度有季节性变化规律，春、冬两季较高，采暖季高于非采暖季。

9.4.2 北京 PM$_{2.5}$ 控制健康效益评估

1. 健康效应终端选取

针对北京地区进行案例研究，综合考虑卫生统计年鉴、流行病学研究中暴露-反应关系等数据的可得性，以及有关疾病的代表性和相互独立性，选择 7 项疾病终端进行研究，包括总死亡率、呼吸系统疾病住院、心血管疾病住院、儿科门诊、内科门诊、慢性支气管炎和哮喘发作等。部分临床和亚临床的症状，如咳痰、喘息、气短、肺功能、新生儿体重改变，由于难以评价长期效应和经济损失，缺乏相关暴露-反应系数，在核算过程中不予考虑。

2. 疾病终端发生率

各疾病终端的发生率来自于相关年鉴与研究报告。其中死亡率数据来源于 2013 年北京市公共卫生中心公布的 2012 年北京市总死亡率；呼吸系统疾病住院率来自于《2012 中国卫生年鉴》中北京市城市住院率与城市医院住院病人呼吸系统疾病比例；心血管疾病住院率来源于《2012 中国卫生年鉴》中北京市城市住院率与城市医院住院病人脑血管疾病病人比例与缺血性心脏病病人比例；慢性支气管炎来自于《2012 中国卫生年鉴》中 2008 年城市居民慢性支气管炎患病率；儿科门诊来自于《2012 中国卫生年鉴》北京市城市门诊总人数与综合医院儿科门诊比例；内科门诊来自于《2012 中国卫生年鉴》北京市城市门诊总人数与综合医院内科门诊构成比例；哮喘发作来源于王文雅等（2013）对北京地区 2010~2011 年哮喘患病情况的调查结果中，北京地区 14 岁以上人群的总体患病率。

3. 暴露-反应关系系数

现阶段的流行病学研究中，国外研究均基于国外较低的 PM$_{2.5}$ 浓度，国内流行病学研究多以 PM$_{10}$ 研究为主，近年来 PM$_{2.5}$ 研究才逐渐增加。采用 meta 分析法综合国内外多项研究可以给出我国 PM$_{2.5}$ 污染的暴露反应系数，综合谢鹏（2009）、阚海东（2002）等分析结果，本章的研究中各疾病终端的暴露反应系数如表 9-6 所示。

表 9-6　健康终端暴露反应系数

疾病终端	β 暴露反应系数	置信区间（95%）
总死亡率	0.000 40	(0.000 19, 0.000 62)
呼吸系统住院	0.001 09	(0, 0.002 21)
心血管疾病住院	0.000 68	(0.000 43, 0.000 93)
儿科门诊	0.000 56	(0.000 20, 0.000 90)
内科门诊	0.000 49	(0.000 27, 0.000 70)
慢性支气管炎	0.010 09	(0.003 66, 0.015 59)
哮喘发作	0.002 10	(0.001 45, 0.002 74)

注：β 表示每当 $PM_{2.5}$ 提高 1 微克/米^3 时疾病发生率变化的比例

4. 浓度区间设定

选取北京市 2013 年 $PM_{2.5}$ 年均浓度值 89.5 微克/米^3 为实际状况下的年均浓度。

选取三个污染控制情景，评估控制 $PM_{2.5}$ 浓度达到相应的空气质量标准时健康终端疾病的减少量所带来的经济效益。具体而言如下。

（1）达到《北京市 2013—2017 年清洁空气行动计划》中 $PM_{2.5}$ 年均浓度 60 微克/米^3 的标准。

（2）2013~2017 年 $PM_{2.5}$ 逐年下降，2017 年达到 60 微克/米^3。

（3）达到空气质量二级标准 $PM_{2.5}$ 年均浓度 35 微克/米^3。

基准浓度取值情景和浓度区间设定如表 9-7 所示。

表 9-7　浓度区间设定（单位：微克/米^3）

情景	目标年均浓度值 C_0	参照标准	$C-C_0$	备注
1	60	北京市 2017 控制目标	29.5	
2	60	北京市 2017 控制目标	7.4	逐年达到北京市目标
3	35	GB3095—2012 二级标准	54.5	

注：C 为 2013 年 $PM_{2.5}$ 实际浓度值；C_0 为各情景下的控制目标值

5. 空气质量改善带来的健康影响

通过暴露-反应关系进行计算，结果表明，控制污染达到 2017 年北京市空气质量标准、分四年逐年达到 2017 年北京市空气质量标准、控制达到空气质量二级标准等三种情况均可以大量减少疾病的发生。

从不同疾病终端评估结果来看（表 9-8），若北京地区 $PM_{2.5}$ 浓度得到有效控制，达到设定的控制情景，可以大大减少疾病的患病率和死亡率（如控制 $PM_{2.5}$ 浓度后可以减少总死亡人数 1 121~2 061 例，降低呼吸系统住院人数 8 231~15 002 例等），地区整体的健康水平将产生极大的改善。比较而言，呼吸系统疾病住院人数的减少量大于心血管疾病疾病住院数；内科门诊减少量大于儿科门诊减少量。

表 9-8　不同情景下健康效应结果（单位：人）

健康终端	情景 1		情景 2				情景 3	
	健康损失	置信区间（95%）	年均健康损失	置信区间（95%）	累积健康损失	置信区间（95%）	健康损失	置信区间（95%）
总死亡	1 121	(534, 1 732)	282.00	(134, 436)	1 126	(535, 1 744)	2 061	(985, 3 176)
呼吸系统住院	8 231	(0, 16 418)	2 777	(0, 5 607)	8 331	(0, 16 821)	15 002	(0, 29 517)
心血管疾病住院	3 990	(2 532, 5 437)	1 340	(848, 1 831)	4 020	(2 544, 5 493)	7 309	(4 653, 9 929)
儿科门诊	150 448	(54 017, 240 586)	50 460	(18 046, 80 996)	151 381	(54 137, 242 987)	276 015	(99 545, 439 532)
内科门诊	308 473	(17 052, 6 439 317)	103 382	(57 012, 147 575)	310 147	(171 036, 442 724)	566 423	(313 981, 804 583)
慢性支气管炎	35 933	(14 285, 51 456)	13 346	(4 956, 20 213)	40 038	(14 869, 60 639)	59 040	(25 240, 79 899)
哮喘发作	15 117	(10 538, 19 541)	5 157	(3 569, 6 713)	15 470	(10 707, 20 138)	27 216	(19 122, 34 909)

6. 空气质量改善带来的健康效益评估

空气质量改善的健康效益价值评估，需要确定各疾病终端的单位经济价值。本章的研究中死亡这一疾病终端的经济价值，依据谢旭轩（2011）在北京市通过支付意愿法对统计生命价值的调查结果，同时采用 Viscusi（1993）关于慢性支气管炎的支付意愿为统计寿命价值的 32% 的评估方法。呼吸系统住院、心血管疾病住院、儿科门诊、内科门诊的单位经济价值都采用疾病成本法进行计算。

控制 $PM_{2.5}$ 浓度达到不同情景下的标准，北京各疾病终端的总经济价值如表 9-9 所示。从不同的疾病终端来看，减少早死和慢性支气管炎所带来的健康效益最高，占总效益的 90% 以上；减少呼吸系统住院产生的健康效益大于心血管疾病住院所产生的；减少内科门诊数量产生的效益大于儿科门诊，慢性支气管炎获得效益大于哮喘。

表 9-9　健康效益经济价值计算结果（单位：亿元）

健康终端	情景 1	情景 2	情景 3
总死亡	27.113	27.234	49.841
	(12.919, 41.890)	(12.946, 42.978)	(23.810, 76.795)
呼吸系统住院	0.807	0.817	1.471
	(0.000, 1.610)	(0, 1.649)	(0.000, 2.894)
心血管疾病住院	0.411	0.415	0.754
	(0.261, 0.561)	(0.263, 0.567)	(0.480, 1.024)

续表

健康终端	情景1	情景2	情景3
儿科门诊	0.474	0.478	0.87
	(0.170, 0.759)	(0.171, 0.766)	(0.314, 1.386)
内科门诊	0.972	0.978	1.786
	(0.548, 1.385)	(0.539, 1.396)	(0.990, 2.537)
慢性支气管炎	278.034	309.794	456.83
	(110.532, 398.144)	(115.046, 469.201)	(195.300, 618.225)
哮喘发作	0.01	0.011	0.019
	(0.007, 0.013)	(0.007, 0.014)	(0.013, 0.024)
总和	307.824	339.725	515.571
	(124.427, 444.362)	(128.972, 515.771)	(220.907, 702.885)

注：括号内数据为置信区间，即（最小值，最大值）

从总量上来看，一次性的控制 $PM_{2.5}$ 达到 2017 年北京标准 60 微克/米³ 时健康效益为 124.4 亿~444.4 亿元，均值 307.8 亿元；2013~2017 年，若 $PM_{2.5}$ 逐年下降，2017 年达到 60 微克/米³，产生效益 129.0 亿~515.8 亿元，均值为 339.7 亿元；控制 $PM_{2.5}$ 达到我国空气质量二级标准 35 微克/米³ 时健康效益达到 220.9 亿~702.9 亿元，均值为 515.6 亿元。2013 年北京实现地区生产总值 19 500.6 亿元，倘若按照以上三种情景控制空气质量，平均年均健康经济效益分别占地区生产总值的 1.58%、0.44% 和 2.64%。

比较而言（表 9-10），控制 $PM_{2.5}$ 污染的健康效益占地区生产总值的比例，高于刘晓云等（2010）对珠江三角洲的核算结果 0.09%，低于黄德生和张世秋（2013）对北京市区的核算结果为 4.68%。此外，从针对 PM_{10} 的健康效应的核算结果来看，本章的研究核算结果也处于中间水平。差异的产生与疾病终端的选择、大气浓度标准值的选择以及地区的年度发病率等有关。

表 9-10 研究结果比较

文献	计算年份	地点	污染指示物	基线浓度/（微克/米³）	健康效益/亿元	占地区生产总值比重/%	健康终端
阚海东等（2004）	2001	上海	PM_{10}	73.2	51.5	1.03	长期死亡率、慢性支气管炎、急性死亡率、呼吸系统疾病住院、心血管疾病住院、内科门诊、儿科门诊、哮喘发作、活动受限
刘晓云等（2010）	2006	珠三角地区	$PM_{2.5}$	28	1.84	0.09	呼吸系统疾病住院、心血管疾病住院、急性支气管炎、哮喘、内科门诊、儿科门诊
陈仁杰等（2010）	2006	北京	PM_{10}	15	353.9	4.60	早逝、慢性支气管炎、内科门诊、心血管疾病住院、呼吸系统疾病住院

续表

文献	计算年份	地点	污染指示物	基线浓度/（微克/米³）	健康效益/亿元	占地区生产总值比重/%	健康终端
World Bank（2007）	2003	中国	PM$_{10}$	—	520	3.30	早死、慢性支气管炎、直接患病成本、间接患病成本
黄德生和张世秋（2013）	2009	北京	PM$_{2.5}$	35	549	4.52	全因死亡率、慢性疾病死亡率、急性疾病死亡率、呼吸系统疾病住院率、心血管住院、儿科门诊、内科门诊、慢性支气管炎、急性支气管炎、哮喘
潘小川等（2012）	2010	北京	PM$_{2.5}$	—	18.6	—	非意外死亡、循环系统疾病死亡、呼吸系统疾病死亡
本书	2013	北京	PM$_{2.5}$	60	307.824	1.58	全因死亡、呼吸系统疾病住院、心血管住院、儿科门诊、内科门诊、慢性支气管炎、哮喘

注：表中"计算年份"一列是研究的计算年份，非文献发表年份

第 10 章 实施《大气污染防治行动计划》的政策体系

在我国当前的发展阶段下，实现《大气污染防治行动计划》的目标是一项十分艰巨的任务。本章将在深入分析《大气污染防治行动计划》政策手段与任务措施的关联性、调控适应性基础上提出《大气污染防治行动计划》政策矩阵，紧密结合《大气污染防治行动计划》目标和任务实施需求，分析具体政策措施安排，帮助决策者明确未来的政策实施路线图。

10.1 政策矩阵与路线图构建

10.1.1 推进《大气污染防治行动计划》政策类型

构建政策矩阵的目的是为了明晰不同的政策在《大气污染防治行动计划》中的角色定位，调控的主要领域，落实的主要任务，以及与有关任务措施的关联性。同时，也为支撑政策的研究提供了一个系统分析框架。

为了更清晰地刻画《大气污染防治行动计划》实施的政策矩阵，将《大气污染防治行动计划》中的政策分为四种类型分别是法律规制型、行政管制型、市场经济型、社会参与型。《大气污染防治行动计划》顺利实施，除了需要加强已有政策的落实执行外，更要重视开展政策创新，解决大气污染防治工作面临的新问题，这些要求均需在支撑政策中有所体现。其中，法律规制型手段主要是指通过有关法律法规、标准制修，创新司法和执法手段，推进法律法规落实的政策；行政管制型政策主要指政府部门通过行政公权力实施的指令性政策；市场经济型主要指利用市场力量，通过经济政策手段调控大气污染防控行为的政策手段；社会参与型政策指充分发挥社会舆论力量，促进政府、企业和社会各界广泛参与的政策。

为了确保政策矩阵构建的合理性，政策矩阵构建遵循以下原则：一是直接相关，即政策的调控功能与《大气污染防治行动计划》任务落实有直接对应关系，直接体现在《大气污染防治行动计划》中，为任务实现提供保障支撑。二是操作可行，要综合考虑各有关政策实施的社会经济环境及制度现实条件、基础，以及将来的发展趋势，政策出台实施具有现实可行性。三是重视功能组合，发挥不同政策手段的作用，通过政策手段的组合使用，综合发挥政策调控效用。四是系统协调，政策手段之前要具有协调性，共同支撑《大气污染防治行动计划》任务的落实。

10.1.2 政策实施路线图构建

1. 路线图基本架构

政策路线图的基本框架包括一个时间线、时间节点、三个要素及优先度。至于路线图设计时经常要考虑的路线图实施人力、物力、财力及政策保障、政策推进实施过程中的任务分工等内容，本路线图设计时暂不考虑。本章的研究主要是规划基于时间节点的政策实施时间线，提出从现在到设定时间点（2017年）的政策出台优先序和政策实施路径。

时间节点表示在某个确定时间需要完成的任务目标。如前所述，本路线图分为时间三个时间节点，不同时间节点期间内的政策的特点不同：第一阶段，以现有条件成熟、基础具备、环境许可的政策措施为主，易于尽快出台实施，也是管理需求较为强烈的政策；第二阶段的政策是出台和实施所需周期相对较长，或者在目前看短期内存在一定难度的政策措施；第三阶段的政策措施则是出台耗费时间长、难度大、程序复杂的政策措施。

三个要素主要指具体政策措施、政策措施推进的时间进度、推进政策措施实施的部门分工安排。路线图制定需要注重三个要素的关联和协调。政策措施的推进必须在考虑需求导向、基础条件具备的前提下，与政策形式、实施进度、政策部门配合紧密结合，清晰提出不同政策的发展路线。

优先度。尽管实施《大气污染防治行动计划》对很多政策措施都有需求，但是所有政策措施不可能一步到位。不同的政策条件、基础和重要性不同，路线图将根据对《大气污染防治行动计划》的任务措施贡献度目标、可行性目标给出政策措施的优先次序。

明确以上基本问题，在前述解析三个阶段各项政策措施的基础上，描绘出具有科学性、可行性、有效性的政策实施路线图。

2. 路线图设计的方法学

一般来讲，路线图的设计要考虑以下两个因素：一是综合各种利益相关者的观点，统一到工作目标，特别是专家、政策实践者的观点。专家访谈法旨在发挥和利用专家的知识、经验、阅历，分析发展需求与趋势，准确把握需求，形成供讨论的专家研判意见及建议，在此基础上，有关专家与政府管理部门官员对初步建议进行评估、研讨、审阅，通过集中式的研讨会讨论等多种形式，根据评估、讨论意见对路线图进行修改和完善。通过多次的反复过程，形成最终的路线图。路线图过程一般也需要一个"自下而上"与"自下而上"结合的方式，回应地方及有关部门的需求和意见，可以使得政策路线图更加有针对性，更加"落地"。二是路线图在纵向上将政策目标、任务及措施等诸路线图要素结合起来，横向上是将过去、现在和未来统一起来，既描述现状，又预测未来，是一项复杂的系统工程，设计与多因素优化决策问题。本章的研究主要采用的是专家研判方式，路线图的形成过程，经由专家讨论集体智慧形成。纵向上主要考虑具体任务措施的落实安排，横向的时间线主要考虑政策的时间节点进度。当然，为了形成更加务实有效的政策实施路线图，需要更加广泛地征求各行业、环保专家、有关部委以及地方的管理实践人员的意见。

3. 路线图设计技术流程

本章的研究路线图制定流程分为四个步骤（图 10-1），分别为现状和需求分析、政策分析和选择、确定政策路线安排、明确路线图实施的部门分工，具体如下：①现状及需求分析。基于政策目标，充分分析各项政策现状、实施基础、未来趋势，可能选择，明确政策的需求性、可行性以及重点关键问题。②政策分析和选择。针对需求和问题，分析成熟度不同的政策、政策的不同表现形式等。③确定政策路线安排。明确《大气污染防治行动计划》期内政策路线图中各项政策实施进程，确定政策实施的总体部署，为不同时间阶段部署、推进不同政策措施提供依据。④明确路线图实施的部门分工。根据政策路线选择，剖析实现的组成要素，结合国内外实践经验，从可行性、科学性、针对性出发，提出实施路线图所需要的体制、资源、人才等方面的政策保障体系。本章的研究主要关注体制因素，即政策推进实施的部门职能分工安排。

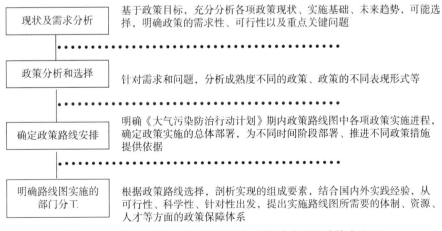

图 10-1 《大气污染防治行动计划》政策路线图设计技术流程

10.1.3 政策实施阶段划分

依据政策实施的条件、基础和需求水平等因素,本章的研究将《大气污染防治行动计划》中的政策阶段划分为两个阶段(表 10-1),即第一政策阶段(2013年9月至2015年12月)及第二政策阶段(2016年1月至2017年12月)。政策阶段主要是以某一政策在该阶段出台实施的现实可行性来划分的。

表 10-1 《大气污染防治行动计划》实施的政策阶段划分

政策阶段	政策措施
第一阶段 (2013年9月至2015年12月)	《中华人民共和国环境保护法》修改
	《中华人民共和国大气污染防治法》修订
	重点行业排放标准、清洁生产标准等标准型政策
	严格节能环保准入政策
	重点行业准入条件
	主体功能区配套政策
	城市环境总体规划政策试点
	煤制天然气发展规划
	煤炭消费总量控制政策
	机动车管理使用的调控政策
	大气污染行动计划实施情况考核办法
	区域大气污染防治协作机制
	环境执法监管
	"领跑者"制度
	资源类产品企业消耗定额
	"绿色信贷"政策
	绿色证券政策
	排污权有偿使用与交易政策
	环保综合电价及阶梯电价政策
	VOCs 排污收费政策
	中央及地方大气污染防治专项资金
	淘汰落后产能综合配套政策
	天然气定价机制
	提高排污收费标准
	消费税改革
	大气环境信息公开及公众参与

续表

政策阶段	政策措施
第二阶段 （2016年1月至2017年12月）	机动车污染防治条例
	排污许可证管理条例
	环境公益诉讼条例
	重点行业准入企业名单（目录）
	区域差别化产业政策
	出台《中华人民共和国环境保护税法》
	完善节能环保服务业扶持政策
	供热计量改革
	推开合同能源管理模式
	完善"两高"产品的出口退税政策
	煤炭资源税改革
	资源综合利用、税收优惠政策

由于在《大气污染防治行动计划》实施过程中，对于同一政策而言，政策的起草、征求意见、论证、出台实施整个流程需要一定的时间段，甚至政策文件的出台可能一直持续整个《大气污染防治行动计划》期间，因此本章的研究报告对政策的阶段划分主要是依据该政策相关的政策文件推动出台可研的时间节点。所以，很多政策措施都放在了第一阶段，应指出两点：一是政策实施阶段划分只是基于现实条件、基础以及将来的社会经济和管理发展趋势情景做出的预判，仅是专家观点，由于时机因素对于政策的出台和推进实施进度起到重要作用，因此这一阶段划分只是相对而言，只是提供了一种科学分析情景。许多政策推进的优先序、时间节点，要根据《大气污染防治行动计划》实施的需求大小、时机等因素综合来确定。关键是要抓住有利时机，积极推进有关政策出台和实施。二是即使《大气污染防治行动计划》提出了很多的政策措施，但是这些政策并非一定能够出台实施，特别是法律的修调问题难度大，所以从该角度来说，本章的研究报告所提出的政策路线及其方案也是一种参考性的政策情景。

10.2 "两阶段"实施方案与政策清单

本章的研究将《大气污染防治行动计划》中的政策措施及调控范围，调控领域，以及政策手段与调控内容的关联性进行了系统分析，构造了《大气污染防治行动计划》实施政策矩阵（表10-2）。政策调控内容是指通过政策出台和实施要解决的具体大气污染防控及其管理问题;政策调控领域是指《大气污染防治行动计划》中的主要任务领域。政策相关性主要是指该政策措施与政策调控对象之前的关联性水平。两个阶段中,第一个阶段是指2013年9月至2015年12月,第二个阶段是指2016年1月至2017年12月。

表10-2 《大气污染防治行动计划》实施的政策矩阵

政策类型	政策措施	政策调控内容	政策相关性	政策调控领域
法律规制型	《中华人民共和国大气污染防治法》等有关法律的修订、制定与出台	对新形势下的大气污染防控的新问题进行规范	很强	大气污染综合治理
	出台《机动车污染防治条例》及《排污许可证条例》等大气污染防控有关管理条例	规范机动车污染防治,推进排污许可管理等	很强	大气污染防控专项领域的法规缺失
	制(修)订重点行业排放标准、汽车燃料消耗量标准、油品标准、供热计量标准、VOCs限值标准	完善重点行业排放标准以及燃油标准等	很强	大气污染防控典型行业的标准缺失或不足
	各地区可结合实际,出台地方性大气污染防治法规、规章	完善地方法规	很强	地方法规不到位
	研究出台煤炭质量管理办法	改善煤质	一般	推进煤炭清洁利用
	完善清洁生产和技术法律法规	完善行业污染防治技术政策和清洁生产评价指标体系	一般	技术革新和清洁生产
	建立健全环境公益诉讼制度	推进大气防控的公共治理	较弱	司法建设不足
	推进执法机制创新	解决过去的执法不力现象	很强	加大环保执法力度
行政管制型	加强对各类产业政策和各类产业发展规划的环境影响评价	加强产业政策在产业转移过程中的引导与约束作用等	很强	严格节能环保准入,调整产业布局
	实施差别化产业政策	对京津冀等区域提出更高的节能环保要求	很强	调整产业布局
	研究开展城市环境总体规划试点工作	强化城市空间管制	较弱	优化空间格局
	健全重点行业准入条件	严控"两高"行业新增产能	很强	产业结构优化及转型升级
	制定煤制天然气发展规划	加快煤制天然气产业化和规模化步伐	一般	加快清洁能源替代利用
	控制煤炭消费总量	减少京津冀等重点区域的煤炭使用	很强	加快调整能源结构
	严格落实节能评估审查制度	京津冀等区域的新建高耗能项目单位产品(产值)能耗要达到国际先进水平等	一般	提高能源使用效率
	地方制定严于国家要求的产业准入目录	各地因地制宜加强产业准入	一般	严控"两高"行业新增产能
	推进产能等量或减量置换	防范新增过剩产能	很强	严格控制"两高"行业新增产能
	推进重点行业清洁生产审核政策	推进技术改造和产品创新	很强	全面推行清洁生产
	严格实施污染物排放总量控制	将主要大气污染物总量控制要求作为项目审批置条件	很强	强化节能环保指标约束

续表

政策类型	政策措施	政策调控内容	政策相关性	政策调控领域
行政管制型	对资源类产品制定企业消耗定额	调控对水、电等资源类产品的消费行为	较弱	提高资源效率
	建立企业"领跑者"制度	鼓励先进、淘汰落后	很强	建立排放绩效导向的企业管理方式
	健全大气污染应急预警制度	妥善应对重污染天气	很强	建立监测预警体系
	构建部门协调联动机制	推进有关部门密切配合、协调力量、统一行动	很强	形成大气污染防治的强大合力
	构建以环境质量改善为核心的目标责任考核机制	落实大气污染防治目标任务	很强	落实地方大气污染防控责任
	实行严格责任追究制	落实大气污染防治目标任务	很强	落实地方大气污染防控责任
	环境监管体制及标准化建设	推进监管标准化	很强	提高环境监管能力
市场经济型	完善投融资政策	加大对重点区域大气污染防治的投融资支持力度	很强	拓宽投融资渠道
	完善大气防控的税费政策	完善"两高"行业产品的环境有关税收政策，适时提高排污收费标准，将VOCs纳入排污费征收范围等	很强	合理化"两高"行业以及污染性行业的环境成本等
	完善资源性产品定价政策	推进天然气价格形成机制改革，合理确定成品油价格等	较强	理顺天然气与可替代能源的比价关系，推进成品油价格改革
	完善电价政策	实施峰谷电价、季节性电价等措施，完善脱硝、除尘电价及阶梯式电价政策	很强	逐步推以天然气或电替代煤炭，促进火电机组技术改造创新
	完善绿色信贷政策	推进项目的能评、环评审查，支持产能过剩"两高"行业企业退出、转型发展	很强	强化信贷对节能环保工作的支持
	推进合同能源管理	提高行业企业能效	一般	完善环境经济政策
	推行污染治理设施特许经营	促进环境服务业发展	较强	完善环境经济政策
	完善绿色证券政策	通过融资准入等提高企业环境绩效	很强	发挥市场机制作用
	推进排污权有偿使用和交易试点	改进重点行业排污绩效	一般	发挥市场机制作用
	制定有利于大气污染防治的贸易政策	反映外资和产品出口的环境成本	很强	完善环境经济政策
社会参与型政策	实施地方政府大气环境质量信息公开制	利用社会监督政府信息	很强	明确地方政府统领责任
	积极开展多种形式的宣传教育	培育社会各界的大气防治意识、培养防控能力	很强	广泛动员社会参与
	建立重污染行业企业环境信息强制公开制度	以信息公开倒逼重污染企业大气污染防控	很强	强化企业施治
	要按照环保规范要求，自觉履行环境保护的社会责任	落实企业是大气污染治理的责任主体	很强	强化企业施治

10.2.1　第一阶段政策清单

1. 完成《中华人民共和国环境保护法》修订

2014年4月24日，全国人民代表大会常务委员会（简称全国人大常委会）已经通过《中华人民共和国环境保护法》，并于2015年1月1日全面实施。新《中华人民共和国环境保护法》的修订在以下五个方面实现了突破：①体现了保护优先，特别是体现了以人为本，关注公众环境健康，关注生态保护红线、环境保护目标责任制、人大监督、政策规划环境影响评价等；②体现了预防为主，具体体现在环境预警、规划衔接、标准引导、清洁生产等；③强调了综合治理，不但体现法律、标准、行政、经济和技术手段的综合性和多样性，而且还体现在生态保护与污染防治的综合性，体现在多种污染源、多种污染介质综合治理等方面；④强化了公众参与，充分体现了多元共治、公众参与的现代生态环境治理体系的要求，完全符合现代环境保护发展模式，是生态文明和环境保护领域对"现代国家治理体系"建设的独特贡献；⑤突出了损害担责，新《中华人民共和国环境保护法》特别是对企业和政府环境行为监管（如政府环境目标责任考核、企业违法按日计罚、环境公益诉讼、污染损害赔偿和环境责任保险等）赋予了最大的法律武器，是一部最严格的环境保护法。

2. 修订《中华人民共和国大气污染防治法》

修订《中华人民共和国大气污染防治法》，重点是健全地方政府辖区空气质量负责制、实行重点区域联防制度、完善污染物总量的控制制度、改革大气排放许可证制度、强化机动车船污染防治、加强有毒有害物质的监控、增加应对气候变化的内容、加大违法排污行为的处罚力度、增加对恶意排污、造成重大污染危害的企业及其相关负责人追究刑事责任的内容。2014年12月26日，十二届全国人大常委会第十二次会议分组审议了国务院向全国人大首次提交的《中华人民共和国大气污染防治法（修订草案）》，建议在2015年12月前完成《中华人民共和国大气污染防治法》修订工作，全国人大常委会通过实施。

3. 加快制（修）订重点行业排放标准、清洁生产标准

制（修）订重点行业排放标准。目前水泥窑协同处置危险废物控制、水泥、稀土、钒、铝、铅锌、铜镍钴、镁钛、锡锑汞工业排放和锅炉10项污染物排放标准的制（修）订工作已经在2014年5月底前完成。下一步要加快制（修）订再生有色金属、石油化学、石油炼制、有机精细化工和无机化学工业大气排放标准，2015年6月底前完成。

制（修）定汽车燃料消耗量标准、油品标准。2013年6月8日，国家质量监

督检验检疫总局（简称国家质检总局）、国家标准化委员会（简称国家标准委）批准发布了《车用柴油（Ⅴ）》国家标准，自发布之日起实施，过渡期至2017年12月31日，该标准规定了第五阶段车用柴油的硫含量不大于10ppm，这一指标达到了目前欧盟标准的水平。2013年12月18日，国家质检总局和国家标准委发布了《车用汽油》强制性国家标准，新标准降低了硫、锰和烯烃的含量，调整了蒸汽压和牌号，增加了密度限值，且新标准自发布之日起实施，于2018年1月1日起全国范围内供应第五阶段车用汽油。

制（修）定行业污染防治技术政策。在钢铁、水泥、VOCs业的污染防治技术政策修订完成基础上，加快制（修）订石油炼制与石油化工、化学原料及化学品制造、装备制造涂装、电子工业、包装印刷等重点行业的污染防治技术政策，2015年6月前完成污染防治技术政策意见征求，2015年12月底前发布实施。

制定产品VOCs限值标准。目前涉及降低VOCs排放，提出环境保护标志产品技术要求的有印刷行业（平版印刷、胶印油墨、凹印油墨和油印油墨）、溶剂型木器涂料、人造板及其制品、水性涂料、防水涂料、皮革和合成革、胶黏剂等，其中水性涂料产品的VOCs含量限值，即内墙涂料小于等于80克/升，外墙涂料小于等于150克/升，墙体用底漆小于等于80克/升，水性木器漆、水性防腐涂料、水性防水涂料等小于等于250克/升，腻子（粉状、膏状）小于等于10克/千克。胶粘剂类环境标志产品技术要求中，明确提出了木材加工用胶黏剂、包装用水性胶黏剂、鞋和箱包胶黏剂和处理剂、建筑用水基型和溶剂型胶黏剂和地毯用胶黏剂产品中有害物质的限量。在借鉴环境保护标志性产品技术标准基础上，在2015年12月前出台《涂料产品挥发性有机物限值标准》和《胶粘剂产品挥发性有机物限值标准》。

制（修）订清洁生产评价指标体系。根据新发布的《清洁生产评价指标体系编制通则（试行稿）》，加快制（修）订钢铁、水泥、化工、有色等高污染行业的清洁生产评价指标体系。钢铁行业清洁生产评价指标体系已完成征求意见，2014年1月出台。指标体系每3~5年修订一次。随着钢铁行业生产工艺、技术、装备的不断进步和发展，以及国家提出的新政策与新要求，国家发展和改革委员会会同环境保护部、工业和信息化部于2013年启动修订工作。此外，火电、水泥、铅锌等44个行业也需要陆续整合现有的《清洁生产标准》及《行业清洁生产评价指标体系（试行）》，按照《清洁生产评价指标体系编制通则（试行稿）》的要求，编制新的《行业清洁生产评价指标体系》。在2015年5月前完成44个行业清洁生产评价指标体系编制的整体安排和时间表。

制定综合性的淘汰落后产能标准。2014年4月18日，环境保护部下发了《关于在化解产能严重过剩矛盾过程中加强环保管理的通知》，同时制定了《在建违规项目环保认定条件》及《建成违规项目环保备案条件》文件。对于符合《在建违规项目环保认定条件》的，将予以环保认定，对于不符合有关认定条件的在建违规项目一律停建。对于符合《建成违规项目环保备案条件》中红线条件及必要条件的，予以环保备案，加强日常环保监管；对于不符合红线条件的，不予备案。对于符合红线条件但不符合必要条件的，省级人民政府整顿方案中应明确整改计划及时限，环境保护部予以有条件备案；项目整改完成后向环境保护部报告，并向社会公开；项目整改后仍不能符合污染物排放标准和特别排放限值等有关规定的，不予备案，按照《国务院关于化解产能严重过剩矛盾的指导意见》规定予以淘汰。实施淘汰落后产能备案制，地方政府需向国家发展和改革委员会、工业和信息化部、国土部和环境保护部等几部委申报备案项目，待几部委备案后，不在上述名单的产能过剩企业将逐步被淘汰。

4. 严格节能环保准入

完善产业发展规划与政策的环境影响评价。环境保护部在 2014 年 3 月 25 日已下发《关于落实大气污染防治行动计划严格环境影响评价准入的通知》。要求严格落实规划与建设项目环境影响评价的联动机制，实行重点区域、重点产业规划环境影响评价会商机制，严格把好建设项目环境影响评价审批准入关口，严格控制"两高"行业新增产能，不得受理钢铁、水泥、电解铝、平板玻璃、船舶等产能严重过剩行业新增产能的项目。产能严重过剩行业建设项目和城市主城区钢铁、石化、化工、有色、水泥、平板玻璃等重污染企业环保搬迁项目须实行产能的等量或减量置换。不得受理城市建成区、地级及以上城市规划区、京津冀、长三角地区、珠三角地区除热电联产以外的燃煤发电项目，重点控制区除"上大压小"、热电联产以外的燃煤发电项目和京津冀、长三角地区、珠三角地区的自备燃煤发电项目；现有多台燃煤机组装机容量合计达到 30 万千瓦以上的，可按照煤炭等量替代的原则建设为大容量燃煤机组。

完善"两高"行业新改扩建项目产能置换政策。2014 年 7 月 10 日，工业和信息化部下发《关于做好部分产能严重过剩行业产能置换工作的通知》，提出要对钢铁、电解铝、水泥、平板玻璃行业新（改、扩）建项目，实施产能等量或减量置换，并同时发布了《部分产能严重过剩行业产能置换实施办法》。要求钢铁（炼钢、炼铁）、电解铝、水泥（熟料）、平板玻璃行业这些部分产能严重过剩行业的项目建设须制定产能置换方案，实施等量或减量置换，在京津冀、长三角地区、珠三角地区等环境敏感区域，实施减量置换。

严格落实节能评估审查政策。国家发展和改革委员会在 2015 年 12 月前下发《关于进一步加强固定资产投资项目节能评估和审查工作的通知》，要求各地区在评估和审查高耗能项目时，严格落实新建高耗能项目单位产品（产值）能耗要达到国内先进水平，用能设备达到一级能效标准，京津冀、长三角地区、珠三角地区等区域，新建高耗能项目单位产品（产值）能耗要达到国际先进水平的要求。

5. 完善国家重点行业准入条件

修订钢铁、水泥、电解铝、平板玻璃等高耗能、高污染和资源性行业准入条件，明确资源能源节约和污染物排放等指标。工业与信息化部在 2015 年 12 月前完成高耗能、高污染和资源性行业准入条件制（修）订工作时间表，并下发《关于推进重点地区实施重点行业准入条件的指导意见》，要求各地根据国家要求，因地制宜制定就当地的重点行业范围、选址与空间布局、污染防治、管理与监督等提出指导意见。

6. 完善主体功能区配套政策

认真落实主体功能区规划要求，合理确定重点产业发展布局、结构和规模，重大项目原则上布局在优化开发区和重点开发区。加强产业政策在产业转移过程中的引导与约束作用，严格限制在生态脆弱或环境敏感地区建设"两高"行业项目。

引导优化开发区和重点开发区的产业布局。对优化开发区在企业技术创新平台和公共创新平台建设布局、项目审批、资金安排等方面予以优先支持。合理引导劳动密集型产业向中西部和东北地区重点开发区域转移，加快产业升级步伐。支持国家优化开发区域和重点开发区域开展产业转移对接，鼓励在中西部和东北地区重点开发区域共同建设承接产业转移示范区，遏制低水平产业扩张。国内能源和矿产资源重大项目优先在中西部地区重点开发区域布局。

加强对限制开发区域和禁止开发区域的产业发展引导。实行更加严格的产业准入环境标准，严把新、改、扩建项目环评审批关，严格控制钢铁、水泥、电石、铁合金等新增产能项目。对不符合主体功能定位的现有产业，通过设备折旧补贴、设备贷款担保、迁移补贴、土地置换、关停补偿等手段，进行跨区域转移或实施关闭。明确重点污染企业搬迁改造时间表，加快城市钢铁厂环保搬迁进程，积极推进上海高桥石化基地等安全环保搬迁。严格控制开发强度，城镇建设和工业开发要集中布局、点状开发，控制各类开发区数量和规模扩张，支持已有工业开发区改造成"零污染"的生态型工业区。对环境敏感地区已建重污染企业要结合产业布局调整实施搬迁改造

7. 推进城市环境总体规划政策试点

自 2012 年开始，根据国务院印发的《国家环境保护"十二五"规划》及《大气污染防治行动计划》等重要文件，环境保护部先分 3 批启动了 30 个城市开展城市环境总体规划的编制试点工作。截至 2014 年 12 月底，前两批试点的 24 个试点城市环境总规编制工作均已启动，部分城市取得阶段性成果，宜昌、平潭率先通过专家论证。下一步要继续推动第三批城市环境总体规划政策试点，明确环境格局的生态红线、污染物排放的上线、资源开发底线、环境风险防线以及环境质

量基准线作为试验区建设和经济发展的基础性、约束性框架。在试点基础上，2015年 12 月底前完成《城市环境总体规划编制指南》等标准、规范和制度体系。

8. 制定煤制天然气发展规划

2012 年 12 月公布的《天然气发展十二五规划》提出，预计 2015 年年末我国煤制天然气产量 150 亿~180 亿立方米。这是煤制天然气产量首入天然气五年规划。"十二五"期间，开展煤制气项目升级示范，进一步提高技术水平和示范规模。2015 年 3 月建议启动《煤制天然气发展规划》的研究编制工作。

9. 探索煤炭总量控制政策

制定国家煤炭消费总量控制目标。由国务院在 2015 年 12 月前出台《关于实施煤炭消费总量控制的意见》，制定《大气污染防治行动计划》期内的国家煤炭消费总量控制目标，实行目标责任管理。把控制发电供热煤炭消费量作为全面落实三区内落后产能的淘汰任务和产业布局调整的首要着力点，在重点控制区的新改扩燃煤机组，继续实行"上大压小"政策，把煤炭消费量等量替代作为核准涉煤项目的前置条件，而且先核实替代的煤炭消费量后再开始项目审批程序。

制定重点地区耗煤项目煤炭消费减量替代政策。2015 年 1 月，国家发展和改革委员会印发《关于印发〈重点地区煤炭消费减量替代管理暂行办法〉的通知》，提出到 2017 年，北京煤炭消费量比 2012 年减少 1 300 万吨，天津减少 1 000 万吨，河北减少 4 000 万吨，山东减少 2 000 万吨。上海市政府、江苏省人民政府、浙江省人民政府、广东省人民政府要于 2015 年 6 月底前，研究提出煤炭消费减量目标，送国家发展和改革委员会、环境保护部、国家能源局备案。

强化煤炭质量管理。2014 年 9 月，国家发展和改革委员会、环境保护部等 6 部委发布了《商品煤质量管理暂行办法》。要求对不符合要求的商品煤不得进口、销售和远距离运输，具体如下：一是明确商品煤基本质量要求。对灰分、硫分及微量元素指标提出具体要求，并参考国际做法，将商品煤分为褐煤和其他煤两大类。二是将超高灰和超高硫劣质煤纳入控制范围。通过制定质量要求和建立市场监管机制，抑制超高灰和超高硫劣质煤的生产和销售。三是对三大区域限燃超标散煤。《商品煤质量管理暂行办法》规定对京津冀、长三角地区、珠三角地区加大散煤管理力度，限制销售和使用灰分（Ad）超 16%、硫分（St, d）超 1%的散煤，对民用煤做出限制，进一步提高了散煤的质量要求。

10. 加强机动车管控

实施新能源汽车推广应用鼓励政策。根据 2013 年 9 月 13 日财政部等部门印发的《关于继续开展新能源汽车推广应用工作的通知》的要求，2013 年至 2014 年继续依托城市尤其是特大城市推广应用新能源汽车。重点在京津冀、长三角地区、珠三角地区等 $PM_{2.5}$ 治理任务较重的区域，选择积极性较高的特大城市或城市群实施。对消费者购买新能源汽车给予补贴，补助范围为符合要求的纯电动汽车、插电式混合动力汽车和燃料电池汽车。补助对象是消费者，消费者按销售价格扣减补贴后支付。补助标准依据新能源汽车与同类传统汽车的基础差价确定，并考虑规模效应、技术进步等因素逐年退坡。2013 年具体补助标准为纯电动乘用车每辆最高补助 6 万元，燃料电池乘用车每辆补助 20 万元。2014 年和 2015 年，纯电动乘用车、插电式混合动力（含增程式）乘用车、纯电动专用车、燃料电池汽车补助标准在 2013 年标准基础上分别下降 10%和 20%；纯电动公交车、插电式混合动力（含增程式）公交车标准维持不变。2014 年 11 月 18 日，财政部、科技部、工业和信息化部、国家发展和改革委员会下发《关于新能源汽车充电设施建设奖励的通知》，要求京津冀、长三角地区和珠三角地区等大气污染治理重点区域中的城市或城市群，2013 年度新能源汽车推广数量不低于 2 500 辆（标准车，下同），2014 年度不低于 5 000 辆，2015 年度不低于 10 000 辆；其他地区的城市或城市群，2013 年度推广数量不低于 1 500 辆，2014 年度不低于 3 000 辆，2015 年度不低于 5 000 辆。推广数量以纯电动乘用车为标准计算。中央财政对符合上述条件的城市或城市群，根据新能源汽车推广数量分年度安排充电设施奖励资金；对符合国家技术标准且日加氢能力不少于 200 千克的新建燃料电池汽车加氢站每个站奖励 400 万元；对服务于钛酸锂纯电动等建设成本较高的快速充电设施，适当提高补助标准。

车用油品质量升级价格政策。根据国家发展和改革委员会于 2013 年 9 月 26 日印发的《关于油品质量升级价格政策有关意见的通知》要求，按照合理补偿成本、优质优价和污染者付费原则，在企业适当消化部分升级成本的基础上，确定车用汽、柴油（标准品）质量标准升级至第四阶段的加价标准分别为每吨 290 元和 370 元；从第四阶段升级至第五阶段的加价标准分别为每吨 170 元和 160 元。普通柴油价格参照同标准车用柴油价格执行。第四阶段、第五阶段油品质量标准在全国全面实施后，将重新进行成本监审，必要时调整加价标准。同时，有关部门和地方要完善对部分困难群体和公益性行业成品油价格改革补贴政策，适时启动油价补贴机制及油运价格联动机制，及时疏导油品质量升级加价政策对相关行业和群体的影响。

制订成品油升级实施方案。2014 年 4 月 29 日，国家发展和改革委员会下发了《关于印发大气污染防治成品油质量升级行动计划的通知》，提出 2015 年年底前，京津冀、长三角地区、珠三角地区等区域内重点城市全面供应国Ⅴ标准的车用汽油、柴油。2017 年年底前，全国供应符合国Ⅴ标准的车用汽、柴油，同时停止生产销售国Ⅳ标准车用汽、柴油。同时要求，2015 年 10 月底前，三大重点区域主要保供企业具备生产国Ⅴ标准车用汽柴油的能力；2017 年 10 月底前，全国炼油企业具备生产国V标准车用汽柴油能力。

调整成品油消费税政策。2014年11月28日，财政部、国家税务总局《关于提高成品油消费税的通知》，将汽油、石脑油、溶剂油和润滑油的消费税单位税额在现行单位税额基础上提高0.12元/升，将柴油、航空煤油和燃料油的消费税单位税额在现行单位税额基础上提高0.14元/升。航空煤油继续暂缓征收。

制定新车排放标准。环境保护部会同国家质检总局在2013年9月17日发布了《轻型汽车污染物排放限值及测量方法（中国第五阶段）》，将自2018年1月1日起实施。《轻型汽车污染物排放限值及测量方法（中国第五阶段）》进一步提高了排放控制要求，其中NO_x排放限值严格了25%~28%、颗粒物排放限值严格了82%，并增加了污染控制新指标颗粒物粒子数量。

黄标车、老旧车辆淘汰政策。国家发展和改革委员会、财政部、环境保护部等有关部委在2014年9月制订完成了《2014年黄标车及老旧车淘汰工作实施方案》，提出加大黄标车及老旧车监管力度，调高黄标车及老旧车使用成本，通过市场手段、补贴促进淘汰等多个方面着手推进黄标车淘汰。

制定重点区域机动车总量调控政策。在2015年12月前，北京、上海、广州等特大城市要根据本市情况制定《关于调控机动车总量的意见》，探索实施汽车牌照拍卖制度或者汽车牌照摇号制度，合理控制机动车保有量，探索实施征收交通拥堵费以及差别化停车收费政策，降低机动车使用强度。

11. 制定大气污染行动计划实施情况考核办法

制定大气污染行动计划实施情况考核办法。2014年4月30日，国务院办公厅下发了《关于印发大气污染防治行动计划实施情况考核办法（试行）的通知》。在考核指标设置上，考核办法首次提出空气质量改善目标完成情况考核指标；大气污染防治重点任务完成情况考核指标覆盖面广，涉及大气污染防治源头、过程和末端的方方面面。在考核方式选择上，考核办法在传统综合打分的基础上，切实强化空气质量改善的刚性约束作用，终期考核实施质量改善绩效"一票否决"。在考核手段运用上，由重突击检查、轻日常监管，向强化日常监管、突击检查与日常监管相结合转变，将日常综合督查结果作为考核的重要依据。

实施大气污染防治责任考核。国务院分解目标任务，国务院与各省区市人民政府签订目标责任书，每年年初对各省区市上年度治理任务完成情况进行考核，2015年进行中期评估并依据评估情况调整治理任务，2017年对行动计划实施情况进行终期考核。对未通过年度考核的，由环境保护部门会同组织部门、监察机关等部门约谈省级人民政府及其相关部门有关负责人，提出整改意见，予以督促。同时考核和评估结果经国务院同意后，向社会公布，并交由干部主管部门作为对领导班子和领导干部综合考核评价的重要依据。

12. 建立区域大气污染防治协作机制

建立区域大气污染防治协作机构。2015年12月底前，国务院成立全国大气污染防控工作领导小组，研究出台重大政策举措，统一部署防控工作。发挥好环境保护部际联席会议制度的统筹协调作用，成立由环境保护部牵头、相关部门与区域内各省级政府参加的大气污染联防联控工作领导小组，统筹协调区域内大气污染防治工作。建立京津冀、长三角地区等区域性的大气污染防治协作机制，成员包括区域内省级人民政府和环境保护部、国家发展和改革委员会、财政部等国务院有关部门，协调解决区域突出环境问题，通报区域大气污染防治工作进展，研究确定阶段性工作要求、工作重点和主要任务。环境保护部要加强指导、协调和监督。发改、财政、工信等有关部门要制定有利于大气污染防治的投资、财政、税收、金融、价格、贸易、科技等政策。

建立联合组织实施环评会商、联合执法、信息共享、预警应急等大气污染防治措施。建立联合执法监管机制，推进联合执法、区域执法、交叉执法。建立重大项目环境影响评价会商机制，对火电、石化、钢铁、水泥、有色、化工等项目，要开展区域规划环境影响评价、区域重点产业环境影响评价，综合评价其对区域大气环境质量的影响。建立区域大气污染预警应急机制，京津冀、长三角地区等要建立健全区域、省、市联动的重污染天气应急响应体系。依托已有网站平台设施，促进区域环境信息共享。

13. 强化环境执法监管

推进执法机制创新。2014年11月，国务院办公厅下发《关于加强环境监管执法的通知》，推进解决环境法律法规不健全、监管执法缺位问题，采取综合手段，严厉打击环境违法。完善环境监管法律法规，落实属地责任，全面排查整改各类污染环境、破坏生态和环境隐患问题，不留监管死角、不存执法盲区；坚决纠正不作为、乱作为问题；健全执法责任制，规范行政裁量权，强化对监管执法行为的约束。

强化大气污染防控监管机制。在大气污染防治专项资金中安排部分资金，加大大气环境监测、信息、应急、监察等能力建设力度，达到标准化建设要求。建设城市站、背景站、区域站统一布局的国家空气质量监测网络，加强监测数据质量管理，客观反映空气质量状况。加强重点污染源在线监控体系建设，推进环境卫星应用。建设国家、省、市三级机动车排污监管平台。到2015年，地级及以上城市全部建成$PM_{2.5}$监测点和国家直管的监测点。

14. 建立"领跑者"激励制度

2015年6月前，由工业和信息化部、财政部等制定电力、钢铁、水泥、石油炼制与石油化工、化学原料及化学品制造、装备制造涂装、电子工业等重点行业"领跑者"认定标准。"领跑者"标准是一种综合性标准,应该涵盖工艺技术指标、能源消耗指标、污染排放指标、污染产生指标等。制定"领跑者"激励政策,对行业"领跑者"企业给予财政补贴、绿色信贷、绿色证券、税费优惠等一系列激励政策。2015年12月前出台有关的"领跑者"激励政策。

15. 制定资源类产品企业消耗定额

从2015年6月起,在全国范围内调查不同地区的高耗能、高耗水行业企业用电、用水等情况,高耗能行业主要包括查电力、钢铁、建材、有色、化工和石化六大行业,高耗水行业主要包括电力、造纸、冶金、纺织、建材、食品、机械等八大行业,在调查基础上,再结合我国清洁生产标准等国家标准,分行业、分地区,对水、电等资源类产品制定企业消耗定额,对超过企业消耗定额的企业实施差别化、阶梯式电价和水价。

16. 推进实施"绿色信贷"政策

推进企业环境信用评价。2013年12月18日,环境保护部等出台了《企业环境信用评价办法(试行)》。参评企业范围包括环境保护部公布的国家重点监控企业,设区的市级以上人民政府环境保护部门公布的重点监控企业,火电、钢铁、水泥等16类重污染行业内的企业,产能严重过剩行业内的企业等10类。企业信用评价内容包括污染防治、生态保护、环境管理、社会监督4个方面。信用等级分为环保诚信企业、环保良好企业、环保警示企业、环保不良企业4个等级,依次以绿牌、蓝牌、黄牌、红牌表示。将评价结果通报给中国人民银行、中国银监会、保监会和证监会等,银行金融部门要将评价结果作为实施信贷的重要依据。

推进实施绿色信贷指引。商业银行要按照《绿色信贷指引》的要求严格限制环境违法企业贷款,引导银行加大对大气污染防治项目的信贷支持。银行业金融机构应当根据国家环保法律法规、产业政策、行业准入政策等规定,建立并不断完善环境和社会风险管理的政策、制度和流程,明确信贷的支持方向和重点领域,对国家重点调控的限制类以及有重大环境和社会风险的行业制定专门的授信指引,实行有差别、动态的授信政策,实施风险敞口管理制度。

17. 推进实施绿色证券政策

进一步完善环保核查制度,精简工作环节,缩短工作时限,突出环保核查重点,强化上市公司环保主体责任,全面推进环境保护信息公开。

进一步规范上市公司环境保护核查和后督察制度。为进一步规范上市公司环境保护核查和后督察制度,对首次上市并发行股票的公司、实施重大资产重组的公司,未经过上市环保核查需再融资的上市公司,将核查内容调整简化为建设项目环评审批和"三同时"环保验收制度执行情况、污染物达标排放及总量控制执行情况（包括危险废物安全处置情况）、实施清洁生产情况、环保违法处罚及突发环境污染事件情况、企业环境信息公开情况五项。对已经过上市环保核查仅再融资的上市公司，以及获得上市环保核查意见后一年内再次申请上市环保核查的公司，将核查内容简化募投项目环评审批和验收情况、环保违法处罚及突发环境污染事件、企业环境信息公开情况三项。各省级环境保护部门要对上市公司开展环保后督查，督促其切实整改到位；对于未履行整改承诺、未按期纠正环境违法行为的公司依法处罚。由环境保护部组织各环境保护督查中心对上市公司开展环保后督查，检查公司环保要求落实情况，并根据后督查情况，适时发布通报。

完善上市公司环境信息披露机制。环境保护部尽快完成《上市公司环境信息披露指南》（征求意见稿）工作，在2015年6月前出台《上市公司环境信息披露指南》。环境保护部门要继续做好核查工作制度公开、过程公开和结果公开。公开上市环保核查规章制度，包括核查程序、办事流程、时间要求、申报方式、联系方式等；核查过程中，公开核查工作信息并动态更新，包括受理时间、进展情况等；核查结束后，公开核查意见及结论。环境保护部门逐步公开对上市公司的日常环保监管信息。在上市环保核查期间，申请核查公司应在其网站公开核查申请文件及申请报告；属于再次申请上市环保核查的，还应当公开对上次环保核查要求（包括整改承诺）的落实情况。上市环保核查结束后，申请核查公司应在其网站公开持续改进环境行为的承诺；向环境保护部门承诺整改环保问题的，还应披露整改方案、进度及结果等信息。属于强制开展清洁生产审核的企业，还应依照《清洁生产促进法》和《环境信息公开办法（试行）》，披露企业基本信息、主要污染物排放情况、环保设施建设运行情况、环境污染事故应急预案以及清洁生产审核情况等信息。

18. 深化排污权有偿使用与交易政策探索

根据国务院发布的《关于排污权有偿使用和交易试点工作的指导意见》，继续推进排污权有偿使用和交易试点，针对钢铁、石化、建材、有色等重点行业，探索在国家11个试点地区建立主要大气污染物排放指标有偿使用和交易制度。2015年12月前择机出台《排污权有偿使用和交易技术指南》。

2015年6月，环境保护部联合中国人民银行、中国银监会等部门在《中华人民共和国物权法》、《中华人民共和国担保法》、《中华人民共和国商业银行法》及《贷款通则》等的基础上，研究起草《关于推进开展排污权抵押的意见》（草案），2015年12月出台，指导地方开展排污权抵押试点，鼓励企业可用有偿取得的主要污染物排污权作为抵押物向银行申请贷款，优化环境资源配置，拓展企业开展大气污染防控等环保工作的融资途径，弥补企业生产经营资金不足，促进产业结构升级。排污权质押授信额度原则上不得超过质押排污权评估价值的 80%。在地方试点的基础上，2016 年 10 月出台《排污权抵押贷款管理办法（试行）》，推进"绿色信贷"机制建设。

19. 继续大力推进环保综合电价及阶梯电价政策

2013 年 8 月 27 日，国家发展和改革委员会已经印发《关于调整可再生能源电价附加标准与环保电价有关事项的通知》，指出支持可再生能源发展，鼓励燃煤发电企业进行脱硝、除尘改造，将向除居民生活和农业生产以外的其他用电征收的可再生能源电价附加标准由 0.8 分/千瓦时提高至 1.5 分/千瓦时。将燃煤发电企业脱硝电价补偿标准由 0.8 分/千瓦时提高至 1 分/千瓦时。对采用新技术进行除尘设施改造、烟尘排放浓度低于 30 毫克/米^3（重点地区低于 20 毫克/米^3），并经环境保护部门验收合格的燃煤发电企业除尘成本予以适当支持,电价补偿标准为 0.2 分/千瓦时。尽快启动调研，研究体现区域差异性的补贴标准，以更有效地解决电力行业脱硝、除尘运行成本不足问题。2015 年 8 月出台《关于调整环保电价有关事项的通知》，充分考虑不同区域、不同机组容量的燃煤机组具有不同的脱硫脱硝除尘除汞成本的现实情况，推进实施火电行业环保阶梯电价政策，充分发挥价格杠杆在脱硫、脱硝中的作用，促进合理、节约用电，从而建设资源节约型和环境友好型社会。环保综合电价可以划分为两种补贴方案，第一种为按机组容量划分环保综合电价补贴方案，第二种为按区域差异性分环保综合电价补贴方案。按机组容量划分环保综合电价补贴方案，不含除汞补贴的 300 兆瓦机组容量环保综合电价补贴为 4.21 分/千瓦时，含除汞补贴的 300 兆瓦机组容量的环保综合电价补贴为 4.95 分/千瓦时；不含除汞补贴的 600 兆瓦机组容量环保综合电价补贴为 3.26 分/千瓦时，含除汞补贴的 600 兆瓦机组容量的环保综合电价补贴为 4 分/千瓦时；不含除汞补贴的 1 000 兆瓦及以上机组容量的环保综合电价补贴为 3.74 分/千瓦时，含除汞补贴的 1 000 兆瓦及以上机组容量的环保综合电价补贴为 44.48 分/千瓦时。按区域差异性分环保综合电价补贴方案：东部地区不含除汞补贴的环保综合电价补贴为 44.1 分/千瓦时，含除汞补贴的环保综合电价补贴为 4.84 分/千瓦时；中部地区不含除汞补贴的环保综合电价补贴为 3.51 分/千瓦时，含除汞补贴的环保综合电价补贴为 4.25 分/千瓦时；西部地区不含除汞补贴的环保综合电价补贴为 4.84 分/千瓦时，含除汞补贴的环保综合电价补贴为 5.58 分/千瓦时。

20. 对 VOCs 开征排污费

针对不同行业主要的 VOCs 污染因子尽快推动 VOCs 排污收费制度，其中，家具行业的 VOCs 主要污染因子为乙基苯、乙酸丁酯、乙酸乙酯、苯乙烯，污染当量值为 0.12；化工行业的 VOCs 主要污染因子为苯、甲苯、二甲苯，污染当量值为 0.12；金属表面涂装行业的 VOCs 主要污染因子为苯乙烯、甲基异丁基甲酮、甲苯、1，2-二氯乙烷，污染当量值为 0.34。VOCs 的排污收费标准为 1.2 元/污染当量，VOCs 排污费征收额=征收标准×行业 VOCs 污染当量数。排污者所在地环境保护主管部门依据征收标准、核定后的实际排污事实，结合国家发布的环境空气质量监测数据，根据 VOCs 排污费计算方法，确定排污者应缴纳的 VOCs 排污费，向排污者送达 VOCs 排污费缴纳通知单，并同时向社会公示。VOCs 排污费的缴纳按《排污费征收使用管理条例》(国务院令第 369 号)的规定执行。VOCs 排污费纳入中央财政预算，作为环境保护专项资金管理，主要用于 VOCs 污染防治项目建设、重点行业清洁生产改造、监测监管能力建设及污染防治新技术、新工艺开发示范等，任何单位和个人不得截留、挤占或者挪作他用。

21. 设立中央及地方大气污染防治专项资金

在 50 亿元京津冀及周边地区专项资金基础上，中央财政统筹整合主要污染物减排等专项，设立大气污染防治专项资金，对重点区域按治理成效实施"以奖代补"。财政部在 2015 年 8 月前完成并印发《大气污染防治专项资金管理办法》。各地区，特别是京津冀、长三角地区、珠三角地区等大气污染防治重点地区要设立专门的大气污染防治专项资金，对涉及民生的"煤改气"项目、黄标车和老旧车辆淘汰、轻型载货车替代低速货车等加大政策支持力度，对重点行业清洁生产示范工程给予引导性资金支持。在 2015 年 12 月之前京津冀、长三角地区等区域的省区市要出台地方《大气污染防治专项资金管理办法》。

22. 完善淘汰落后产能综合配套政策

财政部尽快明确 2014~2017 年的淘汰落后产能中央财政奖励范围。2015 年 12 月前完成《淘汰落后产能中央财政奖励资金管理办法》修订，中央财政加大对产能严重过剩行业实施结构调整和产业升级的支持力度，适当扩大资金规模，支持产能严重过剩行业压缩过剩产能。完善促进企业兼并重组的税收政策，鼓励企业重组，提高市场竞争力。对向境外转移过剩产能的企业，其出口设备及产品可按现行规定享受出口退税政策。落实职工安置政策。各级政府要切实负起责任，将化解产能严重过剩矛盾中企业下岗失业人员纳入就业扶持政策体系。落实促进自主创业、鼓励企业吸纳就业和帮扶就业困难人员就业等各项政策，依法妥善处理职工劳动关系。

23. 推进天然气定价机制改革

按照 2013 年 6 月 28 日国家发展和改革委员会印发的《关于调整天然气价格的通知》要求，按照市场化取向，建立起反映市场供求和资源稀缺程度的与可替代能源价格挂钩的动态调整机制，逐步理顺天然气与可替代能源比价关系，为最终实现天然气价格完全市场化奠定基础。为尽快建立新的天然气定价机制，同时减少对下游现有用户影响，平稳推出价格调整方案，区分存量气和增量气，增量气价格一步调整到与燃料油、液化石油气（权重分别为60%和40%）等可替代能源保持合理比价的水平；存量气价格分步调整，力争"十二五"末调整到位。

24. 完善大气环境信息公开及公众参与政策

公布空气质量城市名单。从2014年1月起，国家每月公布空气质量最差的10个城市和最好的10个城市的名单。各省区市要公布本行政区域内地级及以上城市空气质量排名。地级及以上城市要在当地主要媒体及时发布空气质量监测信息。

制定大气环境信息公开管理办法。目前环境保护部已经引发《建设项目环境影响评价政府信息公开指南（试行）》《关于加强污染源环境监管信息公开工作的通知》《国家重点监控企业自行监测及信息公开办法（试行）》及《国家重点监控企业污染源监督性监测及信息公开办法（试行）》等文件。2014年5月20日，又印发了《关于进一步做好突发环境事件信息公开工作的通知》。

建立重污染行业企业环境信息强制公开制度。按照环境保护部正式印发的《国家重点监控企业自行监测及信息公开办法（试行）》及《国家重点监控企业污染源监督性监测及信息公开办法（试行）》要求，从2014年1月1日起正式实施国家重点监控企业排污信息强制公开。企业范围为国家重点监控企业，信息范围为自行监测信息和监督性监测信息。其中，自行监测信息包括企业名称、法人代表、所属行业、地理位置、生产周期、联系方式、委托监测机构名称等基础信息；污染源监督性监测信息包括污染源名称、所在地、监测点位名称、监测日期、监测项目名称、监测项目浓度、排放标准限值、按监测项目评价结论。

树立起"同呼吸、共奋斗"的行为准则。2014年8月14日，环境保护部发布了"同呼吸、共奋斗"行为准则，动员全民参与环境保护和监督大气污染防治，自觉做到"同呼吸、共奋斗"，携手共建天蓝、地绿、水净的美丽家园。

完善企业环境社会责任机制。2015年12月前，已制订完成《国家企业环境社会责任发展战略和行动计划》。立足于政府、企业和社会三位一体的总体布局，确定总体目标，明确重点任务、保障措施、能力建设等内容。环境保护部发起"企业环境社会责任行动倡议"，加强优秀国际案例的宣教，鼓励企业自觉履行环境保护的社会责任，接受社会监督，完善企业社会环境责任报告的标准及认证，根据不同行业特征，制定相应的行业报告规范，同时鼓励专业机构开展审计和认证业务。政府推进建立为企业服务的交流平台"国家企业环境社会责任信息中心"，聚集有关知识、信息和案例，推动信息公开与传播，提升企业环境社会责任信息透明度。

25. 提高排污收费标准

2014年9月1日，国家发展和改革委员会、财政部、环境保护部发布《关于调整排污费征收标准等有关问题的通知》，要求2015年6月底前，各省区市价格、财政和环境保护部门要将废气中的 SO_2 和 NO_x 排污费征收标准调整至不低于1.2元/污染当量，将污水中的化学需氧量、氨氮和五项主要重金属（铅、汞、铬、镉、类金属砷）污染物排污费征收标准调整至不低于1.4元/污染当量。在每一个污水排放口，对五项主要重金属污染物均须征收排污费；其他污染物按照污染当量数从多到少排序，对最多不超过3项污染物征收排污费。各省区市价格、财政和环境保护部门可以结合当地实际情况，在调整主要污染物排污费征收标准的同时，适当调整其他污染物排污费征收标准。鼓励污染重点防治区域及经济发达地区，按高于上述标准调整排污费征收标准，促进治污减排和环境保护。

26. 推进消费税改革

改革消费税，将部分大量消耗资源、严重污染环境的产品纳入消费税征收范围，初步可以考虑将涂料、电池纳入消费税征税范围，明确计税价格、从价税税率、征税环节等。2015年6月前完成将"两高"产品纳入消费税的政策研究，2015年12月前由财政部、国家税务总局下发《关于调整部分高污染、高资源消耗产品消费税政策的通知》。

27. 煤炭资源税改革

2014年10月，国家税务总局发布《关于实施煤炭资源税改革的通知》，决定自2014年12月1日起在全国范围内实施煤炭资源税从价计征改革，税率幅度为2%~10%，同时坚持"清费立税"，清理煤炭开采和销售中的相关收费基金，尽量避免给煤炭企业带来新增税费负担，让煤炭资源税改革平稳过渡。煤炭资源税与回采率挂钩，按照"销售收入×资源税税率×开采回采率系数"进行征收，促使企业提高回采率，加强资源合理开发利用。对煤炭资源税的使用范围进行明确规范，规定煤炭资源税主要用于解决矿区生态环境问题、支持接替产业发展和为广大居民提供社会保障方面等方面。

28. 燃煤锅炉节能环保水平提升政策

2014年5月15日，国务院办公厅印发了《2014—2015年节能减排低碳发展行动方案》，将2014~2015年燃煤锅炉淘汰任务分配到各省区市。2014年10月29日，国家发展和改革委员会、环境保护部等7部委联合印发的《燃煤锅炉节能环保综合提升工程实施方案》提出，到2018年，推广高效锅炉50万蒸吨，高效燃煤锅炉市场占有率由目前的不足5%提高到40%；淘汰落后燃煤锅炉40

万蒸吨；完成 40 万蒸吨燃煤锅炉的节能改造；推动建成若干个高效锅炉制造基地，培育一批大型高效锅炉骨干企业；燃煤工业锅炉平均运行效率在 2013 年的基础上提高 6 百分点，形成年 4 000 万吨标煤的节能能力；减排 100 万吨烟尘、128 万吨 SO_2、24 万吨 NO_x。

10.2.2　第二阶段政策清单

1. 出台《中华人民共和国环境保护税法》

开征环境税。主要考虑两个方面，一是改革排污费，将其整体纳入环境保护税；二是将 CO_2 排放纳入征收范围。排污费实行"费改税"，将排污费纳入环境保护税征收范围。在税目设计中，主要设置大气污染、水污染、固体废物、噪声税目。在大气污染物、水污染物税目中，每个排放口征收五种主要污染因子；在固废污染税目包括一般固体废物和危险废物；在噪声税目中，将持续时间长，影响大的工地、民用航空单列为子税目，其他噪声作为另外一个子税目。同时，将影响全球环境的 CO_2 排放纳入环境税征收范围，单独设立税目。

税收分配与安排使用。环境保护税作为中央和地方按一定比例共享的收入，纳入财政预算，作为环境保护专项资金管理，全部用于各级人民政府开展环境保护工作。不作为经常性财政收入，不计入现有与支出挂钩项目的测算基数。环境保护税收入使用范围及管理办法，由国务院财政主管部门会同环境保护主管部门另行制定颁布。

2. 出台机动车污染防治条例

制定《机动车污染防治条例》，明确有关机动车排放标准、油品标准、新能源汽车使用、机动车环保检验、监督管理、法律责任等规定。2016 年 6 月前完成《机动车污染防治条例》草案的起草，2016 年 10 月前完成条例征求意见，争取在 2016 年 12 前出台《机动车污染防治条例》。

3. 出台排污许可证管理条例

在 2008 年《排污许可证条例》（征求意见稿）基础上，继续完善《排污许可证条例》（征求意见稿）相关内容，明确排污许可证发放的范围与条件、持证排污者的权利和义务、环境保护部门对排污者的监管以及法律责任等关键内容。2016 年年底前出台《排污许可证管理条例》或者《排污许可证管理办法》。

4. 建立健全环境公益诉讼制度

2016 年 12 月前，修订《中华人民共和国行政诉讼法》，增加对环境行政公益诉讼的规定。设立更多的环保法庭，完善环保法庭设置与人员配置，使环境司法专门化。全面推行环境公益诉讼制度。

5. 建立重点行业准入企业名单（目录）

建立符合重点行业准入条件的企业名单。在完成重点行业准入条件制（修）订基础上，在2016年8月开始公布符合钢铁、水泥、电解铝、平板玻璃、船舶等行业准入条件的企业名单并公示，同时实施动态管理，定期进行更新。

制定地方产业准入目录。京津冀、长三角地区等要在2016年12月前制定符合当地功能定位、严于国家要求的产业准入目录。

6. 实施区域间差别化的产业政策

2016年12月前，国务院出台《关于实施差别产业政策进一步促进又好又快发展的意见》，明确在东部、中部和西部地区实施差别化的产业政策，对京津冀、长三角地区、珠三角地区等区域提出更高的节能环保要求。京津冀、长三角地区、珠三角地区等区域，新建高耗能项目单位产品（产值）能耗要达到国际先进水平。"三区十群"中的47个城市，新建火电、钢铁、石化、水泥、有色、化工等企业以及燃煤锅炉项目要执行大气污染物特别排放限值。

7. 完善节能环保服务业扶持政策

2016年12月前由国务院办公厅发布《关于促进环境服务业发展的意见》，完善资金支持、税收扶持、金融服务等促进环境服务业发展的扶持政策，推行污染治理设施投资、建设、运行一体化特许经营。

开展环保服务业政策试点。针对各地环保服务需求扩大和服务业发展中存在的突出问题，以地级以上城市政府（不含直辖市）和省级以上工业园区管理机构为主体，开展促进环保服务业发展的政策试点工作。

建立环保服务业监测统计体系。积极探索建立以现行部门和行业统计制度为基础，以各部门和行业统计数据共享为条件、能够常态化运行的环保服务业监测统计制度。

健全环保技术适用性评价验证服务体系。以为环境保护和污染防治工作提供可靠的技术保障为目标，按照环保技术发展应用的客观规律，全面梳理环保技术评价与推广工作，健全环保技术适用性评价验证服务工作机制，提高服务质量。

完善消费品和污染治理产品环保性能认证服务。要按照国际通行做法和国家相关政策，完善环境友好型消费品认证服务工作，逐步放开认证市场，通过引入竞争机制，提高服务质量和服务水平。

促进环保相关服务和环保服务贸易发展。以保护生态环境和防治环境污染工作的需要为导向，促进相关的咨询、设计、监测、审核、评估、教育、培训、金融、证券、保险等服务业发展，为各方面环境保护工作提供有力支持。

完善配套扶持政策。完善脱硫脱硝电价，改进垃圾处理收费方式。安排中央财政节能减排和循环经济发展专项资金，采取补助、贴息、奖励等方式，支持环保服务业发展。推动银行业金融机构在满足监管要求的前提下，积极开展金融创新，加大对环保服务业的支持力度。

8. 供热计量改革

加快北方采暖地区既有居住建筑供热计量和节能改造，在2016年12月前新建建筑和完成供热计量改造的既有建筑要全部实行供热计量收费。

大力推行按用热量计价收费。北方采暖地区新竣工建筑及完成供热计量改造的既有居住建筑，取消以面积计价收费方式，实行按用热量计价收费方式。

完善新建建筑供热计量的监管机制。加强新建建筑工程规划、设计、施工图审查、施工、监理、验收和销售等环节落实建筑节能标准和供热计量装置安装的监管，保证新建建筑达到建筑节能标准和分户计量收费的要求。

推进既有居住建筑供热计量及节能改造工作。将既有居住建筑供热计量及节能改造与老旧小区环境改造通盘考虑，进行综合改造。发挥国家奖励资金的引导作用，制定地方激励政策，调动供热单位、产权单位、居民个人以及其他投资主体的积极性。

强化供热单位计量收费实施主体责任。严格执行《民用建筑供热计量管理办法》，制定供热单位选型、购置、维护管理供热计量器具的实施细则。符合供热计量条件的建筑，供热单位必须实行供热计量收费，并负责供热计量器具的日常维护。

建立健全供热计量技术体系。因地制宜地选择供热计量方式，制定相应的实施细则和供热计量材料设备技术要求，建立完善的地方供热计量设计、施工质量、验收、供热计量器具维护管理等技术标准体系。

加强供热计量器具产品质量监督管理。质量技术监督部门要加强对本辖区内的供热计量器具生产企业的计量监督检查，建立企业监管档案，依法强化供热计量器具型式批准和制造许可监管，严厉查处无证生产、不按产品标准和已批准的型式进行生产以及将不合格产品出厂销售的行为。

加大供热系统节能管理。支持供热管网、热源节能改造，降低能耗，实行供热系统计量管理。

9. 推行合同能源管理模式

继续大力推进发展以合同能源管理为主要模式的节能服务业，不断提升节能服务公司的技术集成和融资能力。鼓励大型重点用能单位利用自身技术优势和管理经验，组建专业化节能服务公司；推动节能服务公司通过兼并、联合、重组等方式，实行规模化、品牌化、网络化经营。鼓励节能服务公司加强技术研发、服务创新和人才培养，不断提高综合实力和市场竞争力。

10. 完善"两高"产品的出口退税政策

取消对高污染、高资源消耗产品的出口退税，建议首先取消列入《环境保护综合名录》的53种仍在享受出口退税优惠产品的出口退税。2016年12月前由财政部、国家税务总局下发《关于调整部分高污染、高资源消耗产品出口退税率的通知》，取消包含上述53种产品在内的"两高"产品出口退税优惠。

11. 推进实施资源综合利用等税收优惠政策

2016年4月前完成《环境保护、节能节水项目企业所得税优惠目录（试行）》、《环境保护专用设备企业所得税优惠目录（2008年版）》和《资源综合利用企业所得税优惠目录（2008年版）》修订工作。就所得税优惠的目录范围进行调整。对节能服务公司实施合同能源管理项目涉及营业税、企业所得税等方面都给予很大的税收优惠支持，对符合条件的节能服务公司实施合同能源管理项目，取得的营业税应税收入，暂免征收营业税；如果节能服务公司同时满足注册资金不低于100万元，节能服务公司投资额不低于实施合同能源管理项目投资总额的70%等多项条件，其实施的合同能源管理项目，凡是符合企业所得税税法有关规定的，自项目取得第一笔生产经营收入所属纳税年度起，第一年至第三年免征企业所得税，第四年至第六年按照25%的法定税率减半征收企业所得税。

10.3 推进《大气污染防治行动计划》实施政策路线图

10.3.1 政策推进总体路线图

本章的研究将35项政策措施进一步具体、细化，并在路线图中具体落实到政策文件、试点工作、管理实践中，共有59项具体政策措施。《大气污染防治行动计划》的政策路线图安排如表10-3所示。

10.3.2 2015年政策清单建议

2014年，环境保护部等部门为了落实《大气污染防治行动计划》，出台了重点推进的配套政策。建议2015年，重点出台完善排放标准、治理VOCs、加大淘汰黄标车等23项政策措施，如表10-4所示。

表 10-3 《大气污染防治行动计划》实施的政策路线图

具体政策措施	第一阶段（2013年9月至2015年12月）	第二阶段（2016年1月至2017年12月）	主管部门	配合部门
修订《中华人民共和国大气污染防治法》	推进修订工作	完成修订	全国人民代表大会常务委员会	环境保护部
研究起草环境保护税法	《中华人民共和国环境保护税法》草案	出台《中华人民共和国环境保护税法》	全国人民代表大会	环境保护部
出台实施《排污许可证管理条例》	继续征求意见	出台	国务院	环境保护部
出台《机动车污染防治条例》	完成草案起草	完成条例征求意见并出台	国务院	交通部、环境保护部
重点行业排放标准	制（修）订完成并出台水泥、锅炉、有色等10项大气污染防治标准	完善标准	环境保护部	工业和信息化部、行业协会
健全重点行业准入条件	出台《关于推进重点地区实施重点行业准入条件的指导意见》	完善准入条件	国家发展和改革委员会	工业和信息化部、环境保护部
出台汽车燃料清洁度标准	发布第五阶段车用柴油标准和汽油标准	北京等地第六阶段车用油标准	环境保护部	
出台涂料、胶粘剂等产品挥发性有机物限值标准	出台实施《涂料产品挥发性有机物限值标准》及《胶粘剂产品挥发性有机物限值标准》	完善标准	国家发展和改革委员会	行业协会
制（修）订清洁生产评价指标体系	2015年12月前完成火电、水泥、铅等44个行业清洁生产评价指标体系编制和试间表	持续推进	国家发展和改革委员会	工业和信息化部、环境保护部
出台《煤炭质量管理暂行办法》	出台	完善政策	国务院办公厅	工业和信息化部
推进执法机制创新	出台《关于进一步加强环境执法工作的通知》	开展执法形式创新	全国人民代表大会	环境保护部
环境公益诉讼制度	最高法对环境公益诉讼规定做出司法解释；在《环境保护法》的修订中体现该制度	修订《中华人民共和国行政诉讼法》，增加对环境公益诉讼的规定	环境保护部	最高人民法院、环境保护部
实施产业政策和各类产业发展规划的环境影响评价	出台《关于落实大气污染防治行动计划严格执行产业政策和各类产业发展规划的环境影响评价的通知》	出台《推进开展产业政策和各类产业发展规划的环境影响评价技术指南》	环境保护部	国家发展和改革委员会、工业和信息化部
实施区域差别化的产业政策	完成《关于实施差别化的产业政策意见》起草及征求意见	出台	国务院	工业和信息化部、环境保护部等

第 10 章　实施《大气污染防治行动计划》的政策体系

续表

具体政策措施	第一阶段（2013 年 9 月至 2015 年 12 月）	第二阶段（2016 年 1 月至 2017 年 12 月）	部门分工配合 主管部门	部门分工配合 配合部门
完善"两高"行业新改扩建项目产能置换政策	出台《"两高"行业新改扩建项目产能等量或减量置换实施办法》	推进实施	工业和信息化部	环境保护部、国家发展和改革委员会
重点行业准入企业名单（目录）	公布符合钢铁、水泥、电解铝、平板玻璃、船舶等行业准入条件的企业名单并公示	实施动态管理，定期进行更新	环境保护部	工业和信息化部、国家发展和改革委员会、行业协会
开展城市环境总体规划编制试点工作	继续推进大连、鞍山等城市环境总体规划政策试点	出台《城市环境总体规划编制指南》	环境保护部	
健全重点行业准入条件	下发《关于推进重点地区实施重点行业准入条件的指导意见》	改进准入条件	工业和信息化部	环境保护部、国家发展和改革委员会
制定煤制天然气发展规划	起草并征求意见	出台煤制天然气发展规划	国务院	国家发展改革委员会、工业和信息化部
控制煤炭消费总量	出台《关于实施煤炭消费总量控制的意见》及《耗煤项目煤炭减量替代管理办法》	推进实施	国务院、发改委（能源局）	工业和信息化部
推进节能评估审查制度	出台《关于进一步加强固定资产投资项目节能评估和审查工作的通知》	出台《推进落实节能评估审查的管理办法》	国家发展和改革委员会	工业和信息化部
对资源类产品制定企业消耗定额	研究完善差别化、阶梯式的资源价格政策	出台有关政策文件	国家发展和改革委员会	
建立企业"领跑者"制度	制定出台电力、钢铁、水泥等重点行业"领跑者"认定标准	推进实施	工业和信息化部	财政部
健全大气污染应急预警制度	深入推进	建立健全区域、省、市联动的重污染天气应急响应体系	环境保护部	公安部
构建部门协调联动机制	成立全国大气污染防控工作领导小组	推进运行	环境保护部	国家发展和改革委员会、财政部
建立区域协作机制	建立区域大气污染联防联控工作领导小组，京津冀、长三角区域大气污染防治协作机制，联合执法监管机制	推进运行	环境保护部	地方省级人民政府

续表

具体政策情措	第一阶段 （2013年9月至2015年12月）	第二阶段 （2016年1月至2017年12月）	主管部门	配合部门
构建以环境质量改善为核心的目标责任考核机制	发布《关于建立促进生态文明建设目标评价考核办法的意见》及《大气污染行动计划实施情况考核办法》	开展年度评估与中期评估	国务院	环境保护部、国家发展和改革委员会
实行严格责任追究制	《关于进一步加强环境执法工作的通知》	加强监管，强化执行	国务院	环境保护部
完善企业环境社会责任机制	国家企业环境社会责任发展战略和行动计划	推进建立"国家企业环境社会责任信息中心"	环境保护部	国家发展和改革委员会
环境监管体制与标准化建设	完善国家监察、地方监管、单位负责的环境监管体制	地级及以上城市全部建成PM2.5监测点和国家直管的监测点	环境保护部	财政部
推进资源类产品水定额制定管理	完成电力、钢铁、建材、有色、化工和石化等重点行业的用电定额和用水定额制定工作	深入推进	工业和信息化部	国家发展和改革委员会、环境保护部
引导银行业金融机构加大对大气污染防治项目的信贷支持	出台《企业环境信用评价办法（试行）》及《关于推进环保部门与金融部门企业环境违法信息共享的通知》	推进实施	环境保护部	中国人民银行、中国银监会、保监会
对重点行业清洁生产示范工程给予引导性资金支持	中央出台《大气污染防治专项资金管理办法》	推进京津冀、长三角地区等区域省（市）出台地方性《大气污染防治专项资金管理办法》	财政部	环境保护部
通过补贴政策促进"煤改气"项目、黄标车和老旧车辆淘汰、轻型载货车替代低速货车等	出台《关于加快淘汰黄标车和老旧车辆的指导意见》	推进实施	交通运输部	环境保护部、财政部
完善淘汰落后产能综合配套政策	修订完成《淘汰落后产能中央财政奖励资金管理办法》	推进实施	财政部	国家发展和改革委员会、工业和信息化部
将空气质量监测站建设经费纳入各级财政预算	修订完成《淘汰落后产能中央财政奖励资金管理办法》	推进实施	财政部	环境保护部
设立大气污染防治专项资金	修订完成《淘汰落后产能中央财政奖励资金管理办法》	推进实施	环境保护部	财政部
中央基本建设投资加大支持重点区域大气污染防治	修订完成《淘汰落后产能中央财政奖励资金管理办法》	加强考核	财政部	环境保护部

续表

具体政策措施	第一阶段 （2013年9月至2015年12月）	第二阶段 （2016年1月至2017年12月）	部门分工配合 主管部门	部门分工配合 配合部门
将部分"两高"行业产品纳入消费税征收范围	《关于调整部分高污染、高资源消耗产品消费税政策的通知》	推进实施	财政部	国家税务总局、环境保护部
完善"两高"行业产品出口退税政策和资源综合利用税收政策	及时出台有关政策文件	出台《关于调整部分高污染、高资源消耗产品出口退税率的通知》	财政部	国家税务总局、环境保护部
推进煤炭等资源税从价计征改革	出台《关于推进煤炭资源税从价计征改革试点的通知》	推进在山西、内蒙古等地的试点	国家税务总局	财政部、环境保护部
环保企业所得税优惠政策	开展研究与调研	完成《环境保护、节能节水项目企业所得税优惠目录（试行）》等节能环保设备企业所得税优惠目录修订工作	财政部	环境保护部、工业和信息化部、国家发展和改革委员会
排污收费政策	发布提高排污收费标准的文件。起草完成《关于对挥发性有机物实施排污费的通知》	完成《排污费征收管理办法》修订。出台《关于对挥发性有机物实施排污费的通知》	环境保护部	国家发展和改革委员会
推进天然气价格形成机制改革	探索经验	推动建立起反映市场供求和资源稀缺程度的与可替代能源价格挂钩的动态调整机制	国家发展和改革委员会	
成品油价格改革	出台《成品油价格改革方案》，发布《关于实施成品油消费税改革的通知》	继续完善	国家发展和改革委员会	
新机动车排放标准	出台《轻型汽车污染物排放限值及测量方法（中国第五阶段）》	推行实施	环境保护部	交通运输部
峰谷电价、季节性电价、阶梯电价，调整电价等措施，逐步推行以天然气或电替代煤炭	出台《关于进一步推进燃煤电价、上网电价等电价政策的通知》	推进理顺电价政策	国家发展和改革委员会	
完善脱硝、除尘电价	研究体现区域差异性的补贴标准	进一步优化脱硝、除尘电价	国家发展和改革委员会	工业和信息化部、环境保护部
绿色信贷	出台《企业环境信用评价办法（试行）》及《关于推进环保部门与金融部门企业环境违法信息共享机制》	建立银企与环保部门信息传递共享机制	中国银监会	中国人民银行、环境保护部、证监会

续表

具体政策措施	第一阶段（2013年9月至2015年12月）	第二阶段（2016年1月至2017年12月）	主管部门	配合部门
探索排污权抵押融资模式	出台《推进排污权抵押融资试点的通知》	出台《推进排污权抵押融资的意见》	中国人民银行	环境保护部、财政部
推进合同能源管理	出台《关于进一步加强合同能源管理的指导意见》	改进管理效能	工业和信息化部	国家发展和改革委员会
推行污染治理设施特许经营	起草《关于进一步促进环境服务业发展的意见》	出台实施	国务院	环境保护部、国家发展和改革委员会
完善绿色证券政策	出台《关于进一步规范上市公司环境保护核查和后督察制度的通知》	出台《上市公司环境信息披露指南》	环境保护部	工业和信息化部
完善节能环保服务业扶持政策	出台《关于进一步完善环境污染治理设施运行服务许可指导意见》	完善环境污染治理设施运行服务许可	环境保护部	工业和信息化部、国家发展和改革委员会
深化排污权有偿使用与交易政策探索	出台《主要大气污染物排污权有偿使用和交易指导意见》及《主要大气污染物排污权有偿使用和交易技术指南》（草案），研究起草《关于推进开展排污权抵押的意见》（草案）	出台《排污权有偿使用和交易管理条例（试行）》及《排污权抵押贷款管理办法》	环境保护部	财政部、中国人民银行、中国银监会
制定有利于大气污染防治的贸易政策	加强"双禁"名录研究应用	更新名录	环境保护部	商务部
实施地方政府大气环境质量信息公开制	发布《关于大气环境信息公开的通知》	完善阶段	环境保护部	地方政府
加强宣教和人才储备	出台《"同呼吸、共奋斗"行为准则》	宣传推广	环境保护部	
重污染行业企业环境信息强制公开制度	推开实施国家重点监控企业排污信息公开	深入推行	环境保护部	中国银监会、工业和信息化部、国家发展和改革委员会
燃煤锅炉节能环保综合提升政策	出台《燃煤锅炉节能环保综合提升工程实施方案》和《工业锅炉系统节能减排行动计划》	推进实施	国家发展和改革委员会	工业和信息化部、环境保护部
扬尘污染防治	制定《城市扬尘污染综合治理方案》	推进实施	住房和城乡建设部	环境保护部

表 10-4　建议 2015 年出台的《大气污染防治行动计划》配套政策措施

序号	政策类型	主要政策	牵头部门（配合部门）
1	完善污染物排放标准	再生有色金属大气污染物排放标准	环境保护部（国家质检总局）
		石化行业大气污染排放标准	环境保护部（国家质检总局）
		化工行业大气污染物排放标准	环境保护部（国家质检总局）
2	VOCs 治理	制定《加强挥发性有机物治理的指导意见》	环境保护部
		制订《石化、有机化工、表面涂装、包装印刷等行业挥发性有机物综合整治方案》	环境保护部（工业和信息化部）
		出台《关于在石化行业全面推行 LDAR 技术的意见》	工业和信息化部（环境保护部）
3	扬尘污染防治	制订《城市扬尘污染综合治理方案》	住房和城乡建设部（环境保护部）
4	产品 VOCs 限值标准	制定《涂料产品挥发性有机物限值标准》	环境保护部（国家质检总局）
		制定《胶粘剂产品挥发性有机物限值标准》	环境保护部（国家质检总局）
5	黄标车淘汰	制订《黄标车淘汰和老旧车辆改造的综合整治方案》，划定黄标车限行和禁行区域等	环境保护部
6	扩大城市高污染燃料禁燃区范围	制定《高污染燃料禁燃区的划分规定及高污染燃料划分指导原则》	环境保护部
7	工业烟粉尘治理	出台《火电、钢铁、水泥、有色等行业工业烟粉尘治理达标整治方案》	环境保护部
8	油气回收治理	出台《关于加强加油站、储油库、油罐车油气回收治理工作的通知》	环境保护部
9	餐饮行业污染防治	制定《城区餐饮服务场所安装高效油烟净化设施的指导意见》	环境保护部
10	缩短公交车、出租车强制报废年限	制定《关于缩短公交车、出租车强制报废年限的意见》	环境保护部（公安部、交通运输部）
11	非道路移动机械和船舶污染控制	出台《关于开展工程机械等非道路移动机械和船舶污染的意见》	环境保护部（交通运输部）
12	排污权有偿使用和交易政策	报请国务院转发《排污权有偿使用和交易试点工作指导意见》	财政部（环境保护部、国家发展和改革委员会）
13	双高产品纳入消费税	出台《关于将部分"两高"行业产品纳入消费税征收范围的通知》	财政部（国家税务总局）
14	强化监管执法	制定《加强环境监管执法的意见》	环境保护部
		制订《大气污染防治专项检查督查工作方案》	环境保护部
15	环境服务业专项资金	设立促进环境服务业发展的专项资金，采取补助、贴息、奖励等方式，支持环保服务业发展	财政部（环境保护部）
16	提高排污收费标准	起草《关于完善排污收费制度的请示》	国家发展和改革委员会（财政部、环境保护部）
17	VOCs 排污收费政策	制订《挥发性有机物排污收费方案》	财政部（国家发展和改革委员会、环境保护部）
18	机动车污染防治条例	制订《机动车污染防治条例（草案）》	环境保护部
19	能源消费总量控制	制定《能源消费总量控制考核办法》	国家能源局（国家发展和改革委员会）
20	电厂污染治理设施运营	制定《燃煤发电机组环保电价及环保设施运行监管办法》	国家能源局（国家发展和改革委员会、环境保护部）

续表

序号	政策类型	主要政策	牵头部门（配合部门）
21	环境保护企业所得税优惠	制定《进一步完善使用专用设备或建设环境保护项目的企业以及高新技术企业享受企业所得税优惠的意见》	财政部（国家税务总局）
22	排污权抵押融资	制定《开展排污权抵押贷款试点的意见》	中国银监会（中国人民银行、环境保护部）

10.4 若干重要政策方案建议

为了进一步完善《大气污染防治行动计划》实施机制，重点提出控制 $PM_{2.5}$ 污染的重要政策如下：实施城市柔性交通政策、征收 VOCs 排污费、征收机动车排污费、实施差别化清洁煤电价格、奖励空气质量达标城市等政策。

10.4.1 实施城市柔性交通政策

为了控制 $PM_{2.5}$ 和交通污染排放，国内部分城市实施了机动车限行政策。这些政策的特点是固定日限行，一般称之为刚性限行政策。这些政策虽然对城市交通拥堵有一定缓解作用，但是存在以下两个缺陷：一是无法自主安排出行，限制了一些确实需要出行的车辆，对市民日常生活有较大影响；二是限行效果逐渐减小。随着机动车保有量的增加，导致了刚性限行效果逐渐减小。针对现有限行政策的不足，建议实施机动车柔性限行政策，即以五个工作日为基本单位对家用车辆进行限行，只要车主每周实际出行天数不超过规定的可出行天数（如 6 天）即可。与传统的固定日期限行相比较，柔性限行可以实现更为合理的车辆限行。特别是当限行天数增加时，柔性限行的优势就更加明显。

根据对北京家用车车主进行调查发现，假设限行天数从目前的 1 天提高到 2 天，53.91%的家用车辆车主选择了柔性限行，只有 19.84%的家用车辆车主选择了固定日限行。可见当限行天数增加时，车主倾向于柔性限行，便于自主安排必需的出行。研究发现，在实施柔性限行后，拥堵路段减少了 60%，而公交出行人数上升了 18.7%。因此实施柔性限行政策可以有效地改善交通状况，缓解道路拥堵。在柔性限行对 $PM_{2.5}$ 排放值的影响方面，采用 COPERT 模型来计算机动车在不同平均速度下的 $PM_{2.5}$ 排放因子，发现当柔性限行比为 0.4 时，实施柔性限行政策后小汽车、卡车和客车三种车辆 PM2.5 排放值分别减少了 25.3%、23.1%和 24.1%，总体车辆的 $PM_{2.5}$ 排放值减少了 25.28%。

为了能够更好地落实机动车柔性限行政策，降低城市交通对 $PM_{2.5}$ 污染的影响，建议加快建立城市绿色、低碳、智慧公共交通服务体系。

（1）对城市特定严重拥堵区域征收交通拥堵费之外，通过差别化的经济鼓励手段促使车辆限行成为社会自律持久行为。建议按照出行天数的不同，分档收取城市道路资源占用费。对需要天天出行或出行天数较多的车主，收取较高的道路资源占用费，以免他们通过购买多辆车来应对车辆限行；对出行天数较少的车主给予车辆税费减免优惠，鼓励车主减少出行天数。研究发现国外一些发达城市在施行了拥堵收费的交通管理政策后，交通状况明显改善，机动车尾气排放大大减少，城市环境质量得到提高。新加坡是第一个通过拥堵收费来控制道路交通量的国家，在1975年6月，新加坡实施了ALS。实施该政策后，中心商务区平均车速由原先的19千米/小时提高到23千米/小时，居民乘坐公共交通的比例由33%上升到69%，机动车的车流量在高峰期下降了45%。伦敦在2003年2月起开始实施拥堵收费政策，在实施后的第一年内进入收费区域内的车辆数量就降低了34%，同时对公共交通的需求量增大，特别是出租车和公交车出行率分别增加了22%和21%，整体交通量下降了12%。伦敦市中心空气中的CO_2、悬浮颗粒物、NO_x、CO含量明显降低，环境显著改善。

（2）实施公交车舒适度监控与评价系统和家用车辆智能搭乘系统来配合柔性限行政策。研究发现公交车舒适度对城市交通结构有较大的影响。若公交车舒适度提高40%，公交车的分担率将增加17%，家用车的分担率将下降10%。开发家用车辆智能搭乘系统，该系统基于搭乘次数累加的方式，向用户提供安全便捷的家用车辆搭乘服务。通过家用车辆智能搭乘系统的建立和使用，推动拼车搭乘出行方式的普及，促进家用车辆资源的合理利用。该系统有助于缓解道路交通压力，改善道路拥堵状况，提高居民日常出行的舒适性与快捷性。研究表明，假设有软件可以即时找到基本顺路的搭乘者，北京21.69%的家用车辆车主愿意参加搭乘，62.46%的家用车辆车主不愿意参加搭乘，15.85%的家用车辆车主视情况而定。大多数视情况而定的车主主要担心人身安全问题。通过为搭乘双方建立基于搭乘次数累加的动态ID（包括车主车型及搭载搭乘次数）表明双方的信誉，促进双方实现安全便捷的搭乘，同时为补贴提供依据。

（3）政府应当发挥率先示范作用，采取相应的交通措施来完善机动车柔性限行政策的实施。以北京为例，小汽车交通需求过度膨胀与城市道路承载能力产生尖锐矛盾。北京在实施柔性限行政策时必须符合本地交通实际，体现北京交通特点并最大限度地利用道路、车辆资源，保证群众出行：一是政府机关、事业单位需要起到表率作用，体现公平，从而带动老百姓自觉遵守限行政策。不论采取哪种限行措施，政府机关都要带头。北京在实行尾号限行措施时，对公车实行封存，这样的效果并不明显，且增加了行政管理的难度和成本。为了便于监督和管理，机关事业单位包括驻京部队的车辆，应与普通群众的车辆一视同仁，一同遵守柔性限行政策。二是将柔性限行与家用车辆搭乘有机结合起来。由于柔性限行比例较高，市区每日出行人数众多，交通量需求巨大。统计发现，我国家用车辆载客率仅为 1.3 人/车，空载率很高。在实施限行政策后，政府需要出台相应措施，鼓励并支持家用车辆搭乘，以提高家用车载客率。在实施限行措施时，首先按限行比例实行柔性限行措施，同时在具体实施时，充分考虑城市交通的特点，通过限行削峰填谷，减轻交通压力，保证公众出行并最大限度利用道路资源，促使部分有车族在限行日自行调整上下班出行时间，甚至调整上下班的出行方式。此后，根据实施情况以及交通状况，逐步扩大或缩小限行范围，体现以人为本，从而把限行的负面影响降到最低。

10.4.2　加快征收 VOCs 排污费

VOCs 是产生 $PM_{2.5}$ 的重要前体污染物。随着 SO_2、NO_x 和一次性颗粒物减排的推进，VOCs 排放将逐步上升为重要的控制对象。为此，建议加快征收 VOCs 的排污费。一旦未来开征环境税，建议把 VOCs 作为常规污染物纳入环境税中污染排放税目中加以征收，相应收入纳入一般税收收入管理，但近期重点用于支持 VOCs 的削减和治理。考虑到目前 VOCs 排放监测和统计基础比较薄弱，可以首先对 VOCs 重点排放行业和重点排放单位开征。

VOCs 排污费征收标准执行国家统一规定的废气排污费征收标准，为 1.2 元/污染当量。针对不同行业主要的 VOCs 污染因子尽快推动 VOCs 排污收费制度，其中，家具行业的 VOCs 主要污染因子为乙基苯、乙酸丁酯、乙酸乙酯、苯乙烯，污染当量值为 0.12；化工行业的 VOCs 主要污染因子为苯、甲苯、二甲苯，污染当量值为 0.13；金属表面涂装行业的 VOCs 主要污染因子为苯乙烯、甲基异丁基甲酮、甲苯、1，2-二氯乙烷，污染当量值为 0.34；VOCs 排污费征收额为征收标准与行业 VOCs 污染当量数的乘积。排污者所在地环境保护主管部门依据征收标准、核定后的实际排污事实，结合国家发布的环境空气质量监测数据，根据 VOCs 排污费计算方法，确定排污者应缴纳的 VOCs 排污费，向排污者送达 VOCs 排污费缴纳通知单，并同时向社会公示。按照污染当量折合后的收费标准如表 10-5 所示。

表 10-5　建议 VOCs 排污费征收标准

行业	主要污染物	污染当量/（千克/当量）	收费标准/（元/千克）
家具	乙基苯、乙酸丁酯、乙酸乙酯、苯乙烯	0.12	9
化工	苯、甲苯、二甲苯	0.13	10
金属表面涂装	苯乙烯、甲基异丁基甲酮、甲苯、1，2-二氯乙烷	0.34	3.5

VOCs 排污费的缴纳按《排污费征收使用管理条例》（国务院令第 369 号）的规定执行。VOCs 排污费纳入中央财政预算，作为环境保护专项资金管理，主要用于 VOCs 污染防治项目建设、重点行业清洁生产改造、监测监管能力建设及污染防治

新技术、新工艺开发示范等,任何单位和个人不得截留、挤占或者挪作他用。

10.4.3 开征差别化机动车排污费

机动车污染排放对 $PM_{2.5}$ 的贡献在一些城市已经占到 30%左右。对机动车排污造成的环境外部成本实行内部化政策,是一直处于研究并受到环境保护部门关注的一项政策。为此,建议全国开征差别化的机动车排污费,除了满足国V排放标准的机动车不缴纳排污费,其他机动车都开征排污费。机动车排污费征收对象为在用机动车辆,包括领有公安交通管理部门核发的牌照(包括临时牌照、教练牌照)的各种客货汽车、摩托车,军事、武警系统改挂地方号牌的车辆,临时入境的各种外籍车辆。其他车辆暂不征收。根据机动车污染控制的需要,采取动态管理来调整征收对象,使机动车排污收费科学、系统、可行,充分发挥经济手段的调节作用。在征管部门的确定上,政府可以在环境保护部门组建专门的征管部门,也可以将机动车排污管理整合进环境保护部门现有部门统一管理。管理部门可以参考现在较为普及的网络缴费模式,联合银行,开办排污费网上缴纳服务。机动车所有人只需到特定银行的任意网点进行缴费,银行系统会自动将金额转至环保部门。缴费完毕的车辆会领取相应的排污费缴纳凭证,建议在机动车尾气检测时征收,按半年征收。

机动车排污收费标准采用现行收费标准的规定简便合法,只要确定机动车排放的污染量即可制定单车的收费标准。基于污染损害的方案最符合排污收费的经济学原理,也就是污染者承担其造成的损害成本。建议收费政策基于健康损失与污染当量的方案作为机动车尾气排污收费标准(表 10-6)。由于资金筹措功能较强,可以考虑多种用途。机动车排污收费资金首先纳入环境保护专项资金,财政统一管理,主要用于老旧车辆提前更新淘汰、征收管理费及其他环境治理、鼓励新能源汽车项目。

表 10-6 机动车排污收费标准

燃料	车型	达到国Ⅰ排放标准	达到国Ⅱ排放标准	达到国Ⅲ排放标准	达到国Ⅳ排放标准
汽油车	微型客车 微型货车 小型客车	884	475	189	80
	轻型货车 中型载客	2 157	1 370	567	216
	中型载货 大型载客 重型载货	6 774	5 024	2 767	
	摩托车	263	167	48	
	公交车	9 740	5 706		
	出租车		2 142	951	477

续表

燃料	车型	达到国 I 排放标准	达到国 II 排放标准	达到国 III 排放标准	达到国 IV 排放标准
柴油车	微型客车 微型货车 小型客车	884	475	189	80
	轻型货车 中型载客	1 053	713	492	319
	中型载货 大型载客 重型载货	6 774	5 024	2 767	1 374
	农用车	661	491		
	公交车		5 151	4 609	2 737
CNG	公交车			2 898	1 439（EEV）

10.4.4 实施差别化环保综合电价

自从"十一五"开始，我国实行了 1.5 分/千瓦时的环保综合电价补贴政策，有效地促进了煤电行业的 SO_2 减排，超额实现了"十一五" SO_2 减排目标。目前，环保综合电价政策实施过程中还存在不少问题，主要体现为两点，一是补贴标准的激励水平不足；二是环保综合电价政策补贴"一刀切"，补贴方案设计对差异性因素的考虑不足，难以调动企业积极性。这两方面因素均影响了环保综合补贴电价政策的效用水平。为此，建议继续完善环保综合电价，实行差别化的煤电综合电价补贴政策。从便于管理、促进执行、易于监管角度考虑，差异性的环保综合电价补贴方案主要考虑两类：第一种为按机组容量设计环保综合电价补贴方案，第二种为按区域差异性设计环保综合电价补贴方案。

根据环境保护部环境规划院的调查研究，按机组容量划分环保综合电价补贴方案如表 10-7 所示，不含除汞补贴的 300 兆瓦机组容量环保综合电价补贴为 4.21 分/千瓦时，含除汞补贴的 300 兆瓦机组容量的环保综合电价补贴为 4.95 分/千瓦时；不含除汞补贴的 600 兆瓦机组容量环保综合电价补贴为 3.26 分/千瓦时，含除汞补贴的 600 兆瓦机组容量环保综合电价补贴为 4 分/千瓦时；不含除汞补贴的 1 000 兆瓦及以上机组容量的环保综合电价补贴为 3.74 分/千瓦时，含除汞补贴的 1 000 兆瓦及以上机组容量的环保综合电价补贴为 4.48 分/千瓦时。

表 10-7　针对不同规模机组的环保综合电价补贴方案（单位：分/千瓦时）

不同机组容量	脱硫补贴	脱硝补贴	除尘补贴	除汞补贴	环保综合电价补贴（不除汞）	环保综合电价补贴（除汞）
300 兆瓦	1.87	1.96	0.38	0.74	4.21	4.95
600 兆瓦	1.14	1.90	0.22	0.74	3.26	4.00

续表

不同机组容量	脱硫补贴	脱硝补贴	除尘补贴	除汞补贴	环保综合电价补贴（不除汞）	环保综合电价补贴（除汞）
1 000 兆瓦及以上	1.85	1.69	0.20	0.74	3.74	4.48

按区域差异性设计的环保综合电价补贴方案如表 10-8 所示，东部地区不含除汞补贴的环保综合电价补贴为 4.1 分/千瓦时，含除汞补贴的环保综合电价补贴为 4.84 分/千瓦时；中部地区不含除汞补贴的环保综合电价补贴为 3.51 分/千瓦时，含除汞补贴的环保综合电价补贴为 4.25 分/千瓦时；西部地区不含除汞补贴的环保综合电价补贴为 4.84 分/千瓦时，含除汞补贴的环保综合电价补贴为 5.58 分/千瓦时。

表 10-8　针对不同区域的环保综合电价补贴方案（单位：分/千瓦时）

区域	脱硫补贴	脱硝补贴	除尘补贴	除汞补贴	环保综合电价补贴（不除汞）	环保综合电价补贴（除汞）
东部地区	1.87	1.85	0.38	0.74	4.10	4.84
中部地区	1.14	2.15	0.22	0.74	3.51	4.25
西部地区	2.09	2.55	0.20	0.74	4.84	5.58

由于不同区域、不同机组容量的燃煤机组具有不同的脱硫、脱硝、除尘、除汞成本，因此建议继续完善差异性环保电价政策，充分发挥价格杠杆作用，加快火电行业污染减排，强化火电行业的 $PM_{2.5}$ 控制。

10.4.5　建立城市空气质量改善奖励机制

大气污染防治任务真正落地是在城市层面上，为激励各城市大气污染防治的积极性，可积极探索城市空气质量改善资金奖励机制，将各市大气污染治理或排污活动产生的外部收益内部化，充分体现"谁保护、谁受益；谁污染、谁付费"的环境经济原则。

考虑到我国当前行政体制特点，建议城市空气质量改善奖励机制由省级政府建立，采取"以奖代补"的方式，奖励空气质量改善的城市，资金来源包括包括中央大气污染防治专项资金和省财政预算安排的大气污染防治专项资金。

奖励系数由各省区市依据专项资金数量、环境空气质量现状、资金投入等因素，综合评估后确定，如山东出台的《山东省环境空气质量生态补偿暂行办法》中，提每改善 1 微克/米^3 补偿 20 万元。

资金拨付采用分期下发方式，前期给予大气污染防治工作基金，用于支撑开展空气质量改善的污染减排、能力建设等工作；空气质量改善评估完成之后，根据改善程度与奖励系数，计算奖励资金总额，后期再拨付扣除前期基金后的剩余资金。如果空气质量评估结果为未改善，应追缴前期给予的工作基金。

城市空气质量评估指标包括 $PM_{2.5}$、PM_{10}、SO_2、NO_2 等主要污染因子，可根据对环境空气质量的浓度贡献，设定有差异的资金奖励权重，一方面可以激励城市实施多污染控制，另一方面污染防治任务又各有侧重。质量改善评估的时间尺度以季度或者年来进行，空气质量评估数据采用各城市空气质量自动监测数据，在评估过程中要注意气象因素对于污染物浓度造成的波动影响。

此外，应加强空气质量资金奖励的信息公开，空气质量改善评估的数据和计算方式公开透明，奖励资金额度公开透明，充分发挥公众监督作用，确保资金奖励奖励机制对于空气质量改善的促进作用发挥实效。

第11章 PM$_{2.5}$控制中长期目标与技术路线图

《大气污染防治行动计划》启动了全国治理 PM$_{2.5}$ 的进程。由于我国特殊的发展阶段、能源结构和严重的空气污染以及对公众对清洁空气和环境健康的强烈诉求，必须研究制定全国 PM$_{2.5}$ 中长期的控制路线图。本章将结合上述控制大气污染的政策评估和发达国家的经验，分析我国城市空气质量达标面临的挑战，研究提出我国中长期污染减排战略，以及 PM$_{2.5}$ 中长期控制目标和技术路线图。

11.1 中国城市空气质量达标面临的挑战

11.1.1 与国家空气质量标准的差距

1. 《环境空气质量标准》（GB3095—2012）

首先需要指出的是，《环境空气质量标准》（GB3095—2012）实施是分区分时间的。根据 2012 年 2 月 29 日环境保护部文件关于实施《环境空气质量标准》（GB3095—2012）的通知，提出了分期实施新标准的时间要求：2012 年，京津冀、长三角地区、珠三角地区等重点区域以及直辖市和省会城市；2013 年，113 个环境保护重点城市和国家环保模范城市；2015 年，所有地级以上城市；2016 年 1 月 1 日，全国实施新标准。鼓励各省区市人民政府根据实际情况和当地环境保护的需要，在上述规定的时间要求之前实施新标准。经济技术基础较好且复合型大气污染比较突出的地区，如京津冀、长三角地区、珠三角地区等重点区域，要做到率先实施环境空气质量新标准，率先使监测结果与人民群众感受相一致，率先争取早日和国际接轨。

与《环境空气质量标准》（GB3095—1996）相比，新的标准强调以保护人体健康为首要目标，调整了环境空气功能区分类方案，进一步扩大了人群保护范围。

新标准调整了污染物项目及限值,增设了 $PM_{2.5}$ 平均浓度限值和 O_3 八小时平均浓度限值,收紧了 PM_{10} 等污染物的浓度限值,收严了监测数据统计的有效性规定,将有效数据要求由原来的 50%~75%提高至 75%~90%;更新了 SO_2、NO_2、O_3、颗粒物等污染物项目的分析方法,增加了自动监测分析方法;明确了标准分期实施的规定,依据《中华人民共和国大气污染防治法》,规定不达标的大气污染防治重点城市应当依法制定并实施达标规划。总体上看,新的环境空气质量标准中污染物控制项目实现了与国际接轨,但由于我国还是一个发展中国家,经济技术发展水平决定了 PM_{10}、$PM_{2.5}$ 等污染物的限值目前仅能与发展中国家空气质量标准普遍采用的世卫组织第一阶段目标值接轨。从这个意义上说,新标准仅仅与世界"低轨"相接,要正确实现与 WHO 提出的指导值接轨,我国还将有更长的路要走。

2. 2013 年全国空气质量状况

根据环境保护部的重点城市空气质量监测指标来看,2013 年全国 SO_2 年均浓度范围为 7~114 微克/米^3,平均浓度为 40 微克/米^3,达标城市比例为 86.5%;NO_2 年均浓度范围为 17~69 微克/米^3,平均浓度为 44 微克/米^3,达标城市比例为 39.2%;PM_{10} 年均浓度范围为 47~305 微克/米^3,平均浓度为 118 微克/米^3,达标城市比例为 14.9%;$PM_{2.5}$ 年均浓度范围为 26~160 微克/米^3,平均浓度为 72 微克/米^3,达标城市比例为 4.1%;O_3 日最大 8 小时滑动平均值的第 90 百分位数浓度范围为 72~190 微克/米^3,平均浓度为 139 微克/米^3,达标城市比例为 77.0%;CO 日均值第 95 百分位数浓度范围为 1.0~5.9 毫克/米^3,平均浓度为 2.5 毫克/米^3,达标城市比例为 85.1%。我国 74 个城市平均达标天数比例为 60.5%,平均超标天数比例为 39.5%。10 个城市达标天数比例介于 80%~100%,47 个城市达标天数比例介于 50%~80%,17 个城市达标天数比例低于 50%。

2013 年,三大重点区域中的京津冀和珠三角地区所有城市均未达标,长三角地区仅舟山六项污染物全部达标。全国 256 个尚未执行新标准的其他地级及以上城市 2013 年,依据《环境空气质量标准》(GB3095—1996)对 SO_2、NO_2 和 PM_{10} 三项污染物年均值进行评价,256 个城市环境空气质量达标城市比例为 69.5%。SO_2 年均浓度达标城市比例为 91.8%,劣三级城市比例为 1.2%;NO_2 年均浓度均达标,其中达到一级标准的城市比例为 86.3%;PM_{10} 年均浓度达标城市比例为 71.1%,劣三级城市比例为 7.0%。

2013 年,京津冀区域 13 个地级及以上城市达标天数比例范围为 10.4%~79.2%,平均为 37.5%;超标天数中,重度及以上污染天数比例为 20.7%。有 10 个城市达标天数比例低于 50%。京津冀地区超标天数中以 $PM_{2.5}$ 为首要污染物的天数最多,占 66.6%;其次是 PM_{10} 和 O_3,分别占 25.2%和 7.6%。京津冀区域

$PM_{2.5}$平均浓度为106微克/米^3，PM_{10}平均浓度为181微克/米^3，所有城市$PM_{2.5}$和PM_{10}均超标；SO_2平均浓度为69微克/米^3，6个城市超标；NO_2平均浓度为51微克/米^3，10个城市超标；CO按日均标准值评价有7个城市超标；O_3按日最大8小时标准评价有5个城市超标。北京市达标天数比例为48.0%，重度及以上污染天数比例为16.2%。主要污染物为$PM_{2.5}$、PM_{10}和NO_2。$PM_{2.5}$年均浓度为89微克/米^{3}超标1.56倍；PM_{10}年均浓度为108微克/米^3，超标0.54倍；NO_2年均浓度为56微克/米^3，超标0.40倍；O_3日最大八小时浓度超标0.18倍；SO_2和CO均达标。

2013年，长三角地区25个地级及以上城市达标天数比例范围为52.7%~89.6%，平均为64.2%。超标天数中，重度及以上污染天数比例为5.9%。舟山和丽水2个城市空气质量达标天数比例介于80%~100%，其他23个城市达标天数比例介于50%~80%。长三角地区超标天数中以$PM_{2.5}$为首要污染物的天数最多，占80.0%；其次是O_3和PM_{10}，分别占13.9%和5.8%。长三角地区$PM_{2.5}$平均浓度为67微克/米^3，仅舟山达标，其他24个城市超标；PM_{10}平均浓度为103微克/米^3，23个城市超标；NO_2平均浓度为42微克/米^3，15个城市超标；SO_2平均浓度为30微克/米^3，所有城市均达标；O_3按日最大8小时标准评价有4个城市超标；CO按日均标准值评价，所有城市均达标。上海市达标天数比例为67.4%，重度及以上污染天数比例为6.3%。主要污染物为$PM_{2.5}$、PM_{10}和NO_2。$PM_{2.5}$年均浓度为62微克/米^3，超标0.77倍；PM_{10}年均浓度为84微克/米^3，超标0.20倍；NO_2年均浓度为48微克/米^3，超标0.20倍；SO_2、CO和O_3均达标。

2013年，珠三角地区9个地级及以上城市空气质量达标天数比例范围介于67.7%~94.0%，平均为76.3%。超标天数中，重度污染天数比例为0.3%。深圳、珠海和惠州的达标天数比例在80%以上，其他城市达标天数比例介于50%~80%。珠三角地区超标天数中以$PM_{2.5}$为首要污染物的天数最多，占63.2%；其次是O_3和NO_2，分别占31.9%和4.8%。珠三角地区$PM_{2.5}$平均浓度为47微克/米^3，所有城市均超标；PM_{10}平均浓度为70微克/米^3，4个城市超标；NO_2平均浓度为41微克/米^3，4个城市超标；SO_2平均浓度为21微克/米^3，所有城市均达标；O_3按日最大8小时标准评价5个城市超标；CO按日均标准值评价，所有城市均达标。广州达标天数比例为71.0%，全年无重度及以上污染。主要污染物为$PM_{2.5}$、PM_{10}和NO_2。$PM_{2.5}$年均浓度为53微克/米^3，超标0.51倍；PM_{10}年均浓度为72微克/米^3，超标0.03倍；NO_2年均浓度为52微克/米^3，超标0.30倍；SO_2、CO和O_3均达标。

3. PM$_{2.5}$和灰霾污染状况

当前我国城市空气质量超标的首要污染物是 PM$_{2.5}$，城市大气中 PM$_{2.5}$浓度处于较高的水平。根据 2013 年我国 74 个城市进行的 PM$_{2.5}$浓度监测结果，各城市年均浓度介于 26~160 微克/米^3，与《环境空气质量标准》（GB3095—2012）限值要求的比值介于 74%~457%，即最差的城市超标 3.5 倍以上。除拉萨、海口、舟山 3 个城市外，其余 71 个城市 PM$_{2.5}$年均浓度均超标，其中石家庄、邢台超标 3 倍以上，邯郸、保定、衡水、唐山、济南、廊坊、郑州、西安等城市超标 2 倍以上。

中国气象局基于能见度的观测结果表明，2013 年全国平均霾日数为 35.9 天，比上年增加 18.3 天，为 1961 年以来最多。中东部地区雾和霾天气多发，华北中南部至江南北部的大部分地区雾和霾日数范围为 50~100 天，部分地区超过 100 天。

环境保护部基于空气质量的监测结果表明，2013 年 1 月和 12 月，中国中东部地区发生了 2 次较大范围区域性灰霾污染。两次灰霾污染过程均呈现出污染范围广、持续时间长、污染程度严重、污染物浓度累积迅速等特点，且污染过程中首要污染物均以 PM$_{2.5}$为主。其中，1 月的灰霾污染过程接连出现 17 天，造成 74 个城市发生 677 天次的重度及以上污染天气，其中重度污染 477 天次，严重污染 200 天次。污染较重的区域主要为京津冀及周边地区，特别是河北南部地区，石家庄、邢台等为污染最重城市。12 月 1 日至 9 日，中东部地区集中发生了严重的灰霾污染过程，造成 74 城市发生 271 天次的重度及以上污染天气，其中重度污染 160 天次，严重污染 111 天次。污染较重的区域主要为长三角地区、京津冀及周边地区和东北部分地区，长三角地区为污染最重地区。

由于受灰霾重污染天气的影响，我国城市 PM$_{2.5}$浓度日均值超标水平往往高于年均值超标水平。2013 年 1 月，华北区域发生了持续的区域灰霾重污染事件。在石家庄等污染中心地区，污染程度为"重度污染"或"严重污染"的时间从 1 月 5 日开始一直持续了 3 周，其间多次出现 PM$_{2.5}$日平均浓度超过 300 微克/米^3 的污染高峰；局部地区 PM$_{2.5}$小时浓度出现了"爆表"（超过 1 000 微克/米^{3}的监测量程），部分城市的 PM$_{2.5}$日均浓度峰值超过了 600 微克/米^3，接近了我国《环境空气质量标准》（GB3095—2012）二级标准限值的 9 倍。

11.1.2 与 WHO 空气质量推荐值的差距

大气颗粒物对健康的影响是多方面的，主要的影响是在呼吸系统和心血管系统。所有人群都可受到颗粒物的影响，其易感性视健康状况或年龄而异。WHO 在 2005 年版《空气质量准则》中把 10 微克/米^{3}作为空气质量准则值（表 11-1），并指出,如果 $PM_{2.5}$ 年均浓度高于 10 微克/米^3,总死亡率、心肺疾病死亡率和肺癌的死亡率会增加;当 $PM_{2.5}$ 年均浓度达到 35 微克/米^3 时,人的死亡风险比 10 微克/米^3 的情形约增加 15%。同时,WHO 建议各国在制定大气颗粒物环境浓度标准的时候,考虑当地条件的限制、能力和公共卫生的优先重点问题,并且以实现最低的颗粒物浓度为目标;还鼓励各国采用一系列日益严格的颗粒物标准,通过监测排放的减少来追踪相关进展,实现颗粒物浓度的下降。

表 11-1　WHO 对于颗粒物年平均浓度的空气质量准则值和过渡时期目标

阶段	PM_{10}/（微克/米^3）	$PM_{2.5}$/（微克/米^3）	选择浓度的依据
过渡时期目标-1	70	35	相对于空气质量准则值水平而言,会增加大约 15% 的死亡风险
过渡时期目标-2	50	25	与过渡时期目标-1 相比,在这个水平的暴露会降低大约 6%（2%~11%）的死亡风险
过渡时期目标-3	30	15	与过渡时期目标-2 相比,在这个水平的暴露会降低大约 6%（2%~11%）的死亡风险
空气质量准则值	20	10	对于 $PM_{2.5}$ 的长期暴露,这是一个最低水平,如高于这个水平,总死亡率、心肺疾病死亡率和肺癌的死亡率会增加

如果依据 2005 年 WHO 更新的空气质量指导值（World Health Organization,2005）来衡量,我国城市大气环境中的 NO_2 年平均浓度与 WHO 的要求（40 微克/米^3）差距不大,大部分城市的 NO_2 年均浓度均能达到这一要求;而 PM_{10} 的年平均浓度则与 WHO 的要求（20 微克/米^3）差距甚远,我国 PM_{10} 年均浓度最低的城市海口也未达到这一要求,而全国城市的平均 PM_{10} 年均浓度比其高出 3 倍。在 2005 年 WHO 更新的空气质量指导值中弱化了对 SO_2 的要求,根据欧美发达国家的控制经验,在目前的浓度水平下,SO_2 对人体健康的影响已经远远低于大气颗粒物,尤其是 $PM_{2.5}$ 的影响,因此,只要满足了对 $PM_{2.5}$ 的控制要求,大气环境中 SO_2 对人体健康的影响就基本上可以忽略。根据 2013 年我国 74 个城市 $PM_{2.5}$ 浓度监测结果,浓度最低的城市也超过 WHO 准则值 1.6 倍,相当多城市的 $PM_{2.5}$ 浓度高出 WHO 准则值一个数量级。以 PM_{10} 和 $PM_{2.5}$ 为代表的大气颗粒物污染将是我国相当长一段时期内面临的最主要的大气环境问题。

11.1.3　大气污染物排放强度远高于发达国家

由于 $PM_{2.5}$ 的来源非常广泛,除了各种污染源直接排放的一次颗粒物外,还有 SO_2、NO_x、NH_3、VOCs 等气态污染物通过大气化学反应生成的二次颗粒物。中国主要大气污染物的排放强度（即单位面积的排放量）都大大高于美国和欧洲等发达国家（表 11-2）,这是造成我国严重大气污染的主要原因。考虑到中国和美国的国土面积相当,要达到或接近美国和欧洲的环境质量,至少需要将主要大气污染物的排放量削减 50%以上。

表 11-2　中国和美国的主要大气污染物排放量

指标	中国（2010 年）	美国（2008 年）
面积/万平方千米	960	980
SO_2 排放量/万吨	2 268	911
NO_x 排放量/万吨	2 274	1 448
一次 $PM_{2.5}$ 排放量/万吨	1 215	132
VOCs 排放量/万吨	2 292	762

注：中国 SO_2 和 NO_x 排放量引自中国环境状况公报（环境保护部，2011）；一次 $PM_{2.5}$ 和 VOCs 排放量引自 MEIC 模型（清华大学，2013）；美国的大气污染物排放量引自美国国家排放清单（United States Environmental Protection Agency，2012）

根据 2012 年 WHO 公布的全球 91 个国家 1 100 个城市的空气质量 PM_{10} 浓度及排名状况。中国的 32 个省会城市都在其中，这些城市的 PM_{10} 浓度介于 38~150 微克/米^3，排名位于 812~1 058。北京在 1 100 个城市中倒数第 75 名（图 11-1）。

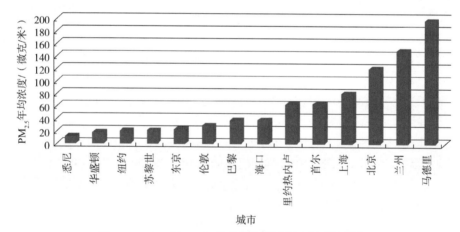

图 11-1　2010 年 WHO 公布的主要城市空气质量排名

从满足我国 $PM_{2.5}$ 环境浓度削减的远景目标和阶段性目标的角度来看，为了保证区域 $PM_{2.5}$ 浓度在每个 5 年计划中降低 20%以上，在一次颗粒物和二次颗粒物比例变化不大的情况下，一次颗粒物和二次颗粒物的浓度下降幅度都应该不低于 20%。因此，我国需要对 SO_2、NO_x、VOCs 等二次 $PM_{2.5}$ 的前体物和一次颗粒物进行长期持续减排。对于大气 NH_3 排放，也应该尽快纳入排放统计和管理体系内，要求其与其他二次颗粒物的前体物进行同步削减。

在我国经济继续高速发展，能源使用量、机动车保有量等进一步大幅增加的基础上，实现大气污染物排放量持续大量的削减，是一个非常具有挑战性的任务。我国目前的大气污染控制措施并不足以应对这一挑战，进而实现空气质量改善的目标。首先，我国的大气污染治理法规基础尚显薄弱，对我国大气污染治理政策措施的支持不够；其次，我国大气污染综合控制的能力建设全方面滞后，从国家到地方，从固定源污染控制到移动源污染控制，从政策制定到管理实践，人力投入和科学支撑都非常缺乏，无法形成一套完整的管理体系，更无法应对压缩型、复合型特征突出的区域大气污染；再次，在未来相当长一段时间，我国的工业化、城市化和机动车化进程仍将继续，燃煤年消费量将持续增长并超过40亿吨，每年的新增轻型汽油车将保持在1 500万辆以上的水平，我国的大气污染物削减必须在消化发展带来新增排放量的基础上，进一步大幅削减存量，压力巨大；最后，我国对燃煤和机动车污染的控制水平还非常低，目前主要还是依赖末端治理，缺少系统性、综合性的高效控制措施。因此，为了确保我国空气质量改善目标的实现，我国需要在法规、管理机制、能力建设、控制措施等多方面进行完善。

11.1.4 部分东部省区市大气排放远超环境容量

我国的环境空气$PM_{2.5}$浓度标准远远高于欧美国家和WHO推荐值。以年均浓度为例，中国、欧盟和美国的年均浓度限值分别为35微克/米^3、20微克/米^3、12微克/米^3。这就意味着如果以$PM_{2.5}$达标作为主要大气污染物排放量的约束，中国的约束比欧洲和美国宽松许多，即以$PM_{2.5}$环境浓度达标作为约束的主要大气污染物环境容量相对欧洲和美国更为宽松。但是即便如此，在以东部地区为代表的我国很大一部分区域，SO_2、NO_x、VOCs等二次$PM_{2.5}$的前体物和一次颗粒物的排放量大大超过了环境容量，造成区域性的$PM_{2.5}$浓度超标。

为了实施基于环境容量的大气排放总量控制，以确定为了使$PM_{2.5}$年均浓度基本达标，不同区域可允许的二次$PM_{2.5}$的前体物和一次颗粒物的最高排放量，本章的研究基于WRF-CAM$_x$模型开发了数值模型迭代法（图11-2），通过6步循环迭代对我国各省区市的一次$PM_{2.5}$、SO_2、NO_x和NH_3等大气污染物环境容量进行了初步分析，分析结果如表11-3所示。由此可见，为了实现$PM_{2.5}$年均浓度基本达标，我国不同省区市所面临的污染物排放削减压力存在很强的地域差异性。

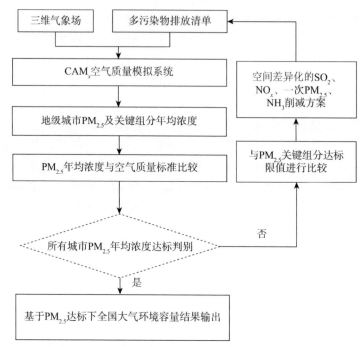

图 11-2　计算大气污染物环境容量的迭代算法技术路线图

表 11-3　$PM_{2.5}$ 年均浓度达标约束下各省区市主要污染物的减排比例（单位：%，以 2010 年为基准）

省区市	SO_2	NO_x	一次 $PM_{2.5}$	NH_3
北京	61	66	69	56
天津	64	69	72	59
河北	66	70	74	59
山西	41	47	47	33
内蒙古	6	10	12	6
辽宁	38	42	44	28
吉林	22	26	28	21
黑龙江	24	27	35	22
上海	44	49	52	39
江苏	52	57	60	46
浙江	42	47	50	39
安徽	61	66	70	57
福建	1	2	4	0
江西	30	33	37	20
山东	62	67	70	57
河南	67	72	75	60

续表

省区市	SO$_2$	NO$_x$	一次 PM$_{2.5}$	NH$_3$
湖北	55	62	63	47
湖南	52	58	62	45
广东	18	20	16	5
广西	12	15	19	9
海南	0	0	0	0
重庆	42	46	43	28
四川	59	62	62	49
贵州	45	53	52	38
云南	7	10	9	3
西藏	0	0	0	0
陕西	36	39	38	26
甘肃	16	16	16	3
青海	8	15	7	6
宁夏	10	14	18	3
新疆	14	21	23	6

从 SO$_2$ 和 NO$_x$ 这两种目前总量控制的主要目标污染物来看，PM$_{2.5}$ 浓度最高的区域，包括北京、天津、河北、山东、河南、安徽、江苏、湖北、湖南、四川等省市，SO$_2$ 和 NO$_x$ 排放量需要进一步在 2010 年的基础上削减 50%以上（表 11-3），其中部分京津冀鲁等部分省市甚至需要削减进 70%的排放量，才可能为实现区域 PM$_{2.5}$ 排放量打下基础；减排压力最轻的省份包括内蒙古、福建、海南、云南、西藏等，其中福建和西藏等地在完成了"十二五"总量减排目标后，就基本上满足了环境容量要求；其他减排压力较轻的省区包括广东、广西、甘肃、青海、宁夏、新疆等，需要注意的是这仅仅是从区域 PM$_{2.5}$ 控制的角度分析得到的结果，如果还要进一步满足 O$_3$ 控制的要求，广东等地区的 NO$_x$ 排放量可能还需要进一步削减。

单从中国污染物的排放量与欧美国家污染物排放量的比值来看，一次 PM$_{2.5}$ 的比值远高于 SO$_2$ 和 NO$_x$，这意味着我国的 PM$_{2.5}$ 污染中，一次 PM$_{2.5}$ 所占的比例远高于欧美国家。从全年平均浓度的角度来看，这一结论得到了地面观测结果和模型模拟结果的验证。因此为了实现 PM$_{2.5}$ 浓度达标，中国绝大部分地区一次 PM$_{2.5}$ 的排放量削减幅度应该高于 SO$_2$ 和 NO$_x$，如北京、天津、河北、山东、河南、安徽等地，一次 PM$_{2.5}$ 的排放量至少需要削减 70%。除此之外，根据第 6 章的研究结果，一次 PM$_{2.5}$ 的区域传输弱于二次 PM$_{2.5}$，而对排放当地的污染有更大的贡献，因此，尤其是针对 PM$_{2.5}$ 超标严重的城市，应该加大对一次 PM$_{2.5}$ 排放的削减力度。

大气中的铵盐是影响硫酸盐和硝酸盐平衡的重要污染物，因此 NH_3 的排放不仅直接生成二次铵盐颗粒物，还通过影响 SO_2 和 NO_x 向硫酸盐和硝酸盐的转化速率，对 $PM_{2.5}$ 的浓度产生影响。为了进一步降低环境 $PM_{2.5}$ 浓度，欧洲已经将对大气 NH_3 排放的控制目标作为国家排放上限的一部分，分解到各个国家，同时针对畜牧业等 NH_3 排放的主要行业，设计和应用基于最佳实用技术的排放控制技术方案。我国作为全球化肥使用量和畜禽产量第一的国家，NH_3 排放也远超环境容量。根据模拟分析结果，北京、天津、河北、山东、河南、安徽等地的 NH_3 排放量需要削减约60%。因此大气 NH_3 的排放控制需要尽快被纳入我国大气污染防治的框架，尽早启动并在中东部地区大力开展。

除了上述大气污染物外，VOCs 也是影响大气 $PM_{2.5}$ 浓度的重要污染物。我国 VOCs 的排放也主要集中在东部地区，亟须得到高度关注，大力削减其排放量，从而在降低大气氧化性的同时减少 SOA 的产生，为降低 $PM_{2.5}$ 浓度创造有利条件。

11.2 大气污染物排放控制的中长期战略

11.2.1 推进基于环境质量改善的总量控制

自从"九五"开始，我国实施的污染防治基本上是以污染物排放总量控制为目标的减排。控制 $PM_{2.5}$ 首先要清晰大气污染物排放控制的中长期路线图，只有在以空气质量为导向的大气污染减排中才可能取得最佳效果。如前所述，在我国实现 $PM_{2.5}$ 污染控制的过程中，大气污染防治的重点正在发生转变。同时，我国社会经济发展的趋势也将有所变化。基于对中国中长期社会经济发展趋势以及环境问题转变的分析，从两个层面提出中长期治污减排路线图，一是在宏观战略层面上，突出阶段特征，统筹协调推进总量控制、质量改善和风险防范；二是在总量控制领域中，提出分阶段控制机制、控制因子、控制领域的行动路线图。国合会《国家中长期污染减排路线图研究》课题组提出的我国污染防治的中长期路线如表11-4所示。

表11-4 中国治污减排（排放总量控制、环境质量改善和环境风险防范）中长期路线图

项目	"十一五"	"十二五"	"十三五"	2020~2030年	2030~2050年
着力点	以总量控制为核心	三大着力点+环境基本公共服务	污染减排和质量改善并重，污染减排和风险防范更多考虑质量因素、人体健康、生态系统	以质量改善为重点，继续推进污染防治，大力防范环境风险，保障人体健康，考虑生态系统平衡	人体健康、生态系统、环境质量为主

续表

项目	"十一五"	"十二五"	"十三五"	2020~2030年	2030~2050年
考核机制	总量约束	总量约束，质量指导	总量约束和质量约束并重，部分重点区域强化质量约束	质量约束，总量指导，不达标的地区继续强化总量约束	分地区质量约束
约束性控制因子	全国SO_2和COD总量控制，重点区域总氮、总磷总量控制	全国SO_2、NO_x、COD、氨氮四项污染物总量控制；重点区域重点重金属、总氮、总磷总量控制	全国SO_2、NO_x、COD、氨氮总量控制；CO_2相对总量控制；重点区域(行业)重点重金属、氮磷、有毒有害物质、VOCs控制，重点区域$PM_{2.5}$、O_3、氮磷质量控制	全国性质量控制为主，兼顾部分地区部分行业重点污染物总量控制	分地区特征性污染物环境质量控制
控制领域	工业、城市生活	工业、生活、农业(规模化畜禽养殖)、机动车	工业、生活、畜禽养殖和农业非点源污染	农业等非点源污染、工业、生活	农业等非点源污染、工业、生活
重点工业行业	重点行业：电力、造纸	重点行业扩展为工业一般行业(电力、钢铁、造纸、印染、建材)	一般行业向全行业拓展，由电力、钢铁、有色冶炼、建材、化工、造纸行业拓展到石化行业、合成氨、氯碱工业、磷化工、硫化工、焦化行业、染料行业、有色冶炼、热电行业(油、煤)、特种行业(金氰化钾)、矿山油田开采等行业，是有毒有害污染物的主要排放源		微量有毒有害污染物的主要排放行业
减排途径	工程减排为主，结构减排为辅	工程减排与结构减排并重	结构减排和中、前端控制为主，工程减排为辅	中、前端控制和生产工艺改造为主，结构减排和工程减排为辅	中、前端控制和生产工艺改造
实施机制	政府为主	政府为主，科技进步、市场化手段为辅	社会约束、政府行政措施、标准政策、市场化手段并重	标准政策、社会参与、市场化手段为主，政府行政手段为辅	更多依赖标准和政策、社会参与

资料来源：国合会项目组. 国家污染减排中长期路线图研究. 北京：中国环境科学出版社，2012

在工业化未完成前、在资源能源消费量没有下降前，仍然需要坚持推进治污减排工作，并将总量控制和风险防范作为环境质量改善的重要手段，坚持环境优先，在"十三五"实现总量控制和质量改善的双重控制，在"十四五"开始以质量改善约束为主，进一步优化中长期治污减排着力点、指标因子、控制领域、途径机制，并采取更加严格的污染控制措施，明确污染减排的目的性与刚性要求，推动环境保护工作从污染治理逐步向污染防治、环境保护、人体健康和生态系统保护的转变。

经济发展阶段、资源能源环境形势转变将使总量-质量-风险互动关系有所变化，如图11-3所示。"十二五"时期，中国将污染减排、质量改善及风险防范作为三大着力点，并将总量控制作为污染减排政策的核心抓手。"十三五"时期，排放总量和质量改善双重约束目标控制将成为环保的着力点，实施主要污染物排放总量的约束性减排仍然是一个主要任务和核心政策，短期内不能弱化。"十三五"以后，资源能源、污染物排放总量控制的刚性需求将有所减弱，基于人体健康和生态系统平衡的环境质量改善将是环境保护的首要重点和核心任务。治污减排以及伴随工业化进程的风险防范，将作为中国环境保护的两大抓手统筹安排，而更多考虑人体健康和生态系统平衡的环境质量改善是污染减排和风险防范的目标指向。

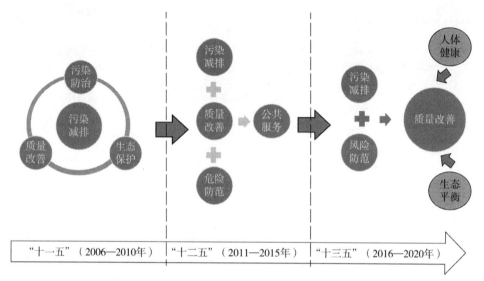

图 11-3　我国不同阶段环境保护的战略着力点转变

大气环境质量管理具有长期性、稳定性，应采取有效手段真正落实环境质量的战略地位，将保护人体健康以及赖以生存的生态系统作为环境法律法规的目标。环境管理的关口，可以分为排污口达标排放管理、排污总量控制到环境质量管理。从中长期环境经济发展趋势看，以总量控制为主要抓手的环境管理模式受经济发展周期波动影响较大。在经济高速发展的时期，以加大削减量为主的总量控制措施可能事半功倍，在经济发展速度放缓、经济发展动力机制深度调整期间，以遏制新增量为主的总量控制措施可能会落空。而基于改善环境质量、满足人体健康需求的环境管理方式，则具有长期性、根本性，并与公众切身感受关联较大，较能体现控源减排的效率和效果，并能进一步强化污染减排、总量控制的手段效果。

应尽早确立基于大气环境质量改善目标的环境管理策略，污染减排和环境风险管理应更多地考虑以环境质量改善导向，形成以环境质量倒逼总量减排、以总量减排倒逼经济转型的联合驱动机制。"十二五"期间，不少地区仍将处于总量持续减排、环境质量不会明显改观的相持期。但确有必要适当超前研究，并尽早启动环境质量改善系列活动，建立污染减排、风险防范与环境质量改善的响应关系，对影响环境质量的关键污染因素，有针对性地采取控制措施，合理确定污染减排类型、目标和减排幅度。应尽快建立污染物数据库，评估污染物对人体健康和环境的影响，建模分析排污控制手段的效果，将最有效的措施运用到减排治理中。

全国"十三五"实施总量和质量双重约束性控制。"十二五"期间有四项主要污染物排放总量纳入约束性指标，而环境质量指标仍是预期性指标，但包括PM$_{2.5}$在内的环境质量评价、评估、公开、考核分量会有所增强。"十三五"期间，应实施总量约束和质量约束双重考核管理。2020年后，重点开展环境质量考核，治污减排更强调区域性、行业性特征污染物控制。环境保护部环境规划院"十一五"期间提出的总量控制和质量改善转换关系路线如图11-4所示。从目前来看，面向环境质量改善的转型已经在提前。

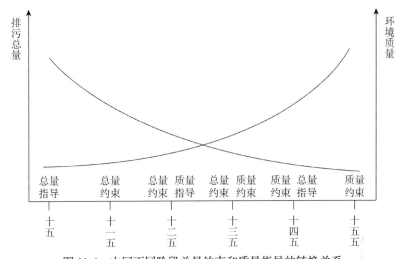

图11-4　中国不同阶段总量约束和质量指导的转换关系

增加环境质量在地方政府政绩考核中的比重。"十一五"期间，不少地方实施以跨市界断面考核为基础的补偿赔偿制度，是环境质量考核的一个成功的探索，应继续坚持和拓展。由于质量考核尚有数据失真、不具可比性等问题，目前不少地方实施单一质量考核的前期基础尚不完全具备，如监测布点优化、区域评价方法、数据质量控制、国控点位运行机制、自然本底条件异同等，在"十二五"期间应创造环境质量考核的条件，增加质量目标的内容，并纳入考核范围，向地方和企业传达长期而明确的信息，解决污染减排和环境质量之间的挂钩问题。同时，应将环境质量目标作为生态文明建设的重要内容，建立生态文明建设指标评价体系，作为地方政府政绩考核的基本要求之一。

地方政府在完成自上而下总量减排任务的同时，要把环境质量改善放在首要位置，并试行环境质量约束性控制。地方政府应将维护基本的环境质量作为城市发展的底线。京津冀、长三角地区、珠三角地区等区域可先行先试，在"十二五"

期间探索将环境质量作为对政府环保目标考核的约束性指标。把基本的环境质量作为政府必须提供的公共产品,在目标和指标设计上考虑公众的呼声,在任务对象切入点上甄别排污大户和污染大户,在措施选择上贯彻费(投入)效(质量改善程度)优先,扎实持续推动环境质量的逐步改善。

11.2.2 继续深化和优化污染减排路径

从最初的工业"三废"治理、企业达标排放、到"九五"国家污染物排放总量控制、到"十二五"的总量控制、质量改善与风险防范,大气环境保护的工作重点发生了一系列变化。"十二五""十三五"坚持治污减排主线的关键期,也是环境质量全面改善的相持期。以"九五"总量控制为标志,中国针对大气的大规模治污减排已经历了四个五年计划。"十一五"期末 SO_2 排放量虽有所回落,但主要大气污染物的排放量仍远超环境容量,至 2020 年这一阶段与德国所经历的严厉行业污染控制政策发展到生态现代化时期的历程类似,还存在高污染、治污成本高、工业行业反弹等特征。污染问题仍是影响中国环境质量全面改善的瓶颈,污染物排放总量与环境容量、环境质量改善需求差异仍然十分巨大,治污减排仍然需要作为主线坚持、完善与加强,并需要国家在战略层面上做出统筹长远的安排。这个阶段需要重点控制主要污染物的排放增长,减少大规模、恶性的灰霾事件造成的健康问题,减少环境事故风险,并力争实现污染物排放、资源能源消费与经济发展的相对脱钩甚至绝对脱钩。

治污减排仍将是环境保护的重要着力点,总量控制需要嵌入到综合性的污染防治框架中,需要与其他多重措施共同作用。当前污染物排放总量居高不下,系统性污染、结构性紊乱的特征仍然显著。在未来相当长一段时间内,要加强治污减排与其他工作措施的联动配合,以减排带动治污,建立以排污许可制度为核心的污染源管理制度框架。同时,主要污染物排放控制要与资源能源消费总量控制、机动车保有量控制、水资源消耗总量控制、土地开发红线控制等协调配合。

在考核机制上,应在"十二五"总量约束、质量指导逐步过渡到"十三五"时期总量约束和质量约束并重,2020~2030 年实施质量约束,总量指导,不达标的地区继续强化总量约束,2030~2050 年,实施分地区质量约束考核机制。在约束性控制因子上,由常规因子控制转变到"十三五"时期对有毒有害物质、Hg控制,重点区域 $PM_{2.5}$、O_3 质量控制;2020~2030 年,以全国性质量控制为主,兼顾部分地区部分行业重点污染物总量控制,2030~2050 年形成以分地区特征性污染物为主的环境质量控制。在控制领域上,"十三五"时期,在工业、生活、扬尘、机动车基础上,增加农业(NH_3)排放控制,之后进一步加强各领域控制的细则。

重点行业控制上,"十三五"至2030年,逐步由工业一般性行业拓展至全行业;2030~2050年,进一步确立微量有毒有害污染物主要排放行业。在减排途径控制上,"十二五"时期以结构减排与工程减排并重过渡至"十三五"时期结构减排和中、前端控制为主,工程减排为辅的总体思路;2030~2050年,加强中、前段控制和生产工艺技术改造。在管理机制上,"十二五"时期主要以政府行政为主,科技进步、市场化手段为辅,"十三五"之后逐渐加强市场化机制、完善法律、标准体系,增强社会公众参与程度,2030~2050年构建成完备的环境保护管理体系。

在继续加强污染减排的基础上,要素总量控制路线图应尽可能淡化综合性因子、常规污染物和环境质量不超标因子,建议"十三五"基本保持"十二五"全国性总量控制因子不变,重点加强区域性和行业性挥发性有机化合物(VOCs)以及一次$PM_{2.5}$的控制,并逐步实现总量控制与质量控制相结合,并加强重点区域和行业质量控制,CO_2排放强度控制。2030~2050年以我国生态系统良性循环为目标,使影响全球气候变化和生态系统健康的污染物排放总量得到有效控制,如图11-5所示。

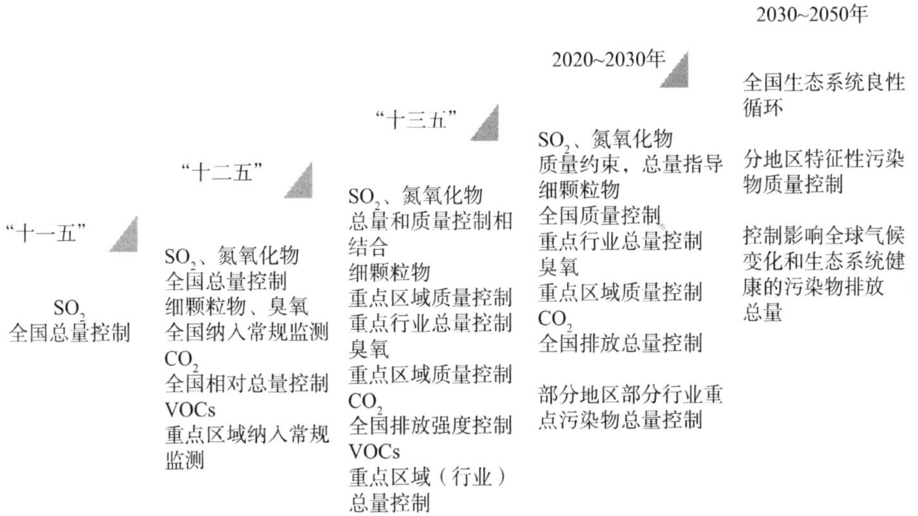

"十一五"
SO_2
全国总量控制

"十二五"
SO_2、氮氧化物
全国总量控制
细颗粒物、臭氧
全国纳入常规监测
CO_2
全国相对总量控制
VOCs
重点区域纳入常规监测

"十三五"
SO_2、氮氧化物
总量和质量控制相结合
细颗粒物
重点区域质量控制
重点行业总量控制
臭氧
重点区域质量控制
CO_2
全国排放强度控制
VOCs
重点区域(行业)总量控制

2020~2030年
SO_2、氮氧化物
质量约束,总量指导
细颗粒物
全国质量控制
重点行业总量控制
臭氧
重点区域质量控制
CO_2
全国排放总量控制
部分地区部分行业重点污染物总量控制

2030~2050年
全国生态系统良性循环
分地区特征性污染物质量控制
控制影响全球气候变化和生态系统健康的污染物排放总量

图11-5 以$PM_{2.5}$为核心的大气污染物控制路线图

11.3 $PM_{2.5}$浓度达标的目标路线图

11.3.1 2030年前基本实现达标

在我国的《大气污染防治行动计划》中,针对京津冀及周边、长三角地区和珠三角地区提出了$PM_{2.5}$浓度分别下降25%、20%和15%的目标。如果以2013年监测浓度为基准，到 2017 年，监测的 74 个城市中，能够达标的城市数量仅在 2013 年的基础上增加 5 个（福州、厦门、深圳、珠海、惠州），达标城市比例仅 11%，京津冀等 $PM_{2.5}$ 浓度较高的城市距达标仍有相当差距，与 WHO 的指导值的差距更是非常显著。

由于我国 PM_{10} 和 $PM_{2.5}$ 的环境质量浓度远远高于 WHO 的指导值，空气质量的改善无法一蹴而就，必须在未来相当长的一段时间内，坚持不懈地针对大气颗粒物污染进行控制，设定并实施分阶段目标，才能持续改善环境空气质量，最终实现 2050 年接近 WHO 空气质量准则这一最终的远景目标。

根据我国小康社会的建设和现代化进程的进程以及人民群众从健康出发对环境空气质量的要求，我国今年修订的《环境空气质量标准》（GB3095—2012）参考了 WHO 对空气质量标准的建议，加严了 PM_{10} 的限值要求，并把 $PM_{2.5}$ 纳入指标体系，使针对 PM_{10} 和 $PM_{2.5}$ 的标准与 WHO 推荐的第一阶段空气质量改善目标值接轨。为了满足人民群众对环境空气质量日益提高的要求，我国绝大多数城市需要在 15~20 年内使环境空气质量稳定达到标准的要求；在 2030 年左右，全国绝大部分城市空气质量基本达标。根据 2013 年 74 个城市的 $PM_{2.5}$ 环境浓度监测，我国城市目前 $PM_{2.5}$ 的达标率不足 10%，这意味着在"十二五"后期到"十五五"这 3.5 个五年中，需要将我国城市的 $PM_{2.5}$ 年均浓度达标率提高 70~80 百分点，我国城市平均 $PM_{2.5}$ 浓度需要降低一半以上，京津冀等重污染地区平均 $PM_{2.5}$ 浓度需要降低 70% 以上。

根据我国经济发展的宏观形势进行判断，直至 2020 年，我国将仍然处于工业化中后期这一历史阶段，主要大气污染物排放强度高的钢铁、水泥、石化等重化工业产量还将进一步增长，这将造成我国的大气环境压力持续增大；2020 年后，如果经济结构能够实现成功转型，在技术进步，经济结构与消费方式改变等因素的综合作用下，大气环境压力可能相应有所减轻。同时，随着大气污染防治的推进，污染物排放削减和大气环境管理的边际成本逐渐升高，$PM_{2.5}$ 浓度的下降的难度也将增加。综合考虑这些因素，结合《大气污染防治行动计划》的要求，需要全国 $PM_{2.5}$ 质量年平均浓度在每个 5 年计划下降 20% 以上。对于 $PM_{2.5}$ 质量年平均浓度较高的地区，还需要以更大的力度推进工作，降低 $PM_{2.5}$ 浓度。以京津冀区域为例，2013 年均浓度均值为 106 微克/米^3，浓度最高的邢台达到了 160 微克/米^3，这个区域的 $PM_{2.5}$ 平均浓度如果不能达到每个五年计划降低 1/3 以上，则 2030 年达到环境空气质量标准的目标不可能实现。因此，在具体制定区域空气质量特别是达标路线图，需要根据各个区域的大气环境容量、经济发展阶段、目前的排放水平等加以确定。2020 年前京津冀区域的 $PM_{2.5}$ 年均浓度控制目标路线如表 11-5 所示。

表 11-5 京津冀城市 PM$_{2.5}$ 年均浓度控制目标（单位：微克/米^3）

城市	2013 年	2015 年	2017 年	2020 年
北京	89	77	60	54
天津	96	86	72	60
石家庄	154	134	103	90
唐山	115	100	77	67
秦皇岛	65	59	49	47
邯郸	139	122	97	82
邢台	160	141	112	94
保定	135	117	90	79
张家口	40	37	32	30
承德	49	45	39	36
沧州	102	92	77	62
廊坊	110	95	74	64
衡水	122	110	92	74
平均	106	93	75	64

11.3.2 2030 年后进一步改善

2030 年后，如果我国绝大多数城市 PM$_{2.5}$ 年均浓度达到《环境空气质量标准》（GB3095—2012）的要求，同时污染物排放削减和大气环境管理的边际成本进一步升高，那么 PM$_{2.5}$ 浓度的下降的速度将必然趋缓。如果要求 PM$_{2.5}$ 年平均浓度的降幅保持在每个五年计划 20%的水平，即 2030~2040 年，PM$_{2.5}$ 平均浓度每年下降 1.2~1.4 微克/米^3；2040~2050 年，PM$_{2.5}$ 平均浓度每年下降 0.8~1 微克/米^3，则基本可以实现到 2040 年，达到 WHO 第二阶段过渡目标的要求；到 2050 年，达到 WHO 第三阶段过渡目标的要求，全国平均水平接近 WHO 指导值，部分空气质量较好的城市达到 WHO 指导值的目标，具体目标路线图如表 11-6 所示。

表 11-6 我国 2030 年后 PM$_{2.5}$ 控制阶段目标（单位：微克/米^3）

标准	PM$_{2.5}$ 浓度限值	达到的年份
GB3095—2012	35	2030
WHO 过渡时期目标-2	25	2040
WHO 过渡时期目标-3	15	2050
WHO 指导值	10	

11.4　PM$_{2.5}$达标的技术政策路线图

11.4.1　实施差别化分阶段的前体物减排

欧美国家的大气污染控制实践都把降低 PM$_{2.5}$ 环境浓度（或人群暴露程度）与主要大气污染物的排放削减进行紧密衔接。作为二次无机气溶胶中比重最大的组分，硫酸盐和硝酸盐浓度的削减也是欧美相关政策的重要着力点，降低硫酸盐和硝酸盐的浓度已经成为 21 世纪欧洲和美国削减 SO$_2$ 和 NO$_x$ 排放量的首要目的和驱动力。

由于 SO$_2$ 和 NO$_x$ 在转化形成硫酸盐和硝酸盐的过程中，伴随着在大气中的长距离输送过程。在欧美 SO$_2$ 和 NO$_x$ 排放控制目标的制定过程中，都使用了空气质量模型，从降低区域传输影响的角度出发，选择控制的重点区域，并制定相应的减排目标。

SO$_2$ 和 NO$_x$ 的排放总量削减是我国大气污染防治的重要手段。在"十一五"和"十二五"期间，主要是根据各省区市实际排放绩效或减排潜力，分析并确定减排目标。在 PM$_{2.5}$ 污染引起更大关注的背景下，需要审视 SO$_2$ 和 NO$_x$ 总量减排与 PM$_{2.5}$ 浓度下降之间的关系，结合 PM$_{2.5}$ 环境浓度下降这一空气质量改善的目标，对 SO$_2$ 和 NO$_x$ 总量减排进行设计。

根据本章的分析，由于不同省区市的 PM$_{2.5}$ 超标程度存在较大差异，基于 PM$_{2.5}$ 年均浓度目标的 SO$_2$ 和 NO$_x$ 大气环境容量也各不相同。为了在 2030 年使全国城市的 PM$_{2.5}$ 年均质量浓度基本满足《环境空气质量标准》(GB3095—2012)的要求，从"十三五"开始，需要针对不同的省区市，基于 SO$_2$ 和 NO$_x$ 的大气环境容量设计 SO$_2$ 和 NO$_x$ 总量削减目标（表 11-7）。

表 11-7　我国不同省区市 SO$_2$ 和 NO$_x$ 总量控制的阶段目标

省区市	分阶段排放控制目标
内蒙古、福建、广东、广西、海南、云南、西藏	"十三五"下降约 5%，后保持不增加
山西、辽宁、吉林、黑龙江、江西、陕西、甘肃、宁夏、青海、新疆	"十三五"及"十四五"分别下降 15%，后保持不增加
北京、天津、河北、上海、浙江、江苏、山东、河南、安徽、四川、重庆、贵州、湖南、湖北	"十三五"、"十四五"及"十五五"分别下降 25%

根据模型分析，京津冀和长三角地区，以及在地理上衔接这两个区域的山东、河南、安徽等省份是我国 PM$_{2.5}$ 污染最重的区域，也是需要借助总量减排这一手段，大幅减少 SO$_2$ 和 NO$_x$ 排放量，从而降低硫酸盐和硝酸盐浓度的区域；除此之外，四川、重庆、贵州、湖南、湖北等省市也是需要大力降低硫酸盐和

硝酸盐的区域。考虑到"十二五"期间我国的总量减排工作将在全国分别实现 8%的 SO_2 和 10%的 NO_x 排放量削减，以《"十二五"节能减排综合性工作方案》所制定的 2015 年各省区市排放量削减目标作为基础，以 2030 年这些省区市的 SO_2 和 NO_x 排放量不超过环境容量为目标，计算得到在 2015~2030 年，上述 14 个省区市的 SO_2 排放量需要从 1 043 万吨削减至 509 万吨，NO_x 排放量需要从 1 037 万吨削减至 450 万吨，削减比例分别为 51%和 57%。为实现这一目标，需要在"十三五"到"十五五"的 3 个五年计划中，每个五年计划在此区域实现 25%左右的 SO_2 和 NO_x 排放量削减。

北方的内蒙古、南方的福建、广东、广西、海南、云南、西藏等省区，目前的 SO_2 和 NO_x 排放量接近以 $PM_{2.5}$ 年均浓度为约束的环境容量。对于这些省区，可以在未来的总量减排中给予较为宽松的目标，要求其 SO_2 和 NO_x 排放量以相对较慢的速度持续下降，在"十三五"末期开始保持低于环境容量。

对于其他省区市，目前的 SO_2 和 NO_x 排放量超环境容量的范围在 30%左右。为了在全国推动 $PM_{2.5}$ 浓度快速改善，可以要求这些省区市的 SO_2 和 NO_x 排放量在"十三五"和"十四五"期间分别以 15%左右的比例进行削减，争取在 2025 年前后低于环境容量。

11.4.2 加强城市空气质量达标管理

《大气污染防治法》中明确指出，地方各级人民政府是其辖区内大气环境质量的负责单位。其中第三条"地方各级人民政府对本辖区的大气环境质量负责，制定规划，采取措施，使本辖区的大气环境质量达到规定的标准"；第四条"县级以上人民政府环境保护行政主管部门对大气污染防治实施统一监督管理"；第十七条"未达到大气环境质量标准的大气污染防治重点城市，应当按照国务院或者国务院环境保护行政主管部门规定的期限，达到大气环境质量标准。该城市人民政府应当制定限期达标规划，并可以根据国务院的授权或者规定，采取更加严格的措施，按期实现达标规划"。

在《国务院办公厅转发环境保护部等部门关于推进大气污染联防联控工作改善区域空气质量指导意见的通知（国办发 2010［33］号）》和《重点区域大气污染防治规划（2011—2015 年）》中，进一步强调了对城市空气质量达标管理的要求。在《重点区域大气污染防治规划（2011—2015 年）》第 6 章中提出："环境空气质量未达标城市人民政府应制定限期达标规划，按照国务院或者环境保护部划定的期限，分别在 5 年、10 年、15 年、20 年内限期达标。直辖市的限期达标规划，报国务院批准；其他国家环境保护重点城市的限期达标规划经城市所在地省级人民政府审查同意后，经国务院授权由环境保护部批准；其他城市的限期达标规划由省级人民政府批准,并报环境保护部备案。所有城市的限期达标规划要向社会公开。国家和省级环境保护部门对限期达标规划执行情况进行检查和考核,并将考核结果向社会公布。"

对于我国绝大多数空气质量超标城市来说,$PM_{2.5}$是对达标影响最大的污染物。因此空气质量达标管理这一政策工具的应用可以在$PM_{2.5}$污染防治中发挥重要作用。

与针对省级或更大空间尺度的SO_2和NO_x总量减排政策不同,空气质量达标管理所针对的空间尺度主要是城市,因而其实现减排的最主要污染物是一次$PM_{2.5}$等传输距离较短的污染物。由于区域传输的影响,针对SO_2和NO_x的排放控制需要更多地着眼于区域,通过对大的空间范围(如省区市或多省区市)的共同减排,来降低整个区域的$PM_{2.5}$背景浓度。与之相对,一次$PM_{2.5}$的传输距离相对较短,因此一次$PM_{2.5}$的减排主要影响的是其减排城市的本地$PM_{2.5}$浓度,对其他城市的影响相对较小。因此,在通过SO_2和NO_x总量减排实现背景$PM_{2.5}$浓度下降的基础上,最终实现城市$PM_{2.5}$达标,主要需要通过减少当地的一次$PM_{2.5}$排放。

我国目前还没有官方的一次$PM_{2.5}$排放统计。根据MEIC等由科研机构开发的$PM_{2.5}$排放清单研究结果,我国的一次$PM_{2.5}$排放强度远高于欧美国家,且主要来源于燃煤、工业生产过程和扬尘。虽然我国自20世纪70年代就开始工业除尘工作,但是针对燃煤和工业生产过程的烟粉尘排放控制,尤其是一次$PM_{2.5}$排放的控制,还和国际先进水平存在相当大的差距;对建筑扬尘、道路扬尘、料堆扬尘和裸地扬尘等各类扬尘的控制也非常粗放。因此,应该结合城市空气质量达标管理,加强各类减排技术的应用和管理水平,自下而上减少每个城市的一次$PM_{2.5}$排放量。

11.4.3 强化VOCs排放控制

VOCs作为造成$PM_{2.5}$,在我国区域复合型大气污染形成过程中起着重要作用。VOCs的排放是产生SOA的重要前体物,而SOA是$PM_{2.5}$的重要组成部分;此外,VOCs的排放造成大气氧化性增强,对SO_2和NO_x转化成硫酸盐和硝酸盐起到重要的促进作用。对VOCs排放进行控制,是减少灰霾和光化学烟雾污染、降低大气环境中$PM_{2.5}$浓度、改善城市与区域大气环境质量的一项重要举措。

以《国务院办公厅转发环境保护部等部门关于推进大气污染联防联控工作改善区域空气质量指导意见的通知》(国办发〔2010〕33号)为标志,我国正式从国家层面将开展VOCs污染防治工作提上了日程。2013年9月国务院发布了《关于印发大气污染防治行动计划的通知》(国发〔2013〕37号),将VOCs列为全国重点防控的污染物之一,要求在石化、有机化工、表面涂装、包装印刷等行业实施 VOCs 综合整治。VOCs 排放来源复杂、排放形式多样、物质种类繁多，使得 VOCs 的监管难度极大，VOCs 污染在我国长期以来一直不处于受控状态，控制工作基础非常薄弱。因此从"十二五"开始，结合《重点区域大气污染防治规划（2011—2015 年）》和《大气污染防治行动计划》的要求，我国开始针对石化、化工等 VOCs 排放较高的生产部门和工业涂装、建筑涂装、家具制造等有机溶剂使用较高的部门，研究 VOCs 排放控制的主要技术；从排放标准、生产过程管理技术规范、涂料等有机溶剂的产品标准等环节，研究 VOCs 排放的控制管理要求；同时，结合对工业企业 VOCs 排放控制的总体目标，开展了 VOCs 排污收费政策的研究。

以上研究逐步为在重点行业开展 VOCs 排放控制提供了管理工具和政策基础。在此基础上，需要从"十三五"开始，全面开展 VOCs 排放控制工作。通过对生产行业末端 VOCs 排放进行回收处理，对生产过程加强管理、减少泄漏和挥发，对含 VOCs 产品提出 VOCs 限值标准等方式，使 VOCs 和 NO_x 的排放量同步下降。

11.4.4　加快启动 NH_3 排放控制

NH_3 作为铵盐的前体物，是影响二次气溶胶质量平衡的关键物种。我国的人为源 NH_3 排放主要来源于农业施肥和畜牧业。

随着对 $PM_{2.5}$、酸化、富营养化等污染控制的深入，欧美国家逐渐把对 NH_3 的排放控制提到了议事日程。尤其是欧洲，一方面提出了各国 NH_3 排放的上限，另一方面通过工业排放指令（IED）对大型畜牧业设施提出了最佳可行技术及其对应的排放限值，用于畜牧业的 NH_3 排放控制。

我国是全球 NH_3 排放量最高的国家。粗放的施肥方式和农业操作习惯导致化肥滥用，在浪费的同时增加了很多不必要的 NH_3 排放；同时畜牧业的 NH_3 排放基本处于无控的状态。除此之外，近年来全国在大力推动通过 SCR 或 SNCR 脱硝的同时，脱硝系统的 NH_3 逃逸也是潜在的 NH_3 排放源。

为了实现 $PM_{2.5}$ 环境浓度长期持续的下降，必须尽快把 NH_3 的排放控制提上议事日程。建议在"十三五"开始在局部地区开展 NH_3 排放控制试点，摸索主要的控制技术和适用政策；在"十四五"和"十五五"期间在全国启动 NH_3 排放控制工作，每个五年计划使其排放量减少 20% 左右。

11.4.5　适时进一步修订环境空气质量标准

我国的环境空气质量标准首次发布于 1982 年。1996 年进行了第一次修订，2000 年进行了第二次修订，2012 进行了第三次修订。平均的修订时间间隔为 10 年左右。其修订的主要依据是基于各种大气污染物的环境浓度对人体和生态的影响研究结果，平衡大气污染影响及控制的可达性，最终提出标准限值。

2012年环境空气质量标准的修订中，首次纳入了 $PM_{2.5}$ 这一指标。考虑到我国的 $PM_{2.5}$ 浓度非常高，在修订中参考了 WHO 提出的针对 $PM_{2.5}$ 控制的过渡时期目标-1的限值。与 WHO 的 $PM_{2.5}$ 浓度指导值相比，此限值仍然高出2.5倍。因此，随着我国 $PM_{2.5}$ 污染防治的进展，越来越多的城市达到《环境空气质量标准》（GB3095—2012）的 $PM_{2.5}$ 浓度限值要求，我国应当适时再次修订环境空气质量标准，与 WHO 提出的针对 $PM_{2.5}$ 控制的下一个过渡时期目标限值接轨，用更加严格的空气质量标准推动我国城市 $PM_{2.5}$ 浓度的进一步下降。考虑到我国目前 $PM_{2.5}$ 污染的现状，如果可以通过推进各种大气污染物减排，在2030年使大部分城市达到《环境空气质量标准》（GB3095—2012）的 $PM_{2.5}$ 浓度限值要求，则下一步环境空气质量标准的修订工作应该在2025年前后进行，以保障 $PM_{2.5}$ 污染防治工作的连续性。

参 考 文 献

蔡春光, 郑晓瑛. 2007. 北京市空气污染健康损失的支付意愿研究[J]. 经济科学, (1): 107-115.
蔡浩, 谢绍东. 2010. 中国不同排放标准机动车排放因子的确定[J]. 北京大学学报(自然科学版), 46(3): 319-326.
操家顺, 张素英, 王超. 2005. 排污交易控制太湖磷污染应用研究[J]. 河海大学学报(自然科学版), 33(2): 157-161.
常桂秋, 潘小川, 谢学琴, 等. 2003a. 北京市大气污染与城区居民死亡率关系的时间序列分析[J]. 卫生研究, 32(6): 565-567.
常桂秋, 王灵菇, 潘小川. 2003b. 北京市大气污染物与儿科门急诊就诊人次关系的研究[J]. 中国校医, 17(4): 295-297.
陈秉衡, 阚海东. 2004. 城市大气污染健康危险度评价的方法——主要大气污染物的危害认定[J]. 环境与健康杂志, 21(3): 181-182.
陈仁杰, 阚海东. 2013. 对《2010年全球疾病复旦评估》中我国$PM_{2.5}$污染部分的一些看法[J]. 中华医学杂志, 93(34): 2689-2694.
陈仁杰, 陈秉衡, 阚海东. 2010. 我国113个城市大气颗粒物污染的健康经济学评价[J]. 中国环境科学, 30(3): 410-415.
陈文颖, 吴宗鑫, 王伟中. 2007. CO_2收集封存战略及其对我国远期减缓CO_2排放的潜在作用[J]. 环境科学, 28(6): 1178-1182.
陈学敏, 杨克敌. 2008. 现代环境卫生学[M]. 第二版. 北京: 人民卫生出版社.
陈训来, 冯业荣, 王安宇, 等. 2007. 珠江三角洲城市群灰霾天气主要污染物的数值研究[J]. 中山大学学报(自然科学版), 46(4): 103-107.
戴海夏, 宋伟民, 高翔. 2004. 上海市A城区大气PM_{10}, $PM_{2.5}$污染与居民日死亡数的相关分析[J]. 卫生研究, 33(3): 293-297.
蒂坦伯格 T, 刘易斯 L. 2003. 环境与自然资源经济学[M]. 第五版. 严旭阳译. 北京: 经济科学出版社.
高鹏飞, 陈文颖, 何建坤. 2004. 中国的二氧化碳边际减排成本[J]. 清华大学学报(自然科学版), 44(9): 1192-1195.
郭骏. 2013-08-13. 中国的集中供暖政策让北方人寿命减少了吗? [EB/OL]. http://www.docc88.com/p-99633059617 12.html.
过孝民, 王金南, 於方, 等. 2004. 生态环境损失计量的问题与前景. 环境经济, (8): 34-40.
韩茜. 2011. 北京市大气污染中可吸入颗粒(PM_{10})造成的健康损失研究——人力资本法实例研究[J]. 北方环境, 11(23): 150-152.
何建伟, 曾珍香, 李志恒. 2009. 北京市交通需求管理政策效用分析[J]. 交通运输系统工程与信息, 9(6): 114-119.
贺崇明, 徐士伟. 2010. 广州市城市交通发展30年回顾与展望[J]. 城市交通, 8(1): 28-35.
洪传洁, 阚海东, 陈秉衡. 2005. 城市大气污染健康危险度评价的方法——大气污染对城市居民健康危害的定量评估[J]. 环境与健康杂志, 22(1): 62-64.
胡善联. 2005. 疾病负担的研究(上)[J]. 卫生经济研究, (5): 22-27.

环境保护部. 2011-06-03. 2010 中国环境状况公报 [EB/OL]. http://jcs.mep.gov.cn/hjzl/zkgb/2010zkgb/.

黄德生, 张世秋. 2013. 京津冀地区控制 $PM_{2.5}$ 污染的健康效益评估 [J]. 中国环境科学, 33 (1): 166-174.

黄方庆, 王亮. 2013. 机动车限行是否有助于缓解雾霾气候?——$PM_{2.5}$ 污染与机动车排放的关系 [J]. 汽车与配件, 4: 54-55.

贾斌, 高自友, 李克平, 等. 2007. 基于元胞自动机的交通系统建模与模拟 [M]. 北京: 科学出版社.

贾斌, 李新刚, 姜锐, 等. 2009. 公交车站对交通流影响模拟分析 [J]. 物理学报, 58 (10): 6845-6851.

贾新光. 2011-10-11. 杭州错峰限行的积极意义 [N]. 北京商报, A02.

蒋洪强, 牛坤玉, 曹东. 2009. 污染减排影响经济发展的投入产出模型及实证分析 [J]. 中国环境科学, 29 (12): 1327-1332.

经济合作发展组织. 2014. 空气资源的代价: 道路交通对健康的影响 [R].

井立滨, 任炽霞. 2000. 本溪市大气污染与急慢性呼吸系统疾病的关系 [J]. 环境与健康杂志, 17 (5): 268-270.

敬明, 邓卫, 王昊, 等. 2012. 基于跟车行为的双车道交通流元胞自动机模型 [J]. 物理学报, 61 (24): 1-9.

阚海东. 2003. 上海市能源方案选择与大气污染的健康危险度评价及其经济分析 [D]. 复旦大学博士学位论文.

阚海东, 陈秉衡. 2002. 我国大气颗粒物暴露与人群健康效应的关系 [J]. 环境与健康杂志, 19 (6): 422-424.

阚海东, 陈秉衡, 汪宏. 2004. 上海市城区大气颗粒物污染对居民健康危害的经济学评价 [J]. 中国卫生经济, 23 (2): 8-11.

克鲁蒂拉 J V, 费舍尔 A C. 1989. 自然环境经济学 [M]. 汤川龙译. 北京: 中国展望出版社.

李国星, 潘小川. 2013. 我国四个典型超市空气污染所致超额死亡评估 [J]. 中华医学杂志, 93 (34): 2703-2706.

李红祥, 王金南, 葛察忠. 2013. 中国"十一五"期间污染减排费用-效益分析 [J]. 环境科学学报, 33 (8): 2270-2276.

李沛, 辛金元, 王跃思, 等. 2012. 北京市大气颗粒物污染对人群死亡率的影响研究 [C]. 第 29 届中国气象学会年会论文集: 1-11.

廖永进, 王力, 骆文波. 2007. 火电厂烟气脱硫装置成本费用的研究 [J]. 电力建设, 28 (4): 82-86.

刘卫东, 陈杰, 唐志鹏, 等. 2012. 中国 2007 年 30 省区市区域间投入产出表编制理论与实践 [M]. 北京: 中国统计出版社.

刘晓云, 谢鹏, 刘兆荣, 等. 2010. 珠江三角洲可吸入颗粒物污染急性健康效应的经济损失评价 [J]. 北京大学学报 (自然科学版), 46 (5): 829-834.

陆旸. 2011. 中国的绿色政策与就业: 存在双重红利吗? [J]. 经济研究, (7): 42-54.

罗宇翔, 陈娟, 郑小波. 2012. 近 10 年中国大陆 MODIS 遥感气溶胶光学厚度特征 [J]. 生态环境学报, 21 (5): 876-884.

马中. 2006. 环境与自然资源经济学概论 [M]. 第二版. 北京: 中国人民大学出版社.

麦声伟. 2013. 智能交通高清卡口式电子警察系统解决方案［J］. 电信技术,（2）: 34-36.
毛显强, 彭应登. 2002. 国内大城市煤改气工程的费用-效益分析[J]. 环境科学, 23(5): 121-125.
苗艳青. 2008. 空气污染对人体健康的影响：基于健康生产函数方法的研究［J］. 中国人口·资源与环境, 18（5）: 205-209
牟勇飚, 钟成文. 2005. 基于安全驾驶的元胞自动机交通流模型［J］. 物理学报, 54（12）: 5597-5601.
穆泉, 张世秋. 2013. 2013 年 1 月中国大面积雾霾事件直接社会经济损失评估［J］. 中国环境科学,（33）11: 2087-2094.
牛玉琴. 2013. 北京某区域锅炉房煤改气技术经济分析［J］. 区域供热,（1）: 68-71.
潘小川, 李国星. 2012. 危险的呼吸：$PM_{2.5}$的健康危害和经济损失评估研究［M］. 北京：中国环境科学出版社.
潘小川, 李国星, 高婷. 2012. 危险的呼吸——健康危害和经济损失评估研究［M］. 北京：中国环境科学出版社.
潘晓琴, 肖斌权. 1997. 环境污染的流行病学研究方法［M］. 北京：人民卫生出版社.
彭希哲, 田文华. 2003. 上海市空气污染疾病经济损失的意愿支付研究[J]. 世界经济文摘,（2）: 32-44.
清华大学. 2013-02-27. MEIC 模型［EB/OL］. http://www.meicmodel.org.
桑燕鸿, 周大杰, 杨静. 2010. 大气污染对人体健康影响的经济损失研究［J］. 生态环境,（1）: 178-179.
沈丽佳, 倪天文. 2012. 杭州市"错峰限行"对市民出行的影响调查［J］. 东方企业文化,（20）: 157-159.
时念锋. 2013. 基于卡口图像的涉牌违法车辆智能检测［D］. 南京师范大学硕士学位论文.
世界卫生组织. 2004. 室外空气污染：国家和地区环境疾病负担报告［R］.
世界银行. 1997. 碧水蓝天：展望 21 世纪中国的环境［M］. 北京：中国财政经济出版社.
寿智振, 叶建云, 魏平. 2011. 电子卡口系统之照度补偿［J］. 中国公共安全（学术版）,（1）: 86-90.
宋宇, 章孝炎, 方晨, 等. 2003. 北京市能见度下降与颗粒物污染的关系［J］. 环境科学学报, 4（23）: 468-471.
孙琦明, 郑美花. 2004. 火电厂湿法石灰石/石膏烟气脱硫工程经济分析［J］. 化工生产与技术, 11（4）: 42-43.
孙志豪, 崔燕平. 2013. $PM_{2.5}$对人体健康影响研究概述［J］. 环境科技, 26（4）: 75-78.
谭红专, 詹思燕, 栾荣生, 等. 2008. 现代流行病学［M］. 北京：人民卫生出版社.
谭永朝, 高杨斌, 郑瑾, 等. 2012. 杭州市"错峰限行"等交通管理措施绩效评估技术研究与应用［C］. 中国智能交通协会. 第七届中国智能交通年会优秀论文集: 566-574.
万薇, 张世秋. 2012. 利用环境政策促进产业优化升级——基于深圳 PCB 行业的排污权交易制度设计研究［J］. 北京大学学报（自然科学版）, 48（3）: 491-499.
王京丽, 刘旭林. 2006. 北京市大气细粒子质量浓度与能见度定量关系初探［J］. 气象学报, 64（2）: 221-228.
王兰. 2010. 限行的代价. 新世纪周刊,（17）: 75.
王秦, 李湉湉, 陈晨, 等. 2013. 我国雾霾天气 $PM_{2.5}$ 污染特征及其对人群健康的影响［J］. 中华医学杂志, 93（34）: 2691-2694.

王文雅, 林江涛, 苏楠, 等. 2013. 2010—2011年北京地区14岁以上人群哮喘患病率和相关危险因素的调查[C]. 中华医学会呼吸病学年会. 2013第十四次全国呼吸病学学术会议论文汇编.

吴彬贵, 解以扬, 吴丹朱, 等. 2009. 京津塘高速公路秋冬季低能见度及应对措施[J]. 自然灾害学报, 18(4): 12-17.

吴兑. 2012. 近十年中国灰霾天气研究综述[J]. 环境科学学报, 32(2): 257-269.

吴兑, 华雪岩, 邓雪娇, 等. 2006. 珠江三角洲大气灰霾导致能见度下降问题研究[J]. 气象学报, 64(4): 510-517.

吴兑, 华雪岩, 邓雪娇, 等. 2007. 都市霾与雾的区分及粤港澳的灰霾天气观测预报预警标准[J]. 广东气象, 29(2) 5-10.

吴婧, 周鹏, 李偲偲, 等. 2012. 基于成本收益理论的小汽车尾号限行分析[J]. 交通科技与经济, 14(4): 91-93.

吴敬琏. 2006. 中国增长模式抉择(修订版)[M]. 上海: 远东出版社.

吴兴华. 2010. 疾病负担评价方法研究进展[J]. 中国热带医学, 10(5): 634-635.

谢鹏, 刘晓云, 刘兆荣, 等. 2009. 我国人群大气颗粒物污染暴露-反应关系的研究[J]. 中国环境科学, 29(10): 1034-1040.

谢绍东, 宋翔宇, 申新华. 2006. 应用COPERTIII模型计算中国机动车排放因子[J]. 环境科学, 27(3): 415-419.

谢旭轩. 2011. 健康的价值: 环境效益评估方法与城市空气污染控制策略[D]. 北京大学博士学位论文.

谢元博, 陈娟, 李巍. 2014. 雾霾重污染期间北京居民对高浓度$PM_{2.5}$持续暴露的健康风险及其损害价值评估[J]. 环境科学, 35(1): 1-8.

徐肇翊, 金福杰. 2003. 辽宁城市大气污染造成的居民健康损失及其货币化估计[J]. 环境与健康杂志, 3(2): 67-71.

徐肇翊, 刘允清, 俞大乾, 等. 1996. 沈阳市大气污染对死亡率的影响[J]. 中国公共卫生学报, 15(1): 61-64.

亚洲开发银行. 2013. 迈向环境可持续的未来: 中华人民共和国环境分析[R].

燕丽, 杨金田, 薛文博. 2008. 火电机组湿法石灰石-石膏烟气脱硫成本与综合效益分析[J]. 能源环境保护, 22(5): 6-9.

杨复沫, 马永亮. 2000. 细微大气颗粒物$PM_{2.5}$及其研究概况[J]. 世界环境, (4): 33-35.

杨复沫, 贺克斌, 马永亮, 等. 2002. 北京$PM_{2.5}$浓度的变化特征及其与PM_{10}、TSP的关系[J]. 中国环境科学, 22(6): 506-510.

杨洪斌, 邹旭东, 汪宏宇, 等. 2012. 大气环境中$PM_{2.5}$的研究进展与展望[J]. 气象与环境学报, 28(3): 77-82.

杨开忠, 白墨, 李莹, 等. 2002. 关于意愿调查价值评估法在我国环境领域应用的可行性探讨——以北京市居民支付意愿研究为例[J]. 地球科学进展, 17(3): 420-425.

杨坤, 华家丽. 2013. 从私家车辆增长量角度评价错峰限行交通管制措施——以杭州市为例[J]. 中国科技信息, 16: 140-141.

杨书申, 孙珍全, 邵龙义. 2006. 城市大气细颗粒物$PM_{2.5}$的研究进展[J]. 中原工学院学报, 17(1): 1-5.

杨新兴, 冯丽华, 尉鹏. 2012. 大气颗粒物 $PM_{2.5}$ 及其危害 [J]. 前沿科学, 6 (1): 22-31.
姚青, 韩素芹, 蔡子颖, 等. 2012. 天津城区春季大气气溶胶消光特性研究 [J]. 中国环境科学, 32 (5): 795-802.
叶维丽, 王东, 文宇立. 2011. 江苏省太湖流域水污染物排污权有偿使用政策评估研究 [J]. 环境污染与防治, 33 (8): 95-98.
殷永文, 程金平, 段玉森, 等. 2011. 某市霾污染因子 $PM_{2.5}$ 引起居民健康危害的经济学评价 [J]. 环境与健康杂志, 3 (28): 250-252.
於方, 马国霞, 张衍燊. 2013. 中国大气污染健康影响评估若干问题 [J]. 中华医学杂志, 93 (34): 2695-2698.
於方, 王金南, 曹东, 等. 2009. 中国环境经济核算技术指南 [M]. 北京: 中国环境科学出版社.
於方, 张孝民, 张衍燊, 等. 2007. 2004 年中国大气污染造成的健康经济损失评估 [J]. 环境与健康杂志, 24 (12): 999-1003.
俞佳飞. 2011. 从机动车限行实践看效果和风险 [J]. 交通与运输 (学术版), (7): 42-45.
袁鹏. 2012. 污染减排对吉林省经济发展影响的投入产出分析 [D]. 吉林理工大学硕士学位论文.
曾贤刚, 蒋妍. 2010. 空气污染健康损失中统计生命价值评估研究 [J]. 中国环境科学, 30 (2): 284-288.
张枫逸. 2012. 单双号限行须防环境"负效应"[J]. 资源与人居环境, (12): 65.
张国, 褚润, 南忠仁. 2008. 兰州市大气污染对人体健康影响及经济损失研究 [J]. 干旱区资源与环境, 22 (8): 120-123.
张海雷. 2011. 广州市交通需求管理应用现状及展望 [J]. 交通与运输 (学术版), (12): 117-120.
张敏思. 2007. 北京市人气可吸入颗粒物模拟与健康经济效应研究 [D]. 北京大学硕士学位论文.
张攀. 2010. 基于成本收益理论的城市机动车限行政策分析 [J]. 现代商业, (20): 198-199.
张秀丽, 吴丹, 张世秋. 2013. 北京市淘汰高污染排放车辆政策研究 [J]. 北京大学学报 (自然科学版), 49 (2): 297-304.
张衍燊, 马国霞, 於方, 等. 2013. 2013 年 1 月灰霾污染时间期间京津冀地区 $PM_{2.5}$ 污染的人体健康损失评估 [J]. 中华医学杂志, 93 (34): 2702-2710.
赵莉晓. 2014. 创新政策评估理论方法研究——基于公共政策评估逻辑框架的视角 [J]. 科学学研究, 32 (2): 95-202.
赵子源. 2013. 对于我国公共政策评估的回顾与思考 [J]. 唐山学院学报, 26 (2): 82-87.
郑小波, 王学峰, 罗宇翔, 等. 2010. 云贵高原 1961—2006 年大气能见度和消光因素变化趋势及原因 [J]. 生态环境学报, 19 (2): 314-320.
中国环境监测总站. 2013-07-31. 2013 年上半年京津冀、长三角、珠三角区域及直辖市、省会城市和计划单列市空气质量报告 [EB/OL]. http://xxgk.qh.gov.cn/hbt/html/1717/248198.html.
中华人民共和国国家统计局. 1998a. 中国能源统计年鉴 1997 [M]. 北京: 中国统计出版社.
中华人民共和国国家统计局. 1998b. 中国统计年鉴 1997 [M]. 北京: 中国统计出版社.
中华人民共和国国家统计局. 2001a. 中国能源统计年鉴 2000 [M]. 北京: 中国统计出版社.
中华人民共和国国家统计局. 2001b. 中国统计年鉴 2000 [M]. 北京: 中国统计出版社.
中华人民共和国国家统计局. 2003a. 中国能源统计年鉴 2002 [M]. 北京: 中国统计出版社.
中华人民共和国国家统计局. 2003b. 中国统计年鉴 2002 [M]. 北京: 中国统计出版社.
中华人民共和国国家统计局. 2006a. 中国能源统计年鉴 2005 [M]. 北京: 中国统计出版社.
中华人民共和国国家统计局. 2006b. 中国统计年鉴 2005 [M]. 北京: 中国统计出版社.

中华人民共和国国家统计局. 2008a. 中国能源统计年鉴2007 [M]. 北京：中国统计出版社.
中华人民共和国国家统计局. 2008b. 中国统计年鉴2007 [M]. 北京：中国统计出版社.
中华人民共和国国家统计局. 2010. 中国经济普查年鉴2008 [M]. 北京：中国统计年鉴出版社.
中华人民共和国国家统计局. 2011a. 中国能源统计年鉴2010 [M]. 北京：中国统计出版社.
中华人民共和国国家统计局. 2011b. 中国统计年鉴2010 [M]. 北京：中国统计出版社.
周安国, 陈德全, 吕菲菲. 1998. 浙江省大气污染造成的经济损失初步估算 [J]. 环境污染与防治, 20（6）: 36-38.
周天勇. 2008. 单双号限行减污还需科学决策 [J]. 环境经济，（11）: 64.
周宜开, 叶临湘. 2013. 环境流行病学基础与实践 [J]. 北京：人民卫生出版社.
Abrahamowicz M, Schopflocher T, Leffondré K, et al. 2003. Flexible modeling of exposure-response relationship between long-term average levels of particulate air pollution and mortality in the American Cancer Society study [J]. Journal of Toxicology and Environmental Health Part A, 66（16-19）: 1625-1654.
Alberini A, Cropper M, Krupnick A, et al. 2004. Does the value of a statistical life vary with age and health status? Evidence from the US and Canada [J]. Journal of Environmental Economics and Management, 48（1）: 769-792.
Baker D B, Nieuwenhuijsen M J. 2008. Environmental Epidemiology: Study Methods and Application [M]. Oxford: Oxford University Press.
Beelen R, Raaschou-Nielsen O, Stafoggia M, et al. 2013. Effects of long-term exposure to air pollution on natural-cause mortality: an analysis of 22 European cohorts within the multicentre ESCAPE project [J]. Lancet, 383（9919）: 785-795.
Bell M L, McDermott A, Zeger S L, et al. 2004. Ozone and short-term mortality in 95 US urban communities, 1987—2000 [J]. Jama, 292（19）: 2372-2378.
Beron K, Murdoch J, Thayer M. 2001. The benefits of visibility improvement: new evidence from the Los Angeles metropolitan area [J]. The Journal of Real Estate Finance and Economics, 22（2~3）: 319-337.
Boyd R, Uri N D. 1991. The cost of improving the quality of the environment [J]. Journal of Policy Modeling, 13（1）: 115-140.
Brauer M, Lencar C, Tamburic L, et al. 2008. A cohort study of traffic-related air pollution impacts on birth outcomes [J]. Environmental Health Perspectives, 116（5）: 680-686.
Brookshire D S, Thayer M A, Schulze W D, et al. 1982. Valuing public goods: a comparison of survey and hedonic approaches [J]. The American Economic Review, 72（1）: 165-177.
Burnett R T, Brook J, Dann T, et al. 2001. Association between particulate-and gas-phase components of urban air pollution and daily mortality in eight Canadian cities [J]. Inhalation Toxicology, 4（11）: 15-39.
Burnett R T, Stieb D, Brook J R, et al. 2004. Associations between short-term changes in nitrogen dioxide and mortality in Canadian cities [J]. Archives of Environmental Health: an International Journal, 59（5）: 228-236.
Burtraw D, Palmer K L. 2003. The Paparazzi Take a Look at a Living Legend: The SO_2 Cap-and-Trade Program for Power Plants in the United States [M]. Washington: Resources for the Future.
Cannon J S. 1990. The Health Costs of Air Pollution: A Survey of Studies Published 1984—1989 [M]. Washington D C: AmericanLungAssociation.
Cao J J, Shen Z X, Chow J C, et al. 2012. Winter and summer PM2.5 chemical compositions in

fourteen Chinese cities [J]. Journal of the Air & Waste Management Association, 62 (10): 1214-1226.

Cao J, Yang C, Li J, et al. 2011. Association between long-term exposure to outdoor air pollution and mortality in China: a cohort study [J]. Journal of Hazardous Materials, 186 (2): 1594-1600.

Carlson C, Burtraw D, Cropper M, et al. 2000. Sulfur dioxide control by electric utilities: what are the gains from trade? [J]. Journal of Political Economy, 108 (6): 1292-1326.

Chan C K, Yao X. 2008. Air pollution in mega cities in China [J]. Atmospheric Environment, 42 (1): 1-42.

Chang D, Song Y, Liu B. 2009. Visibility trends in six megacities in China 1973—2007 [J]. Atmospheric Research, 94 (2): 161-167.

Chang G, Pan X, Xie X, et al. 2003. Time-series analysis on the relationship between air pollution and daily mortality in Beijing [J]. Wei Sheng Yan Jiu, 32 (6): 565-568.

Chang Y K, Wu C C, Lee L T, et al. 2012. The short-term effects of air pollution on adolescent lung function in Taiwan [J]. Chemosphere, 87 (1): 26-30.

Chen R, Kan H, Chen B, et al. 2012. Association of particulate air pollution with daily mortality the China air pollution and health effects study [J]. American Journal of Epidemiology, (175): 1173-1181.

Chen R, Li Y, Ma Y, et al. 2011. Coarse particles and mortality in three Chinese cities: the China Air Pollution and Health Effects Study (CAPES) [J]. Science of the Total Environment, 409 (23): 4934-4938.

Chen R, Samoli E, Wong C M, et al. 2012. Associations between short-term exposure to nitrogen dioxide and mortality in 17 Chinese cities: the China Air Pollution and Health Effects Study (CAPES) [J]. Environment International, 45: 32-38.

Chen Y, Ebenstein A, Greenstone M, et al. 2013. Evidence on the impact of sustained exposure to air pollution on life expectancy from China's Huai River policy [J]. Proceedings of the National Academy of Sciences, 110 (32): 12936-12941.

Chen Z, Wang J N, Ma G X, et al. 2013. China tackles the health effects of air pollution [J]. Lancet, 382 (3909): 1959-1960.

Cohen A J, Anderson H R, Ostro B, et al. 2004. Mortality impact sofurban air pollution [A] // Comparative Quantification of Health Risks: Global and Regional Burden of Disease Attributable to Selected Major Risk Factors, Geneva [M]. World Health Organization: 1353-1434.

Coogan P F, White L F, Jerrett M, et al. 2012. Air pollution and incidence of hypertension and diabetes mellitus in black women living in Los Angeles [J]. Circulation, 125 (6): 767-772.

Daniels M J, Dominici F, Samet J M, et al. 2000. Estimating particulate matter-mortality dose-response curves and threshold levels: an analysis of daily time-series for the 20 largest US cities [J]. American Journal of Epidemiology, 152 (5): 397-406.

Daniels M J, Dominici F, Zeger S L, et al. 2004. The national morbidity, mortality, and air pollution study. part III: PM10 concentration-response curves and thresholds for the 20 largest US cities [J]. Research Report, (94 Pt 3): 1, 21, 23+30.

Deng X, Tie X, Wu D, et al. 2008. Long-term trend of visibility and its characterizations in the Pearl River Delta (PRD) region, China [J]. Atmospheric Environment, 42 (7): 1424-1435.

Dockery D W, Pope C A, Xu X, et al. 1993. An association between air pollution and mortality in six US cities [J]. New England Journal of Medicine, 329 (24): 1753-1759.

Dong G H, Qian Z M, Xaverius P K, et al. 2013. Association between long-term air pollution and increased blood pressure and hypertension in China [J]. Hypertension, 61 (3): 578-584.

Dong G H, Zhang P, Sun B, et al. 2012. Long-term exposure to ambient air pollution and respiratory disease mortality in Shenyang, China: a 12-year population-based retrospective cohort study[J]. Respiration, 84 (5): 360-368.

Ellerman A D. 2000. Markets for Clean Air: The US Acid Rain Program[M]. Cambridge: Cambridge University Press.

Färe R, Grosskopf S, Noh D W, et al. 2005. Characteristics of a polluting technology: theory and practice [J]. Journal of Econometrics, 126 (2): 469-492.

Green D P, Deller S C, Marcouiller D W. 2005. Amenities and rural development: theory, methods and public policy. Amenities & Rural Development: Theory, Methods & Public policy, 73 (2): 253.

Green D, Jacowitz K E, Kahneman D, et al. 1998. Referendum contingent valuation, anchoring, and willingness to pay for public goods [J]. Resource and Energy Economics, 20 (2): 85-116.

Guan D, Su X, Zhang Q, et al. 2014. The socioeconomic drivers of China's primary $PM_{2.5}$ emissions [J]. Environmental Research Letters, 9 (2): 024010.

Hammitt J K, Zhou Y. 2006. The economic value of air-pollution-related health risks in China: a contingent valuation study [J]. Environmental and Resource Economics, 33 (3): 399-423.

Hansen C, Neller A, Williams G, et al. 2006. Maternal exposure to low levels of ambient air pollution and preterm birth in Brisbane, Australia [J]. BJOG: An International Journal of Obstetrics & Gynaecology, 113 (8): 935-941.

He K, Yang F, Ma Y, et al. 2001. The characteristics of $PM_{2.5}$ in Beijing, China [J]. Atmospheric Environment, 35 (29): 4959-4970.

HEI International Oversight Committee. 2004. Health effects of outdoor air pollution in developing countries of Asia: a literature review [R]. Special Report 15. Health Effects Institute, Boston.

HEI Public Healthand Air Pollution in Asia Program. 2010. Public Health and Air Pollution in Asia (PAPA): Coordinated Studies of Short-Term Exposure to Air Pollution and Daily Mortality in Four Cities. Research Report 154. Health Effects Institute [J], Boston.

Hoek G, Krishnan R M, Beelen R, et al. 2013. Long-term air pollution exposure and cardio-respiratory mortality: a review [J]. Environ Health, 12 (1): 43.

Horton R. 2012. GBD 2010: understanding disease, injury, and risk [J]. Lancet, 380 (9859): 2053-2054.

Huang W, Zhu T, Pan X, et al. 2012. Air pollution and autonomic and vascular dysfunction in patients with cardiovascular disease: interactions of systemic inflammation, overweight, and gender[J]. American Journal of Epidemiology, 176: 117-126.

Jerrett M, Burnett R T, Pope III C A, et al. 2009. Long-term ozone exposure and mortality[J]. New England Journal of Medicine, 360 (11): 1085-1095.

Kan H, Chen B. 2003a. A case-crossover analysis of air pollution and daily mortality in Shanghai[J]. Journal of Occupational Health, 45 (2): 119-124.

Kan H, Chen B. 2003b. Air pollution and daily mortality in Shanghai: a time-series study [J]. Archives of Environmental & Occupational Health, 58 (6): 360-367.

Kan H, Chen B, Zhao N, et al. 2010. A time-series study of ambient air pollution and daily mortality in Shanghai, China [J]. Epidemiology, 11 (154): 17-78.

Kan H, Wong C M, Vichit-Vadakan N, et al. 2010. Short-term association between sulfur dioxide and daily mortality: The Public Health and Air Pollution in Asia (PAPA) study [J]. Environmental Research, 110 (3): 258-264.

Kaneko S, Fujii H, Sawazu N, et al. 2010. Financial allocation strategy for the regional pollution abatement cost of reducing sulfur dioxide emissions in the thermal power sector in China [J]. Energy Policy, 38 (5): 2131-2141.

Katanoda K, Sobue T, Satoh H, et al. 2011. An association between long-term exposure to ambient air pollution and mortality from lung cancer and respiratory diseases in Japan [J]. Journal of Epidemiology, 21 (2): 132-143.

Katsouyanni K, Touloumi G, Samoli E, et al. 2001. Confounding and effect modification in the short-term effects of ambient particles on total mortality: results from 29 European cities within the APHEA2 project [J]. Epidemiology, 12 (5): 521-531.

Ketkar K W. 1983. The allocation and distribution effects of population abatement expenditures on the US economy [J]. Resources and Energy, 5 (3): 261-283.

Krewski D, Burnett R, Goldberg M, et al. 2003. Overview of the reanalysis of the Harvard six cities study and American Cancer Society study of particulate air pollution and mortality [J]. Journal of Toxicology and Environmental Health Part A, 66 (16~19): 1507-1552.

Krishnan R M, Adar S D, Szpiro A A, et al. 2012. Vascular responses to long-and short-term exposure to fine particulate matter: MESA Air (Multi-Ethnic Study of Atherosclerosis and Air Pollution) [J]. Journal of the American College of Cardiology, 60 (21): 2158-2166.

Krutilla J V. 1967. Conservation reconsidered [J]. The American Economic Review, 57(4): 777-786.

Lei Y, Zhang Q, He K B, et al. 2011. Primary anthropogenic aerosol emission trends for China, 1990—2005 [J]. Atmospheric Chemistry and Physics, 11 (3): 931-954.

Leontief W.1941. The Structure of the American Economy [M]. Oxford: Oxford University Press.

Li K P, Gao Z Y. 2004. Cellular automation model of traffic flow based on the car-following model [J]. Chinese Physics Letters, 21 (11): 2120.

Lim S S, Vos T, Flaxman A D, et al. 2013. A comparative risk assessment of burden of disease and injury attributable to 67 risk factors and risk factor clusters in 21 regions, 1990—2010: a systematic analysis for the Global Burden of Disease Study 2010 [J]. Lancet, 380 (9859): 2224-2260.

Lin J, Nielsen C P, Zhao Y, et al. 2010. Recent changes in particulate air pollution over China observed from space and the ground: effectiveness of emission control [J]. Environmental Science &Technology, 44 (20): 7771-7776.

Liu J T, Hammitt J K, Liu J L. 1997. Estimated hedonic wage function and value of life in a developing country [J]. Economics Letters, 57 (3): 353-358.

Lu Z, Streets D G, Zhang Q, et al. 2010. Sulfur dioxide emissions in China and sulfur trends in East Asia since 2000 [J]. Atmospheric Chemistry and Physics, 10 (13): 6311-6331.

Lu Z, Zhang Q, Streets D G. 2011. Sulfur dioxide and primary carbonaceous aerosol emissions in China and India, 1996—2010 [J]. Atmospheric Chemistry and Physics, 11 (18): 9839-9864.

Malm W C, Day D E. 2001. Estimates of aerosol species scattering characteristics as a function of relative humidity [J]. Atmospheric Environment, 35 (16): 2845-2860.

Martin R V, Jacob D J, Yantosca R M, et al. 2003. Global and regional decreases in tropospheric oxidants from photochemical effects of aerosols [J]. Journal of Geophysical Research: Atmospheres (1984—2012), 108 (D3): 6.1-6.13.

McDonnell W F, Abbey D E, Nishino N, et al. 1999. Long-term ambient ozone concentration and the incidence of asthma in nonsmoking adults: the AHSMOG Study [J]. Environmental Research, 80 (2): 110-121.

Miller K A, Siscovick D S, Sheppard L, et al. 2007. Long-term exposure to air pollution and incidence of cardiovascular events in women [J]. New England Journal of Medicine, 356 (5):

447-458.

Miller R E, Blair P D. 2009. Input-output Analysis Foundations and Extensions Cambridge University Press in 2009 [J].

Minx J C, Baiocchi G, Peters G P, et al. 2011. A "carbonizing dragon": China's fast growing CO_2 emissions revisited [J]. Environmental science & technology, 45 (21): 9144-9153.

Moolgavkar S H. 2003. Air pollution and daily mortality in two US counties: season-specific analyses and exposure-response relationships [J]. Inhalation Toxicology, 15 (9): 877-907.

Mundial B. 2007. Cost of pollution in China: economic estimates of physical damages [M] //Cost of pollution in China: economic estimates of physical damages. Banco Mundial.

Murray C J. 1994. Quantifying the burden of disease: the technical basis for disability-adjusted life years [J]. Bulletin of the World health Organization, 72 (3): 429-445.

Murray C J L, Vos T, Lozano R, et al. 2012. Disability-adjusted life years (DALYs) for 291 diseases and injuries in 21 regions, 1990-2010: a system atic analysis for the Global Burden of Disease Study 2010 [J]. Lancet, 380: 2197-2223.

Norris G, Young Pong S N, Koenig J Q, et al. 1999. An association between fine particles and asthma emergency department visits for children in Seattle [J]. Environmental Health Perspectives, 107 (6): 489.

Ntziachristos L, Samaras Z, Eggleston S, et al. 2000. COPERT III [J]. Computer programme to calculate emissions from road transport, methodology and emission factors (version 2.1), European Energy Agency (EEA), Copenhagen.

Ostro B. 2004. Outdoor air pollution [J]. WHO Environmental Burden of Disease Series, 5.

Pan G, Zhang S, Feng Y, et al. 2010. Air pollution and children's respiratory symptoms in six cities of Northern China [J]. Respiratory Medicine, 104 (12): 1903-1911.

Peters G P. 2008. From production-based to consumption-based national emission inventories [J]. Ecological Economics, 65 (1): 13-23.

Peters G, Hertwich E. 2004. Production factors and pollution embodied in trade: theoretical development [R].

Peters G P, Weber C L, Guan D, et al. 2007. China's growing CO_2 emissions a race between increasing consumption and efficiency gains [J]. Environmental Science & Technology, 41 (17): 5939-5944.

Pope C A, Verrier R L, Lovett E G, et al. 1999. Heart rate variability associated with particulate air pollution [J]. American Heart Journal, 138 (5): 890-899.

Pope III C A, Burnett R T, Thun M J, et al. 2002. Lung cancer, cardiopulmonary mortality, and long-term exposure to fine particulate air pollution [J]. Jama, 287 (9): 1132-1141.

Pope III C A, Thun M J, Namboodiri M M, et al. 1995. Particulate air pollution as a predictor of mortality in a prospective study of US adults [J]. American Journal of Respiratory and Critical Care Medicine, 151: 669-674.

Quah E, Boon T L. 2003. The economic cost of particulate air pollution on health in Singapore [J]. Journal of Asian Economics, 14 (1): 73-90.

Ridker R G. 1967. Economic Costs of Air Pollution, Studies in Measurement [M]. New York: Praeger.

Ridker R G, Henning J A. 1967. The determinants of residential property values with special reference to air pollution [J]. The Review of Economics and Statistics, 49 (2): 246-257.

Riley R D, Higgins J P T, Deeks J J. 2011. Interpretation of random effects meta-analyses [J]. BMJ, 342.

Romieu I, Gouveia N, Cifuentes L A, et al. 2012. Multicity study of air pollution and mortality in

Latin America (the ESCALA study) [J]. Research Report (Health Effects Institute), (171): 5-86.

Rossi G, Vigotti M A, Zanobetti A, et al. 1999. Air pollution and cause-specific mortality in Milan, Italy, 1980—1989 [J]. Archives of Environmental Health: An International Journal, 54 (3): 158-164.

Samet J M, Dominici F, Curriero F C, et al. 2000. Fine particulate air pollution and mortality in 20 US cities, 1987—1994 [J]. New England journal of medicine, 343 (24): 1742-1749.

Samet J M, Zeger S L, Dominici F, et al. 2000. The national morbidity, mortality, and air pollution study partii: morbidity and mortality from air pollution in the United States [J]. Cambridge: Health Effects Institute, 94 (2): 5-79.

Samoli E, Aga E, Touloumi G, et al. 2006. Short-term effects of nitrogen dioxide on mortality: an analysis within the APHEA project [J]. European Respiratory Journal, 27 (6): 1129-1138.

Samoli E, Analitis A, Touloumi G, et al. 2005. Estimating the exposure-response relationships between particulate matter and mortality within the APHEA multicity project[J]. Environmental Health Perspectives, 113: 88-95.

Schwartz J, Marcus A. 1990. Mortality and air pollution in London: a time series analysis [J]. American Journal of Epidemiology, 131 (6): 185-194.

Schwartz J, Zanobetti A. 2000. Using meta-smoothing to estimate dose-response trends across multiple studies, with application to air pollution and daily death [J]. Epidemiology, 11 (6): 666-672.

Schwartz J, Dockery D W, Neas L M. 1996. Is daily mortality associated specifically with fine particles? [J]. Journal of the Air & Waste Management Association, 46 (10): 927-939.

Schwartz J, Alexeeff S E, Mordukhovich I, et al. 2012. Association between long-term exposure to traffic particles and blood pressure in the Veterans Administration Normative Aging Study [J]. Occupational and Environmental Medicine, 69 (6): 422-427.

Smith K R, Corvalán C F, Kjellstrom T. 1999. How much global ill health is attributable to environmental factors? [J]. Epidemiology-Baltimore, 10 (5): 573-584.

Smith V K, Huang J C. 1993. Hedonic models and air pollution: twenty-five years and counting. Environment & Resource Economics, 3 (4): 381-394.

Soloveitchik D, Ben-Aderet N, Grinman M, et al. 2002. Multiobjective optimization and marginal pollution abatement cost in the electricity sector—an Israeli case study [J]. European Journal of Operational Research, 140 (3): 571-583.

Stylianou M, Nicolich M J. 2009. Cumulative effects and threshold levels in air pollution mortality: data analysis of nine large US cities using the NMMAPS dataset [J]. Environmental Pollution, 157 (8): 2216-2223.

Tao Y, Huang W, Huang X, et al. 2012. Estimated acute effects of ambient ozone and nitrogen dioxide on mortality in the Pearl River Delta of southern China [J]. Environmental Health Perspectives, 120 (3): 393-398.

Tie X, Madronich S, Walters S, et al. 2005. Assessment of the global impact of aerosols on tropospheric oxidants [J]. Journal of Geophysical Research: Atmospheres (1984-2012), 110 (D3).

United Nations. 1993. Hand book of National Accounting: Integrated Environmental and Economic Accounting Studies in Methods [R]. United Nations, New York.

United Nations Economic Commission for Europe. 2012. Protocol to Abate Acidification, Eutrophication and Ground-level Ozone[EB/OL]. http://www.unece.org/env/lrtap/multi_h1.html.

United States Environmental Protection Agency. 2012. State Implementation Plan Overview [EB/OL]. http://www.epa.gov/region02/air/sip/summary.htm

United States Environmental Protection Agency. 2013-02-27. The 2008 National emissions inventory [EB/OL]. http://www.epa.gov/ttn/chief/net/2008inventory.html.

van Donkelaar A, Martin R V, Brauer M, et al. 2010. Global estimates of ambient fine particulate matter concentrations from satellite-based aerosol optical depth: development and application [J]. Environmental Health Perspectives, 118 (6): 847-855.

Vanden Hooven E H, Pierik F H, de Kluizenaar Y, et al. 2012. Air pollution exposure during pregnancy, ultra sound measures of fetal growth, and adverse birth outcomes: a prospective cohort study [J]. Environment Health Perspect, 120: 150-156.

Vedung E. 1997. Public Policy and Program Evaluation [M]. New Brunswick and London: Transaction Publishers.

Vijay S, DeCarolis J F, Srivastava R K. 2010. A bottom-up method to develop pollution abatement cost curves for coal-fired utility boilers [J]. Energy Policy, 38 (5): 2255-2261.

ViscusiW K. 1993. The value of risks to life and health [J]. Journal of Economic Literature, 31: 1912-1946.

Wang H, He J. 2010. The value of statistical life: a contingent investigation in China[R]. World Bank Policy Research Working Paper No. 5421.

Wang H, Mullahy J. 2006. Willingness to pay for reducing fatal risk by improving air quality: a contingent valuation study in Chongqing, China [J]. Science of the Total Environment, 367 (1): 50-57.

Wang J, Lei Y, Yang J, et al. 2012. China's air pollution control calls for sustainable strategy for the use of coal The value of statistical life: a contingent investigation in China [J]. Environmental Science &Technology, 46 (8): 4263-4264.

Wang S, Zhao M, Xing J, et al. 2010. Quantifying the air pollutants emission reduction during the 2008 Olympic Games in Beijing[J]. Environmental Science & Technology, 44(7): 2490-2496.

Weber C L, Peters G P, Guan D, et al. 2008. The contribution of Chinese exports to climate change [J]. Energy Policy, 36 (9): 3572-3577.

Wong C M, Vichit-Vadakan N, Kan H, et al. 2008. Public Health and Air Pollution in Asia (PAPA): amulticity study of short-term effect so fair pollution on mortality[J]. Environ Health Perspect, 116: 1195-1202.

World Bank (Washington, DC). 2007. Cost of pollution in China: economic estimates of physical damages [R]. World bank.

World Bank. 1993. Development Report 1993: Investing in Health [M]. Oxford: Oxford University Press.

World Health Organization. 2004. The report 2004: changing history [R].

World Health Organization. 2004. Meta-analysis of time-series studies and panel studies of Particulate Matter(PM)and ozone(03): Report of a WHO Task Group[EB/OL]. http://www.euro.who.int/document/e82792.pdf

World Health Organization. 2005. WHO Air Quality Guidelines Global Update 2005: Report on a Working Group Meeting, Bonn, Germany, 18-20 October 2005 [R].

World Health Organization. 2010. Global burlden of disease [R].

World Health Organization. 2013-06-30. Burden of disease associated with urban outdoor air pollution for 2008[EB/OL]. http://www.who.int/phe/health topics/outdoorair/databases/burden disease/en, 2010.

World Health Organization, Regional Office for Europe. 2006. Air quality guidelines: global update 2005: particulate matter, ozone, nitrogen dioxide, and sulfur dioxide [R]. World Health Organization.

Xue W, Wang J, Niu H, et al. 2013. Assessment of air quality improvement effect under the national total emission control program during the twelfth national five-year plan in China [J]. Atmospheric Environment, 68: 74-81.

Yang F, Tan J, Zhao Q, et al. 2011. Characteristics of $PM_{2.5}$ speciation in representative megacities and across China [J]. Atmospheric Chemistry and Physics, 11 (11): 5207-5219.

Yang G, Wang Y, Zeng Y, et al. 2013. Rapid health transition in China, 1990—2010: findings from the Global Burden of Disease Study 2010 [J]. Lancet, 381 (9882): 1987-2015.

Zanobetti A, Franklin M, Koutrakis P, et al. 2009. Fine particulate air pollution and its components in association with cause-specific emergency admissions [J]. Environ Health, 8 (58): 1-12.

Zhang Q, He K, Huo H. 2012. Policy: cleaning China's air [J]. Nature, 484: 161-162.

Zhang Q, Streets D G, Carmichael G R, et al. 2009. Asian emissions in 2006 for the NASA INTEX-B mission [J]. Atmospheric Chemistry and Physics, 9 (14): 5131-5153.

Zhao Y, Zhang J, Nielsen C P. 2013. The effects of recent control policies on trends in emissions of anthropogenic atmospheric pollutants and CO_2 in China [J]. Atmospheric Chemistry and Physics, 13 (2): 487-508.